Springer-Lehrbuch

Hans-Jürgen Warnecke

Der Produktionsbetrieb 1

Organisation, Produkt, Planung

Dritte, unveränderte Auflage
mit 251 Abbildungen

Springer-Verlag
Berlin Heidelberg New York
London Paris Tokyo
Hong Kong Barcelona Budapest

Prof. Dr. h.c. mult. Dr.-Ing. Hans-Jürgen Warnecke
Präsident der Fraunhofer-Gesellschaft
Leonrodstraße 54
80636 München

Die erste Auflage ist 1984 als einbändige Monographie erschienen.

ISBN-13:978-3-540-58392-9   e-ISBN-13:978-3-642-79239-7
DOI: 10.1007/978-3-642-79239-7

Satz:Reproduktionsfertige Vorlage des Autors
SPIN: 10478661   60/3020   5 4 3 2 1 0   Gedruckt auf säurefreiem Papier

Vorwort

Der Produktionsbetrieb, wie wir ihn heute kennen, ist im Wandel begriffen. Damit zeichnet sich nach heutigem Kenntnisstand die 3. industrielle Revolution ab, da bisher gültige Leitsätze zum Gestalten einer Produktion in Frage gestellt werden und nach neuen Leitlinien und Paradigmen gesucht wird. Die Notwendigkeit schneller Änderungen ergeben sich aus dem zunehmenden Wettbewerbsdruck, insbesondere ausgehend von japanischen Industrieunternehmen sowie aus der Fähigkeit etlicher Schwellenländer, als Anbieter industrieller Produkte auftreten zu können. Diese können dann aufgrund niedrigerer Aufwandes für die Produktion die Kostenführerschaft übernehmen. Somit sind die Anbieter aus den hochindustrialisierten Ländern noch mehr gefordert, die Qualitätsführerschaft zu behalten.

Dieses kommt im Streben nach totaler Qualität und nach Null-Fehlern in Produkten und Produktionen zum Ausdruck. Der Wandel wird zudem erzwungen durch sich ausbildende Überkapazitäten und damit eines Käufermarktes. "Der Kunde ist König" ist nicht nur ein Schlagwort, sondern bedingt die Marktorientierung aller Bereiche eines Produktionsbetriebes. Neben Kosten und Qualität tritt die Geschwindigkeit als dritter Wettbewerbsfaktor, um möglichst schnell einen Kundenwunsch zu erfüllen oder eine neue Erkenntnis in ein Leistungsangebot umzusetzen. Dadurch sind in den letzten Jahren die Zahl der angebotenen Produkte und Varianten und damit auch die Entwicklungs- und Produktionskosten je Leistungseinheit stark angestiegen. Die Kostendegression durch Mengeneffekt kann vielfach nicht mehr genutzt werden, insbesondere wenn ein Produktionsbetrieb in eine Marktnische abgedrängt wird. Infolge dieser Tendenz ist die innerbetriebliche Komplexität außerordentlich angestiegen und die Informationsverarbeitung zu einem Engpaß in Kosten und Zeit geworden. Es ist deshalb richtig, heute einen Produktionsbetrieb als ein informationsverarbeitendes System zu betrachten. Als Allheilmittel wurde dafür in den vergangenen Jahren die rechnerintegrierte Produktion betrachtet. Sie ist auch teilweise durch das Bilden von sogenannten Prozeßketten gekennzeichnet; d. h. Informationen werden von der Konstruktion direkt in die Steuerung von Bearbeitungsmaschinen umgesetzt. Insgesamt aber werden die bisherigen Konzepte in Frage gestellt, da man Gefahr läuft, einen zu hohen Aufwand in der Datenverarbeitung zu installieren und noch schlimmer, bestehende Organisationsstrukturen in Rechnerhierarchien abzubilden und zu zementieren.

Zweifellos wird die Automatisierung durch die steigende Leistungsfähigkeit der Informationsverarbeitung weiter vorangetrieben werden. Wir dürfen aber nicht mehr den Produktionsbetrieb als eine komplexe Maschine betrachten, die früher oder später vollautomatisiert sein wird, sondern als einen lebenden Organismus, in dem die Mitarbeiter die entscheidende Rolle spielen. Gerade mit zunehmender Automatisierung rückt der Mensch wieder in den Mittelpunkt, da nur er in der Lage ist, Automaten effizient zu nutzen sowie einen Produktionsbetrieb an die sich schnell ändernden Anforderungen anzupassen. Bisherige Führungs- und Organisationsmethoden haben zu einer starken Trennung zwischen Informiertsein, Planen und Entscheiden einerseits sowie einfachem Ausführen auf der Produktionsebene andererseits geführt, mit entsprechender Sinnentleerung und Qualifikationsverlust auf der Produktionsebene. Diesem müssen wir entgegenwirken und versuchen, heute einen Produktionsbetrieb aus schnellen kleinen Regelkreisen unter Mitwirkung aller Mitarbeiter zu strukturieren. Dabei wird sehr stark der Dienstleistungsgedanke füreinander und letztlich dann für den Kunden verfolgt.

Ein Produktionsbetrieb ist in seiner Aufbauorganisation in Hierarchie-Ebenen horizontal und in Funktionen vertikal gegliedert. Die Gliederung des Buches, das in drei Bändeaufgeteilt ist, ist entsprechend, da auf diese Weise die erforderlichen Funktionen zum Erfüllen einer Produktionsaufgabe dargestellt werden können. Gedanklich müssen wir aber davon ausgehen, daß wir gegenwärtig versuchen, mit einer stärkeren Geschäfts- und Prozeßorientierung die Zerschneidung des Ablaufes durch die funktionale Strukturierung aufzuheben oder zu mildern. Die Zahl der Hierarchie-Ebenen kann dadurch verringert werden, und die Probleme werden dort angesprochen und gelöst, wo sie entstehen. Es wird zunehmend projektgebundene Zusammenarbeit zwischen den einzelnen Bereichen und den spezialisierten Mitarbeitern notwendig.

Dem dazu erforderlichen Verständnis der Mitarbeiter für die Belange des anderen sollen diese Bücher dienen. Sie beschreiben Aufgaben, Lösungen und Methoden, die für die einzelnen Bereiche eines Produktionsbetriebes vorhanden sind, und geben den heutigen Stand der Erkenntnisse wieder.

Die Aufteilung des Buches in drei Bände erlaubt Schwerpunktsetzung für den Leser in der Beschaffung und in der Nutzung.

Im Einzelnen befassen sich

Band I - Organisation, Produkt und Planung - mit dem Beziehungsgeflecht, in dem das Unternehmen und sein Produktionsbetrieb steht, der Organisation und ihrer Gestaltung, mit den Funktionen Forschung und Entwicklung, der Materialwirtschaft, der Produktionsplanung und -steuerung.

Band II - Produktion und Produktionssicherung - mit den Funktionen Fertigung und Montage, der Qualitätssicherung und der Instandhaltung.

Band III - Betriebswirtschaft, Vertrieb und Recycling - mit den Funktionen Personalwesen, Rechnungswesen, Vertrieb und Recycling.

Dieses Werk ist im Zusammenhang mit meiner Vorlesung Fabrikbetriebslehre an der Universität Stuttgart erarbeitet worden. Erkenntnisse und Informationsmaterial aus verschiedenen Lehrgängen und Seminaren sowie aus Forschungsarbeiten, die in dem von mir geleiteten Institut für Industrielle Fertigung und Fabrikbetrieb (IFF) der Universität Stuttgart sowie dem Fraunhofer-Institut für Produktionstechnik und Automatisierung (IPA) entstanden, sind eingeflossen. Das gilt auch für Erkenntnisse und Unterlagen aus dem von meinem ehemaligen Mitarbeiter, Herrn Professor Dr.h.c. Dr.-Ing. habil. Hans-

Jörg Bullinger, geleiteten Institut für Arbeitswissenschaft und Technologiemanagement (IAT) an der Universität Stuttgart und dem Fraunhofer-Institut für Arbeitswirtschaft und Organisation (IAO). Ich danke ihm herzlich für seine Mitwirkung und für die seiner Mitarbeiter.

Diese drei Bände haben durchaus den Charakter eines Lehrbuches, sind aber sicher nicht nur für Studenten und junge Ingenieure von Nutzen, sondern auch für den schon länger im Beruf stehenden, der sich über den neuen Stand der Erkenntnisse informieren will und Anregungen sowie Methoden für Verbesserungen in den verschiedenen Bereichen des Produktionsbetriebes sucht.

An den drei Büchern haben viele Kollegen mitgewirkt. Mein herzlicher Dank gilt ihnen, die teilweise in der Zwischenzeit nicht mehr als Mitarbeiter an den genannten Instituten tätig sind und andere Aufgaben übernommen haben oder aber weiterhin als Wissenschaftler hier in Stuttgart wirken.

In alphabetischer Reihenfolge seien genannt:

Prof. Dr.-Ing. Hans-Jörg Bullinger, Prof. Dr.-Ing. Wilhelm Dangelmaier, Dipl.-Psych. Walter Ganz, Dipl.-Psych. Gerd Gidion, Dipl.-Ing. Manfred Hueser, Dipl.-Ing. Hans-Friedrich Jacobi, Prof. Dr.-Ing. Klaus Kornwachs, Dr.-Ing. Josef R. Kring, Dipl.-Ing. Wieland Link, Dipl.-Ing. Herwig Muthsam, Dipl.-Soz. Jochen Pack, Dipl.-Ing. Thomas Reinhard, Dr.-Ing. Manfred Schweizer, Dipl.-Kfm. Georg Spindler, Dr.-Ing. Rolf Steinhilper, Dipl.-Ing. Hartmut Storn.

Die zeitraubende und schwierige Arbeit der Koordination und Redaktion hat Herr Dipl. Wirtsch.-Ing. Siegfried Stender übernommen, zusätzlich zu seiner Projektarbeit. Nur wer bereits einmal ein Buch geschrieben und redigiert hat, insbesondere wenn es von verschiedenen Autoren zusammenzutragen und abzustimmen ist, kann ermessen, welchen Arbeitsumfang er bewältigt hat. Ich danke ihm ganz besonders, da das Buch ohne seinen Einsatz sicher in absehbarer Zeit nicht hätte überarbeitet werden können.

Das Manuskript wurde in druckreifer Form erstellt. Für die umfangreiche Schreibarbeit möchte ich Frau S. Kahr danken. Die Tabellen und Grafiken wurden von Frau M. Koptik gezeichnet. Ferner danke ich Herrn M. Eberle für die Layoutgestaltung und Endredaktion, Frau U. Benzinger für die Textformatierung sowie Frau S. Freitag und Herrn O. Freitag, die als wissenschaftliche Hilfskräfte an der Gestaltung mitgearbeitet haben.

Stuttgart, im März 1995   Hans-Jürgen Warnecke

Verantwortlich für die einzelnen Kapitel sind:

Band I - Organisation, Produkt und Planung

Kapitel 1
- Das Unternehmen   Prof. Dr.-Ing. Hans-Jürgen Warnecke
- Organisationsentwicklung   Prof. Dr.-Ing. Hans-Jörg Bullinger

Kapitel 2, 3, 4   Prof. Dr.-Ing. Wilhelm Dangelmaier

Kapitel 5
- Arbeitsvorbereitung   Dr.-Ing. Rolf Steinhilper
- Fertigungssteuerung   Prof. Dr.-Ing. Wilhelm Dangelmaier

Band II - Produktion und Produktionssicherung

Kapitel 6
- Produktion   Dr.-Ing. Rolf Steinhilper
- Montage   Dr.-Ing. Manfred Schweizer

Kapitel 7   Dr.-Ing. Josef R. Kring

Kapitel 8   Dipl.-Ing. Hans-Friedrich Jacobi

Band III - Betriebswirtschaft, Vertrieb und Recycling

Kapitel 9   Prof. Dr.-Ing. Hans-Jörg Bullinger

Kapitel 10
- Personalwesen   Prof. Dr.-Ing. Hans-Jörg Bullinger
- Arbeitsschutzrecht   Dipl.-Ing. Wieland Link

Kapitel 11   Prof. Dr.-Ing. Hans-Jürgen Warnecke

Kapitel 12   Dr.-Ing. Rolf Steinhilper

Inhaltsverzeichnis Band 1

Inhaltsverzeichnis Band 2

Inhaltsverzeichnis Band 3

1 Das Unternehmen

1.1 Einleitung

Gegenstand des Kapitels ist das Unternehmen als System. Der systemtheoretische Ansatz dient dabei als Leitfaden für die Gliederung. Er wird im Abschnitt 1.2 kurz skizziert. Die Systemtheorie eignet sich auch ohne mathematische Formalisierung, auf rein semantischer Ebene, dafür besonders gut, weil sie die interdisziplinäre Kommunikation zwischen den an den Abläufen im Unternehmen beteiligten Ingenieuren, Betriebswirten und Informatikern auf der theoretischen Ebene erleichtert. Dieser Ansatz kann jedoch nicht für die einzelnen Abschnitte dieses Kapitels und die Teilbereiche (Subsysteme) des Unternehmens beibehalten werden, da in der Praxis und im überwiegenden Teil der Fachliteratur anwendungsorientierte Begriffe üblich sind, auf deren Vermittlung nicht verzichtet werden kann.

Folgende Lernziele werden angestrebt:

- Kenntnis der Eigenschaften des Systems "Unternehmen"
- Angabe von Praxisbeispielen zu den systemtheoretischen Begriffen
- Kenntnis der wichtigsten Beziehungen zwischen Unternehmen und Umwelt
- Darstellung der Vorgehensweise bei der Strukturanalyse und -synthese
- Beschreibung der wichtigsten Organisationshilfsmittel
- Unterscheidung der wichtigsten Organisationskonzepte nach ihren Voraussetzungen und Funktionsweisen
- Erklärung des Ablaufs und der Wirkungsweise von Kommunikations- und Problemlösungstechniken.

1.2 Das Unternehmen als System

Die ständig zunehmende Komplexität des ökonomischen Geschehens macht eine Durchdringung wirtschaftlicher Zusammenhänge immer schwieriger. Eine Möglichkeit, diese Zusammenhänge zu beschreiben, bietet die Systemtheorie. Ihr Schwerpunkt liegt auf einer ganzheitlichen Betrachtungsweise von Problemen, so daß "Insellösungen" vermieden werden können.

Die allgemeine Systemtheorie ist die formale Wissenschaft von der Struktur, den Verknüpfungen und dem Verhalten von Systemen. Nach FLECHTNER [1.1] ist ein System eine Gesamtheit von Elementen, zwischen denen Beziehungen bestehen oder hergestellt werden können. Somit läßt sich ein System in zwei Bestandteile zerlegen: In eine Menge von Strukturelementen und in eine Menge von Regeln (Struktursyntax), die eindeutig festlegen, wie die Strukturelemente miteinander verbunden sind.

Dabei wird jedoch keine Aussage über die Art der Elemente und ihre Beziehung zur Umwelt gemacht. Es kann sich um ideelle oder materielle, natürliche oder künstliche Systeme handeln. Das bedeutet, daß der Systembegriff sehr formaler Art ist und seine Merkmale auf viele Sachverhalte zutreffen. Aufgrund dieser Universalität eignet sich der systemtheoretische Ansatz besonders gut als interdisziplinäre Problemlösungstechnik.

Unter "Element" wird der Teil eines Systems verstanden, den man nicht weiter unterteilt (Bild 1.1). Die Frage, welche Elemente zusammen ein System bilden, kann nur im konkreten Fall beantwortet werden und muß allein nach der Zweckmäßigkeit der Systemgrenze entschieden werden.

Mit Hilfe der in Bild 1.1 genannten systemtheoretischen Begriffe lassen sich einige wichtige Systemeigenschaften beschreiben [1.2].

- Die Offenheit von Systemen
Weist ein System zu seiner Umwelt Beziehungen auf, so spricht man von einem offenen System, liegen keine solchen vor, bezeichnet man das System als geschlossen. Die meisten realen Systeme sind offene Systeme. Die Beziehungen zwischen System und

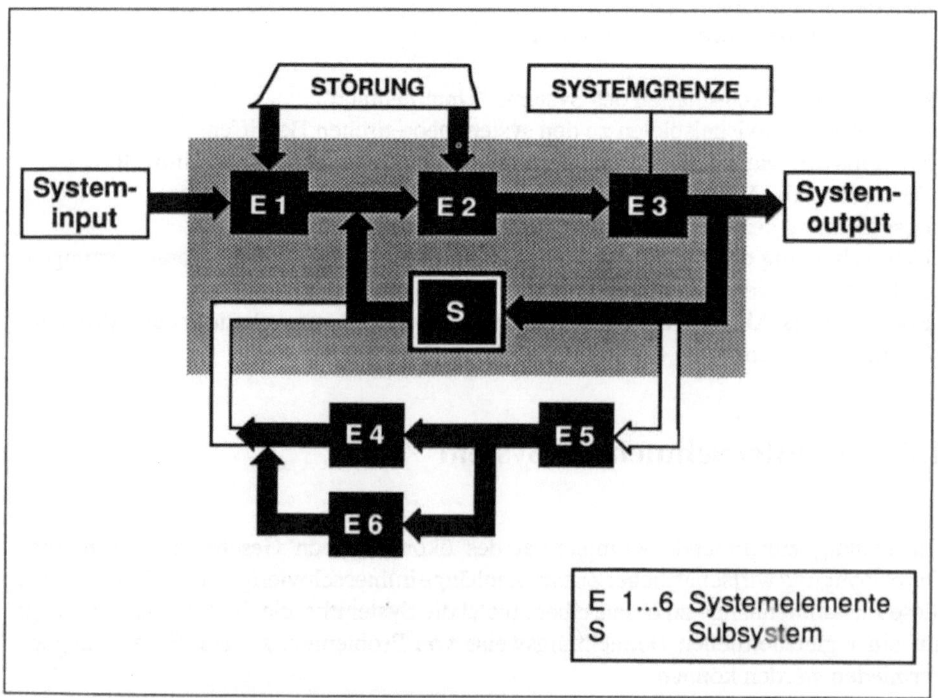

Bild 1.1 Systemtheoretische Begriffe

Umwelt werden ganz allgemein als Input bzw. Output bezeichnet, je nach Richtung dieser Beziehung und als Störung, wenn die Beziehung unbeabsichtigt ist.

- Dynamik von Systemen
Unter Dynamik versteht die Systemtheorie das "Verhalten" eines Systems, d. h. die Veränderung von Input und Output je Zeiteinheit. Man unterscheidet zwischen äußerer Dynamik, dem Verhalten der Umwelt, und innerer Dynamik, dem Verhalten der Elemente und Subsysteme zueinander. Ein System, dessen Elemente ein konstantes Verhalten aufweisen, also ein statisches System, ist ein Sonderfall des dynamischen Systems.

- Zweck- und Zielorientiertheit von Systemen
Die allgemeine Systemtheorie befaßt sich als formale Wissenschaft nicht mit dem Inhalt von Zweck- und Zielrichtungen, sie setzt gegebenenfalls solche einfach voraus. Sollen aber nicht formale, sondern reale Systeme analysiert und entwickelt werden, ist es notwendig, Zweck- und Zielsetzung dieser Systeme zu untersuchen. ULRICH nimmt eine begriffliche Trennung von "Zweck" und "Ziel" vor:

> "Unter "Zweck" verstehen wir die Funktionen, welche ein System in seiner Umwelt ausübt bzw. ausüben soll, unter "Ziel", die vom System selbst angestrebten Verhaltensweisen oder Zustände irgendwelcher Outputgrößen" [1.2].

Ziele können also aus dem System selbst verstanden werden, wogegen der Zweck eines Systems vom Ziel der betreffenden Analyse abhängt und dem System von außen zugemessen wird. Bei "gemischten" Systemen (z. B. Unternehmen), die sowohl eigene Ziele verfolgen als auch in einem größeren System (Volkswirtschaft) Zwecke erfüllen müssen, kann es so zu Zweck-Ziel-Konflikten kommen. Werden mehrere Ziele und Zwecke angestrebt bzw. erfüllt, kann es auch zu Zweck-Zweckkonflikten und zu Ziel-Zielkonflikten kommen (Beispiel: Ablaufplanungsdilemma vgl. Abschnitt 5.3).

- Komplexität von Systemen
Eine weitere Eigenschaft von Systemen ist ihre Komplexität. Damit ist die Anzahl der Elemente und die Anzahl der Beziehungen zwischen den Elementen gemeint. Ob ein System zur Kategorie der komplexen Systeme gezählt wird, hängt im wesentlichen von den bei einer Systemuntersuchung festgestellten Aufgaben ab. Ein gegebenes System ist dann ein komplexes System, wenn aufgrund der Eigenschaften dieses Systems und entsprechend dem Charakter der Aufgaben, die bei dessen Untersuchung entstehen, das Vorhandensein einer großen Anzahl von Elementen und Verbindungen zwischen den Elementen im System beachtet werden muß [1.3].
Ein wichtiges Merkmal, das die komplexen von den einfachen Systemen unterscheidet, ist die teilweise Selbstorganisation. Darunter versteht man die Fähigkeit, auf Umwelteinflüsse durch eine selbständige Veränderung der Elemente und/oder der Struktur so zu reagieren, daß ein stabiler Zustand erreicht wird.

Determinierte und probabilistische Systeme:
Als "determiniert" bezeichnet man ein System, dessen Teile in vollständig voraussagbarer Weise aufeinander einwirken, probabilistisch dagegen ist ein System, das keine streng detaillierte Voraussage zuläßt [1.2]. Wie im Falle der Dynamik, unterscheidet man zwischen innerer und äußerer Undeterminiertheit. Haben Umwelteinflüsse zufälligen Charakter, spricht man von Störungen. Aber auch Elemente des Systems können zufällig reagieren.

Zieht man diese allgemeinen Systemeigenschaften zur Charakterisierung des Unternehmens heran, lassen sich folgende Feststellungen treffen:

- Aufgrund der vielfältigen Beziehungen des Unternehmens zu seiner Umwelt, die im Austausch von Energie, Material und Information bestehen, gehört es zur Klasse der offenen Systeme.
- Da in einem Unternehmen eine Vielzahl von Prozessen abläuft, muß es zu den dynamischen Systemen gezählt werden.
- Als Teil eines übergeordneten Systems (Volkswirtschaft) muß das Unternehmen in diesem System bestimmte Funktionen erfüllen (z. B. Leistungserstellung für Dritte). Es gehört also zu den zweck- und zielorientierten Systemen.
- Die große Anzahl von Elementen (Menschen, Maschinen etc.) und die vielfältigen Beziehungen zwischen ihnen kennzeichnen das Unternehmen als komplexes System.
- Durch die komplexe Umwelt und vor allem durch die unvorhersehbaren Verhaltensweisen des Systemelements "Mensch", läßt sich das Systemverhalten nur mit Wahrscheinlichkeit vorhersagen. Das Unternehmen ist also ein probabilistisches System.

Mit Hilfe des skizzierten systemtheoretischen Ansatzes ist es nun möglich, das Konzept einer "Fabrikbetriebslehre" zu entwickeln, wobei im folgenden der strukturelle Aspekt - also die Organisation - im Mittelpunkt der Betrachtung stehen soll.

Ausgehend von der Systemgrenze des Unternehmens zur Umwelt und den damit festgelegten Schnittstellen, wird die Funktion des Unternehmens im übergeordneten System beschrieben. Aus diesen "Anforderungen" an das Unternehmen und den selbst definierten Unternehmenszielen ergibt sich durch fortschreitende Detaillierung eine Hierarchie von Aufgaben. Durch Zuordnung der Systemelemente (Mensch, Betriebsmittel) zu den Aufgaben und durch die Zusammenfassung von Systemelementen zu Subsystemen (Abteilungen) ergibt sich schließlich die Struktur oder Aufbauorganisation des Unternehmens.

1.3 Die Beziehungen des Unternehmens zu seiner Umwelt

1.3.1 Voraussetzungen und Ansprüche

Aufgrund der vielschichtigen Struktur der modernen Industriegesellschaft kommt dem Staat bzw. der Gesellschaft eine wichtige Rolle zu.

Die moderne Industriegesellschaft ist in immer größerem Ausmaß auf eine funktionierende Gesamtorganisation angewiesen, welche die für das Funktionieren der Wirtschaft notwendigen Grundlagen schafft, aufrechterhält und im Ausmaß des gesamtwirtschaftlichen Wachstums ausbaut [1.2]. Das Bereitstellen dieser Grundorganisation der Wirtschaft, der sogenannten "Infra-Struktur", wird zum Teil als Staatsaufgabe angesehen.

Zu diesen Aufgaben gehören:

- Die Versorgung aller Verbraucher mit Wasser, die Entsorgung der Abwässer, Abfälle und Abgase.
- Die Erschließung des Landes für die verschiedenen Zwecke (Wohnen, Industrie, Handel, Landwirtschaft).
- Die Schaffung eines ausreichenden Verkehrsnetzes (Straßen, Bahnen) und der Betrieb der entsprechenden Verkehrsmittel.
- Die Schaffung ausreichender Nachrichtenverbindungen (Telegraph, Telefon, Post, Radio, Fernsehen).
- Die Schaffung von Energieverteilungsnetzen (Gas, Öl, Elektrizität) und die Energiegewinnung.
- Die Schaffung von Forschungs- und Bildungsstätten aller Art, der Betrieb dieser Institutionen.
- Die Versorgung der Bevölkerung mit Krankenpflege- und Heilanstalten sowie Betrieb und Unterhaltung derselben.
- Die Schaffung eines sicheren und stabilen Währungssystems und einer genügenden Kreditversorgung.

Zur Erfüllung seiner Aufgaben benötigt der Staat Geld, das er durch Steuern und Abgaben beschafft. Er wirkt dabei als Einkommens-Redistributor, indem er erhebliche Teile der Einkommen von Personen und Unternehmen einzieht und in Form von Subventionen, Aufträgen an Dritte, Wohlfahrtsleistungen usw. neu verteilt.

Das Zusammenwirken des Subsystems "Öffentlicher Sektor" mit dem Subsystem "Privater Sektor" zeigt Bild 1.2 [1.4]. Die beiden genannten Sektoren bestehen ihrerseits aus verschiedenen Interessengruppen, die durch ein dichtes Netz sozialer Beziehungen miteinander verbunden sind. Die Bezugsgruppen, die für das Unternehmen besonders wichtig sind, zeigt Bild 1.3 [1.4]. Jede dieser Gruppen stellt Ansprüche an das Unternehmen. Einige davon sind beispielhaft in Bild 1.4 aufgezählt.

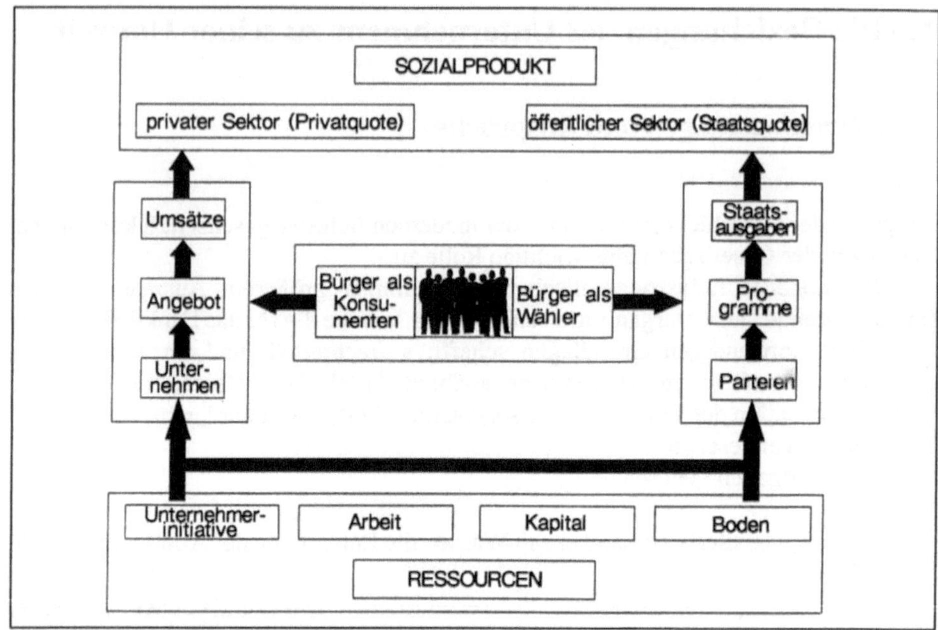

Bild 1.2 Das System "Volkswirtschaft" [1.4]

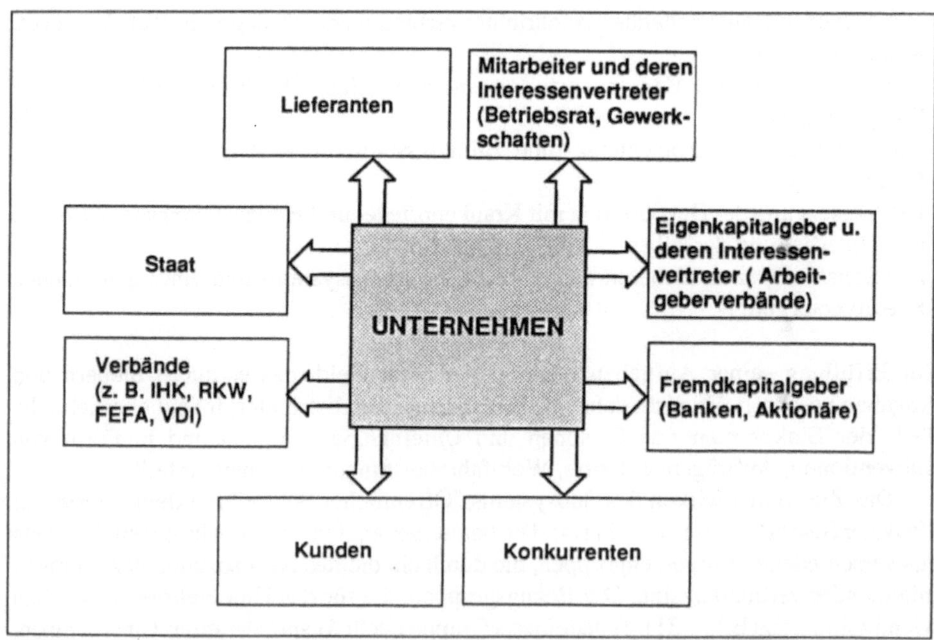

Bild 1.3 Bezugsgruppen des Unternehmens im sozialen Gefüge [1.4]

INTERESSENGRUPPE	ANSPRÜCHE
Eigenkapitalgeber (Eigentümer)	Vermögenssicherung und -zuwachs, Gewinn, Leitung oder Beaufsichtigung der Unternehmen
Fremdkapitalgeber	Sicherung des Kapitals, Zins
Kunden	Preiswerte Produkte, "Service"
Lieferanten	Gewinnbringende Preise, rasche u. sichere Zahlung
Mitarbeiter	Materielle u. soziale Sicherheit, gerechte Entlohnung, Arbeitsbefriedigung, Anerkennung Erfolgsanteil, Machtposition, Sozialprestige
"Manager"	"Faires" Verhalter, Zusammenarbeit
Andere Unternehmen	Abgaben, Steuern, Unterstützung der nationalen Wirtschaftspolitik, Handeln im nationalen Interesse
Staat	Verhalten im Sinne der politischen u. wirtschaftlichen Zielsetzung dieser Organisationen
Allgemeines Publikum, verschiedene Institutionen	Finanzielle Unterstützung diverser Zwecke, Verhalten im allgemeinen Interesse

Bild 1.4 Ansprüche an das Unternehmen

1.3.2 Unternehmensformen und -zusammenschlüsse

Um größere Interessenkonflikte zu vermeiden, legt der Staat als Gesetzgeber Rechtsnormen fest. Dazu gehören u. a. die Festlegung von Gesellschaftsformen der Unternehmen und die Kontrolle des Wettbewerbs, die z.B. Überwachung von Unternehmenszusammenschlüssen beinhaltet [1.5, 1.6]. Die Bilder 1.5 und 1.6 enthalten die wichtigsten Unternehmensformen bzw. Unternehmenszusammenschlüsse.

Der Einzelunternehmer ist alleiniger Eigentümer; er haftet unbeschränkt für die Geschäftsschulden. Der erwirtschaftete Gewinn gehört ihm. Bei den Personengesellschaften schaffen sich die Gesellschafter mit ihren Kapitaleinlagen zugleich ein persönliches Wirkungsfeld. Zu diesen Gesellschaften zählen die *Offene Handelsgesellschaft (OHG)*, die *Kommanditgesellschaft (KG)* und die *Stille Gesellschaft*. Die OHG ist eine handelsrechtliche Vereinigung von zwei oder mehreren Personen zum Betrieb eines Handelsgewerbes unter gemeinsamer Firma. Jeder Gesellschafter haftet unbeschränkt gegenüber den Gläubigern der OHG. In der KG haftet der persönlich tätige Gesellschafter (Komplementär) unbeschränkt, während die übrigen (Kommanditisten) nur in Höhe ihrer Einlage haften. Dafür sind sie an der Geschäftsführung nicht beteiligt. Der Stille Gesellschafter beteiligt sich mit seiner Einlage. Er tritt nach außen nicht in Erscheinung und haftet auch nicht.

Kapitalgesellschaften haben im Gegensatz zu Personengesellschaften eine eigene Rechtspersönlichkeit; sie sind juristische Personen. Hierzu gehören die *Aktiengesellschaften (AG)* und die *Gesellschaft mit beschränkter Haftung (GmbH)*. Bei der AG sind die Gesellschafter (Aktionäre) an dem in Aktien aufgeteilten Grundkapital (mindestens DM 100.000) beteiligt. Die Haftung ist auf Grundkapital und Rücklagen beschränkt. Die Aktionäre haben das Recht auf Anteil am Reingewinn (Dividende).

Darüber hinaus gibt es noch Mischformen, die weder den Personenunternehmen noch den reinen Körperschaften zugeordnet werden können. Zu den Mischformen gehören die Kommanditgesellschaft auf Aktien (KGaA) und die GmbH +CoKG. Bei der KGaA haftet mindestens ein Gesellschafter unbeschränkt, die übrigen mit ihrem Anteil am Grundkapital. Die Gesellschafter der GmbH sind am Stammkapital (mindestens DM 50.000) mit Einlagen beteiligt, ohne persönlich für die Verbindlichkeiten der GmbH zu haften.

Eingetragene Genossenschaften sind Selbsthilfeorganisationen. Sie bezwecken die Förderung des Erwerbs oder der Wirtschaft ihrer Mitglieder (Genossen) mittels gemeinschaftlichen Geschäftsbetriebes. Die Haftung jedes Genossen ist auf eine Haftsumme begrenzt, die nicht kleiner als sein Geschäftsanteil sein darf [1.5].

Unter Unternehmenszusammenschlüssen versteht man die völlige oder die nur auf bestimmte Gebiete beschränkte Zusammenfassung mehrerer rechtlich selbständiger Unternehmen zur Verwirklichung unterschiedlicher wirtschaftlicher Zielsetzungen. Dabei wird je nach dem Grad der Einschränkung der wirtschaftlichen Entscheidungsfreiheit zwischen Kooperation und Konzentration unterschieden [1.6].

- Kooperationen:
Bei den Kooperationen bleibt die wirtschaftliche und rechtliche Selbständigkeit erhalten. Durch Verträge wird die Verpflichtung zu betrieblicher Zusammenarbeit festgelegt, die meist nur bis zur Verwirklichung des gemeinsam gesteckten Zieles Gültigkeit haben, also in der Regel von kurzer Dauer sind (z. B. Arbeitsgemeinschaft bei größeren Bauvorhaben oder gemeinsame Rationalisierungsmaßnahmen).

Eine bedeutende Kooperationsform sind die *Bankkonsortien* Dabei schließen sich die Mitglieder, die Konsorten (verschiedene Banken) zur Emission von Effekten (meist Aktien) zusammen und übernehmen die Gesamtheit der ausgegebenen Effekte (Emissionskonsortien). Dadurch wird z. B. einer AG die Gründung erleichtert, da bereits vor Verkauf der Aktien am Bankschalter das Konsortium das Aktienkapital der Gesellschaft zur Verfügung stellt (Kurs am Bankschalter 1 bis 1,5 % höher als Übernahmekurs).

Beim *Kreditkonsortium* schließen sich Banken zusammen, um gemeinsam einen Großkredit gewähren zu können.

- Interessengemeinschaft:
Sie reicht vom Erfahrungsaustausch bis zur engen wirtschaftlichen Zusammenarbeit, zum Teil mit Gewinnpooling. Oft ist sie nur das Durchgangsstadium zu einer engeren Bindung. Sie ist in vielen Fällen eine Gewinn- und Verlustgemeinschaft [1.6].

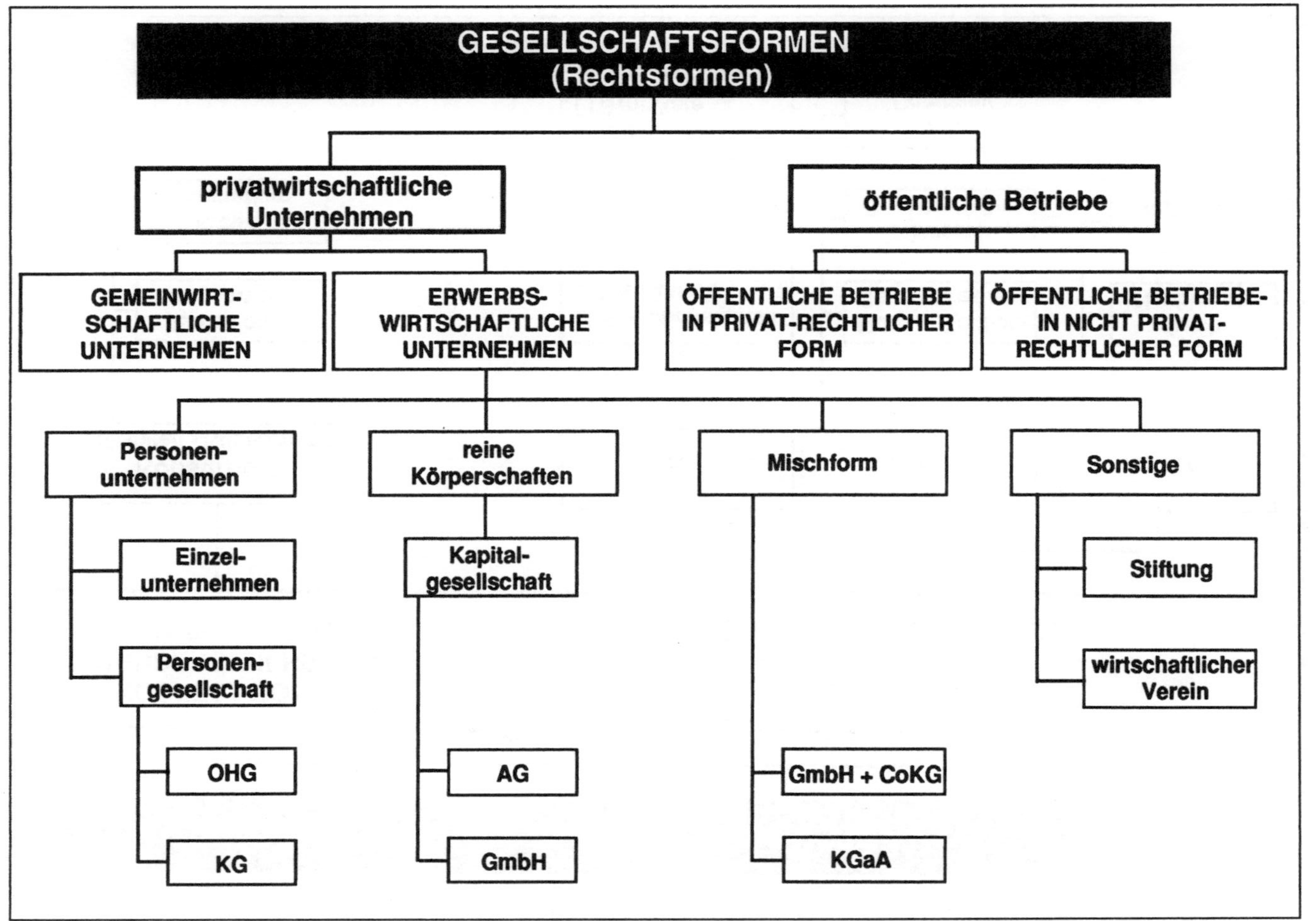

Bild 1.5 Gesellschaftsformen

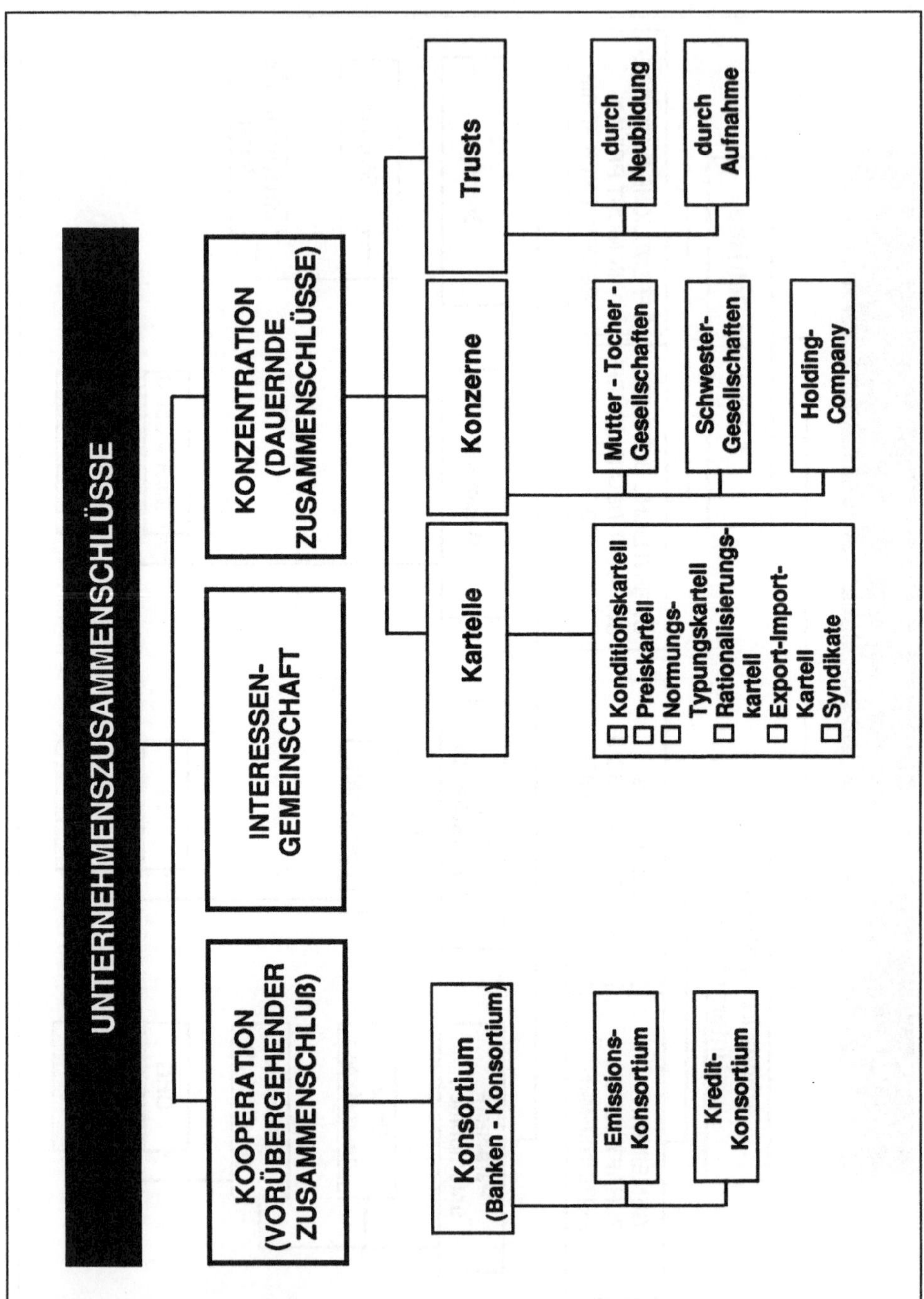

Bild 1.6 Unternehmenszusammenschlüsse

- Konzentrationen:
Bei den Konzentrationen erfolgt eine Zusammenfassung unter zentraler Leitung [1.6].
Die wirtschaftliche und/oder rechtliche Selbständigkeit geht dabei ganz oder teilweise
verloren. Der Zusammenschluß erfolgt auf Dauer. Allgemein unterscheidet man nach
der Produktionsstufe der zusammengeschlossenen Unternehmen den *horizontalen
Zusammenschluß* (gleiche Produktionsstufen, z. B.: Walzwerk - Walzwerk - Walzwerk)
und den *vertikalen Zusammenschluß* (verschiedene Produktionsstufen: z. B.
Bergbauunternehmen - Hüttenwerk - Stahlwerk). Konzentrationen werden ebenso wie
Kartelle vom Kartellamt, Berlin überwacht und ggf. genehmigt oder untersagt.

- Kartelle:
Bei Kartellen handelt es sich um vertragliche Zusammenschlüsse von Unternehmen der
gleichen Art hinsichtlich Branche und Produktionsstufe (horizontaler Zusammenschluß)
unter Beibehaltung ihrer kapitalmäßigen und rechtlichen Selbständigkeit. Durch Vertrag
verlieren die Unternehmen jedoch einen Teil ihrer wirtschaftlichen Selbständigkeit.
Kartelle sind genehmigungspflichtig. Durch einheitliches Verhalten der Unternehmen
am Markt wird der Wettbewerb zwischen ihnen völlig oder teilweise ausgeschaltet.
Mögliche Kartellformen sind:

- Konditionenkartelle (gleiche Geschäftsbedingungen)
- Preiskartelle (einheitlicher Preis)
- Normungs- und Typenkartelle (Vereinheitlichtung von Zwischen- und
  Endprodukten)
- Rationalisierungskartelle
- Export-Import-Kartelle (Absprachen über einheitliches Verhalten)
- Syndikat: Das Syndikat ist die stärkste Form des Kartellzusammenschlusses. Der
  Verkauf und/oder der Einkauf der zusammengeschlossenen Unternehmen wird
  gemeinschaftlich abgewickelt und oft einer besonderen Gesellschaft (meist GmbH)
  übertragen.

- Konzerne:
Konzerne bestehen aus mehreren Unternehmen, die rechtlich selbständig bleiben, aber
wirtschaftlich ihre Selbständigkeit völlig verlieren. Der vertikale Zusammenschluß ist
hier vorherrschend. Die gesamte Geschäftsführung steht unter einheitlicher Leitung.
Die Aktiengesellschaft ist die geeignetste Rechtsform zur Konzernbildung [1.6]. Die
gegenseitige Bindung erfolgt durch Aktienaustausch:

- Eine Aktiengesellschaft besitzt die Mehrheit anderer kleinerer Aktiengesellschaften
  (Mutter-Tochter-Gesellschaft)
- Gleichmäßiger Austausch der Aktien (Schwestergesellschaften)
- Es werden alle oder die Mehrheit der Aktien der beteiligten Unternehmen einer
  Dachgesellschaft (Holding-Company) übertragen. Sie gibt dafür eigene Aktien aus
  und tritt damit auch an den Kapitalmarkt.

- Trusts

Hier ist auch die rechtliche Selbständigkeit aufgehoben. Es handelt sich dann um eine einzige Großunternehmung. Eine Verschmelzung geschieht durch Aufnahme (Verlust eines Firmennahmens) oder durch Neubildung (Verlust beider Firmennamen, neue Namensgebung).

Insbesondere größere Unternehmen dürfen heute nicht mehr nur ihren Heimatmarkt sehen, sondern müssen weltweit denken und operieren. Diese Internationalisierung bis hin zur Globalisierung führt zu Zusammenschlüssen und Verflechtungen.

Ziel ist es, Ressourcen zu poolen, um Forschung und Entwicklung bzw. Produktion oder Vermarktung wirtschaftlicher ermöglichen zu können. So können selbst Konkurrenten eine gemeinsame Produktionsstätte haben, um die Rationalisierungseffekte von Mengenkonzentrationen zu nutzen. Sie bleiben aber am Markt in Vertrieb und Service Konkurrenten.

In einigen Produktionsbereichen, z.B. Flugzeugbau, sind die Aufwendungen für die Entwicklung und die Produktion inzwischen so groß geworden, daß selbst leistungsfähige Industriestaaten wie Deutschland allein überfordert sind und zumindest eine europäische Kooperation benötigen. Ein Problem dabei ist, welcher Partner die Systemführerschaft hat oder bekommt oder wer "nur" Komponenten oder Teilsysteme entwickelt und fertigt. Auch ohne formalen Unternehmenszusammenschluß entstehen so sehr enge Beziehungen und Abhängigkeiten zwischen Lieferanten und Abnehmern. Letzterer als Systemführer hat das Ziel, das gesamte Wissen und Können des Lieferanten in der wirtschaftlichen Entwicklung und Fertigung von Komponenten zu nutzen. Die allgemeine Tendenz geht dahin, die eigene Fertigungstiefe bzw. Wertschöpfung durch Konzentration auf die wichtigen Technologien für das System bzw. Produkt zu reduzieren.

1.4 Die Struktur des Unternehmens

1.4.1 Zielsystem

Ausgehend von den volkswirtschaftlichen Randbedingungen kann das Zielsystem des Unternehmens festgelegt werden. Es umfaßt die Unternehmensgrundsätze und dient wiederum als Randbedingung für die Aufgabenanalyse.

Bei der Aufgabenanalyse wird der Gesamtkomplex der Unternehmensaufgabe in Teilaufgaben aufgegliedert, die einzelnen Aufgabenträgern zugeordnet werden.

1.4.2 Unternehmensaufgabe

Das allgemeine Organisationsproblem eines Unternehmens ist ein Zuordnungsproblem. Die drei Organisationselemente Mensch, Sachmittel und Aufgabe sind einander so zuzuordnen, daß diejenigen erstrebten Leistungen entstehen, die sich aus der Gesamtaufgabe des Unternehmens ergeben.

Eine Aufgabe entsteht in der Regel aus einer Bedürfnis- oder Mangellage, in die sich ein Unternehmen einschaltet. Betriebliche Daueraufgaben werden ebenfalls auf bestimmten Bedürfnissen beruhen. Der Inhalt einer Aufgabe ist gekennzeichnet durch

- das Ziel, das durch eine Leistung schrittweise erreicht werden soll,
- das Objekt, an dem die Leistung vorgenommen wird und
- die Angabe der Zeit, in welcher die Aufgabe zu erfüllen ist.

Neben dieser betriebswirtschaftlichen Sicht können die Aufgaben im Betrieb auch von anderen Standpunkten aus, wie z. B. den technischen, soziologischen, psychologischen, juristischen oder informationellen, betrachtet werden. Dadurch ergeben sich jeweils unterschiedliche Schwerpunkte in der Problemstellung, in der Vorgehensweise bei der Lösung und in den dabei verwendeten Hilfsmitteln und Methoden.

1.4.3 Aufgabenanalyse

Bei der Aufgabenanalyse werden - aus der Erfahrung abgeleitet - die tatsächlich vorhandenen oder vorzusehenden Teilaufgaben festgestellt. Es handelt sich also um "... ein empirisches Verfahren der Bestandsaufnahme, das in der Sammlung und Ordnung der mit der Gesamtaufgabe zusammenhängenden analytischen Teilaufgaben besteht" [1.7].

Die global formulierte Gesamtaufgabe des Unternehmens wird durch den Prozeß einer mehrstufigen Analyse in solche Teilaufgaben aufgegliedert, die sich auf nicht mehr als eine Person verteilen lassen. Diese konkreten Teilaufgaben werden von KOSIOL [1.7] als Elementaraufgaben bezeichnet. Die Aufgliederung der Gesamtaufgabe kann nach unterschiedlichen Merkmalen vorgenommen werden:

- Verrichtung (z.B. Beschaffung, Fertigung, Lagerung, Verkauf usw.)
- Objekt (Produkte A, B, C oder Rohstoffe D, E, F usw.)
- Rang (Entscheidungsaufgaben oder Ausführungsaufgaben)
- Phase (Planung, Realisation, Kontrolle)
- Zweckbeziehung (direkte Zweckaufgaben und sekundäre, z.B. Verwaltungsaufgaben)
  [1.8].

Jedes der oben genannten Gliederungsmerkmale liefert zunächst eine Breitengliederung der Gesamtaufgabe. Eine mehrmalige Verwendung dieser Merkmale nacheinander führt zur Tiefengliederung. Es kann also auf verschiedenen Gliederungsstufen nach jeweils verschiedenen Unterverrichtungen und Unterobjekten immer feiner gegliedert werden. Die Gliederungsmerkmale können sich in den verschiedenen Stufen der Analyse abwechseln [1.6]. Beispiel: Ein Maschinenbaukonzern ist zunächst nach dem Merkmal Objekt gegliedert in die Sparten "Fahrzeugbau", "Werkzeugmaschinen" und "Grundstoffe" (Bild 1.7).

Die Gliederung auf der nächsten Stufe bei gleichem Merkmal ergibt die Bereiche "PKW" und "Nutzfahrzeuge". Durch weitere Untergliederung - jetzt nach dem Merkmal Verrichtung - entstehen innerhalb des Bereichs "PKW" die einzelnen Verrichtungen "Entwicklung", "Fertigung", "Vertrieb", "Kaufmännische Verwaltung". Die Verrichtung "Fertigung" nochmals untergliedert führt zu den Teilbereichen "Arbeitsvorbereitung", "Betrieb", "Qualitätskontrolle", also nach Phasen. Diese Gliederung läßt sich noch einige Stufen weiter fortführen.

Die Grenze für eine weitere Untergliederung der Aufgaben ist da gegeben, wo von vornherein feststeht, daß bei der anschließenden Aufgabensynthese die aufgespaltenen Aufgabenteile wieder zusammengefaßt werden müßten. Dies bedeutet, daß schon in der Phase der Analyse Überlegungen zur Synthese angestellt werden müssen [1.9].

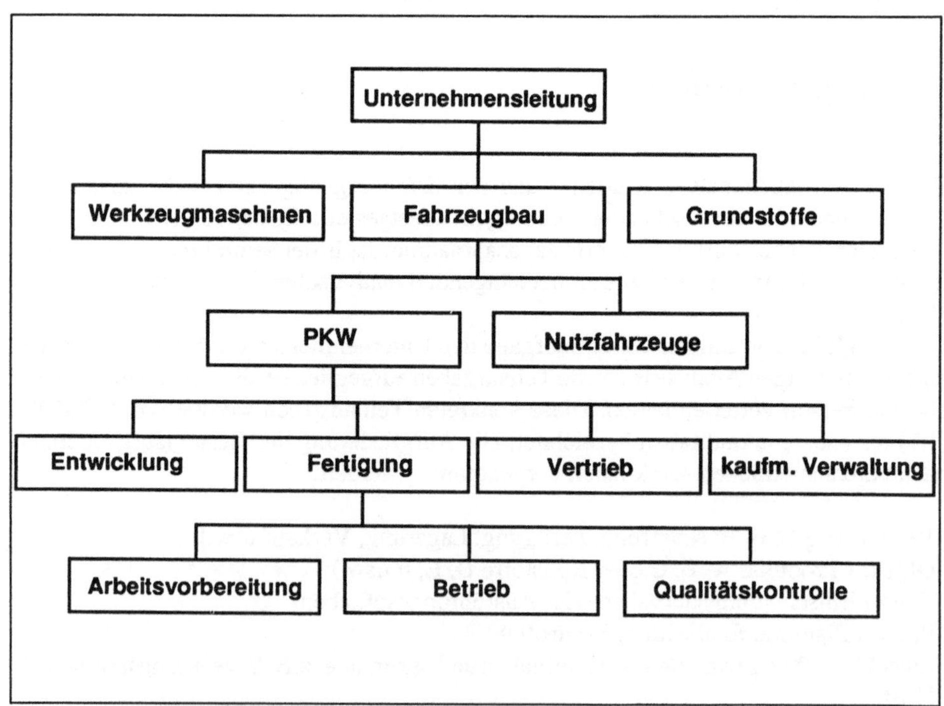

Bild 1.7 Beispiel für die Gliederung eines Maschinenbauunternehmens

Für den in der Praxis kaum auftretenden Fall freier organisatorischer Gestaltung sind, abgesehen von den Unternehmenszielen, keine innerbetrieblichen Gegebenheiten zu berücksichtigen. Zur Festlegung der Gliederungstiefe genügt allein der Grad der angestrebten Arbeitsteilung.

Meist ist die Organisation eines Unternehmens jedoch gebunden an

- im Betrieb befindliche personelle Aufgabenträger,
- bereits feststehende Mensch-Maschine-Systeme,
- vorhandene sachliche Hilfsmittel und
- den fixiert vorliegenden zeitlichen Aufgabenanfall.

Man spricht dann von "gebundener" Organisation.

Die Aufgabenanalyse kann zu einer starken Zergliederung führen. Die Vorteile der Arbeitsteilung mit ihren Lerneffekten durch Spezialisierung und ständiger Übung sind schon seit langem bekannt. Sie wurden von dem Nationalökonomen Adam Smith schon vor etwa 200 Jahren beschrieben und von F.W. Taylor verfeinert durch das Trennen von Planen und Entscheiden einerseits und Ausführen andererseits; dabei wird zum Ausführen die jeweilige Bestmethode gesucht und vorgeschrieben. Dieses hat auch zur Trennung in "produktive" oder direkte Tätigkeiten und "unproduktive" oder indirekte Tätigkeiten geführt. Damit entstehen viele Schnittstellen und die ganzheitliche Sicht der Aufgabe sowie die Motivation und das Engagement zur Lösung gehen verloren. Diese negative Auswirkung wird als Taylorismus bezeichnet. Dem muß bei der Aufgabensynthese entgegengewirkt werden.

1.4.4 Aufgabensynthese

"Die Aufgabensynthese umfaßt das Problem der Zusammenfassung analytischer Teilaufgaben zu aufgaben- und arbeitsteiligen Einheiten, die in ihren Verknüpfungen die organisatorische Aufbaustruktur des Unternehmens entstehen lassen" [1.7].

Ziel der Aufgabensynthese ist es, die im Rahmen der Aufgabenanalyse gewonnenen Elementaraufgaben zu Aufgabengruppen zusammenzufassen, die dann in Abhängigkeit von ihrem Umfang einer oder mehreren Personen zugeordnet werden. Dieser Vorgang wird als Stellenbildung bezeichnet. Die Stelle als kleinste Einheit in der Struktur eines Unternehmens ist einem Systemelement gleichzusetzen und stellt das Arbeitsgebiet einer Person dar, der zur Aufgabenerfüllung der nötige Raum und die erforderlichen Sachmittel zur Verfügung gestellt werden.

Die Stellenbildung geschieht im Hinblick auf Personen bestimmter Eigenschaften und Qualifikationen und stellt einen Zentralisations- bzw. Dezentralisationsvorgang dar [1.7].

"Zentralisation gibt dabei an, daß gleichartige Aufgabenelemente ... aus dem Gesamtkomplex der Unternehmensaufgabe ... einer Stelle oder Abteilung ... ungetrennt

zugeordnet werden" [1.7]. Zum Beispiel können sämtliche Aufgaben, die mit der elektronischen Datenverarbeitung zu tun haben, der zentralen Abteilung "EDV" zugewiesen werden.

"*Dezentralisation* bedeutet, daß gleichartige Aufgabenelemente ... auf mehrere organisatorische Einheiten (Stellen, Abteilungen usw.) verteilt werden" [1.7]. Anstelle der oben genannten zentralen EDV-Abteilung, kann es in jeder Abteilung EDV-Spezialisten und EDV-Komponenten geben. Programme werden dezentral erstellt und möglicherweise auf einer zentralen Anlage abgearbeitet.

Außerdem ergibt sich bei der Stellenbildung gleichzeitig der Aufbau einer Struktur, die den Zusammenhang zwischen allen Stellen wiedergibt. Diese Struktur läßt sich unter verschiedenen Gesichtspunkten betrachten:

- Der *Verteilungszusammenhang* gibt die Zuordnung der Aufgaben auf die einzelnen Stellen wieder. Die Elementaraufgaben werden so miteinander kombiniert, daß für jede Stelle sinnvoll zusammenhängende Aufgabengruppen entstehen. Die Stellen-bildungsmerkmale ergeben sich aus:
    - der Person, der die Aufgaben übertragen werden,
    - den fünf aufgabenanalytischen Merkmalen (Verrichtung, Objekt, Rang, Phase, Zweckbeziehung),
    - den übrigen Bestimmungselementen der Aufgabe (Arbeitsmittel, Raum und Zeit).

Beispiel: Bei der Werkstattfertigung liegt eine Zentralisation nach dem Merkmal Verrichtung vor. Hier werden z. B. die Drehmaschinen in der Dreherei, die Fräsmaschinen in der Fräserei usw. zentralisiert. Dagegen ist die Fließfertigung nach dem Merkmal Objekt zentralisiert. Die Arbeitsplätze werden so angeordnet, wie es vom Objekt (den zu fertigenden Produkten) verlangt wird.

Bei der Fertigungszelle oder Montagezelle faßt man Aufgaben so zusammen, daß eine Gruppe von Mitarbeitern und Betriebsmitteln eine Produktionsaufgabe ganzheitlich lösen kann einschließlich planender, dispositiver, prüfender und instandhalterischer Aufgaben.

- Der *Leistungszusammenhang* drückt die Rang- und Weisungsbeziehungen innerhalb der Stellenstruktur aus. Hier wird festgelegt, welche Stelle für welche Entscheidungen verantwortlich ist, welche anderen Stellen ihr direkt unterstellt sind und welcher Stelle sie selbst unterstellt ist.
- Der *Stabszusammenhang* sieht zur Entlastung der Instanzen Stabsstellen oder Stabsabteilungen vor, die für die Entscheidungsvorbereitung verantwortlich sind.
- Der *Arbeitszusammenhang* legt Informationsbeziehungen und Arbeitsbeziehungen zwischen den verschiedenen Stellen fest. Es wird geregelt, welche Stellen welche anderen Stellen mit welchen Informationen zu versorgen haben (Informationsfluß) und welche Arbeitsobjekte an welche anderen Stellen weiterzugeben sind (Materialfluß); dies wird als Ablauforganisation bezeichnet.
- Der *Kollegienzusammenhang* bestimmt die zeitlich begrenzte Zusammenarbeit mehrerer Stellen in bestimmten Gremien (Ausschuß, Projektgruppe, Team usw.) [1.7].

Bei der eigentlichen Stellenbildung sind fünf verschiedene Gestaltungsmöglichkeiten zu unterscheiden:

- persönliche Stellenbildung (Aufgabenkomplex wird auf eine bestimmte Person oder Gruppe zugeschnitten)
- sachliche Stellenbildung (nach Produkten oder Tätigkeiten)
- formale Stellenbildung (Rang-, Phasen- und Zweckzentralisation)
- Stellenbildung nach Mittelzentralisation (nach Maschinengruppen oder Maschinenanordnungen)
- Stellenbildung durch Raum- und Zeitzentralisation.

Ergebnis dieser Zentralisationsvorgänge sind verteilungs- und zuordnungsreife Stellen. Ihr Sachgebiet bleibt bei einem Wechsel der Aufgabenträger erhalten.

Um eine klare, lückenlose und überlappungsfreie Zuständigkeitsordnung innerhalb und zwischen den einzelnen Stellen zu schaffen, werden die folgenden zusätzlichen Hilfsmittel benötigt, die dieses gewährleisten:

- Organisationsplan,
- Funktionsdiagramm und
- Stellenbeschreibung

Sie bilden zusammen die vollständige Beschreibung des Aufbaus einer Organisation [1.10].

Der *Organisationsplan* zeigt im allgemeinen lediglich die Unterstellungsverhältnisse (gelegentlich unter Einbeziehung der funktionalen Weisungsbefugnis), nicht aber die Aufgabenverteilung. Das Zusammenwirken verschiedener Stellen bei gemeinsamer Aufgabenerfüllung ist im wesentlichen aus dem *Funktionendiagramm* zu ersehen. Die *Stellenbeschreibung* bringt die detaillierte Beschreibung aller organisatorisch bedeutsamen Regelungen, die für eine einzelne Stelle Gültigkeit haben und Voraussetzung für einen reibungsfreien Betriebsablauf sind [1.11].

1.4.5 Organisationshilfsmittel

1.4.5.1 Organisationsplan

Die graphische Darstellung der geplanten oder tatsächlich vorhandenen betrieblichen Organisation wird als Organisationsplan (oder Organigramm) bezeichnet. Er veranschaulicht den organisatorischen Zusammenhang, der zwischen den einzelnen Stellen besteht, und gibt damit die betriebliche Aufbaustruktur wieder.
Im einzelnen kann folgendes anschaulich ersehen werden:

- das Verteilungssystem der Aufgaben und die sich daraus ergebenden Stellen
- der Zusammenhang der Stellen und ihre horizontale Zusammenfassung zu Abteilungen
- die Rangordnung der Instanzen. Eine Instanz ist eine Stelle mit Weisungs- und
  Entscheidungsbefugnissen innerhalb eines ihr unterstellten Bereiches, für den sie die
  Veranwortung trägt. Neben der Erledigung eigener Aufgaben ist sie somit auch für die
  Erledigung der Aufgaben anderer Stellen verantwortlich.
- die Eingliederung der Leistungsgehilfen
- das System der vertikalen Kommunikationswege
- die personelle Besetzung der Stellen, soweit solche Angaben möglich und erwünscht
  sind [1.9].

Bild 1.8 zeigt als Beispiel den Organisationsplan eines Stab-Linien-Systems.

1.4.5.2 Funktionsdiagramm

Das Funktionsdiagramm stellt die Verteilung der Aufgaben auf die Stellen
dar. Die Aufgaben können wie folgt gegliedert werden:

- Verrichtung
- Objekt
- Phasen:
    - Entscheidungsvorbereitung
    - Entscheidung
    - Realisation
    - Kontrolle.

Bild 1.9 zeigt ein einfaches Beispiel für ein Funktionsdiagramm, wobei zwischen
verschiedenen Entscheidungsarten differenziert wird.

1.4.5.3 Stellenbeschreibung

Die Stellenbeschreibung

- zählt die Zielsetzung und Aufgaben einer Stelle auf und erläutert, wodurch der
  Aufgabenumfang bestimmt wird und wie die Ergebnisse weiterverwendet werden.

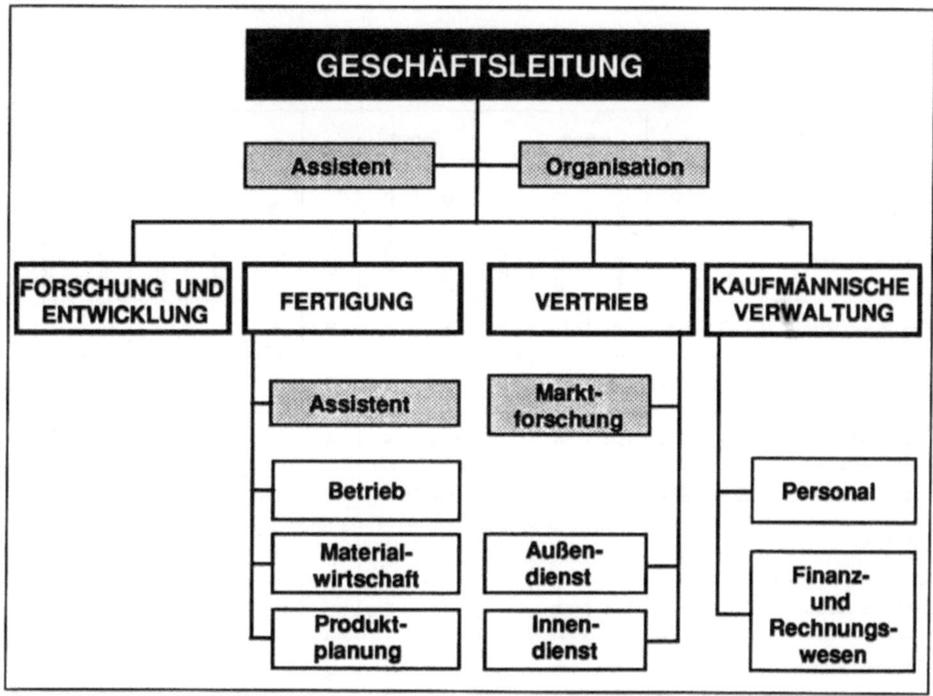

Bild 1.8 Organisationsplan eines Stab-Linien-Systems

- zeigt die Eingliederung des Stelleninhabers in die formale Aufbauorganisation, beschreibt dessen Kompetenz- und Verantwortungsbereich, umreißt das Anforderungsprofil an den Stelleninhaber, dokumentiert dessen rechtliche und innerbetriebliche Befugnisse und regelt die Stellvertretung.
- muß von der obersten Leitung des Bereichs und dem zuständigen Personalleiter verabschiedet und unterzeichnet sein, bevor sie dem Stelleninhaber ausgehändigt wird [1.2].

Bild 1.10 zeigt beispielhaft die Stellenbeschreibung für einen Organisationsleiter [1.13].

Stellenbeschreibungen in der Art des gezeigten Beispieles müssen sehr kritisch betrachtet werden. Es besteht damit die Gefahr einer zu starken Abgrenzung der Aufgaben und damit eines behinderten Stellen- und Ressortdenkens. Gerade bei Führungskräften muß eine übergreifende Denk- und Handlungsweise erwartet werden, während bei einfacheren Aufgaben einer Stelle eigentlich deren detaillierte Beschreibung nicht erforderlich ist. Neuzeitliches Führen geht davon aus, daß Ziele und Aufgaben zu geben sind, bei deren Erledigung auch Freiräume vorhanden sein müssen.

Bei Anwendung und Nutzung von Stellenbeschreibungen müssen also die Betroffenen mit in die Gestaltung einbezogen werden, eine periodische Aktualisierung ist erforderlich.

Sachaufgaben	Geschäftsführung	Direktor Vertrieb	Inland			Export			Dessinateur	Mustererste	Orderbüro	Fertiglager	Spedition
			Verkaufschef	Verkaufsbüro	Vertreter	Verkaufschef	Verkaufsbüro	Vertreter					
Verkaufspolitik	E/G	E/M	B		B	B		B	B				
Verkaufsprogramm	E/G E/W	E/N	E/M		B	E/M		B	B				
Marktforschung	E/G	E/M	E/N	A	A	E/N	A	A					
Musterdessins	E/W	E/N	E/M		B	E/M		B	A/B	B			
Verkaufsmusterung	E/W	E/N	E/M		B	E/M		B	B	A/B			
Preiskalkulation	E/G E/W	E/W	E/N	A		E/N	A						
Werbung	E/G	E/W	E/N	A	A B	E/N	A	A B					
Kundenbesuche	E/W A/W	E/W A/W	E/N A/W		A	E/N A/W		A	A/W				
Kundenempfänge	E/W A/W	E/W A/W	E/N A/W	A	A/W	E/N A/W	A	A/W	A/W				
Verkaufskorrespondenz	E/W	E/W	E/N	A		E/N	A						
Verkaufsstatistik	E/W	E	K	A		K	A						
Auftragsabwicklung		E/W	E/M			E/M					E/N A		
Fertiglager		E/W	E/M			E/M						E/N A	
Spedition		E/W	E/M			E/M							E/N A
Fakturierung		E/A	E/N	A		E/N	A						
Kundenreklamationen	E/W	E/W	E/N	A		E/N	A						

E/G = Entscheidung in Grundsatzfragen   B   = Beratungs- oder Vorschlagsrecht
E/N = Entscheidung im Normalfall   A   = Ausführung oder Sachbearbeitung
E/W = Entscheidung in wichtigen Fällen   A/W = Ausführung in wichtigen Fällen
E/M = Mitentscheidungsrecht   K   = Ergebniskontrolle u. -auswertung

Bild 1.9 Beispiel für ein Funktionendiagramm(Verkaufsabteilung eines Textilunternehmens) [1.13]

Firma	STELLENBESCHREIBUNG		Blatt **1** von **6**
	Name		**Vorname**
Stellennummer	**Kostenstelle**	**Raum / Ort**	**Telefon**

010 Bezeichnung der Stelle	**Leiter des Organisationswesens**
020 Rang des Stelleninhabers	**Ressortleiter**
030 Vorgesetzter	**Leiter des Geschäftsbereichs kaufmännische Verwaltung**
040 Unterstellte Mitarbeiter	**Leiter der Abteilung Aufbauorganisation** **" " " Ablauforganisation** **" " " Bürobauplanung** **Assistent** **Sekretärin**
050 Vertretung	
051 Vertritt	**Ressortleiter Zentrale Datenverarbeitung**
052 Wird vertreten durch	**Leiter der Abteilung Aufbauorganisation (nebenamtlich und unbegrenzt)**
060 Zielsetzung der Stelle (Hauptaufgabe)	• **Gestaltung und Überwachung einer wirtschaftlichen und zweckmäßigen Organisations- und Informationsstruktur des Unternehmens in Aufbau u. Ablauf** • **Koordination und Steuerung der Organisationsaufgaben sowie der Büroraumplanung einschl. d. Büroraumausstattung**

Tritt in Kraft am	**Nächste Überprüfung**	**Verteiler**
Unterschriften Stelleninhaber / am	**Vorgesetzter / am**	**Organisation / am**

Bild 1.10 Beispiel für eine Stellenbeschreibung(Organisationsleiter)[1.13] (1 von 6)

Firma	STELLENBESCHREIBUNG	Blatt **2** von **6**
	Name	**Vorname**

Stellennummer	**Kostenstelle**	**Raum / Ort**	**Telefon**

070 Einzelaufgaben der Stelle

071 Fachaufgaben des Stellen- inhabers	• **Formuliert als Vorschlag an den Vorstandsausschuß Organisation in Form von Rahmenrichtlinien die Grundsätze der Organisationspolitik als Teile der Unternehmenspolitik** • **Erarbeitet mit allen zuständigen Stellen eine mittelfristige Planung der Aufbau- und Ablauforganisation als Teil der Unternehmensplanung** • **Plant kurzfristige Organisationsprogramme in Zusammenarbeit mit den zuständigen Stellen, bereitet Sitzungen des Vorstandsausschusses Organisation vor und wertet sie aus** • **Stellt die Koordinationsstelle zur zentralen Datenverarbeitung dar** • **Schlägt gemeinsam mit dem Leiter "Zentrale Datenverarbeitung" Projekte für die Übernahme auf die EDV dar** • **Erarbeitet Gutachten zur Textverarbeitung und sichert dabei die Verzahnung zur zentralen Datenverarbeitung**

Tritt in Kraft am	**Nächste Überprüfung**	**Verteiler**

Unterschriften Stelleninhaber / am	**Vorgesetzter / am**	**Organisation / am**

Bild 1.10 Beispiel für eine Stellenbeschreibung(Organisationsleiter)[1.13] (2 von 6)

Firma	STELLENBESCHREIBUNG	Blatt **3** von **6**
	Name	**Vorname**

Stellennummer	Kostenstelle	Raum / Ort	Telefon

071 Fachaufgaben des Stellen-inhabers	• **Erarbeitet zusammen mit dem Leiter "Zentrale Datenverarbeitung" und dem Leiter "Betriebswirtschaftliche Abteilung" Grundlagen und Lösungsvorschläge für ein Informations- und Kontrollsystem für die Unternehmensleitung** • **Koordiniert alle aufbauorganisatorischen Maßnahmen** • **Begutachtet Verbesserungsvorschläge, die das Organisationswesen betreffen** • **Erläßt Organisationsrichtlinien**
072 Zusatzaufgaben des Stelleninhabers	• **Plant und kontrolliert die Kosten seines Ressorts** • **Berät den Vorstandsausschuß Organisation hinsichtlich der Auswahl von Projektgruppenleitern und Projektgruppenmitgliedern, wenn Organisationsaufträge im Rahmen der Projektarbeit erledigt werden sollen**

Tritt in Kraft am	Nächste Überprüfung	Verteiler

Unterschriften Stelleninhaber / am	Vorgesetzter / am	Organisation / am

Bild 1.10 Beispiel für eine Stellenbeschreibung(Organisationsleiter)[1.13] (3 von 6)

<table>
<tr><td rowspan="2">Firma</td><td colspan="2">STELLENBESCHREIBUNG</td><td>Blatt 4 von 6</td></tr>
<tr><td colspan="2">Name</td><td>Vorname</td></tr>
<tr><td>Stellennummer</td><td>Kostenstelle</td><td>Raum / Ort</td><td>Telefon</td></tr>
</table>

080 Befugnisse des Stellen-
      inhabers

081 Vertretungsbefugnisse

- **Gesamtprokura**

090 Schriftliche Information
      der Stelle

091 Eingehende Information

- **Protokolle des Arbeitskreises Zentrale Datenverarbeitung**
- **Statistiken und Bedarfsprognosen der Personalabteilung**
- **Auszüge aus Vorstandsprotokollen, die aufbau- und ablauforganisatorische sowie büroplanerische Inhalte haben**
- **Auszüge aus den Berichten der "Betriebswirtschaftlichen Abteilung", die organisatorisch relevante Gesichtspunkte aufweisen**
- **Berichte der internen Revision**
- **Geschäftsberichte und Aktionärsbriefe**

<table>
<tr><td>Tritt in Kraft am</td><td>Nächste Überprüfung</td><td>Verteiler</td></tr>
<tr><td>Unterschriften Stelleninhaber / am</td><td>Vorgesetzter / am</td><td>Organisation / am</td></tr>
</table>

Bild 1.10 Beispiel für eine Stellenbeschreibung(Organisationsleiter)[1.13] (4 von 6)

Firma	STELLENBESCHREIBUNG	Blatt 5 von 6
	Name	Vorname

Stellennummer	Kostenstelle	Raum / Ort	Telefon

092 Ausgehende Informationen	• **Monatlich: Projektbericht und Projekt-dokumentation an Geschäftsführung und Leiter der "Zentralen Datenverarbeitung"** • **14-tägig: Projektbericht und Soll-Ist-Vergleich der Projektkosten an Abteilung "Zentrale Betriebswirtschaft"**
100 Zusammenarbeit mit anderen Stellen	• **Mitentscheidende Zusammenarbeit mit der "Zentralen Datenverarbeitung" bei entsprechenden Organisationsvorhaben**
110 Mitarbeit in Ausschüssen	
111 Innerbetriebliche Ausschüsse	• **Mitarbeit im Arbeitskreis "Zentrale Datenverarbeitung" sowie in der Personalleiterbesprechung**

Tritt in Kraft am	Nächste Überprüfung	Verteiler

Unterschriften Stelleninhaber / am	Vorgesetzter / am	Organisation / am

Bild 1.10 Beispiel für eine Stellenbeschreibung(Organisationsleiter)[1.13] (5 von 6)

<table>
<tr><td>Firma</td><td colspan="2">STELLENBESCHREIBUNG</td><td>Blatt 6   von   6</td></tr>
<tr><td></td><td colspan="2">Name</td><td>Vorname</td></tr>
<tr><td>Stellennummer</td><td>Kostenstelle</td><td>Raum / Ort</td><td>Telefon</td></tr>
</table>

112 Außerbetriebliche Mitarbeit   • (entfällt)

120 Einzelaufträge

- Der Stelleninhaber ist verpflichtet, im Rahmen seiner Stellenaufgabe Einzelaufträge Dritter mit Genehmigung durch seinen Vorgesetzten auszuführen

130 Bewertungsmaßstab für die Stelle

- Ausmaß an Kompetenzstreitigkeiten
- Schnelligkeit der Arbeitsabläufe und Informationsflüsse
- Ausmaß des Automatisierungsgrades in der Datenverarbeitung (zusammen mit dem Leiter "Zentrale Datenverarbeitung")
- Rechtzeitige Verfügbarkeit und Qualität von Büroraum

<table>
<tr><td>Tritt in Kraft am</td><td>Nächste Überprüfung</td><td>Verteiler</td></tr>
<tr><td>Unterschriften
Stelleninhaber / am</td><td>Vorgesetzter / am</td><td>Organisation / am</td></tr>
</table>

Bild 1.10 Beispiel für eine Stellenbeschreibung(Organisationsleiter)[1.13] (6 von6)

1.5 Praxisrelevante Organisationskonzepte

1.5.1 Linien- und Funktions-Organisation

Vorläufer der heute in der Praxis weit verbreiteten Stab-Linien-Organisation sind das Linien- und das Funktionssystem.

- Linien-Organisation:
Die Linien-Organisation (Bild 1.11) stellt ein eindeutiges System von Weisungsregeln dar. Der Instanzenzug, d. h. die "Linie" zur jeweils untergeordneten organisatorischen Einheit, ist zugleich Weisungs- und Verkehrsweg (Informationsweg). Weisungen werden nur der unmittelbar untergeordneten Instanz verteilt, die zur Ausführung bzw. zur Weiterleitung der Weisungen verpflichtet ist. Jede Instanz ist der nächsthöheren Instanz für die Ausführung verantwortlich. Weisungs- und Berichtssprünge sind nicht systemgerecht, auch nicht Querverbindungen. Jede Stelle bekommt nur von einer anderen Stelle Weisungen, jeder Mitarbeiter hat nur einen Vorgesetzten.

Das reine Liniensystem hat den Vorteil der einheitlichen Leitung, der Geschlossenheit, verbunden mit einer starken Kontrollwirkung. Nachteil ist die Schwerfälligkeit des Systems, hervorgerufen vor allem durch die langen Instanzwege.
Dies kommt besonders bei zu vielen Hierarchie-Ebenen zum Tragen. Deshalb strebt man heute sogenannte flache Linienorganisationen an, die nur drei oder vier Hierarchie-Ebenen haben, also z.B. Geschäftsleitung, Abteilungen, Gruppen und Sachbearbeiter.

- Funktions-Organisation:
In der Funktions-Organsation ist die Einheitlichkeit und Ausschließlichkeit des Weisungsweges aufgehoben. Weisungsbefugt sind nicht nur die jeweiligen

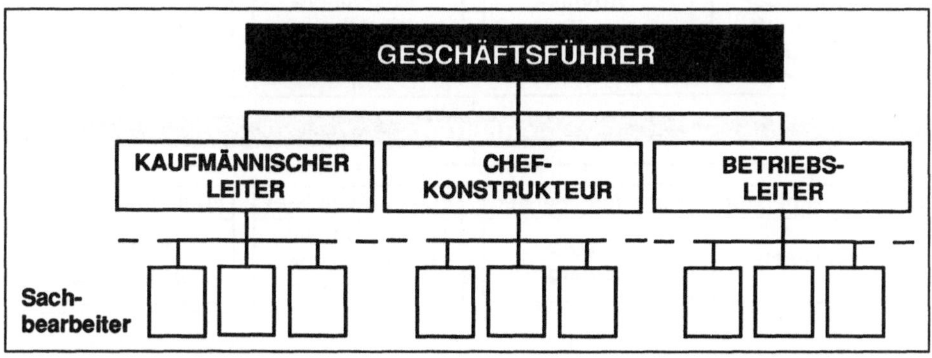

Bild 1.11 Linien-Organisation

Disziplinarvorgesetzten der Linie, sondern zuzätzlich jeder Spezialist für sein Fachgebiet (seine Funktion). Die Mitarbeiter beziehungsweise Stellen können also von mehreren Seiten Weisungen erhalten. Das Grundkonzept dieser Organisationsform ist auf Taylors bekanntes Funktionsmeistersystem zurückzuführen. Es sah für den einzelnen Arbeiter acht spezialisierte Meister vor, die alle weisungsbefugt waren (Bild 1.12).

Taylor ging von der Überlegung aus, daß die Aufgabengebiete der Führungskräfte bei steigender Arbeitsteilung und zunehmender Verfeinerung ständig wachsen und eine verstärkte Anzahl von Spezialisten erfordern müßten. Er löste daher die Linien auf und unterteilte den Gesamtaufgabenbereich in Funktionsbereiche, die auf allen Ebenen des Betriebes von sogenannten Fachleitern geführt wurden. Dadurch sollten die Spezialisten und Fachkräfte mit ihren Erfahrungen und Kenntnissen stärker genutzt werden. Diesem Vorteil steht jedoch als Nachteil der hohe Koordinationsaufwand gegenüber, so daß sich diese Organisationsform in der Praxis nicht durchgesetzt hat.

Vereinigt man die Vorteile der Linien- und Funktions-Organisation, ergibt sich daraus die Stab-Linien-Organisation.

1.5.2 Stab-Linien-Organisation

Bei der Stab-Linien-Organisation unterscheidet man zwei Arten von Stellen:

- *Linienstellen* treffen die Entscheidungen und sind für die Durchführung verantwortlich.
- *Stabsstellen* informieren, beraten und bereiten Entscheidungen vor. Sie haben keine Weisungsbefugnis gegenüber Linienstellen.

Stab-Liniensysteme sind im allgemeinen nach Funktionen gegliedert, weisen aber auch häufig andere Gliederungsmerkmale (z. B. Objekte) innerhalb einer Funktion auf.

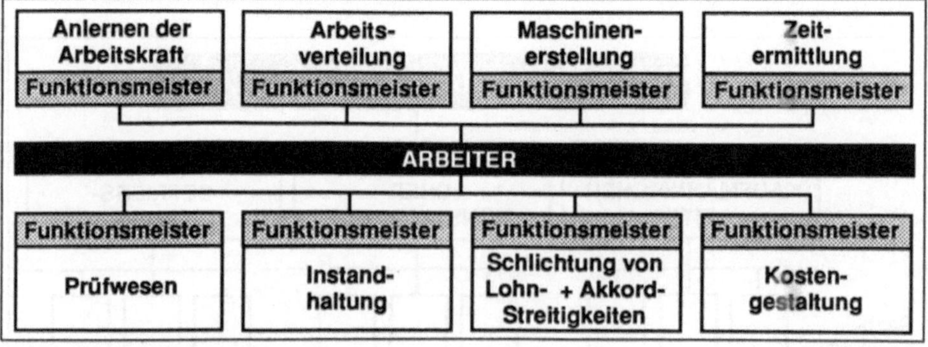

Bild 1.12 Funktions-Organisation

Typische Stabsaufgaben sind alle Planungs- und "Service"-Tätigkeiten wie:

- Unternehmungsplanung
    - Investitionsplanung
    - Fabrikplanung
    - Projektplanung
    - Wertanalyse
    - EDV
- Öffentlichkeitsarbeit
- Rechtsberatung.

Sie verlangen in der Regel eine besondere Ausbildung und Qualifikation der Mitarbeiter und stellen damit das "Spezialisten-Reservoir" des Unternehmens dar.

Die Stäbe sind in den Linienstellen, für die sie Entscheidungen vorbereiten, direkt zugeordnet. Das Stab-Liniensystem ist eine sehr weit verbreitete Organisationsform, die sich gut für kleine und mittlere Unternehmen eignet.

1.5.3 Sparten-Organisation

Die Sparten-Organisation, auch als divisionelle Organisation, Divisions-Organisation oder Geschäftsbereichs-Organisation bezeichent, ist vor allem bei Großunternehmen mit differenziertem Erzeugnisprogramm zu finden. Das Unternehmen wird in selbständige Unternehmensbereiche - die Sparten, Divisions- oder Geschäftsbereiche - unterteilt, die in eigener Verantwortung geführt werden.

Unter Sparte, Division oder Geschäftsbereich versteht man einen Bereich des Unternehmens, der einen Teil des Erzeugnisprogramms umfaßt, z. B. in einem Maschinenbauunternehmen die Sparte Werkzeugmaschinen neben der Sparte Fahrzeugbau und der Sparte Grundstoffe (Bild 1.13) [1.14]. Es liegt hier also eine reine objektorientierte Gliederung nach einzelnen Produkten, Produktgruppen oder Dienstleistungen vor.

Bei der Sparten-Organisation unterscheidet man zwischen *Profit Center* (Erfolgsbereich) und *Investment Center* (Kapitalbereich).

- Profit Center
Eine Sparte ist dann ein Profit Center, wenn sie
- für Produktion und Vertrieb eines Produkts oder einer Produktgruppe verantwortlich ist und
- der Erfolg der Sparte in einer Gegenüberstellung von Umsatzerlös und Aufwand als deren Differenz gemessen wird (Gewinnverantwortlichkeit).

-Investment Center
Wird der Gewinn in der Ergebnisabrechnung des Profit Centers zu dem Kapital, das zur

Bild 1.13 Sparten-Organisation

Erzielung des Erfolgs benutzt wird, in Beziehung gesetzt, so spricht man von Investment Center. Idee und Grundsätze des Profit Centers werden somit weiterentwickelt. Diese Form ist in der Praxis häufiger anzutreffen als der "einfache" Erfolgsbereich. Die gewünschte Beziehung zwischen Gewinn und Kapital kann im Absetzen der Kapitalkosten vom Gewinn bei der Ergebnisrechnung bestehen oder der Erfolg wird zum Kapital ins Verhältnis gesetzt, um die Rentabilität auszuweisen (return on investment) [1.15].

Unternehmen, die in Form der Sparten-Organisation gegliedert werden, müssen folgende Voraussetzungen erfüllen:

- Möglichkeit, den Markt nach Erzeugnissen, Erzeugnisgruppen oder regionalen Kriterien aufteilen zu können,
- Möglichkeit, Forschungs-, Entwicklungs- und Fertigungsaktivitäten ebenfalls nach Erzeugnissen oder Märkten eindeutig abgrenzen zu können,
- eindeutige Ergebnisermittlung für jede Division verbunden mit der Minimierung der Kostenumlage,
- Bereitschaft der Unternehmensleitung zur Delegation von Kompetenzen und Verantwortung,
- Schaffung einer Kongruenz zwischen der Division als Verantwortungsbereich einerseits und als rechnungstechnischer Einheit andererseits,
- ein genügend großes Reservoir potentieller Führungskräfte,
- eine Mindestgröße des Unternehmens, um leistungsfähige Divisionen zu ermöglichen.

Es gibt allerdings auch Großunternehmen, bei denen eine Spartengliederung nicht sinnvoll ist, hauptsächlich dann, wenn folgende Gegebenheiten vorliegen:

- wenige Kunden und Lieferanten (diese sind dann effektiver zentral zu bearbeiten),
- bei produktionstechnisch eng miteinander verbundenen Erzeugnissen (Gliederung nach Produkten wäre hier nicht sinnvoll),
- bei Massenproduktion mit nur langsam sich ändernder Technologie.

Die Spartengliederung bringt als relativ aufwendige Organisationsform eine Reihe von Schwierigkeiten und Problemen mit sich:

- Abstimmung der Unternehmensziele mit denen der Sparten (Firmenerfolg vor Bereichserfolg),
- zunehmende Isolation der einzelnen Sparten durch abnehmenden Informationsaustausch untereinander,
- einheitliche Bestellung von Rohstoffen, die von mehreren Sparten benötigt werden (s. Kapitel 4.2),
- Vermeidung von Doppelarbeit, z. B. bei dezentraler Forschung und Entwicklung in den Sparten,
- einheitliches Vorgehen auf den Absatzmärkten,
- Abstimmung der Fertigungskapazitäten durch Beschäftigungsausgleich zwischen den einzelnen Sparten.

Der Vorteil der Sparten-Organisation gegenüber der verrichtungsorientierten Linienorganisation liegt hauptsächlich in der weit größeren Flexibiltät. Die zum Teil überlangen Instanzenwege der Linienorganisation sind hier wesentlich verkürzt; anstehende Entscheidungen können von Mitarbeitern getroffen werden, die mit den konkreten Einzelproblemen eng vertraut sind.

Die Sparten-Organisation ist beispielhaft für die Tendenz, das komplexe System Unternehmen in kleine Regelkreise zu gliedern, um größere Marktnähe mit schnellerer und besserer Reaktion zu erreichen. Die jeweiligen Sparten oder Geschäftseinheiten (Business Units) sollen die Eigenschaften eines kleinen oder mittleren Unternehmens entwickeln und sind in sich wieder nach Regeln der Stab-Linien-Organisation strukturiert.

1.5.4 Matrix-Organisation

Die Matrix-Organisation kann von ihrer äußeren Struktur her als eine Überlagerung von zwei anderen Organisationssystemen angesehen werden: der objektbezogenen Struktur, wie sie bei der Sparten-Organisation auftritt, und der verrichtungsorientierten oder funktionalen Struktur, wie bei der Stab-Linien-Organisation. Beide Elemente, das verrichtungsbezogene und das objektbezogene, sind gleichbedeutend vorhanden, keine der beiden Ausgangsstrukturen dominiert (Bild 1.14).

Die Probleme und Aufgaben, die ein Unternehmen heute zu bewältigen hat, haben meist mehrdimensionalen Charakter. Sie beinhalten u.a. Berrichtungs-, Objekt- und Regionalaspekte. Dafür eignet sich die Matrix-Organisation sehr gut, weil sie eine simultane Berücksichtigung verschiedener Aspekte - meist sind es Verrichtungs- und Objektaspekte - ermöglicht.

Bei graphischer Darstellung weisen die Stellen - daher auch die Bezeichnung - die Form einer Matrix auf (Bild 1.15). Damit wird jeder Teilaspekt mit jedem anderen Teilaspekt gekreuzt. Konkret bedeutet dies, daß jede Stelle zu jeder anderen Stelle

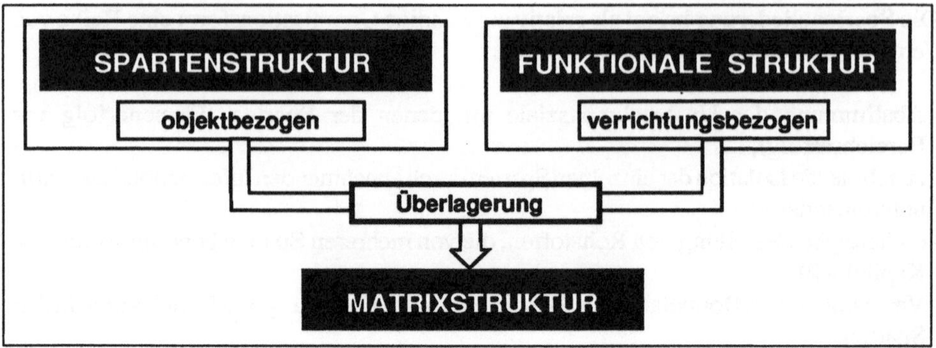

Bild 1.14 Entstehung des Matrixsystems

direkt Verbindung aufnehmen kann (und dies auch soll), wenn es für die Aufgabenlösung sinnvoll ist [1.9].

Die Probleme, die bei der Matrix-Organisation entstehen, sind Koordinationsprobleme, Kompetenzüberschneidungen und allgemein die Schwierigkeiten, die die Mehrfachunterstellung mit sich bringt. Außerdem zeigt die Matrix-Organisation eine starke Tendenz zu Konflikten. Allerdings wird ein Austragen derselben über verschiedene Rangstufen hinweg (wie z. B. bei der Linienorganisation) vermieden und nach einer sachgerechten, problemorientierten Lösung des Konflikts gesucht.

Im einzelnen sind folgende Arten von Konflikten möglich:

- persönliche Konflikte zwischen den Führungskräften durch strukturbedingte Kompetenzüberschneidungen,
- Konflikte wegen der Zuteilung der Ressourcen zwischen den einzelnen Projektmanagern,
- sachliche Konflikte aufgrund mangelnder Bereitschaft zur Abstimmung der Ziele zwischen den einzelnen Funktionsbereichen [1.17].

Infolge ihrer Mehrdimensionalität ist die Matrix-Organisation eine aufwendige Organisationsform. Sie verursacht durch einen erhöhten Bedarf an Führungskräften und die damit verbundenen mehrfachen Lernprozesse erhebliche Kosten. Daher muß erst beurteilt werden, ob eine wirtschaftliche Anwendung überhaupt möglich ist. Folgende Anforderungen werden gestellt:

- Das Unternehmen hat sich in einer verhältnismäßig instabilen Umwelt zu behaupten (d. h., die technologischen und die den Markt betreffenden Unternehmensbedingungen unterliegen einem schnellen Wandel).
- Die Mitarbeit vieler Spezialisten auf unterschiedlichen Fachgebieten ist erforderlich.
- Die Aufgaben haben einen hohen Neuigkeitsgrad (keine Routineprogramme).
- Die Aufgabenstellung weist einen hohen Komplexitätsgrad auf, was eine stark arbeitsteilige Erfüllung erfordert.

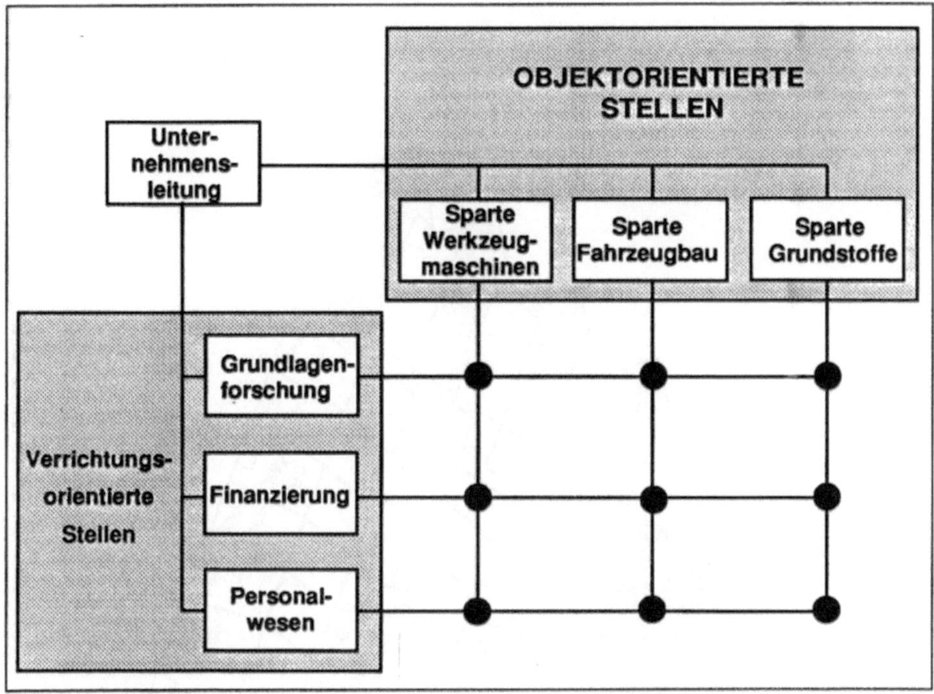

Bild 1.15 Matrix-Organisation

Aufgrund der möglichen direkten Zusammenarbeit verschiedenster Fachstellen des Unternehmens weist die Matrix-Organisation, trotz stark ausgeprägter Arbeitsteilung und technokratischer Koordinationsmechanismen, eine hohe Flexibilität auf, d. h., sie besitzt eine hohe Anpassungsfähigkeit an wechselnde Umweltbedingungen [1.17].

1.5.5 Projekt-Organisation

Eine besondere Form der Matrix-Organisation ist das Projektmanagement. Beiden Organisationsformen ist die Überlagerung von Verrichtungs- und Objektgliederung gemeinsam. Der Unterschied liegt darin, daß die Projekte der Projekt-Organisation definierte Anfangs- und Endzeitpunkte haben, also von begrenzter Dauer sind. Den Unterschied zur konventionellen Linien-Organisation verdeutlichen die Bilder 1.16 und 1.17.

Die Vor- und Nachteile dieser Organisationsform decken sich weitgehend mit denen der Matrix-Organisation, wobei die Stellung des Projektleiters (z. B. Weisungsbefugnis gegenüber Linienstellen) sowohl das Konfliktpotential als auch die Funktionstüchtigkeit der Projekt-Organisation entscheidend beeinflußt.

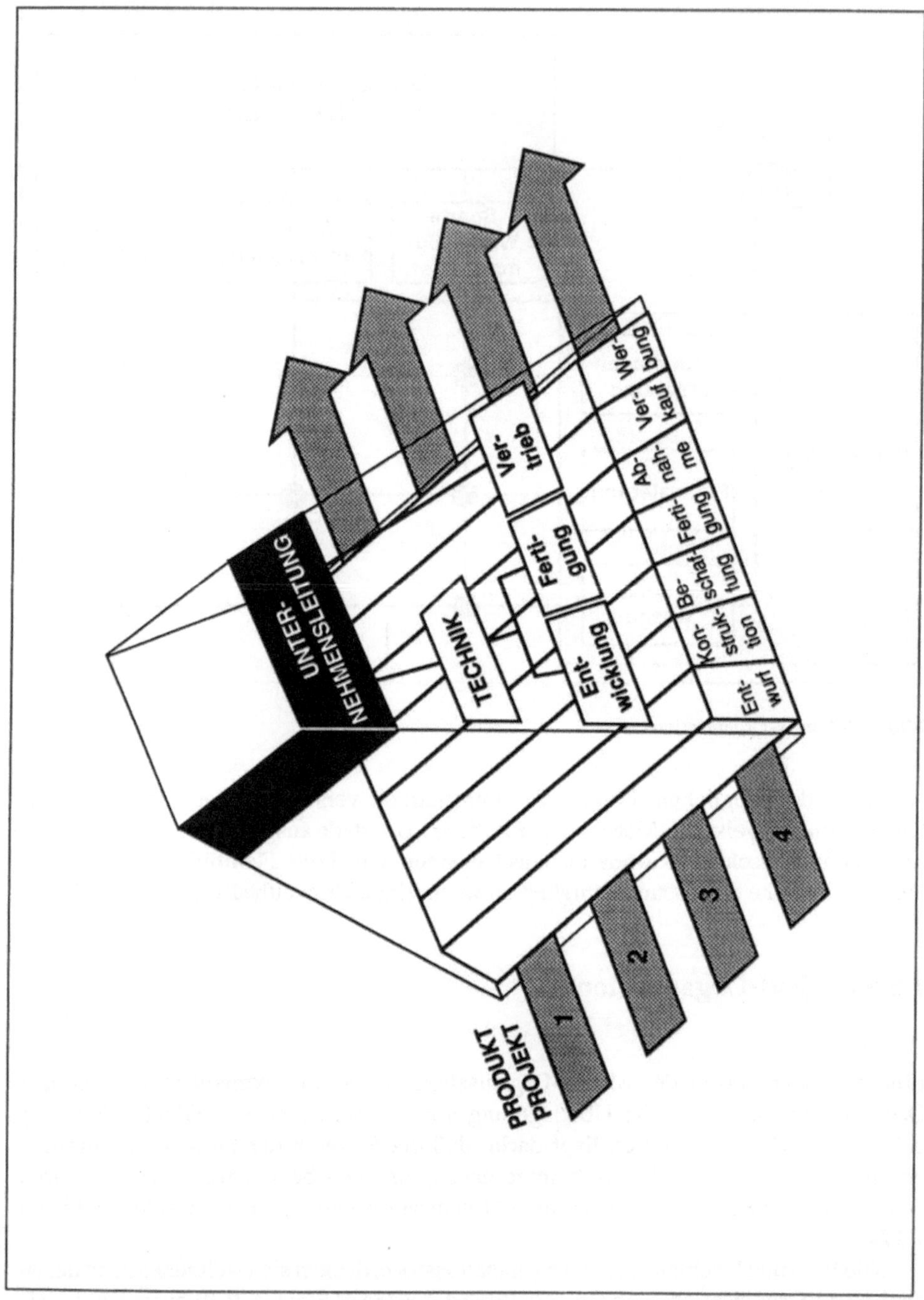

Bild 1.16 Struktur der Linien-Organisation

1.6 Organisationsentwicklung

1.6.1 Vorbemerkung

Durch die sich ändernden Umwelteinflüsse wird das System Unternehmen gezwungen, sich anzupassen, um seine Funktionen in den übergeordneten Systemen erfüllen zu können. Die Fähigkeit zur Anpassung an die Veränderungen im Umfeld ist wesentliche Voraussetzung für den Fortbestand eines Unternehmens (Bild 1.18).

Diese Anpassung kann bis zu einer Änderung der Struktur, d.h. der Organisation des Unternehmens führen. Da es sich bei einem Unternehmen um ein komplexes System handelt, müssen solche Umstrukturierungen langfristig geplant werden, um Fehler zu vermeiden.

Daß die Art der Aufgabenabwicklung von den Bestimmungsfaktoren der jeweiligen Situation abhängt, ist einleuchtend. Trotzdem wird bei der Organisationsplanung und -durchführung häufig eine falsche Abwicklungsform gewählt, entweder in Verkennung der bestehenden Aufgabenstruktur oder wegen Unkenntnis des Leistungsprofils der verschiedenen Durchführungsformen.

Kennzeichnend für die neu eingeschlagenen Wege in diesem Bereich ist u.a. die immer stärkere Abkehr von den traditionellen Formen der Unternehmensberatung durch externe Berater mit "fertigen" Planungs- und Organisationskonzepten (sog. turn-key Lösung, d.h. schlüsselfertige Systeme). Diese "fertigen Konzepte" sind jedoch aufgrund der enorm erweiterten Möglichkeiten der Informations- und Kommunikationstechnologie (wie sie beispielsweise durch CIM, durch Bürokommunikationssysteme und dergleichen) zunehmend flexibel durch den Anwender "einstellbar" (parametisierbar), so daß die neuen Systeme auch neue Organisationsformen hervorbringen, aber auch bedingen. Deshalb ist es für die Organisationsentwicklung der 90er Jahre kennzeichnend, daß die alten Aufteilungen (Stab-Linie) zunehmend den aufgabenorientierten neuen Strukturen weichen.

Kennzeichnend ist ferner eine verstärkte Ausrichtung auf die komplexen Zusammenhänge, auf ganzheitlich orientierte Strategien und auf die verstärkte Berücksichtigung der bisher zu sehr vernachlässigten Bereiche der Qualifikation und der Motivation, der Einstellungen und der Verhaltensweisen der Mitarbeiter eines Unternehmens. Dem letztgenannten Aspekt kommt eine besondere Bedeutung zu, da sich zum einen in diesen Bereichen selbst ein starker Wandel vollzieht und zum anderen nur unter Einbeziehung dieser Faktoren dem allseitigen Wandel begegnet werden kann. Es wird in Zukunft immer weniger ausreichen, auf diesen Wandel lediglich durch Anpassung zu reagieren. Agieren bedeutet aber, aufgaben- und kundenorientiert nach neuen Lösungen für eine optimale Organisation von Arbeit zu suchen. Diese Lösungen sind jedoch nie Lösungen auf Dauer.

Der Wandel muß deshalb schon heute integraler Bestandteil des Planens und Organisierens sein. Wandlungsfähigkeit von Organisationen zu gewährleisten, erfordert die Wandlungsfähigkeit nicht nur der Organisationsstrukturen, sondern auch der

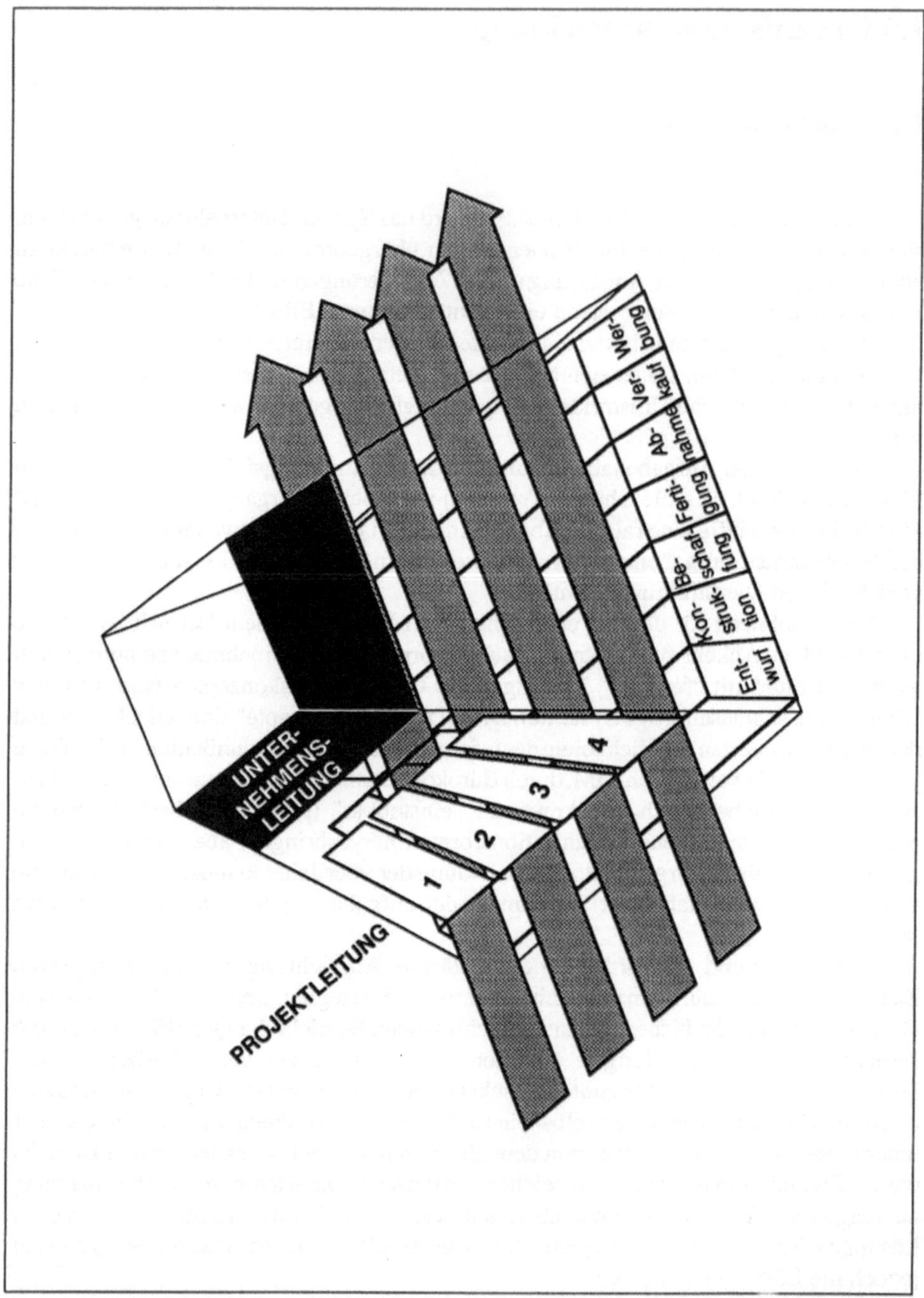

Bild 1.17 Struktur der Projekt-Organisation

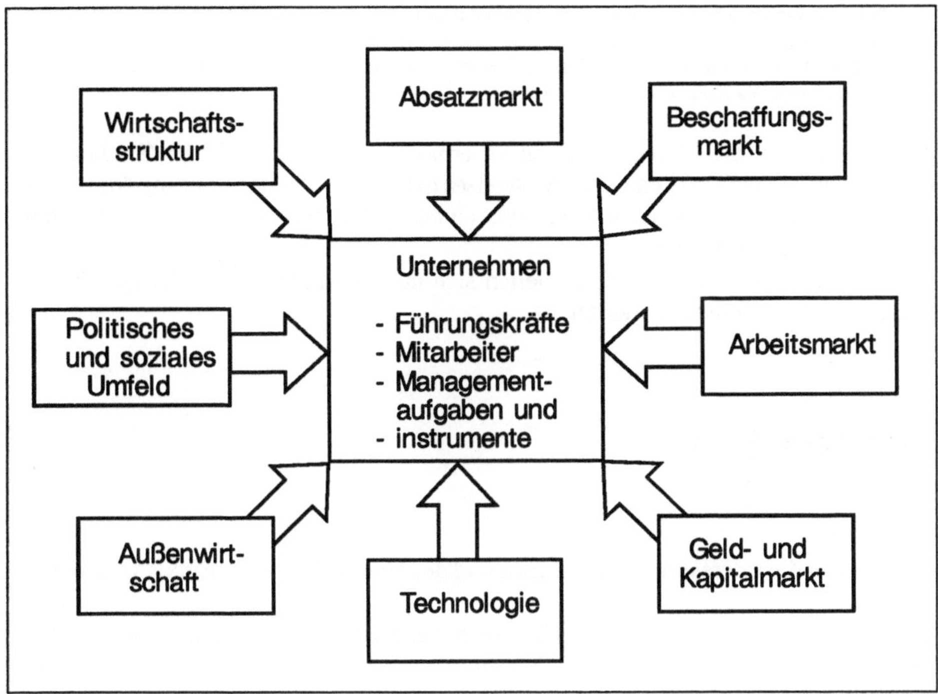

Bild 1.18 Umwelteinflüsse auf das Unternehmen [1.18]

Mitarbeiter zu gewährleisten. Wesentliche Bedingung dafür ist ein erhöhtes Maß an Mitbestimmung, Mitbeteiligung und Mitverantwortung.

Die bisher umfassendste Methode der Planung und Entwicklung von Organisationen als Antwort auf diese Notwendigkeiten ist die "Organisationsentwicklung" (OE), die die wesentlichen bisherigen Techniken und Methoden auf dem Gebiet der Organisationsform in einer einheitlichen Strategie zusammenfaßt und somit in einen neuen Wirkungszusammenhang stellt.

"Organisationsentwicklung", abgekürzt OE (aus dem amerikanischen "Organisation Development" (OD)), wird häufig synonym mit dem Begriff "planned change" verwendet. Entstanden ist dieser Begriff in den 50er Jahren in den USA. Dort hat sich die OE zu einer relativ eigenständigen Richtung innerhalb der angewandten Sozialwissenschaften entwickelt.

OE ist in den letzten Jahren auch in der Bundesrepublik Deutschland zu einem Zweig der angewandten Sozialwissenschaften geworden und beinhaltet die Anwendung vor allem verhaltenspsychologischer und kommunikationswissenschaftlicher Erkenntnisse auf Fragen der Führung und Organisation. OE ermöglicht den Unternehmen die notwendige Anpassung an sich ändernde Verhältnisse in der Umwelt und deren Auswirkungen auf die betrieblichen Abläufe.

Eine umfassende, wenn auch sehr allgemeine Definition, stammt von W. Bennis. Er beschreibt OE als

> "eine Reaktion auf den Wandel, als eine vielfältige Strategie, mit der man Überzeugungen, Ansichten, Wertvorstellungen und den Aufbau von Organisationen in solcher Weise verändern will, daß sie sich neuen Technologien, Märkten, Ansprüchen und dem schwindelerregenden Ausmaß des Wandels selbst anpassen können" [1.19].

OE hat also zum Ziel, Veränderungen zu ermöglichen, sowohl in der Struktur der Organisation, als auch bei den Verhaltensweisen der Mitarbeiter und Führungskräfte. OE beinhaltet sowohl einen sachbezogenen, einen systembezogenen wie auch einen personenbezogenen Ansatz.

Aus dieser globalen Zielsetzung leiten sich nachstehende Fragestellungen in den folgenden 6 Problemfeldern der OE ab.

1.6.2 Problemfelder

Integration
- Wie können die Interessen des Einzelnen und des Unternehmens in Einklang gebracht werden?
- Wie können Interessenkonflikte zwischen verschiedenen Gruppen im Betrieb gelöst werden?

Motivation
- Wie kann ein engagiertes Leistungsverhalten entstehen?
- Wie können Leistungsreserven mobilisiert werden?

Kooperation
- Wie kann auf allen Stufen partnerschaftliche Zusammenarbeit entstehen?
- Wie werden aus Betroffenen Beteiligte?

Kreativität
- Wie kann die Kreativität gefördert werden, um Probleme zu lösen?

Flexibilität
- Wie kann das Unternehmen gestaltet werden, damit es zur ständigen Anpassung an sich ändernde Umwelteinflüsse fähig ist?

Innovation
- Wie finden organisatorische Veränderungen die Unterstützung der Belegschaft?
- Wie sind notwendige Umstellungen ohne nachhaltige Konflikte möglich?

Aus diesen Fragestellungen nach [1.17] ergeben sich konkrete Ziele der OE. Da man in der OE davon ausgeht, daß sich die Verbesserung der Leistungsfähigkeit und die

"Humanisierung des Arbeitslebens" nicht gegenseitig ausschließen, sondern im Gegenteil in einem engen sich wechselseitig bedingendem Zusammenhang stehen, läßt sich ein Zielkatalog für die OE erstellen.

1.6.3 Ziele

Die Ziele der OE lassen sich in zwei Zielebenen gliedern (nach Bild 1.19) [1.18]:

- Verbesserung der Leistungsfähigkeit des Unternehmens
- Steigerung der Flexibilität
- Förderung der Kreativität
- Verbesserung der Innovationsbereitschaft für neue Verfahren und Produkte
- Verbesserung der Problemlösungsqualität durch bessere Gruppenarbeit
- Verbesserung der Konfliktaustragung
- Permanente Anpassung der Führung, Planung, Organisation, Information und Kommunikation an veränderte Bedingungen
- Angebote zur beruflichen Weiterbildung und Höherqualifikation
- Humanisierung durch Persönlichkeitsentfaltung der Führungskräfte und Mitarbeiter
- Verbesserung der Chancen zur Persönlichkeitsentwicklung
- Größere Selbständigkeit am Arbeitsplatz
- Stärkere Beteiligung am Entscheidungsprozeß
- Verbesserung der Selbstkoordinierung der Mitarbeiter
- Verbesserung der Kooperationsbereitschaft und Teamfähigkeit
- Bessere Übereinstimmung von Werten, Normen und Zielen von Mitarbeiter, Gruppe und Unternehmen.
- Verbesserung der Arbeitsorganisation im Hinblick auf lernförderliches Arbeiten.

1.6.4 Prinzipien

Dem Ablauf der Organisationsentwicklung liegen folgende Prinzipien zugrunde [1.18]:

- permanenter, geplanter Prozeß
  OE ist als permanenter, dynamischer und geplanter Problemlösungs-, Erneuerungs- und Lernprozeß zu begreifen, der sich auf die Gesamtorganisation, ihre Bestandteile und auf die zwischen ihnen bestehenden Beziehungen erstreckt.

- Berater
  Der mehrphasige OE-Prozeß wird mit Hilfe von externen und/oder internen Beratern ein- und angeleitet.

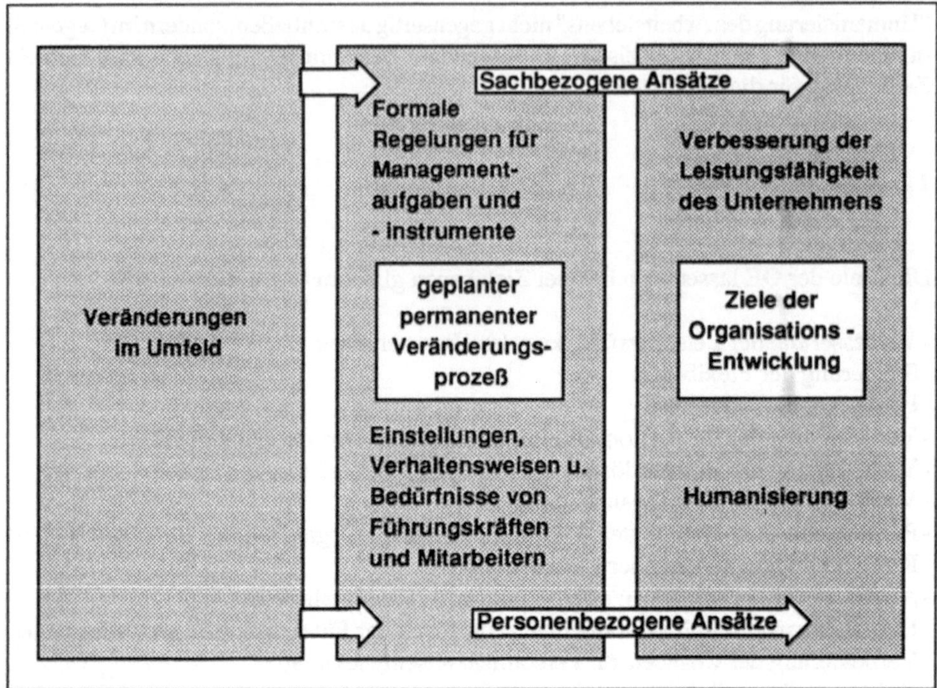

Bild 1.19 Ziele der Organisationsentwicklung [1.18]

- Personalentwicklung
OE ist auf die Persönlichkeitsentfaltung und Selbstverwirklichung des Individuums
ausgerichtet.

- duales Konzept
Der OE-Prozeß bestimmt sich in seinem Verlauf nach den konkreten Bedingungen der
jeweiligen Organisation und beinhaltet sowohl eine personelle als auch eine strukturelle
(sachbezogene) Intervention.

- intergriertes Gesamtkonzept
Die OE bedient sich der Erkenntnisse, Theorien und Methoden der Ver-
haltenswissenschaften, der Pädagogik und der Aktionsforschung und der
Qualifizierungsforschung

- Partizipation
Der OE-Prozeß läuft unter aktiver Beteiligung der betroffenen Führungskräfte und
Mitarbeiter ab.

1.6.5 Der OE-Prozeß

Der OE-Prozeß läßt sich in planungslogische (sachbezogener Ansatz) und sozialpsychologische (personenbezogener Ansatz) Phasen unterteilen (Bild 1.20).

1.6.6 Methoden

1.6.6.1 Übersicht

Der Katalog der Methoden (Bild 1.21) versteht sich lediglich als ein Repertoire, aus dem, entsprechend der spezifischen Betriebs- und Lernmittelsituation, die einzelnen Methoden ausgewählt und zu einem abgestimmten Maßnahmen- und Strategiebündel zusammengefaßt werden müssen.

Es hat sich als sinnvoll herausgestellt, eine Einteilung der Instrumente nach Anwendungsbereichen und Zielgruppen vorzunehmen:
- Organisationsübergreifende Instrumente,
- Instrumente mit dem Einsatzbereich "Organisation"
- Instrumente mit dem Einsatzbereich "Individuum".

Aus jedem dieser drei Bereiche ist im folgenden jeweils ein Instrument beispielhaft dargestellt.

1.6.6.2 Einsatzbereich Organisation/Survey-Feedback

Ausgangspunkt von Survey-Feedback als Instrument der OE ist die Überzeugung gewesen, daß sachliches und menschliches Fehlverhalten, speziell Führungsfehlverhalten durch Fehlinformation, unvollständige Informationen, bestimmte Situationen und durch bestimmte vorhandene Wertvorstellungen entsteht. Da jedoch Wertvorstellungen beispielsweise weitaus schwerer und nur langfristig veränderbar sind und die Diskussion und Offenlegung von Werksystemen für Individuen und Arbeitsgruppen einen sehr schwierigen Prozeß darstellen kann, setzte das Survey-Feedback (SF) beim Informationsfluß an (Bild 1.22).

Im Gegensatz zu anderen Ansätzen konzentrierte sich das SF auf die Diagnose der organisatorischen Schwachstellen mit Hilfe von Befragungen (Survey). Die so gewonnenen Daten wurden systematisch gesammelt. Anschließend erfolgte die Rückmeldung (Feedback) dieser Daten an Einzelpersonen und Gruppen auf allen Betriebsebenen.

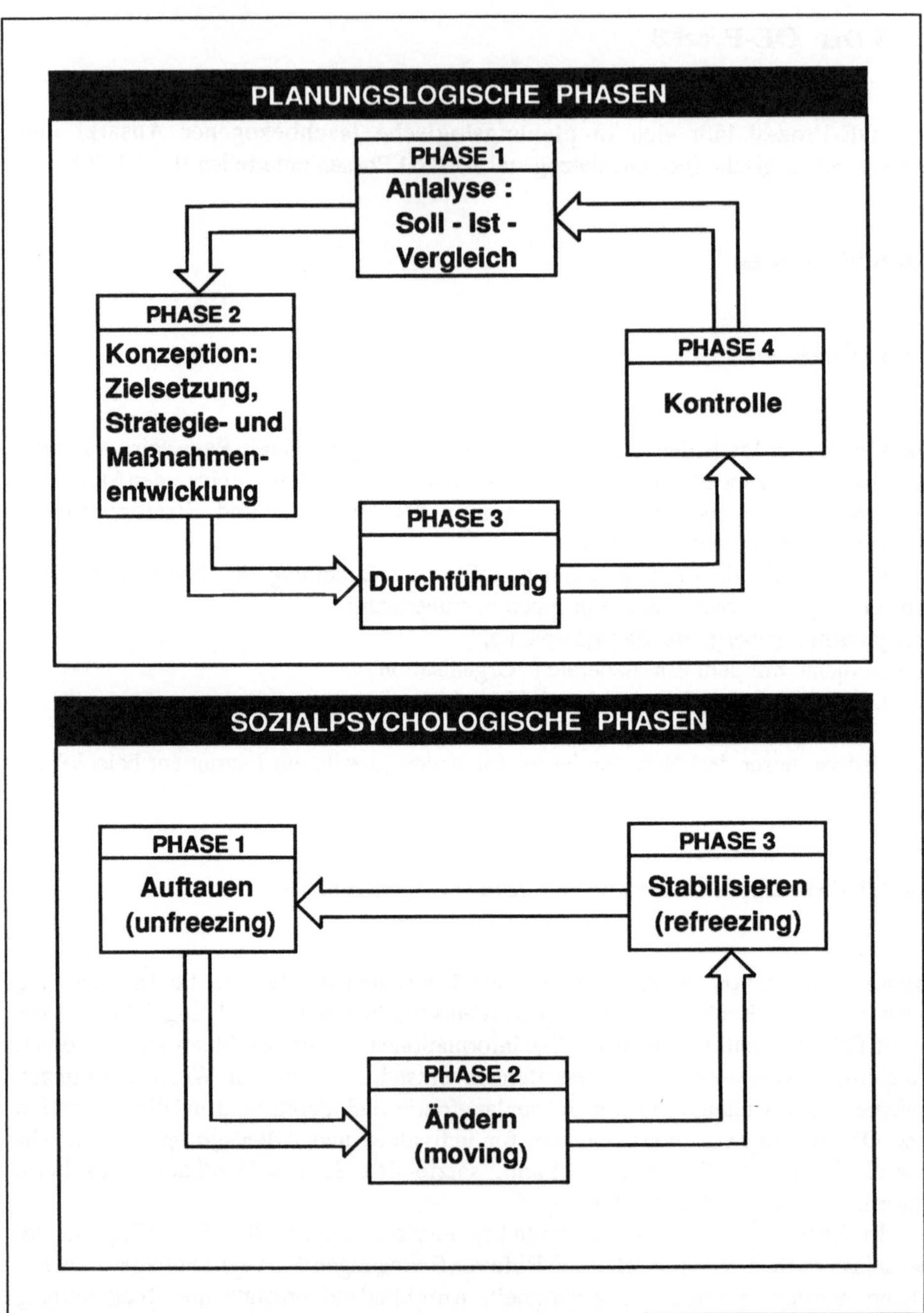

Bild 1.20 Die planungslogischen und die sozialpsychologischen Phasen des OE-Prozesses [1.18, 1.20].

Dabei geht es hier weniger um betriebswirtschaftliche Daten, sondern mehr um Informationen bezüglich Einstellungen, Verhaltensweisen, Abläufen, Strukturen etc.. Die Daten der Umfragen wurden analysiert, um sie als Entscheidungsgrundlage für Veränderungen nutzen zu können. Zusätzlich schaffte man sich durch den erhöhten Informationsfluß und die jeweilige Rückmeldung eine erweiterte Verständnisbereitschaft und Verständigungsfähigkeit zwischen Einzelnen und zwischen Gruppen. Damit sollte meist eine Verbesserung des Arbeitsklimas verbunden sein.

Wesentliche Grundlage eines OE-Prozesses sind aussagekräftige Informationen. Datenerhebung und Diagnose sind deshalb nach dieser Auffassung Bedingung für eine erfolgreiche Organisationsentwicklung. In diesem Rahmen stellte das Survey-Feedback (oder: Survey-Research bzw. Survey-Guided-Development) ein überaus wichtiges Element der OE dar, zumal das SF als eine der historischen Quellen der OE anzusehen ist, die auf breiten Erfahrungen basiert [1.21].

Heute findet im Sinne eines strengen formalen Vorgehens diese Vorgehensweise kaum noch Verwendung, zumal sie durch ihre formale Struktur zu schwerfällig für die heutigen Bedürfnisse erscheint. Die Auffassung hat sich durchgesetzt, daß ein flexibles Arbeitsklima mit einem entsprechenden Spielraum für Diskussionen mehr zur OE beiträgt, als möglichst exakt und vollständig erhobene Daten.

1.6.6.3 Einsatzbereich Gruppe/Teamentwicklung

Die wichtigste Gruppe von Instrumenten der OE sind die Teamentwicklungsaktivitäten. Ihr generelles Ziel ist eine Verbesserung der Leistungsfähigkeit von unterschiedlichen Gruppen innerhalb einer Organisation, weil dieses Instrument eine starke Integration der verschiedenen Gruppen in den Prozeß der Organisationsentwicklung ermöglicht.

Teamentwicklung beschäftigt sich sowohl mit den Beziehungen der Mitglieder einer Organisation untereinander, als auch mit direkt aufgabenbezogenen Problemstellungen. Bezugspunkt der Erarbeitung von Diagnose und Lösungsmöglichkeit ist hier nicht so sehr der Einzelne, sondern die Gruppe, die sich selbst zum Gegenstand der Betrachtung macht. Diese Gruppen können permanent existierende Gruppen oder jeweils aktuell zu bildende Projektgruppen sein (Bild 1.23).

Der Ablauf einer Teamentwicklung setzt damit ein, daß ein Vorgesetzter mit seinen direkt untergebenen Mitarbeitern eine Teamentwicklungsklausur beginnt, in der sich die Teilnehmer beispielsweise mit folgenden Fragen beschäftigen sollen [1.21]:

- Welche Kompetenzen sind delegierbar?
- Ist Delegation bei uns möglich?
- Was ist vorrangig zu ändern, was später?
- Welche Entscheidungen sollen bei uns gemeinsam getroffen werden?
- Wie entstehen Zielsetzungen und wie präzise sind sie?
- Wo liegt bei uns überflüssiger Formalismus vor?
- Verstehen wir uns als Team?

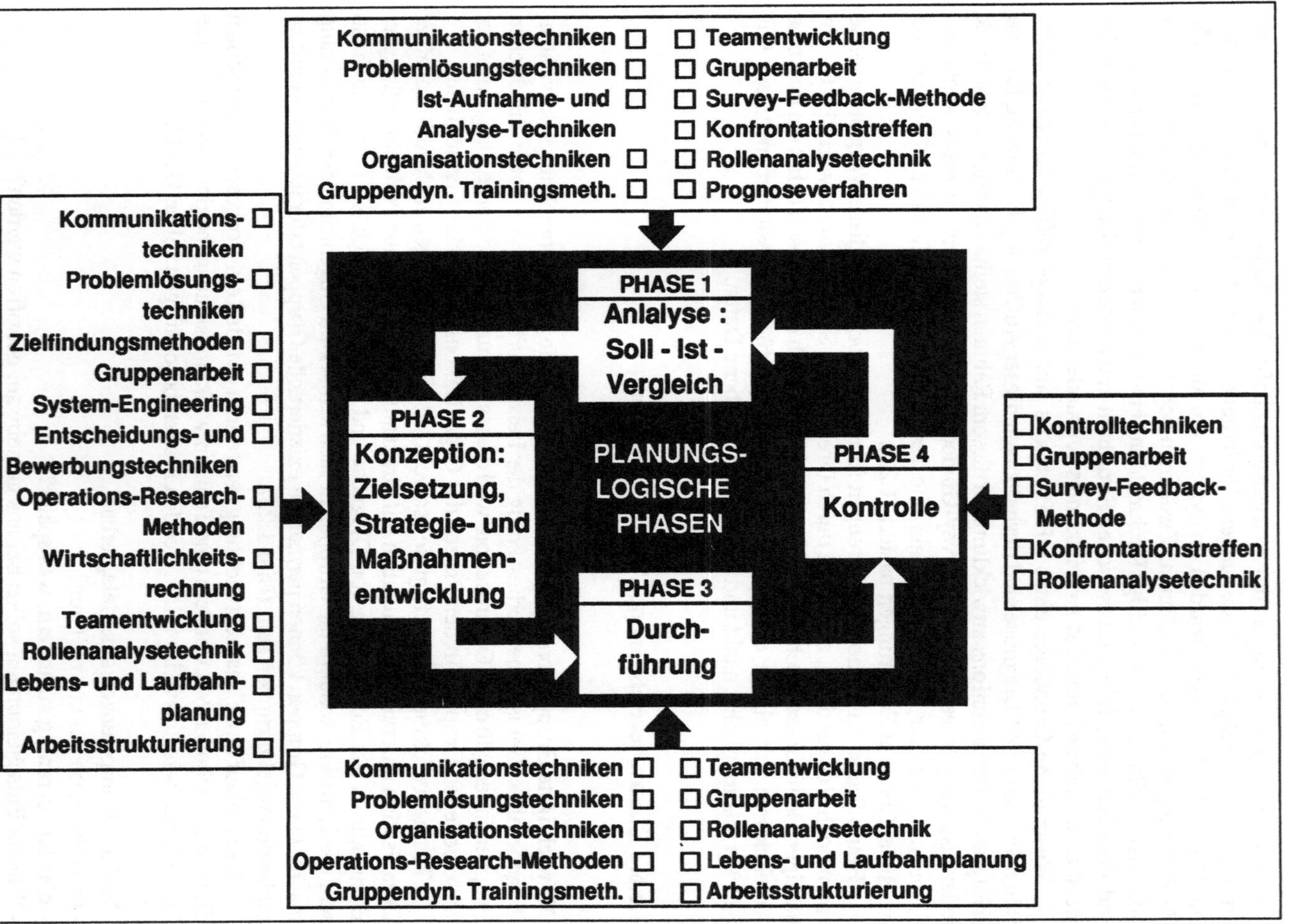

Bild 1.21 Methoden im OE-Prozeß [1.18]

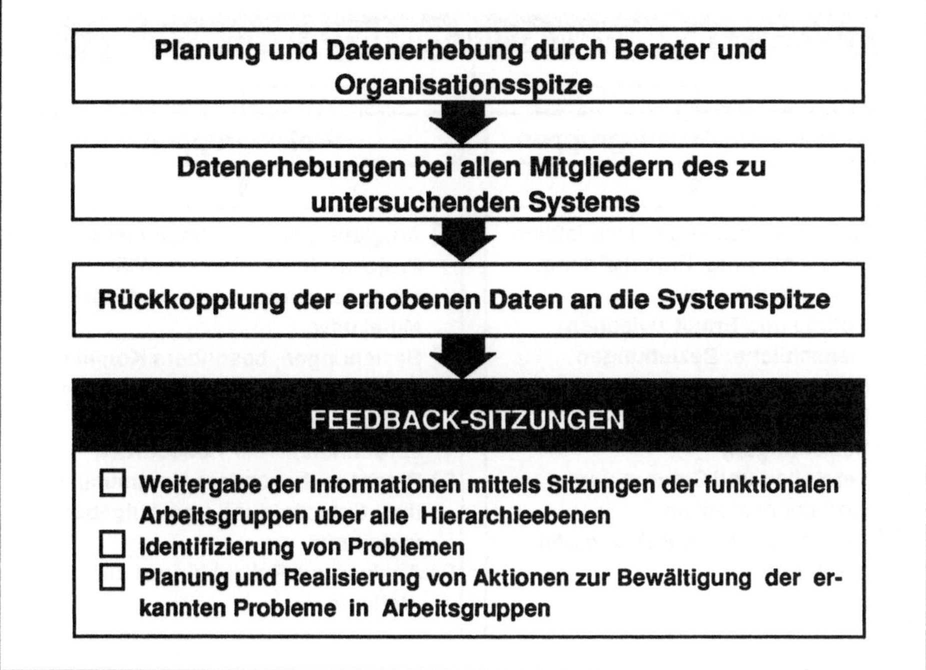

Bild 1.22 Ablauf des Survey-Feedback [1.21]

- Wie lösen wir Konflikte?
- Neigen wir zu vorschnellen Kompromissen?
- Wie steht es mit unserer Informationsbereitschaft?
- Welche Mißverständnisse regulieren unser gegenseitiges Verhalten?
- Wie werden Interessen und Bedürfnisse in die Gruppe eingebracht und wie ist die Reaktion darauf?
- Wie ist das Führungsverhalten der Vorgesetzten?
- Wie sind wir qualifiziert?
- Wo liegen die eigenen Kompetenzen?

1.6.6.4 Einsatzbereich Individuum / Lebensgestaltung und Karriereplanung

Dieses Instrument der OE trägt verstärkt der Tatsache Rechnung, daß die Leistungsfähigkeit einer Organisation nicht nur abhängig ist von leistungsfähigen Gruppen und Strukturen, sondern auch von der Leistungsfähigkeit und der Leistungsbereitschaft der einzelnen Mitarbeiter.

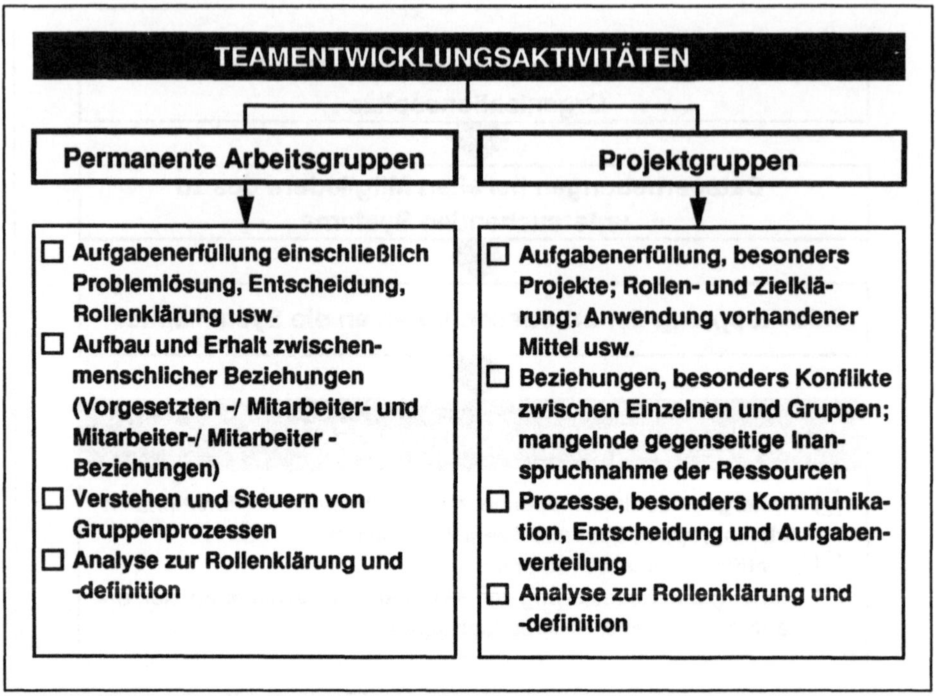

TEAMENTWICKLUNGSAKTIVITÄTEN

Permanente Arbeitsgruppen

☐ Aufgabenerfüllung einschließlich Problemlösung, Entscheidung, Rollenklärung usw.
☐ Aufbau und Erhalt zwischenmenschlicher Beziehungen (Vorgesetzten -/ Mitarbeiter- und Mitarbeiter-/ Mitarbeiter - Beziehungen)
☐ Verstehen und Steuern von Gruppenprozessen
☐ Analyse zur Rollenklärung und -definition

Projektgruppen

☐ Aufgabenerfüllung, besonders Projekte; Rollen- und Zielklärung; Anwendung vorhandener Mittel usw.
☐ Beziehungen, besonders Konflikte zwischen Einzelnen und Gruppen; mangelnde gegenseitige Inanspruchnahme der Ressourcen
☐ Prozesse, besonders Kommunikation, Entscheidung und Aufgabenverteilung
☐ Analyse zur Rollenklärung und -definition

Bild 1.23 Arten der Teamentwicklung [1.21]

Ziel der Karriereplanung ist es, die einzelnen Mitarbeiter zur Bewältigung folgender Problemstellungen zu befähigen [1.21]:

- vergangenheitsorientierte Fragestellungen:
  Einschätzung der bisherigen Lebensgestaltung und Karriereplanung (Höhepunkte, wichtige Ereignisse, Möglichkeiten etc.)

- zukunftsgerichtete Fragestellungen:
  Formulierung der Erwartungen hinsichtlich Lebensstil und beruflicher Laufbahn

- gegenwartsbezogene Fragestellungen:
  Planung zur Verwirklichung der erwünschten Ziele

H.A. SHEPARD [1.22] war einer der Ersten, die Übungen zur Lebensgestaltung und Karriereplanung entwickelten und in die OE einführten. Eine dieser Übungen läuft wie folgt in zwei Teilen ab:

Teil 1:

1. Ziehe eine horizontale Linie! Diese stellt Deinen Lebenslauf dar, mit allen Erfahrungen und zukünftigen Erwartungen.

2. Zeichne Deinen gegenwärtigen Standort auf der Linie ein!
3. Entwickle eine Bestandsaufnahme Deines Lebens, die für Dich wichtige Ereignisse
   der folgenden Art umfaßt:

   - Höhepunkte in Deinem Leben,
   - Dinge, die Du gut machst,
   - Dinge, die Du schlecht machst,
   - Dinge, die Du am liebsten nicht mehr machen würdest,
   - Dinge, die Du gern besser machen möchtest,
   - Höhepunkte, die Du Dir wünschst,
   - Werte (z.B. Macht, Geld usw.), die Du erreichen möchtest,
   - Dinge, die Du am liebsten gleich beginnen würdest,

4. Diskussion in Untergruppen

Teil 2:

1. Schreibe innerhalb von 20 Minuten Deinen eigenen Nachruf!
2. Setzt Euch zu Paaren zusammen und schreibt eine Lobrede auf Euren Partner (20
   Minuten!)
3. Diskussion in Untergruppen

Solche u.ä. Aktivitäten finden in Gruppen statt und können zwischen einem Tag und einer
Woche Zeit beanspruchen. Man sammelt Material über die eigene Person, analysiert
dieses dann individuell und in der Gruppe, formuliert Ziele und Aktionspläne, um diese
Ziele dann zu erreichen. Nützlich ist die Methode vor allem für Mitarbeiter, die verstärkt
durch Routine und Gewohnheitsdruck gehemmt werden und selten ihre berufliche und
private Situation reflektieren. Hier kann möglicherweise ein großes Innovationspotential
persönlicher wie fachlicher Art entwickelt und für den Mitarbeiter nutzbringend bewußt
gemacht werden.

   Ebenso bietet sich diese Methode für Mitarbeiter an, die sich zur Veränderung ihrer
Laufbahn entschlossen haben. Es bleibt zu vermerken, daß solche Übungen nicht ohne
fachkundige Anleitung (Berater, Psychologe etc.) durchgeführt werden sollten.

1.6.7 Kommunikationstechniken

Die im folgenden erläuterten Einzel- und Rahmentechniken (vgl. Abschn. 1.6.6) sollen
helfen, die Kommunikation in Gruppen effizienter zu gestalten. Sie werden zwar hier im
Zusammenhang mit Organisationsplanung dargestellt, sind aber für jede Art der

Kommunikation anwendbar. Die Abschnitte 1.6.7 und 1.6.8 folgen weitgehend der Darstellung in [1.12].

Die Diskussionstechniken bieten auf der Grundlage einiger Regeln die Möglichkeit, alle Teilnehmer in einen Prozeß (z.B. Diskussion, Seminar, Sitzung) einzubeziehen und auch zu aktivieren. Sie dienen gleichzeitig der Motivation der Teilnehmer.

Moderation stellt die Steuerung eines Gruppenprozesses durch einen oder mehrere als neutral anerkannte Moderatoren dar. Diese setzen die Einzeltechniken entsprechend den Bedürfnissen der Teilnehmer ein.

Sollen im Verlauf einer Veranstaltung eine Strategie entworfen oder Ziele gefunden werden, so bietet sich das Entscheidertraining an. Diese Form hat zum Ziel, Problembewußtsein zu schaffen, Engagement zu erzeugen und Aktionen herbeizuführen. Das Ergebnis ist in allen Fällen ein Katalog von Folgeaktivitäten.

1.6.7.1 Diskussionstechniken

Im Team müssen ganz bewußt Verhaltensregeln eingehalten werden, die auf der Grundlage der gemeinsamen Verantwortung, d.h. des gemeinsamen Erfolgs oder

☐ Jeder erkennt den anderen als gleichwertigen Partner an
☐ Rollen werden ständig gewechselt
☐ Meinungen sollen herausgefordert und geäußert werden
☐ Zuhören ist genauso wichtig wie Reden
☐ Konflikte nicht verschleiern, sondern aufdecken und diskutieren
☐ Innerhalb des Teams soll kritisiert, aber nicht getadelt werden
☐ Es gibt keine Meinung oder Erfahrung, die nicht in Frage gestellt werden dürfte
☐ Lernbedarf muß jederzeit deutlich gemacht werden
☐ Informationsgefälle ist abzubauen (z.B. tägl. 1/2 Stunde Teamkonferenz)
☐ Alle Unterlagen stehen jedem jederzeit zur Verfügung
☐ Keiner führt eine neue Aktivität aus, die nicht vorher
   gemeinsam beschlossen wurde
☐ Die Aktivitäten jedes einzelnen müssen allen bekannt sein
   (offener Terminkalender)
☐ Arbeitsergebnisse sind laufend festzuhalten
☐ Zielabweichungen sind sofort mitzuteilen und zu klären
☐ Die Einhaltung der Spielregeln ist laufend zu beobachten

Bild 1.24 Spielregeln für ein Team

Mißerfolgs, internen Wettbewerb, persönliche Konkurrenz, Informationssperren und "einsame" Entscheidungen verhindern und den uneingeschränkten Einsatz aller Erfahrungen, Ideen und Kräfte ermöglichen. Bild 1.24 zeigt einige Spielregeln.

Ein häufig verwendetes Mittel, um sich nicht mit Argumenten auseinandersetzen zu müssen, sind Killerphrasen (Bild 1.25). Es handelt sich dabei um in vielfachen Variationen auftauchende "Gesprächstöter" in brenzligen Situtationen und damit um Ausdrücke des persönlichen Abwehrverhaltens.

Die Praxis zeigt, daß die im Zusammenhang mit der Teamarbeit entwickelten Diskussionstechniken auch in verstärktem Maße bei Konferenzen und Diskussionen anwendbar sind. Deshalb hier einige grundsätzliche Regeln für einen effizienten Diskussionsverlauf:

30-Sekunden-Regel:
- Kein Teilnehmer sollte länger als ca. 30 sec. ununterbrochen reden.
- Verhinderung langatmiger und abschweifender Monologe
- Möglichkeit der Gesprächsbeteiligung aller Teilnehmer

Aussagen sichtbar machen:
- Verdeutlichung schwieriger Zusammenhänge (auch durch Skizzen)

Bild 1.25 Killerphrasen

- Bessere Vergleichbarkeit von Aussagen
- Festhalten von Aussagen, ständiges "vor Augen haben"

Transparenz-Fragen:
- Fragen, die auf eine Verdeutlichung der Gruppensituation gerichtet sind
- Aufzeigen von Erwartungen der Teilnehmer und deren bisheriger Erfüllungsgrad
- Sichtbarmachen von Meinungen, Stimmungen und Gefühlen der Gruppe
Themensammlung:
- Transparenz über Themen, Reihenfolge und Zeitdauer

Motivierendes Gruppenverhalten:
- Einbeziehung aller Teilnehmer
- Vermeidung von Agressionen
- Vermeidung von Killerphrasen

1.6.7.2 Moderation

Überall, wo Menschen in Gruppen an einem Problem zusammenarbeiten, (Planungsteam, Entscheidertraining, Konferenzen) verwenden sie einen großen Teil ihrer Energie dafür, ihre augenblicklichen Denk- und Verhaltensweisen nicht aufgeben zu müssen. Sie versuchen, alle Erfahrungen bzw. Informationen für sich "passend" einzuordnen. Ziele jeder Zusammenarbeit in Gruppen sind deshalb:

- gemeinsames Problembewußtsein
- kooperatives Verhalten bei Meinungsbildung, Entscheidungen und Handlungen
- Ausgleich von Informationsgefällen
- zielorientierter Gesprächsverlauf
- Kreativität und Innovationsfreudigkeit
- effizienter Ablauf (Zeit-Nutzen-Relation)
- interessante und lebendige Gestaltung (Motivation).

Die Erfahrung hat gezeigt, daß ungesteuerte Gruppen diese Ziele selten, hierarchisch gelenkte Gruppen diese nie erreichen. Die Alternative heißt Moderation statt Führung. Moderatoren haben die Aufgabe

- die psychische Energie, die zur Stabilisierung der vorhandenen "Ordnung" aufgewandt wird, durch Provokation freizusetzen und
- diese Energie durch Aufzeigen und Einführen eines Modellverhaltens in Richtung der Problemlösung zu kanalisieren (Bild 1.26).

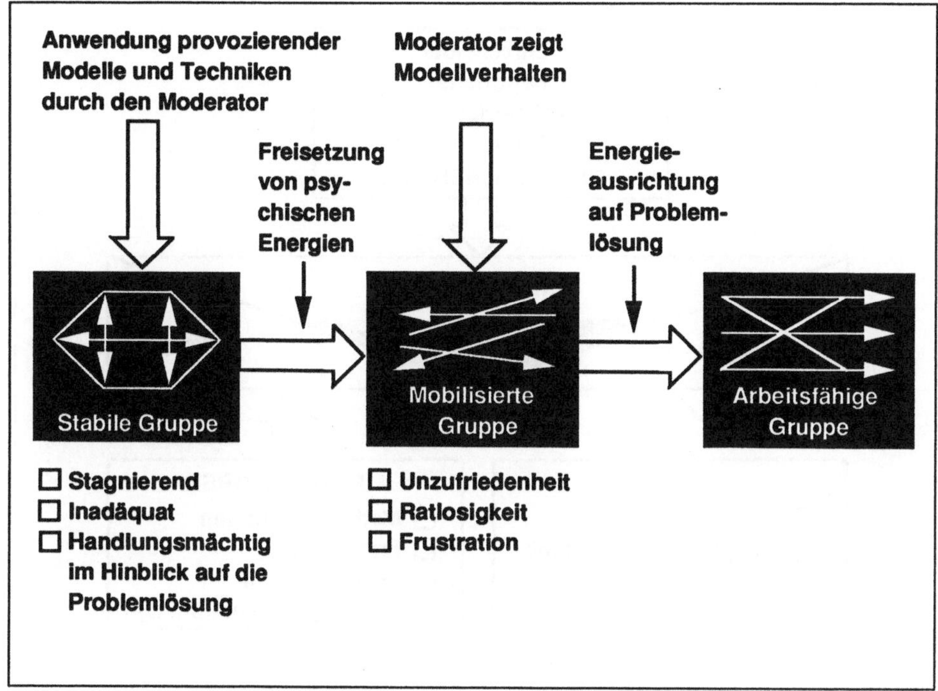

Bild 1.26 Moderation

1.6.7.3 Entscheidertraining (ET)

Das Entscheidertraining ist eine Zielfindungsklausur von 3 - 5 Tagen, in der das Wissen und Wollen einer Gruppe zu handlungsorientierten Strategien führt.

Als Kooperationsverfahren basiert das Entscheidertraining auf den Erkenntnissen der Grupppendynamik und stellt eine Kombination von Problemfindungs-, Problemstrukturierungs- und Lernmethoden dar. Es erhebt jedoch nicht den Anspruch, bereits fertige Problemlösungen zu liefern.

Die Funktion der Moderatoren besteht darin, den Willensbildungsprozeß nicht fachlich, sondern im Ablauf unter Berücksichtigung der jeweils in der Gruppen vorhandenen Tendenzen zu steuern (Bild 1.27).

Durch formale Spielregeln und ein situationsgerechtes Angebot an Techniken helfen die Moderatoren der Gruppe kooperativ wirksam zu werden:

- Probleme erkennen
- Probleme aktualisieren
- Probleme generalisieren
- Handlungsbewußtsein erzeugen
- gemeinsame Ziele formulieren

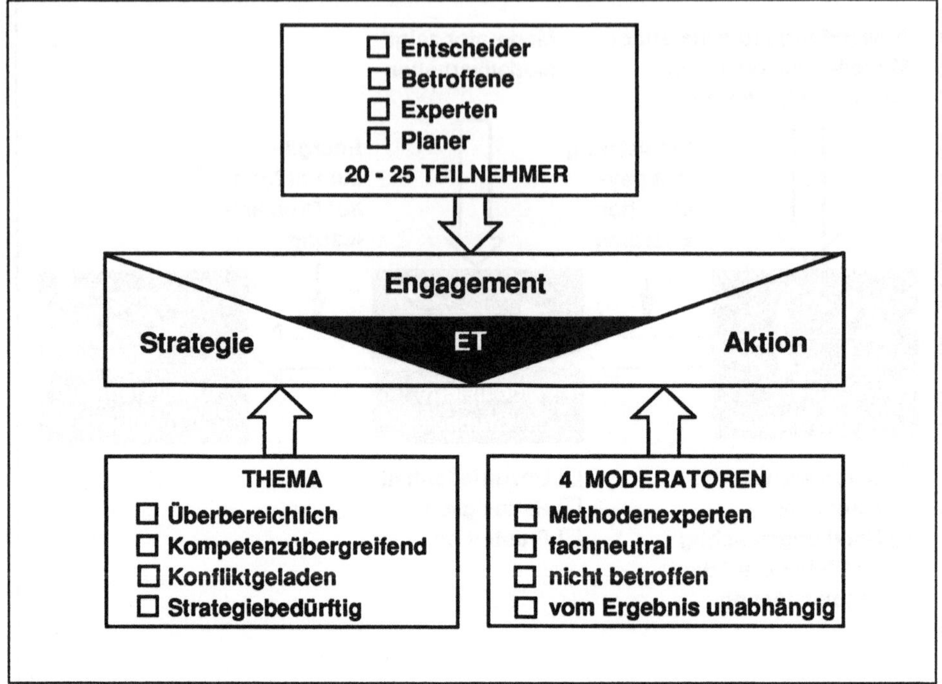

Bild 1.27 Entscheidertraining

- Handlungsstrategien entwerfen.

Im Interesse der Durchsetzungsfähigkeit der Strategie sollten die zugrunde liegenden Fakten und Ideen auf einem Informationsmarkt weiteren Bereichen unmittelbar zur Diskussion gestellt werden. Umgekehrt können sich auf einem Informationsmarkt Themen und Probleme herauskristallisieren, die ihrerseits in einem Entscheidertraining (Bild 1.28) intensiv bearbeitet werden können.

Mit dem Entscheidertraining steht eine wirkungsvolle Methode zur Verfügung, um Problembewußtsein und gemeinsame Handlungsbereitschaft als notwendige Voraussetzung auf dem Weg zur erfolgreichen Planung zu erzeugen. Darüber hinaus bietet es - ohne besonderen Anlaß in bestimmten Zeitabständen durchgeführt - die Möglichkeit, gemeinsam zukunftsorientierte Zielvorstellungen zu entwickeln, die auf den Weg zur innovativen Planung führen können.

1.6.7.4 Präsentation von Planungsergebnissen

Die Präsentation ist als ein Verkaufsinstrument entwickelt worden, das aber auch ein wesentliches Hilfsmittel der Planungsarbeit darstellt.

Bild 1.28 Ablauf des Entscheidertrainings

Wie bei allen Techniken müssen auch hier einige Regeln beachtet werden:

- Referentenwechsel
- Zeitplanung (25 % Präsentation: 75 % Diskussion)
- Visualisierung von Inhalten
- Auflockerung durch Fragen.

Immer wieder kann man Planungen erleben, die zwar ausgezeichnete Ergebnisse vorweisen, aber wegen mangelnder Berücksichtigung dieser Regeln beim "Verkaufen" scheitern. Daraus ist leicht abzuleiten, daß der Vorbereitung der Präsentation eine nicht zu unterschätzende Bedeutung zukommt.

1.6.8 Problemlösungstechniken

1.6.8.1 Vorbemerkung

Problemlösungstechniken erleichtern die Ideenfindung und -verarbeitung. Sie sind Hilfsmittel, deren Beherrschung allein jedoch nicht zwingend zu neuen Lösungen führt (Bild 1.29). Für die Entwicklung neuer Ideen ist ein starkes Maß an Kreativität erforderlich. Kreativität ist ein schöpferischer Denkprozeß, der neue, unkonventionelle Ideen hervorbringt. Der im allgemeinen langwierige kreative Prozeß wird mit Problemlösungstechniken in Gruppen stimuliert und abgekürzt. Diese Techniken sollen den einzelnen dazu zwingen, die drei Abschnitte des schöpferischen Denkprozesses bewußt zu durchlaufen. Hierdurch ist es möglich, die durch logisches und systematisches Denken aufgebauten Schranken zu durchbrechen.

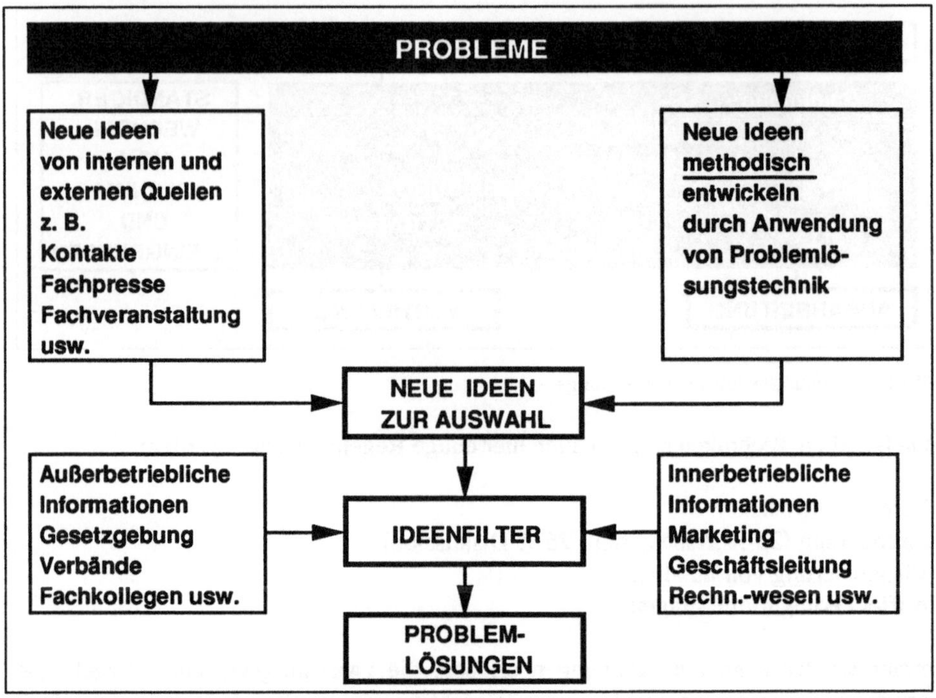

Bild 1.29 Wege zur Ideenfindung und Problemlösung

1.6.8.2 Rollenspiel

Das Rollenspiel (Bild 1.30) bietet die Möglichkeit, Spannungen innerhalb einer Gruppe sowie zwischen einer Gruppe und ihrer Umwelt aufzudecken und neue Verhaltensweisen zu entwickeln. Die Gruppe listet mögliche Konfliktpartner und ihre Konfliktsituation auf und definiert sie.

Es sind folgende Regeln zu beachten:

- Es soll so diskutiert werden, daß man recht behält. Rhetorische Kniffe zur Verteidigung des eigenen Standpunktes sind erlaubt.
- Leerformeln sollen von der Gegenpartei sofort aufgedeckt werden.
- Diese Liste wird von der Gesamtgruppe bewertet und dadurch das Thema festgelegt.
- Zu diesem Thema werden die Konfliktpersonen genannt und ihre Rollen von den voraussichtlich am besten geeigneten Teilnehmern, die sich für das Thema melden, übernommen.
- Die Rollenspieler bereiten sich 10 bis 15 Minuten getrennt voneinander auf ihre Rolle vor.

- Soweit es angebracht erscheint, kann die Gesamtgruppe ebenfalls in "Parteien" aufgeteilt werden, die bei der Vorbereitung helfen.
- Alle Argumente, gleich ob emotionaler oder sachlicher Natur, werden in schriftlicher Form von Protokollanten festgehalten.
- Das Spiel sollte zeitlich begrenzt werden (Sprechzeit ca. 5 bis 15 Minuten).

Zu den festgehaltenen Aussagen werden nach dem Spiel von der Gruppe Fragen beantwortet, wie:

- Welches waren die unangenehmsten Argumente, Einwände, Fragen?
- Welches waren die besten Vorschläge?
- Welche auffälligen Verhaltensweisen wurden demonstriert?

Alle während des Rollenspiels und seiner Auswertung festgehaltenen Ergebnisse werden in Gruppendiskussionen vertieft bzw. an Kleingruppen zur weiteren Ausarbeitung gegeben.

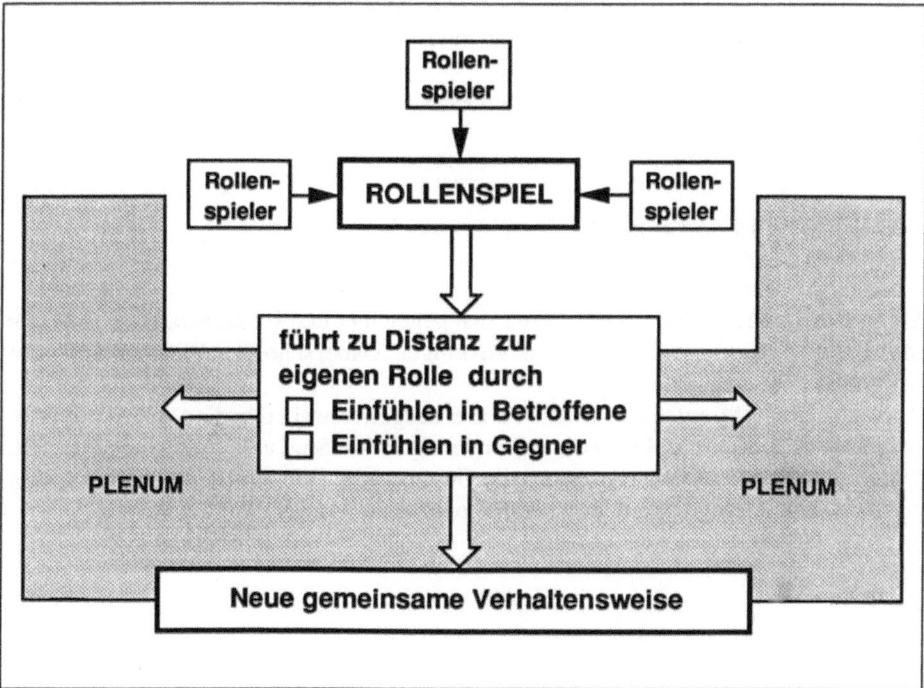

Bild 1.30 Rollenspiel

1.6.8.3 Utopiespiel

Erwachsene Menschen öffnen sich nur sehr schwer. Da Phantasie im allgemeinen nicht belohnt wird, wird sie leider auch bei Problemlösungen kaum gefördert. Aus diesem Grunde soll das Utopiespiel im Rahmen von Planungen und Entscheidertraining die Phantasie anregen.

Durchführung:

- Das Plenum teilt sich in Sympathiegruppen von ca. je 4 Personen auf. Jede Gruppe hat einen Moderator.
- Die Kleingruppen entwickeln rund 20 Minuten lang ihre Ideen und visualisieren diese gleichzeitig (farbige Filzschreiber, Packpapier).
- Die Ergebnisse des Utopiespiels werden durch das Plenum mit Selbstklebepunkten bewertet. Dabei soll die Gruppe Ideen herausfinden, die weiterentwickelt werden können.

Ergebnisse:

- Utopien, d.h. gewünschte Zukunftsvorstellungen.
- Dystopie-Modelle, d.h. unerwünschte Zukunftsvorstelllungen.
- Verbalisierung bzw. Visualisierung der Sachzwänge, die einer Utopie im Wegen stehen.
- Darstellung der Gruppe, d.h. die Teilnehmer erkennen, wie sie sich selbst und andere einschätzen.

1.6.8.4 Pro- und Contra-Spiel

Die Vertreter von Pro und Contra setzen sich gegenüber und versuchen, so schnell wie möglich ihre Argumente an den "Mann" zu bringen. Dabei schreiben Protokollanten die Pro- und Contra-Argumente mit.

Nach 5 bis 10 Minuten werden die Partner ausgewechselt, d.h. die Contra-Vertreter übernehmen die Rolle der Pro-Vertreter und umgekehrt. Sind alle Thesen abgehandelt, so werden die festgehaltenen Aussagen des Gesamtverlaufs in einer Gruppendiskussion vertieft und an Kleingruppen zur Überarbeitung oder Weiterführung gegeben.

1.6.8.5 Brainstorming

Brainstorming ("Gehirnsturm") ist die bekannteste und am häufigsten angewandte Problemlösungstechnik. Es handelt sich um eine Form gemeinsamen Nachdenkens und gemeinsamer Ideenfindung über ein vorgegebenes Problem unter Leitung eines Diskussionsmoderators. Eine Vorgehensweise besteht darin, daß im Uhrzeigersinn solange undiskutiert von jedem Teilnehmer kurze Äußerungen verlangt werden, bis keinem der Teilnehmer mehr etwas einfällt. Alle "Ideen" werden grundsätzlich und gleichgewichtig protokolliert.

Dabei gelten folgende Regeln:

- Für die Teilnehmer:

   - keine Kritik
   - Quantität vor Qualität
   - "Spinnen" erwünscht
   - Fortführen fremder Ideen jederzeit erlaubt.

- Für den Moderator:

   - überwacht Regeleinhaltung
   - dokumentiert die Ideen bzw. veranlaßt es
   - aktiviert die Teilnehmer bei Flauten
   - stellt Fragen
   - schafft Verbindungen zu früheren Ideen
   - äußert eigene Ideen.

1.6.8.6 Methode 635

Die Methode 635 (Bild 1.31) ist eine Methode, die aus dem Brainstorming entwickelt wurde. Ideen werden nicht wie beim Brainstorming akustisch zum Ausdruck gebracht, sondern vom einzelnen Teilnehmer schriftlich festgehalten. Jedes Mitglied der aus 6 Teilnehmern bestehenden Gruppe schreibt 3 Ideen auf ein Blatt Papier, das in einer vorgegebenen Reihenfolge fünfmal weitergereicht wird. Aufbauend auf den vorliegenden Gedanken sollen dabei die Teilnehmer jedes Blatt um 3 weitere Ideen zur Problemlösung ergänzen. Die Antworten der Teilnehmer sollen sich möglichst an die aufgezeichneten Ideen anlehnen und diese weiterentwickeln, ein logischer Aufbau ist aber nicht unbedingt erforderlich. Es genügt, wenn nach genauer Durchsicht der bereits produzierten Ideen drei neue Gedanken zum gegebenen Problem entwickelt werden.

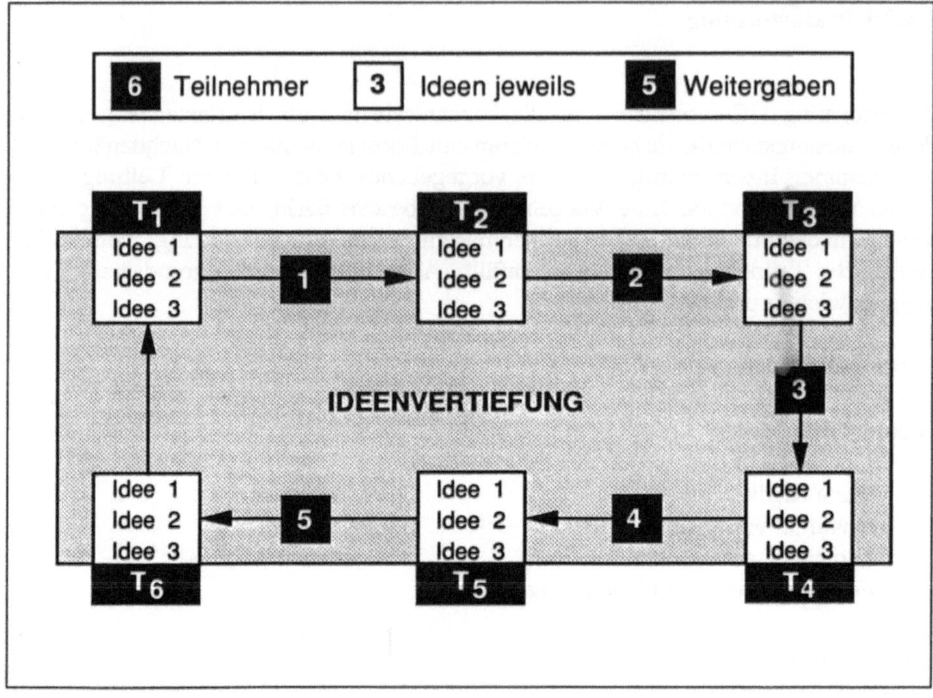

Bild 1.31 Methode 635

1.6.8.7 Morphologische Analyse

Bei der Lösung komplexer Probleme neigen wir zu
- Problemvereinfachungen und Teillösungen,
- Irrtümern,
- vorgefaßten Meinungen und zu
- der Unterdrückung von unwahrscheinlichen Lösungen.

Ziel der morphologischen Analyse ist deshalb die vollständige Erfassung eines komplexen Problembereichs und die Ableitung aller möglichen Lösungen eines vorgegebenen Problems. Der Ablauf ist in Bild 1.32 dargestellt.

Am Beispiel einer Armbanduhr zeigt Bild 1.33 die morphologische Matrix mit zwei ausgewählten Lösungen [1.24].

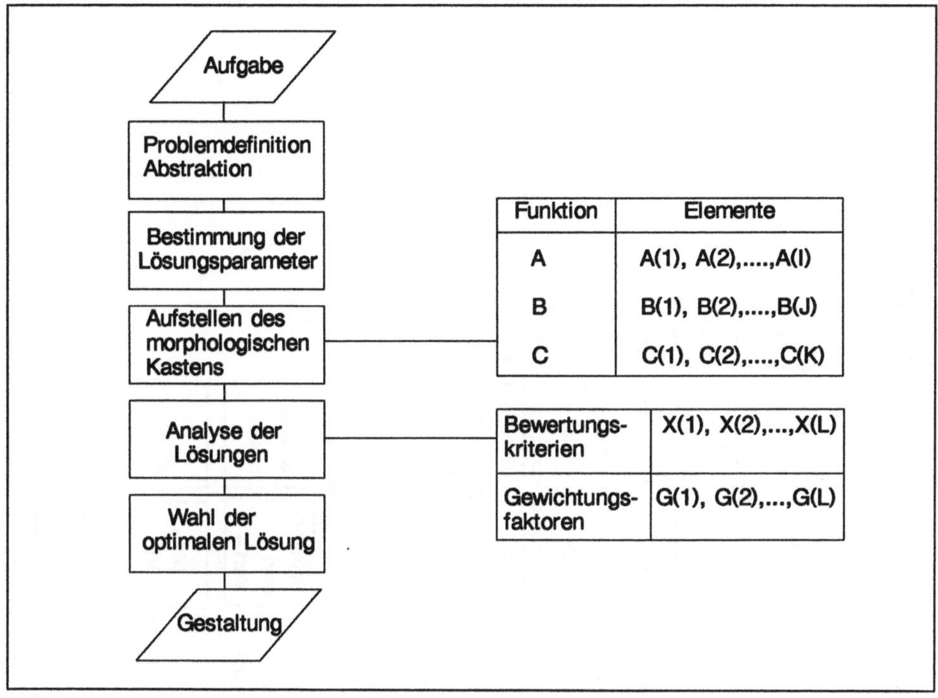

Funktion	Elemente
A	A(1), A(2),....,A(I)
B	B(1), B(2),....,B(J)
C	C(1), C(2),....,C(K)

Bewertungs-kriterien	X(1), X(2),...,X(L)
Gewichtungs-faktoren	G(1), G(2),...,G(L)

Bild 1.32 Ablauf der morphologischen Methode [1.24]

1.6.9 Beispiel zur Organisationsentwicklung

Im folgenden wird ein Anwendungsbeispiel eines OE-Prozesse in einem Unternehmen mit ca. 15000 Beschäftigten und ca. 2 Mrd. Umsatz vorgestellt [1.26]. Ausgangspunkt des OE-Prozesses war eine Intensivierung der Bildungsarbeit durch den Aufbau einer umfassenden Aus- und Weiterbildung mit Informationsgesprächen für Führungskräfte und bestimmte Fachbereiche wie Funktionstraining, Führungstraining und Fachtraining.

1. Schritt: Problembewußtsein schaffen

Nach der Initiierung solcher Maßnahmen wurde ein Pilotseminar für das obere Management gestartet. Vorausgegangen war eine erste Diagnose von Schwachstellen, die Strukturenprobleme und Probleme bei der Koordination und Zusammmenarbeit aufgezeigt hatte.

Ziele des Pilotseminars:
- Entwicklung der Kooperationsfähigkeit
- Abbau von Konkurrenzdenken

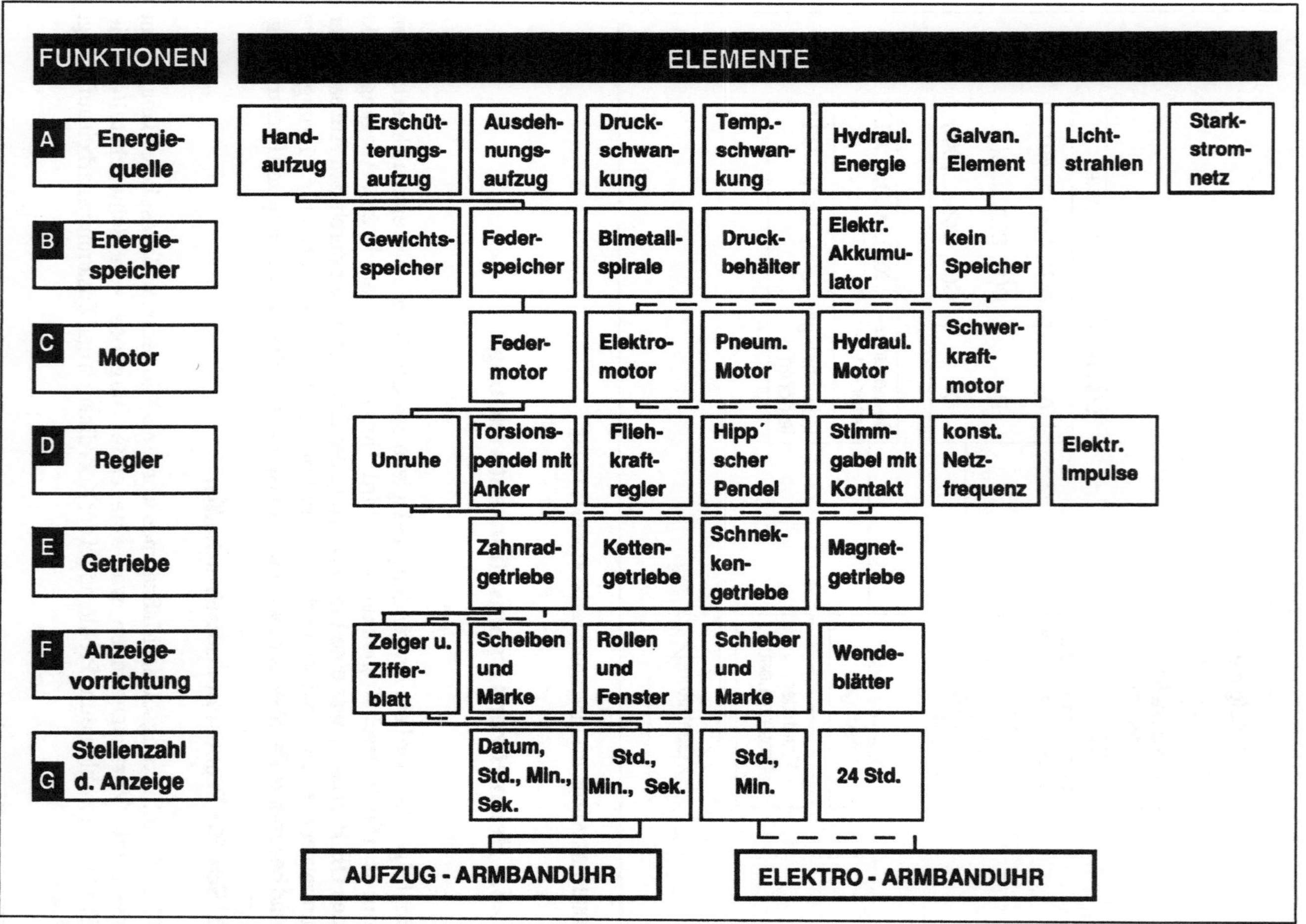

Bild 1.33 Beispiel für eine morphologische Matrix [1.24]

- Größere Aufgeschlossenheit gegenüber Bildungsfragen
- Vermittlung von Einsichten in den Stellenwert sozialer Prozesse und deren Bedeutung
  für die Zusammenarbeit und das Arbeitsergebnis
- Erweiterung der sozialen Kompetenz der Teilnehmer durch deren persönliche
  Seminarerfahrung.

2. Schritt: Sachfragen in Gruppenarbeit bewältigen

Nachdem solchermaßen Problembewußtsein und Veränderungsbereitschaft im oberen
Mangement geschaffen war, konnte die nächste Stufe des Prozesses begonnen werden.
Ein sogenanntes Rationalisierungsseminar wurde eingeleitet. Die Problemstellung wurde
spezifischer und bezog nicht mehr lediglich die oberen Führungskräfte ein.

Probleme:
- Engpässe in der Auftragsentwicklung
- Häufige Verzögerungen bei Lieferterminen
- Kein ausreichender Qualitätsstandard
- Probleme zwischen Verkauf, Produktion, Qualitätsüberwachung und Arbeitsvorbereitung

Das Rationalisierungsseminar faßte in einer einwöchigen Klausurtagung alle in das
Problem involvierten Stellen zusammen. Das Seminar bestand sowohl aus Sacharbeit im
Hinblick auf eine Problemlösung, als auch aus gruppendynamischen Maßnahmen.
Ergebnisse des Seminars:
- Vorschläge für organisatorische Veränderungen
- Erlernen intensiver Projektgruppen- und Gruppenarbeit
- Systematisierung und Rationalisierung des gesamten Arbeitsablaufes
- Verbesserung des Arbeitsklimas und der Organisationsstruktur.

Bemerkenswert ist das letztgenannte Ergebnis, war doch das Seminar eigentlich als ein
Rationalisierungsseminar konzipiert worden. Hier zeigt sich, daß der Art und Weise der
Gestaltung und Durchführung eines Seminar hinsichtlich einer Verhaltens- und
Einstellungsänderung eine erhöhte Bedeutung zukommt. Von den konkreten Inhalten ist
dies relativ unabhängig.

3. Schritt: Den Prozeß ausdehnen und vertiefen

Im Anschluß an diese Phase des OE-Prozesses, die sich mit den genannten Problemen
des Unternehmens mehr global befaßt hatte, begannen nun Problemlösungsseminare für
einzelne Bereiche. Dabei ging es - erneut spezifischer werdend - um Probleme, die
zwischen den verschiedenen Verkaufsniederlassungen des Unternehmens bestanden.

Teilschritt 1: Team-Training
Begonnen wurde mit einem Teamtraining für einzelne Verkaufsniederlassungen.
Ergebnisse:
- Entwicklung eines offenen Arbeitsklimas
- Vorbehaltlose Benennung der Probleme
- Problemanalyse
- Entwicklung von Lösungsvorschlägen

Nach anfänglicher Zurückhaltung der meisten Abteilungen - nur eine Abteilung hatte sich zuerst für dieses Experiment bereitgefunden - zogen nach Bekanntwerden des Erfolges die anderen Abteilungen nach. Solche Erfolge, die dann als Initialzündung für andere Bereiche wirken können, sind oft entscheidend für den Erfolg ganzer OE-Prozesse. Zudem zeigt sich hier, daß notwendige Voraussetzung für erfolgreiche OE-Prozesse die Bereitwilligkeit und Mitarbeit der Beteiligten ist.

Teilschritt 2: Intergruppen-Training

Die Voraussetzung für den Beginn eines Intergruppen-Trainings war gegeben. Die Teilnehmer waren repräsentative Vertreter von verschiedenen Geschäftsstellen und korrespondierenden Verkaufsabteilungen. Thema des Trainings waren die Probleme zwischen den einzelnen Gruppen.

Ergebnisse:

- Erarbeitung organisatiorischer Verbesserungen
- Bildung längerfristiger Projektgruppen
- Verständnis und Kooperationsfähigkeit zwischen den einzelnen Gruppen und
  Teilnehmern wurde deutlich verbessert.

4. Schritt: Den Prozeß verselbständigen

So hatte sich kontinuierlich aus einer Intensivierung der Bildungsarbeit heraus der OE-Gedanke entwickelt. Von der Spitze des Unternehmens her beginnend (Top-Down-Strategie) und dort mit der mehr grundsätzlichen Problemstellung und der Erzeugung von Veränderunsbereitschaft befaßt, hatte der Prozeß sich allmählich auf die verschiedenen Ebenen des Betriebes ausgedehnt, wobei die Problemstellungen immer spezifischer geworden waren.

Die erreichten organisatorischen Veränderungen, das innovationsfreudigere und offenere Klima sowie die Erfahrungen der Teilnehmer mit Gruppenarbeit bewirkten, daß sich nach den bisher geschilderten Maßnahmen der OE-Prozeß verselbständigen konnte und ständiges Anliegen der Mitarbeiter wurde.
Das doppelte Ziel der OE wurde in diesem Prozeß sichtbar:
- Persönlichkeitsentfaltung der Führungskräfte und Mitarbeiter
- Verbesserung der Leistungsfähigkeit des Unternehmens.

1.7 Beispiel eines Organisationsplans

Als Leitfaden für die Darstellung der Unternehmensaufgaben in den nachfolgenden Kapiteln ist in Bild 1.34 der Organisationsplan einer Stab-Linien-Organisation dargestellt. Hierbei handelt es sich um die am weitesten verbreitete Organisationsform, die außerdem am besten die technisch-organisatorischen Aspekte eines Unternehmens verdeutlicht.

Der beispielhafte Organisationsplan als eine von vielen Möglichkeiten (vgl. Bild 1.8) zeigt folgende hierarchisch gleichgestellte Linienabteilungen:

- Forschung, Entwicklung, Konstruktion
- Beschaffungs- und Lagerwesen
- Arbeitsvorbereitung
- Produktion
- Qualitätswesen
- Instandhaltung
- Vertrieb
- Personalwesen
- Rechnungswesen.

Der Unternehmensleitung beigeordnet sind die Stabsabteilungen Unternehmensplanung und Datenverarbeitung, deren Darstellung Gegenstand des folgenden Kapitels ist.

Es muß hier nochmals betont werden, daß Organisationsstrukturen einem ständigen Wandel unterworfen sind. So ist beispielsweise durchaus denkbar, daß das Qualitätswesen und die Instandhaltung als Querschnittsaufgaben in die Produktion, Beschaffungs- und Lagerwesen wie in den Vertrieb als stabsähnliche Funktionen verteilt dort intergriert werden.

Jeder Produktionsbetrieb muß herausfinden, welche Organisation zu ihm am besten paßt. Es gibt, gerade wegen der rechnerintegrierten Technologie, hier keine festen Regeln mehr.

Bild 1.34: Beispiel eines Organisationsplans

1.8 Rechnerunterstützte Kommunikation und Information

Seit längerem gewinnen Konzepte für eine rechnerintegrierte Produktion zunehmend an Bedeutung. Zunächst werden von der automatisierten Bearbeitung zur Gewährleistung kurzer Reaktionszeiten bei geringen Beständen durchgängige Kommunikations- und Informationssysteme entwickelt und teilweise bereits eingesetzt. Ein solches durchgängiges Konzept wird heute als "Computer Integrated Manufacturing" (CIM) bezeichnet. Die heutigen CIM-Komponenten basieren allerdings auf einer funktions- und datenorientierten Sicht [1.27]. Ein integriertes CIM-Konzept kann somit nur für alle Funktionsbereiche gleichzeitig entwickelt werden. Die hierfür notwendigen enormen Aufwendungen können nur einmal aufgebracht werden und münden dadurch in starre, hierarchische Systemstrukturen, die durch viele Schnittstellen zwischen den Systemkomponenten gekennzeichnet sind. Dieser Sachverhalt wird anhand der in Bild 1.35 [1.28] dargestellten externen und internen Informationsflüsse in einem Unternehmen verdeutlicht.

Fälschlicherweise wird heute noch häufig davon ausgegangen, daß durch den Einsatz dieser rechnergestützten Informationssysteme die Organisationsstruktur und die betrieblichen Abläufe automatisch verbessert werden könnten. Dies ist ein Trugschluß. Die vorhandenen Abläufe und Strukturen des jeweiligen Unternehmens werden dadurch eher zementiert anstatt verbessert. Eine Neuanpassung oder kontinuierliche Verbesserung

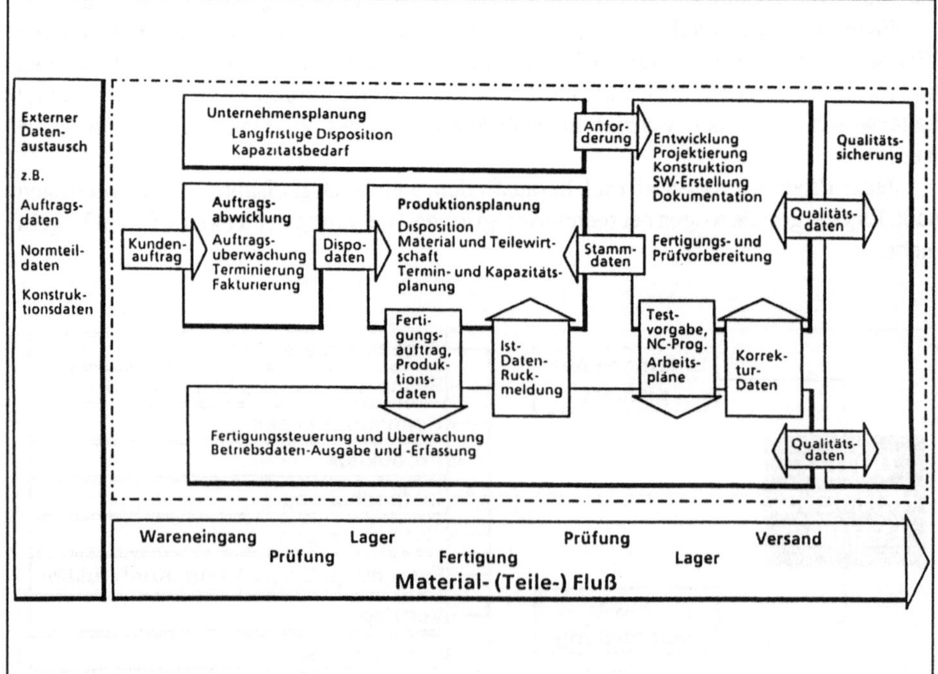

Bild 1.35 CIM-Konzept - Funktionen, Informations- und Matrialfluß in einem Unternehmen

der Abläufe wird auf lange Sicht unbezahlbar. Um dies zu vermeiden, muß die Analyse und Optimierung der betrieblichen Abläufe und Strukturen vor einer CIM-Realisierung durchgeführt werden [1.29]. Kurzfristig mag dieser Ansatz sicherlich den optimierten Einsatz eines CIM-Systems ermöglichen. Allerdings wird auch hiermit nur die zum Realsierungszeitpunkt optimale Struktur abgebildet. Gegebenenfalls erforderliche Anpassungen der Abläufe und Strukturen, aufgrund von sich verändernden äußeren und inneren Einflußfaktoren, werden durch die heutigen CIM-Komponenten nicht ermöglicht. Auf jeden Fall ist es richtig, Prozeßketten zu bilden. Dabei ist die rechnerunterstützte Entwicklung und Konstruktion (CAD) als Basis und Ausgangspunkt für den technischen Informationsfluß zu betrachten. Darin wird die geometrische Beschreibung des Produktes festgelegt, auf die dann durch technologische Informationen ergänzt, immer wieder zurückgegriffen werden kann, z. B. für die Steuerung der Bearbeitungsmaschinen oder die Herstellung von Werkzeugen oder für die Qualitätssicherung. Für den logistischen Informationsfluß von der Bestellung zur Auslieferung ist Basis und Ausgangspunkt die Produktionsplanung und -steuerung (PPS).

Die CIM-Systeme der Zukunft müssen für eine Fabrik flexible und leistungsfähige Informations- und Navigationssysteme bereitstellen. Informationssysteme haben die Aufgabe, die für die Herstellung von Produkten und den Einsatz von Betriebsmitteln im Rahmen eines entsprechenden Fabrikationsprozesses nötigen Daten bereitzustellen. Die neu zu entwickelnden Navigationssysteme sollen die selbständig durchzuführende, kontinuierliche Verbesserung der Leistungsfähigkeit von Fabrikbereichen unterstützen. Diese Anforderung ist von zentraler Bedeutung, da vom Führungssystem in Zukunft lediglich die globalen Unternehmensziele vorgegeben werden, die dann auf lokaler Ebene umgesetzt werden sollen.

Die heutigen Entwicklungen im Bereich von CIM stehen immer noch am Anfang, gemessen an den Anforderungen, die für eine Nutzung im Rahmen einer Fabrik an sie gestellt werden. Ein wesentliches Ziel für die weltweiten Arbeiten ist die vollständige Daten- und Funktionsmodellierung über alle statistischen und dynamischen Zusammenhänge einer Fabrik, um diese einer optimalen Rechnerunterstützung zugänglich zu machen. Durch Standardisierung sollen die hohen Kosten der einmaligen Spezialanwendungen von CIM gesenkt werden. Das Projekt "CIM-AG" der Kommission CIM im DIN beschäftigt sich mit der Aufgabe, die Normung im Bereich der Produkt-, Betriebsmittel-, Steuerungs- und Unternehmensmodellierung mit vorbereiteten Forschungsarbeiten zu unterstützen [1.30, 1.31, 1.32]. Diese Arbeiten werden in Zielsetzung und Inhalten mit Industrie- und Normungsgremien abgestimmt.

Die herkömmliche Datenverarbeitung mit ihren Hard- und Software-Komponenten wandelt sich mehr und mehr zur Informations- und Wissensverarbeitung. Die Entwicklung ist sehr im Fluß und derartig vielfältig, daß eine tiefergehende Behandlung dieses Gebietes den Rahmen dieses Buches sprengen würde, obwohl der Einfluß auf den Produktionsbereich sehr groß ist. Die Informationstechnik ist aber immer nur als ein Hilfsmittel zur besseren und schnelleren Lösung der eigentlichen Produktionsaufgabe zu betrachten.

1.9 Wiederholungsfragen

1. Durch welche Eigenschaften ist das System "Unternehmen" zu beschreiben?

2. Durch welche Merkmale unterscheiden sich die verschiedenen Unternehmenszusammenschlüsse?

3. Nach welchen Kriterien kann eine Aufgabengliederung im Unternehmen durchgeführt werden?

4. Welche Strukturmerkmale werden bei einer Matrix-Organisation überlagert und welche Gefahren beinhaltet diese Organisationsform?

5. Inwiefern trägt die Organisationsentwicklung zur Humanisierung des Arbeitslebens bei?

6. Welche Methode gewährleistet am ehesten, daß alle möglichen Problemlösungen gefunden werden (Begründung und Ablauf)?

7. Was wird vom einzelnen Mitarbeiter im Rahmen einer Organisationsentwicklung gefordert?

1.10 Literaturverzeichnis

1.1 Flechtner, H.J.: Grundbegriffe der Kybernetik. Eine Einführung. München: DTB 1984.

1.2 Ulrich, H.: Unternehmungspolitik. 2. Aufl. Bern, Stuttgart: Haupt 1987.

1.3 Buslenko, N.P.: Modellierung komplizierter Systeme. Würzburg: Physika-Verlag 1972.

1.4 Tuchtfeldt, E.: Die soziale Dimension der Marktwirtschaft. IBM-Nachrichten 28 (1978) Nr. 241, S. 165 - 172.

1.5 Kraft, A.; Kreutz, P.: Gesellschaftsrecht. 7. überarb. Aufl. Frankfurt/M.: Metzner 1988.

1.6 Hirsch, E.E.: Leitfaden für das Studium des Handels- und Gesellschaftsrechts. 5. Aufl. Berlin, Frankfurt: Vahlen 1970.

1.7 Aufbauorganisation. Aufgabenanalyse. Aufgabensynthese. In: Handwörterbuch der Organisation, Frese, E. (Hrsg). Stuttgart: Poeschel 1992. S. 207 - 235

1.8 Müller-Merbach, H.: Einführung in die Betriebswirtschaftslehre. 2. überarb. Aufl. München: Vahlen 1976.

1.9 Schwarz, H.: Betriebsorganisation als Führungsaufgabe. 9. überarb. Aufl. Landsberg/ Lech: Verlag Moderne Industrie 1983.

1.10 Warnecke, H.-J.; Warschat, J.: Organisationspläne als Hilfsmittel praktischer Organisationsarbeit. In: Organisation. Neuwied: Luchterhand 1976. Kap. 4.4.

1.11 Management-Enzyklopädie. München: Verlag Moderne Industrie. 2. Aufl. 1982.

1.12 Organisationsplanung. Planung durch Kooperation. 3. Aufl., Berlin, München: Siemens 1977.

1.13 Schmidt, G.: Methode und Techniken der Organisation.8. Aufl. Gießen 1989.

1.14 Deyhle, A.: Organisation nach Profit Centers. In: BTA/BTO 20 (1972) Nr. 2, S. 410 - 420

1.15 Poensgen, O.H.: Geschäftsbereichsorganisation. Opladen: Westdeutscher Verlag 1974.

1.16 Stewart, R.: Realismus in der Organisation. Frankfurt: Herder 1973.

1.17 Fuchs-Wegener, G.; Welge, M.K.: Kriterien für die Beurteilung und Auswahl von Organisationskonzepten. In: Zeitschrift für Organisation (1974) S. 71 - 81 und S. 163 -170.

1.18 Bundesverband Junger Unternehmer (BJU) (Hrsg.): Heute für morgen Initiative mobilisieren. Ein Leitfaden der Organisationsentwicklung. Bonn: BJU 1978.

1.19 Bennis, W.: Organisationsentwicklung. Baden-Baden: Gehlen 1972.

1.20 Lewin, K.: Die Lösung sozialer Konflikte. 3. Aufl.. Bad Nauheim Christian 1968.

1.21 French, W.L.; Bell, C.H.: Organisationsentwicklung. Sozialwissenschaftliche Strategien zur Organisationsveränderung. 3. Aufl. Bern, Stuttgart Haupt 1990.

1.22 Gebert, D.: Organisationsentwicklung - Probleme des geplanten organisatorischen Wandels. Stuttgart Kohlhammer 1974.

1.23 Shepard, A.: Innovationshemmende und innovationsfördernde Organisationen. In: Gruppendynamik (1971) Nr. 2, S. 375 - 382.

1.24 Zwicky, F.: Entdecken, Erfinden, Forschen im morphologischen Weltbild. 2. Aufl. Glarus:Baeschlin 1966

1.25 Anschütz, T.: Ergebnis angewandter Kreativitätstechniken. In: Marketing Journal (1971) Nr. 6.

1.26 Becker, H.: Organisationsentwicklung. In: Zeitschrift für Arbeitswissenschaft 31 (1977) Nr. 4, S. 203.

1.27 Scheer, A. W. (1990): Wirtschaftsinformatik-Informationssysteme im Industriebetrieb. Springer-Verlag, Heidelberg, New York, London, Paris, Tokyo, Hong Kong, Barcelona

1.28 KCIM im DIN (1987): Fachbericht 15: Normung von Schnittstellen für die rechnerintegrierte Produktion, Beuth Verlag GmbH, Berlin

1.29 Nickel, E. (1990): Neue Informationstechnologien für die Fertigung, wt Werkstatttechnik 80, S. 265-269, Springer-Verlag

1.30 Warnecke, H. J.: The Challenge for European Manufacturing Organisations CIM-Europe Conference, Birmingham, 27.-29.05.92

1.31 Dangelmaier, W.: Fertigungssteuerung, wt Werkstattechnik, 7/90

1.32 Dangelmaier, W.: Anderl, R.: Visionen einer Zukunfts-Fabrik. Die Computer-Zeitung, 08.01.92.

1.33 Anderl, R. (1991): Von Systeminseln zum CIM-Konzept - Datenrausch in der Fertigung, Schweizer Maschinenmarkt, Nr. 13/1991, Goldach

2 Stabsfunktionen im Unternehmen

2.1 Einleitung

Die Vorbereitung von Entscheidungen und die Durchführung bereichsübergreifender Aufgaben sind typische Stabsfunktionen. Diese werden von Stabsstellen wahrgenommen, die je nach Art und Umfang des Aufgabenfeldes entweder direkt der Unternehmensleitung oder aber einzelnen Linienstellen zugeordnet werden können (vgl. Abschnitt [1.5.2]).

In diesem Kapitel werden Stabsfunktionen mit technisch-betriebswirtschaftlichem Charakter unabhängig von ihrer organisatorischen Eingliederung dargestellt. Zielsetzung dieses Kapitels ist es, zunächst einen Überblick über die Aufgaben der Unternehmensplanung zu geben. Am Beispiel der Investitionsplanung und der Fabrikplanung werden Verfahren der Entscheidungsfindung erläutert. Weiterhin soll anhand eines Beispiels der Ablauf der Wertanalyse dargestellt werden.

2.2 Technisch-betriebswirtschaftliche Stabsfunktionen

2.2.1 Unternehmensplanung

Veränderungen in der wirtschaftlichen und sozialen Umwelt sowie in der Unternehmenssituation selbst sind Gründe für das zunehmende Interesse an einer systematischen Unternehmensplanung. "Wichtige strategische Entscheidungen müssen kurzfristig getroffen werden, haben aber eine langfristige Auswirkung auf die Flexibilität und den Bestand des Unternehmens" [2.1].

Schnelle Änderungen von Produkten und Produktionstechnologien sowie der Konsumentenbedürfnisse sind verantwortlich dafür, daß der Unternehmensführung immer kürzere Aktionszeiten zum Treffen der Entscheidungen verbleiben. In diesem Spannungsfeld wächst die Gefahr der Fehlentscheidungen und dies um so mehr, als mit zunehmender Unternehmensgröße die Führungs- und Planungsaufgaben immer komplizierter und aufwendiger werden. Besonders, wenn sich die Geschäftätigkeit auf mehrere Produktsparten und auf mehrere Länder verteilt, ist die Planungsaufgabe bei der zunehmenden Komplexität nicht mehr ohne Systematik zu bewältigen. Dabei müssen externe Faktoren, wie z. B. der Konjunkturverlauf, das Wirtschaftswachstum, die Verfügbarkeit von Ressourcen, gesetzliche Regelungen und Umweltschutzbestimmungen immer mehr berücksichtigt werden. Die internen Faktoren, die die Unternehmenssituation betreffen und für die Ertragskraft des Unternehmens verantwortlich sind, bedürfen ebenfalls der Planung und Kontrolle, um "eine höhere Effizienz im Entscheiden und Handeln zu erreichen" [2.2]. Erfolgswirksame Verbesserungen können besonders in der durch die Planung bewirkten besseren Informationen, der erhöhten Transparenz bei der Entscheidungs- und Willensbildung, der klaren Verantwortlichkeit der Entscheidungsträger und in den durch die Planungstätigkeit bewirkten Lernprozessen gesehen werden.

Unter den genannten Gesichtspunkten kommt der Planung im Unternehmen als Instrument der Geschäftsleitung die Aufgabe zu, Entscheidungen im Hinblick auf die Unternehmensziele vorzubereiten, ihre langfristigen Auswirkungen aufzuzeigen und dabei die Risiken für das Unternehmen soweit wie möglich einzuschränken.

Wichtigste Voraussetzung der Unternehmensplanung ist die Frage:
"Wie ordnet sich ein Unternehmen in den Gesamtwirtschaftprozeß ein und wie sollte es sich einordnen?"

Um diese Frage zu klären, muß festgestellt werden:
- Wie steht das Unternehmen derzeit im Markt?
- Wie könnte oder sollte es im Markt stehen?

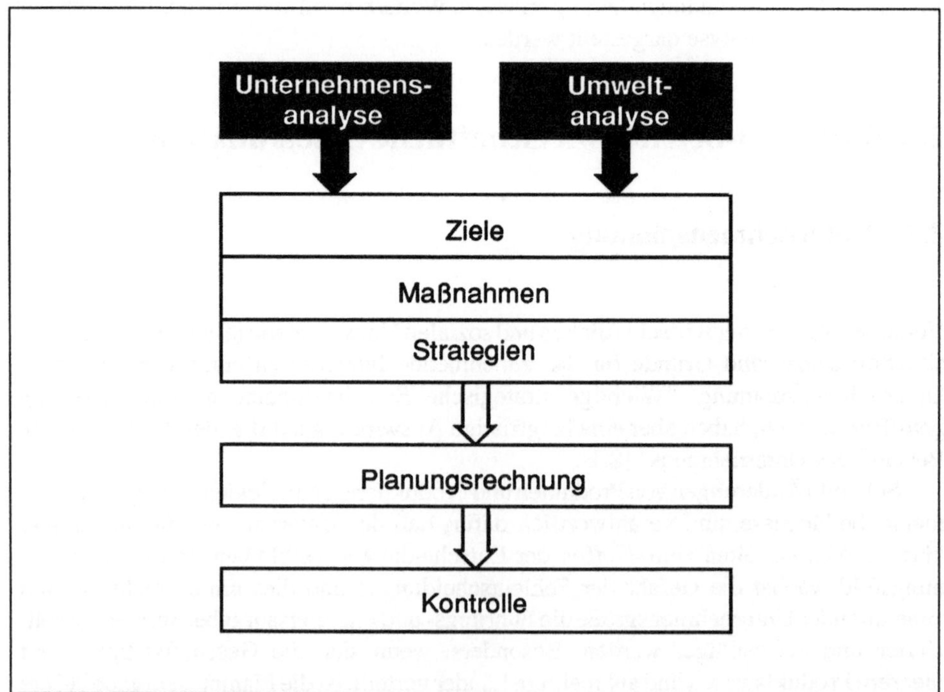

Bild 2.1 Aufgaben der Unternehmensplanung [2.11]

Diese Fragen entsprechen der Unternehmensstatuierung und der Unternehmensprognose. Daraus sind die unternehmenspolitischen Ziele abzuleiten.

"Aus der Vielzahl der unternehmenspolitischen Ziele ergeben sich zwei übergeordnete Hauptziele, nämlich das Marktziel und das Gewinnziel eines Unternehmens. Markt- und Gewinnziel eines Unternehmens entstammen dem markt- und gesellschaftspolitischen Mechanismus und bestimmen die Unternehmensexistenz grundsätzlich" [2.3].

Ausgehend von der Umwelt- und Unternehmensanalyse (Bild 2.1) sind eindeutig definierte Ziele festzulegen. Die *Ziele* sollen allen Beteiligten bekannt sein und für ihr Handeln Gültigkeit haben. Deshalb ist ein Zielsystem anzustreben, in dem für alle Ressort- und Produktgruppen Unterziele festgelegt werden, die sich aus den Hauptzielen ableiten. Aus dem Zielsystem sind *Strategien* zu entwickeln und *Maßnahmen* zu bestimmen, die mit Hilfe der Planungsrechnung quantifiziert werden. Maßnahmen, die zur Durchführung kommen, müssen dabei laufend kontrolliert werden, damit Abweichungen im Hinblick auf die Plandaten ermittelt werden können und ein rechtzeitiges Eingreifen der Unternehmensführung sichergestellt wird.

Erst durch eine umfassende, abgestimmte und integrierte Planung wird erreicht, daß die Unternehmensführung ihr Handeln flexibler gestalten kann, da wichtige Einflußgrößen bekannt sind und bei Änderungen alternative Maßnahmen ergriffen werden können.

Die Unternehmensplanung kann je nach

- Entscheidungsspielraum des Unternehmens,
- Unsicherheit der Annahmen und der zu erwartenden Ergebnisse,
- Ausdehnung des Planungszeitraumes,
- Beteiligung der verschiedenen Unternehmenshierarchien und
- erforderlicher Detaillierungsgrad der Planung

in unterschiedlichen Ebenen erfolgen (Bild 2.2).

Dabei ist in Bild 2.2 zu beachten, daß der Planungshorizont von den unteren zu den oberen Planungsebenen zunimmt, während der Detaillierungsgrad in umgekehrter Richtung verläuft und in den unternen Planungsebenen am größten ist.

Es besteht demnach ein Zusammenhang zwischen Planungshorizont und Detaillierungsgrad. Auf der Ebene der Zielplanung ist z. B. der Planungshorizont wegen des langfristigen Charakters der Ziele als groß anzusehen. Wegen der Unsicherheit der Annahmen ist es in diesem Planungsstadium nicht möglich, einen hohen Detaillierungsgrad zu verwirklichen.

Im folgenden sind in Anlehnung an [2.1] die Aktivitäten der einzelnen Planungsebenen näher erläutert:

- *Zielplanung:*
    - Festlegung und Abstimmung der qualitativen (Firmenimage, Flexibilität, Organisation, Marktposition) und quantitativen (Absatz, Gewinn, Rentabilität) Unternehmensziele.

- Globale Ableitung der strategischen und operativen Einzelziele sowie die Aufdeckung möglicher Zielkonflikte und deren Beseitigung.

- *Strategische Planung:*
  - Definition von Produkt- und Marktstrategien sowie Ermittlung der dazu notwendigen Ressourcen (Anlagenkapazität, Personalkapazität, Organisation, Finanzen) unter mittel- bis langfristigen Gesichtspunkten.

- *Operative Planung:*
  - Detaillierte Durchführungsplanung unter kurz- bis mittelfristigen Gesichtspunkten.
  - Bindende Festlegung von Terminen und benötigten Ressourcen.
  - Erstellen von Risiko-Alternativplänen für das Eintreffen von wesentlich anderen Entwicklungen (z. B. Rohstoffknappheit usw.) als im "Normalplan" unterstellt.

- *Budgetierung:*
  - Zuweisung von Aufgaben und Ressourcen (Finanzen, Kapazitäten usw.) an einzelne Abteilungen zur Erreichung der in der operativen Planung festgelegten Ziele.

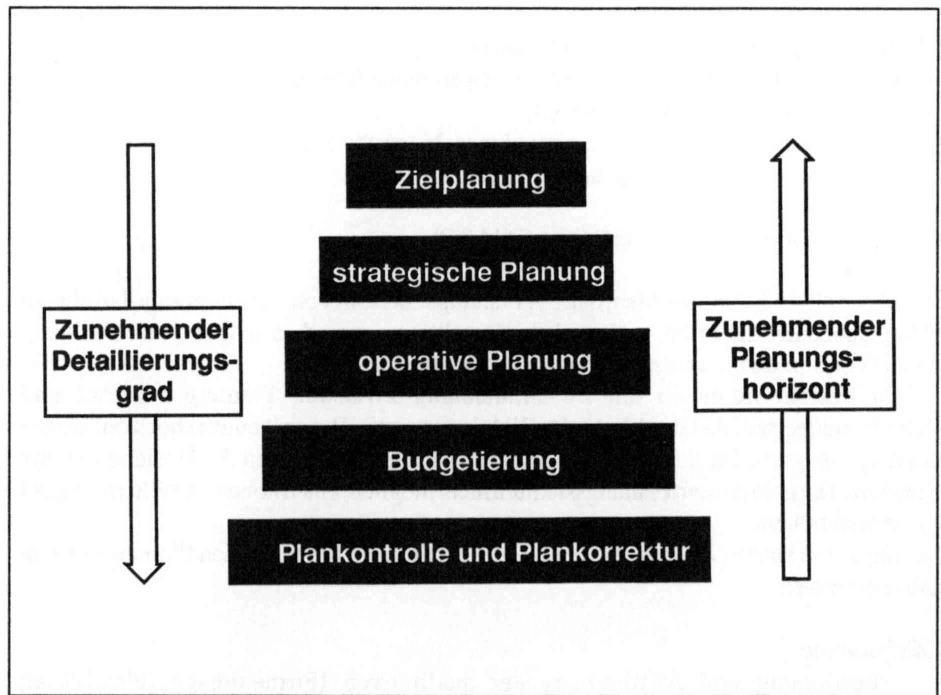

Bild 2.2 Ebenen der Unternehmensplanung

- *Plankontrolle*:
  - Konfrontation der Planwerte mit tatsächlich eingetroffenen Ergebnissen.
  - Ursachenanalyse bei wesentlichen Abweichungen.
  - Festlegung von entsprechenden Folgeaktionen, eventuell Korrektur der ursprünglichen (operativen) Planung.

Da es nicht sinnvoll ist, beliebig weit in die Zukunft zu planen, stellt sich die Frage nach dem *Planungshorizont* bzw. der *Fristigkeit der Planung*.

Grundsätzlich kann davon ausgegangen werden, "daß die Fristigkeit eines Planes bestimmt wird durch den Gegenstand und Zweck der Planung" [2.4]. Grobe Anhaltswerte ergeben sich aus folgender Zuordnung:
- kurzfristige Planung: bis 1 Jahr,
- mittelfristige Planung: 1 bis 3 Jahre,
- langfristige Planung: über 3 Jahre.

Diese Zahlen entsprechen etwa den Planungszeiträumen, wie sie in den meisten Industrieunternehmen für die Unternehmensplanung zugrunde gelegt werden. Die Zuordnung der Fristigkeiten zu den einzelnen Planungsebenen ist in Bild 2.3 dargestellt.

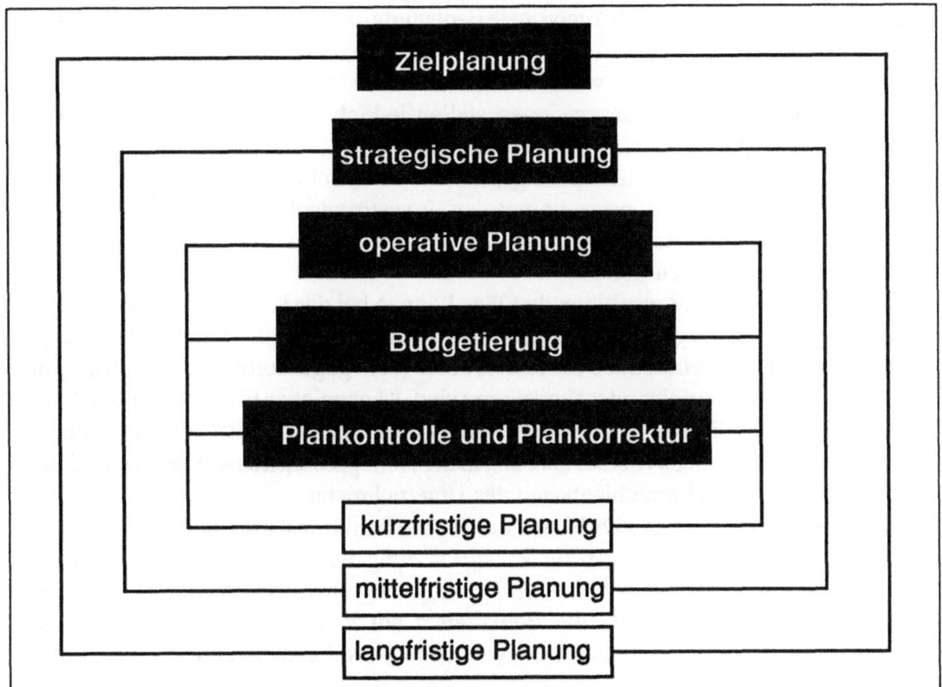

Bild 2.3 Zuordnung von Planungsebene und Planungshorizont

Es ist dabei zu beachten, daß trotz dieser Unterscheidung alle kurz-, mittel- und langfristigen Pläne zusammenhängen.

Langfristige Pläne sind z. B. die Standortplanung, die Produktplanung, die Marketing-planung, die Investitionsplanung usw. Mittelfristig werden die langfristigen Einzelpläne zu Wirtschaftsplänen zusammengefaßt und durch eine mittelfristige Finanzplanung ergänzt. In diesem Stadium werden bereits Maßnahmen, Methoden und Strategien im Hinblick auf die Durchführung detailliert bestimmt. Auch werden Plandaten in operationaler Sicht erarbeitet wie z. B. Entwicklungskosten, Investitionssummen, Personalbedarf usw.

In den kurzfristigen Plänen sind die Zielvorgaben weiter detailliert und Fachbereichen, Kostenstellen, Kostenarten usw. zugeordnet. Sie dienen bei den permanent anfallenden Entscheidungen in den Unternehmensbereichen den Verantwortlichen zur Orientierung und zur Durchführung der Kontrolle.

Aus der Dynamik des Unternehmensprozesses ergibt sich die Notwendigkeit, Planung permanent zu betreiben, d. h., die Pläne müssen laufend überprüft und auf den neuesten Stand gebracht werden. Wegen der geforderten Wirtschaftlichkeit der Planung muß dies in angemessenen Zeiträumen geschehen. Je nach Art und Fristigkeit der Planung können Wochen, Monate, Quartale oder Jahre für die Plankorrektur sinnvoll sein.

Für kurz- und mittelfristige Pläne reichen oft schon Planungszyklen von mehreren Monaten aus. Für langfristige Pläne (Zielpläne) sollte eine jährliche Planrevision angestrebt werden, da sie eine übergeordnete Bedeutung haben und wegen der Unsicherheit der Annahmen über die Zukunft größeren Änderungen unterliegen können.

Je öfter die Pläne überholt werden, desto flexibler ist das Unternehmen in seinen Entscheidungen. Häufige Planrevisionen stellen jedoch hohe Anforderungen an die Organisation der Planung und an die Planungsträger.

Die Ergebnisse des gesamten Planungsprozesses sind funktionsorientierte Einzelpläne (z. B. Absatzplan, Produktionsprogrammplan, Investitionsplan usw.), die auf den unteren Planungsebenen einen hohen Detaillierungsgrad aufweisen und einer ständigen Aktualisierung unterliegen (Bild 2.4).

Aus dem Planungsprozeß resultierende Pläne können bei der Komplexität der Aufgabe nur dann zu aussagefähigen Ergebnissen führen, wenn Planungshorizont und Planungs-zyklen wichtiger Teilpläne sowie die Planstruktur (d. h. gegenseitige Beeinflussung der Einzelpläne) sinnvoll aufeinander abgestimmt sind. Kennzeichen für ein gut entwickeltes Planungssystem ist die vollständige und systematische Dokumentation aller Planungs-aufgaben und Teilplanungsprozesse der einzelnen Planungsebenen sowie deren Zuordnung zu den verschiedenen Hierarchieebenen des Unternehmens.

Auf diese Weise wird gewährleistet, daß für die Funktionsbereiche klare Prioritäten für zielorientierte Entscheidungen zur Verwirklichung der gesteckten Ziele vorgegeben sind und eine klare Verantwortlichkeit der Planungsträger herausgestellt wird. Damit soll erreicht werden, daß einerseits die Betroffenen am Planungsprozeß teilhaben, und andererseits sachkompetente Entscheidungen auf der jeweiligen Planungsebene getroffen werden.

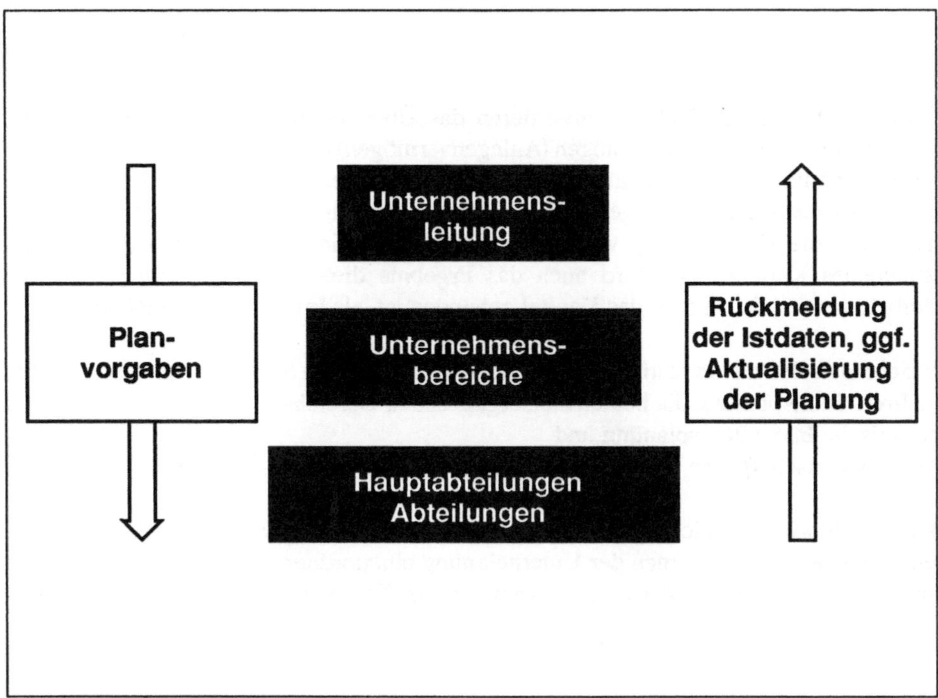

Bild 2.4 Planvorgabe und Plankontrolle im Hierarchiefeld der Unternehmung

Im folgenden wird auf die Investitionsplanung eingegangen, während die Absatz- bzw.
Umsatzplanung in Kapitel 9, die Entwicklungsplanung in Kapitel 3 und die Personalplanung in Kapitel 10 angesprochen werden.

2.2.1.1 Investitionsplanung

2.2.1.1.1 Vorbemerkung

Die Investitionsplanung ist ein wesentlicher Teil der Unternehmensplanung. Deshalb
werden hier die Aufgaben und Grundprinzipien der Investitionsplanung herausgestellt
und die Möglichkeiten zur Gliederung der Investitionsvorhaben und Investitionsobjekte
beschrieben. Ferner wird die Einordnung der Investitionsplanung in den organisatorischen Rahmen des Unternehmens in ablauf- und aufbauorganisatorischer Sicht
vorgenommen. Eine kurze Darstellung der Kriterien für Investitionsentscheidungen soll
diesen Abschnitt abrunden.

2.2.1.1.2 Abgrenzung

Betriebswirtschaftlich bedeutet investieren das Überführen von Zahlungsmitteln in Sachvermögen oder Finanzvermögen (Anlagenvermögen) (Bild 2.5). In der betrieblichen Praxis wird häufig nur von Investitionen im Zusammenhang mit dem Erwerb von Sachgütern des Anlagevermögens (z. B. Werkzeugmaschinen) gesprochen. Dann ist die Investition die Umwandlung von "flüssigem" Kapital in Realvermögen (langfristig gebundenes Kapital). Oft wird auch das Ergebnis dieses Umwandlungsprozesses, nämlich das Objekt, in dem das Kapital gebunden ist, als Investition bezeichnet.

Bezieht man also den Investitionsbegriff auf die Bildung von Sachvermögen, so umfaßt die Investitionsplanung die beiden sich ergänzenden Bereiche
- technische Investitionsplanung und
- betriebswirtschaftliche Investitionsplanung.

Die betriebswirtschaftliche Investitionsplanung hat u. a. die Aufgabe, Investitionen in den wirtschaftlichen Rahmen der Unternehmung einzuordnen und unter Berücksichtigung von Liquiditätserfordernissen das notwendige Kapital bereitzustellen. Dadurch ist

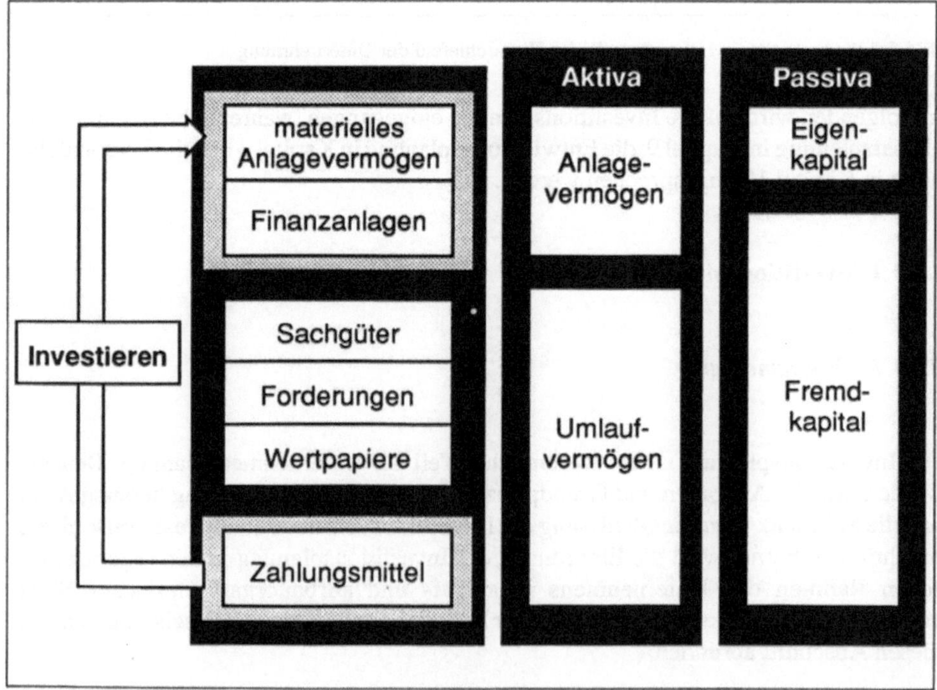

Bild 2.5 Investieren als Überführen von Zahlungsmitteln in Anlagevermögen

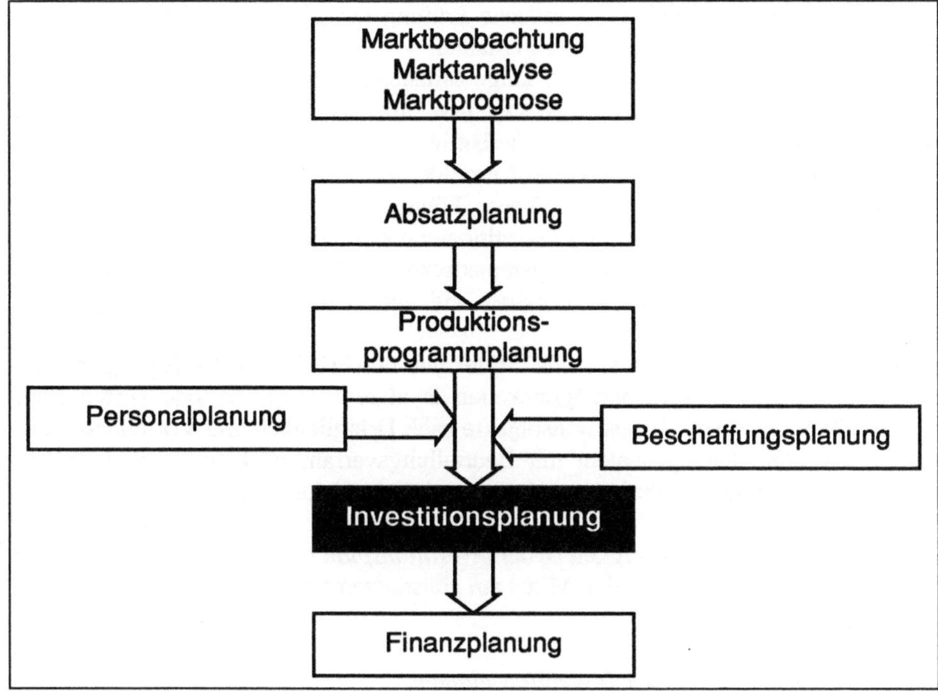

Bild 2.6 Stellung der Investitionsplanung zu anderen Teilplanungen im Unternehmen

eine Wechselbeziehung zwischen Investitionsplanung und Finanzplanung gegeben (Bild 2.6).

Die technische Investitionsplanung ist eine Strukturplanung der Fertigungsbetriebe mit der Aufgabe, Art, Anzahl und Eigenschaften von Maschinen und Anlagen, Standorten, Personal und Kosten sowie ihre gegenseitigen Abhängigkeiten festzulegen [2.6]. Insbesondere kommt hier die starke Abhängigkeit der Ivestitionsplanung von der Absatz- bzw. Produktionsprogrammplanung und der Beschaffungsplanung zum Ausdruck (Bild 2.6).
Das Bindeglied zwischen technischer und betriebswirtschaftlicher Investitionsplanung ist die Investitions- und Wirtschaftlichkeitsrechnung [2.6] (vgl. Abschnitt [2.2.1.1.8]).

2.2.1.1.3 Aufgaben der Investitionsplanung

Die Aufgabe der Investitionsplanung besteht generell darin, Investitionsmöglichkeiten zu erkennen und zu beurteilen, damit Investitionsentscheidungen rechtzeitig getroffen und Investitionsmöglichkeiten frühestmöglich genutzt werden können. Dies bedingt zunächst eine laufende und systematische Prüfung des Betriebsprozesses [2.5], um Informationen über Schwachstellen zu erhalten.

So deuten häufige Reparaturen, lange Stillstandszeiten, hohe Ausschußquoten, Überstunden, überhöhte Werkzeugkosten usw. auf Investitionsnotwendigkeiten im innerbetrieblichen Bereich hin. Im außerbetrieblichen Bereich können Investitionsmöglichkeiten durch neue Produkte und Produktionstechniken oder leistungsfähigere Produktionsanlagen gegeben sein. Ebenso können Veränderungen in der Umsatzentwicklung (Umsatzbeobachtung) Investitionen notwendig werden lassen.

Das frühzeitige Erkennen durch systematisches Beobachten muß somit am Anfang jeder Investitionsplanungstätigkeit stehen und wird zur permanenten Aufgabe im Zeitablauf.

Da den Unternehmen finanzielle Mittel nur beschränkt zur Verfügung stehen, können nicht alle Investitionsmöglichkeiten in einer Planungsperiode verwirklicht werden. Deshalb müssen Investitionsobjekte nach Dringlichkeit und Vorteilhaftigkeit geordnet werden. Dies geschieht mit Beurteilungsverfahren, denen wirtschaftliche (Investitionsrechnung), technische und auch rechtliche Kriterien zugrunde liegen (vgl. Abschnitt [2.2.1.1.7]).

Das Ergebnis der Planungstätigkeit ist der *Investitionsplan der Planperiode*, der die zur Verfügung stehenden finanziellen Mittel am günstigsten einsetzt.

2.2.1.1.4 Grundprinzipien der Investitionsplanung

Planen ist grundsätzlich ein mehrstufiger Prozeß, der folgende Phasen zusammenfaßt:

- Anregungsphase,
- Suchphase und
- Optimierungsphase.

Diesen Phasen muß sich noch als Meßinstrument die

- Kontrollphase

anschließen.

Nach der Planungsbasis und dem Planungshorizont kann die Investitionsplanung unterteilt werden in:

- Einzelplanung (kurzfristig),
- Gesamtplanung (kurz- bis langfristig).

Bild 2.7 zeigt die Vorgehensweise innerhalb der Investitionsplanung im Sinne einer analytischen Einzelplanung.

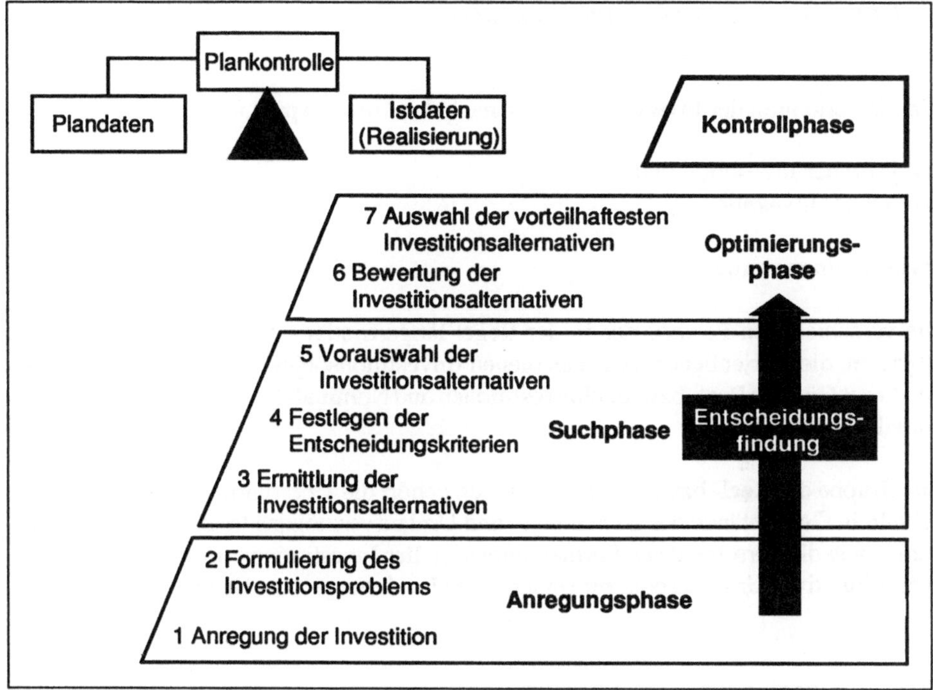

Bild 2.7 Vorgehensweise innerhalb der Investitionsplanung (analytische Einzelplanung)

Die Gesamtplanung läßt sich grundsätzlich auf zwei Arten durchführen:

Simulationsplanung: Der Unternehmensprozeß wird in ein mathematisches Gleichungssystem gebracht und unter Nebenbedingungen (z. B. Liquidität) optimiert.

Sukzessivplanung: Die Planerstellung beginnt mit einem Teilplan, dem man ausschlaggebende Bedeutung beimißt (z. B. Absatzplan, Produktionsplan usw.). Man entwickelt daraus die übrigen Teilpläne (Investitionsplan, Finanzplan usw.). Die Planung endet mit der Abstimmung bzw. Koordinierung der Teilpläne.

Am weitesten verbreitet im Sinne einer Gesamtplanung ist die Sukzessivplanung, da es bisher noch keine befriedigenden Planungsmodelle der Simultanplanung gibt.

Sollen Planungen zu sinnvollen Ergebnissen führen, müssen folgende Grundsätze beachtet werden:

- Vollständigkeit der Planung,
- Zeitpunktgenauigkeit,
- Betragsgenauigkeit,
- laufende Kontrolle.

2.2.1.1.5 Gliederung der Investitionsvorhaben

Eine Unterteilung der Investitionen kann nach den Gesichtspunkten

- Objekte der Investition und
- Anlaß der Investition

vorgenommen werden.

Die verschiedenen Formen der in der Regel längerfristigen Bindung von Kapital in Objekten, die betrieblichen Zwecken dienen (Investitionsobjekte), lassen sich nach der Art dieser Güter in Real- bzw. Sachinvestitionen und Nominal- bzw. Finanzinvestitionen einteilen (Bild 2.8).

Zur Gruppe der Real- bzw. Sachinvestitionen gehört die Überführung von finanziellen Mitteln in Gegenstände des Sachanlage- und Umlaufvermögens (materielle Investitionen) sowie die verschiedenen Formen immaterieller Investitionen. Erwirbt der Betrieb aus spekulativen Gründen oder zur Daueranlage Forderungs- oder Beteiligungsrechte, so

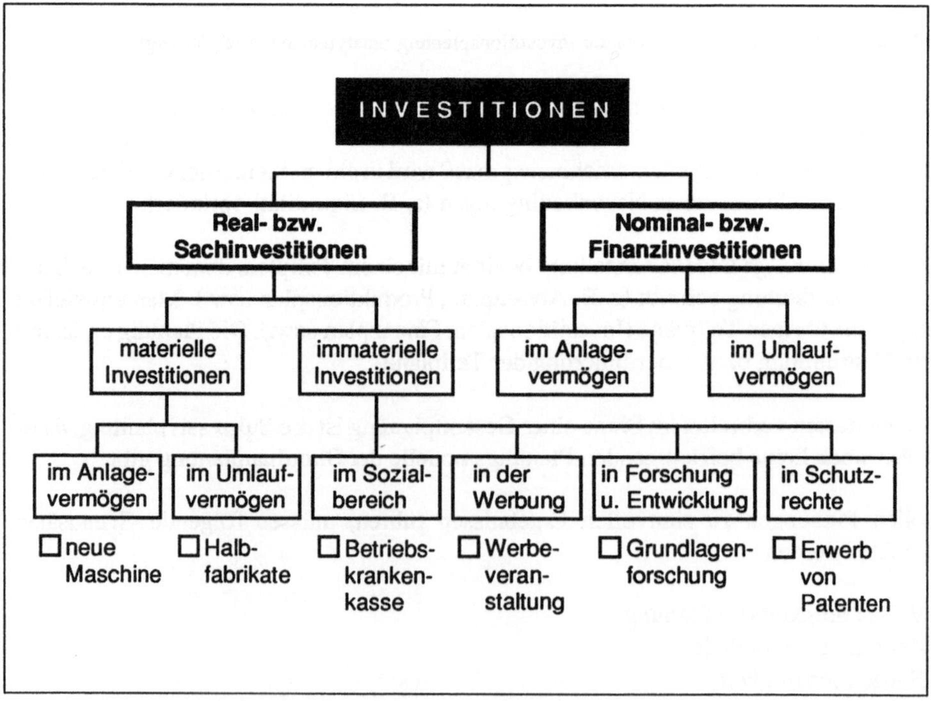

Bild 2.8 Gliederung der Investitionen nach dem Investitonsobjekt [2.7]

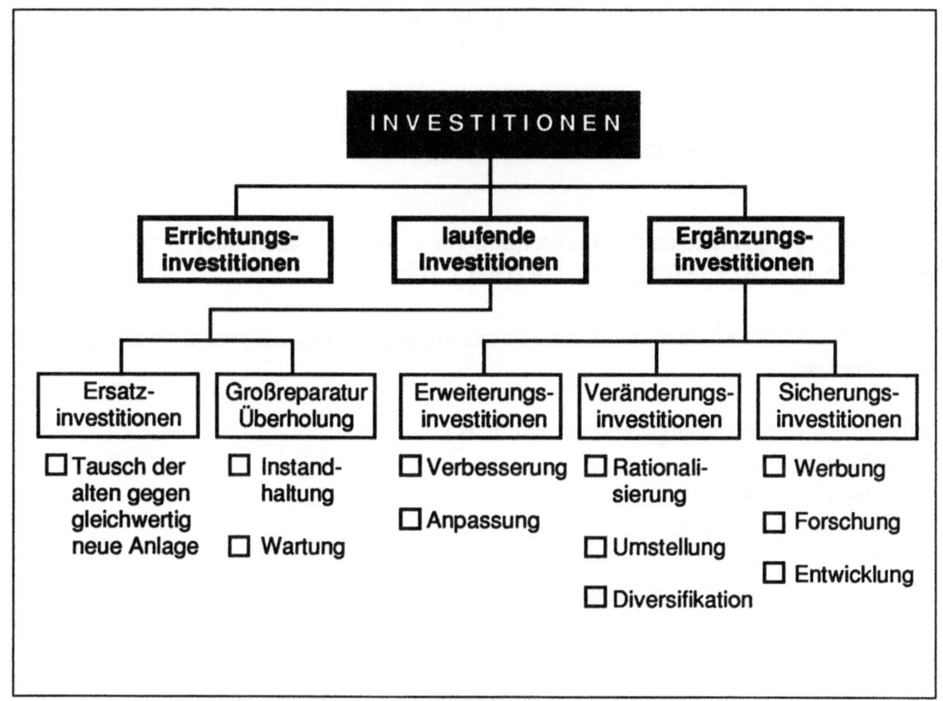

Bild 2.9 Gliederung der Investitionen nach dem Investitionsanlaß [2.7]

spricht man von Finanzinvestitionen (z. B. Festgeldanlagen, Beteiligungsrechte) [2.7]. Bild 2.9 ist insbesondere auf Sachinvestitionen ausgerichtet und gliedert diese Investitionen nach dem ihnen zugrundeliegenden Anlaß in Errichtungsinvestitionen (erstmalige Investition anläßlich der Gründung oder Neuerrichtung eines Betriebes oder Betriebsteils), laufende Investitionen und Ergänzungsinvestitionen.

2.2.1.1.6 Organisatorischer Rahmen

Die Investitionsplanung hat in der *Aufgabenorganisation* eine Stabsfunktion (vgl. Kapitel 1), da sie nicht unmittelbar in den Betriebsprozeß einbezogen ist. Die Stelle "Investitionsplanng" ist entweder dem Zentralbereich Finanz- und Rechnungswesen angegliedert oder in eine zentrale Stelle "Unternehmensplanung" integriert, sofern die Investitionsplanung für alle Unternehmensbereiche zentral erfolgt. Wird die Planung dezentral verteilt (z. B. Unternehmensbereich: Vertrieb, Produktion, Materialwirtschaft usw.), so werden die Teilplanungsbereiche von einer übergeordneten Stabsstelle koordiniert.

In der *Ablauforganisation* steht die Investitionsplanung zwischen den Ausgangsplanungsbereichen wie Absatzplanung und Produktionsprogrammplanung sowie der

Finanz- und Ergebnisplanung, wenn man die Hauptplanungsrichtung zugrunde legt (vgl. Bild 2.6).

2.2.1.1.7 Kriterien der Investitionsentscheidungen

Die Entscheidungskriterien zur Beurteilung von Investitionsalternativen lassen sich in Anlehnung an [2.8] wie folgt einteilen (Bild 2.10):

Die *wirtschaftlichen Entscheidungskriterien* unterteilen sich in quantitative und qualitative Kriterien.

Quantitative Entscheidungskriterien wie z. B.:
- Rentabilität,
- Amortisation,
- interne Verzinsung und
- Kapitalwert
liefern die einzelnen Verfahren der Investitionsrechnung.

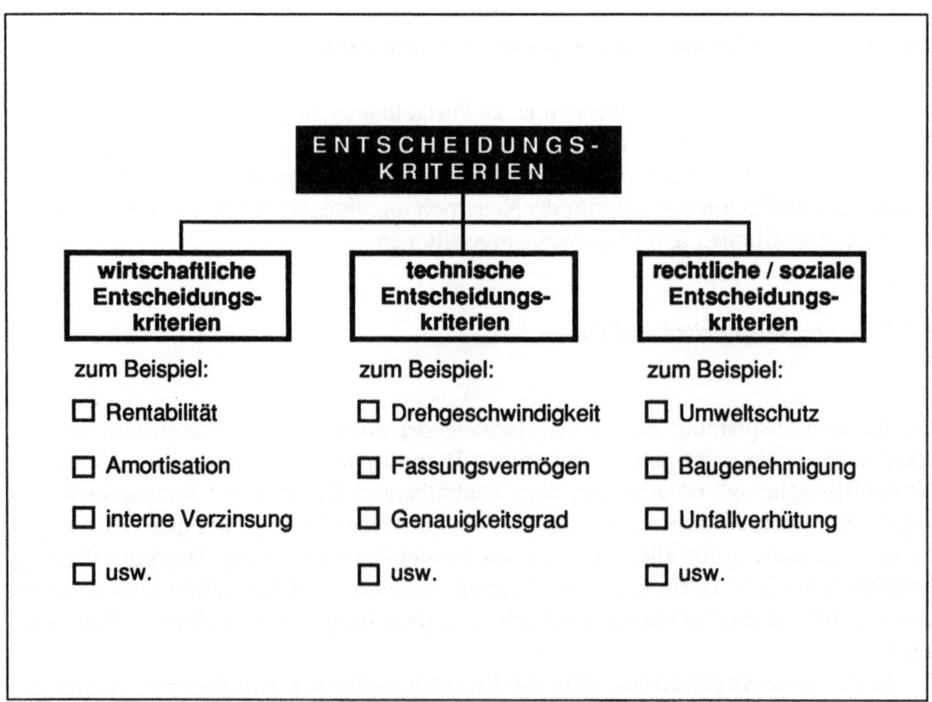

Bild 2.10 Entscheidungskriterien zur Beurteilung von Investitionsalternativen

Die *qualitativen* Entscheidungskriterien können folgende Punkte umfassen:
- Betriebsklima
- Betriebsbereitschaft
- technische Elastizität des Unternehmens
- Beherrschung des Know-how
- Unternehmenstradition
- Zusammensetzung und Fähigkeiten des Investitionsentscheidungsgremiums
- Sicherheit der Lieferung von Werkstoffen und Energie
- Konkurrenzverhalten
- politische Reaktion
- Eigenschaften des Lieferanten des Investitionsgutes.

Die *technischen Entscheidungskriterien* beziehen sich auf das physikalische Leistungs-
vermögen der Investition (z.B. Drehgeschwindigkeit, Fassungsvermögen, Genauigkeitsgrad usw.).
Rechtliche Entscheidungskriterien für die Beurteilung von Investitionsalternativen
können z. B. Unfallverhütungsvorschriften, Umweltschutzgesetze, Baugenehmigung,
Patente usw. sein.

2.2.1.1.8 Investitionsrechnung

Wie in den vorangegangenen Abschnitten bereits angedeutet, ist es notwendig, im
Rahmen der Investitionsplanung eine Bewertung und Auswahl der vorteilhaftesten
Investitionsobjekte, d. h. eine optimale Gestaltung der gesamten Investitionstätigkeit
durchzuführen. Die Aufgabe der Investitionsrechnung muß es dabei sein, die Entscheidung
für eine Investition durch realistische und aussagefähige Kennzahlen vorzubereiten.
Dabei werden unter dem Begriff "Investitionsrechnung" alle Verfahren zusammengefaßt,
die eine rationale Beurteilung der betrieblichen Investitionsmöglichkeit ermöglichen
sollen.
Die Investitionsrechnung soll dabei eine Antwort auf folgende Fragestellungen geben
[2.9] (Bild 2.11):

- Ist eine Investition vorteilhaft?
- Welche von mehreren Investitionsalternativen soll durchgeführt werden? (Wahlproblem)
- Soll eine bereits vorhandene Anlage durch eine neue ersetzt werden? (Ersatzproblem)

Am häufigsten werden in den Unternehmen wegen ihrer Handhabbarkeit Verfahren der
statischen und dynamischen Investitionsrechnung zur Beurteilung von Investitionen
herangezogen.
   Es handelt sich hierbei um die sogenannten "klassischen" im Gegensatz zu den
"modernen" Verfahren. Die modernen Methoden berücksichtigen Simultanplanungs-
systeme, unsichere Erwartungen und anderes mehr. Sie sind durchweg mathematisch

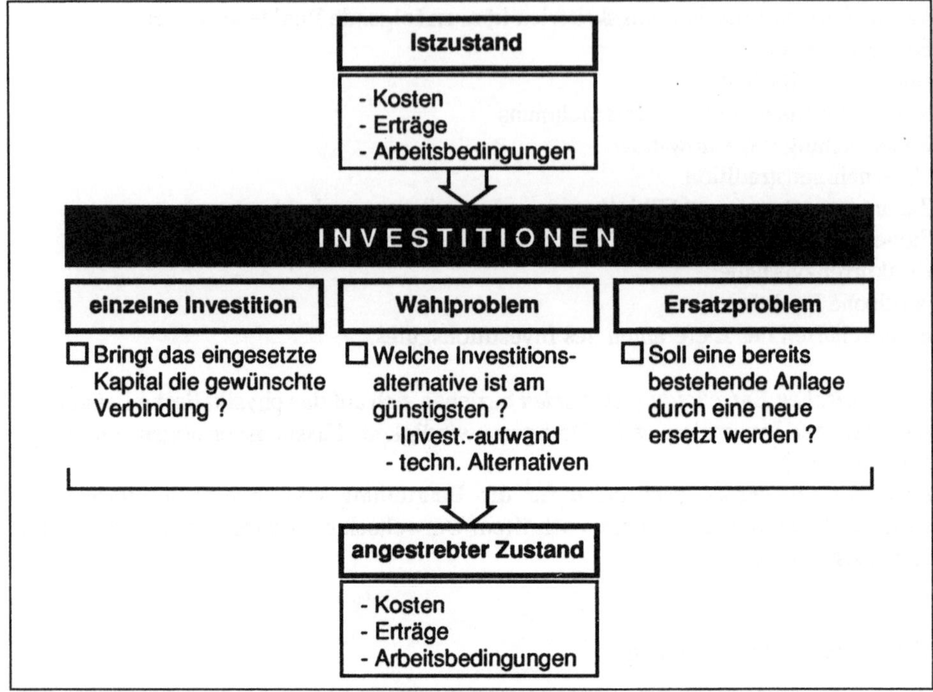

Bild 2.11 Grundsätzliche Probleme der Investitionsrechnung

anspruchsvoller und werden in der Praxis im Hinblick auf die schwierige Datenbeschaffung nur in Ausnahmefällen angewendet.

Der wesentliche Unterschied zwischen den beiden Betrachtungsweisen besteht darin, daß bei den statischen Verfahren die Auswirkungen einer Investitionsentscheidung nur

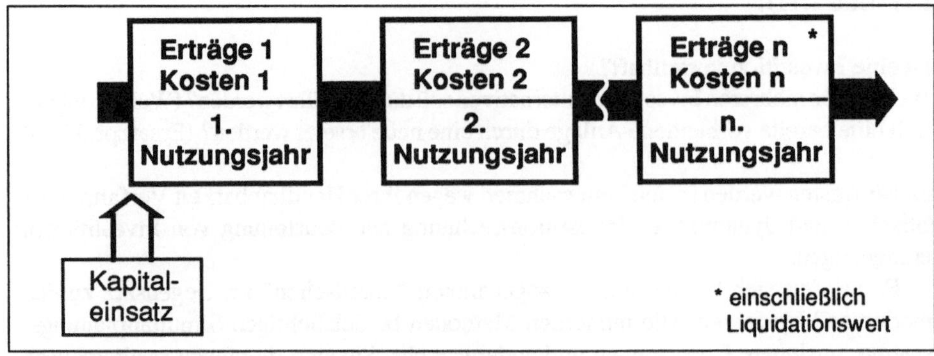

Bild 2.12 Kosten- und Ertragsreihe einer Investition

für einen bestimmten Zeitpunkt, bei den dynamischen Verfahren dagegen über den gesamten Investitionszeitraum berücksichtigt werden.

Ein Ertrag von DM 100.000,-, der im 10. Nutzungsjahr einer Investition bei einer 10 % kalkulatorischen Verzinsung des Kapitaleinsatzes erwirtschaftet wird, ist zum Zeitpunkt des Kapitaleinsatzes, also zum Investitionszeitpunkt, nur mit DM 38.550,- anzusehen.

Für eine Vertiefung der statischen und dynamischen Verfahren der Investitionsrechnung wird auf [2.10] verwiesen.

Im folgenden werden die einzelnen Verfahren der statischen Investitionsrechnung kurz beschrieben. Die Verfahren der *statischen Investitionsrechnung* sind in Bild 2.13 zusammengestellt.

Im Rahmen der *Kostenvergleichsrechnung* werden die Kosten zweier oder mehrerer Investitionsalternativen einander gegenübergestellt, um festzustellen, welche der Alternativen die kostengünstigste ist.

Innerhalb der *Gewinnvergleichsrechnung* werden die durch Realisierung einzelner Investitionsalternativen erzielbaren Gewinne einander gegenübergestellt. Vorzuziehen ist diejenige Investitionsalternative, bei der der Gewinn als Differenz zwischen Erlös und Kosten der produzierten Güter bzw. Dienstleistungen am größten ist.

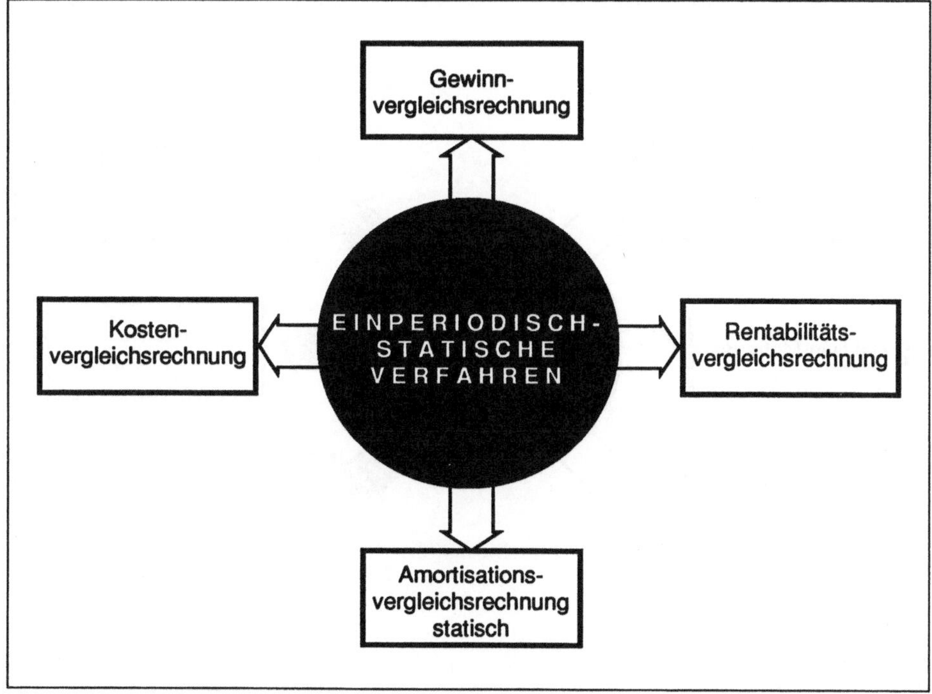

Bild 2.13 Verfahren der statischen Investitionsrechnung

Bei der *Rentabilitätsrechnung* wird der durchschnittliche Jahresgewinn (Erweiterungsinvestition) bzw. die Kostenersparnis zum Kapitaleinsatz ins Verhältnis gesetzt. Als Ergebnis erhält man die durchschnittliche jährliche Verzinsung des eingesetzten Kapitals. Als Dispositionsinstrument besitzt diese Methode die Möglichkeit, die Rentabilität auszuwählender Investitionsobjekte an einer vorgegebenen Mindestrentabilität zu messen, die betriebsspezifisch festgelegt wird.

Mit Hilfe der *Amortisationsrechnung* wird der Zeitraum berechnet, in dem der Kapitaleinsatz für eine Investition über die damit erzielten Erlöse wieder in das Unternehmen zurückgeflossen ist. Das Ziel besteht darin, diesen Zeitraum möglichst kurz zu halten. Die Amortisationszeit ist somit ein Maß für das Risiko einer beabsichtigten Investition.

Die Verfahren der *dynamischen Investitionsrechnung* sind in Bild 2.14 dargestellt.

Im folgenden werden nur die am häufigsten angewandten Verfahren der dynamischen Investitionsrechnung kurz erläutert.

Bei der *Kapitalmethode* werden sämtliche durch eine Investition verursachten Ausgaben und Einnahmen mit einem gegebenen Kalkulationszinsfuß auf den Zeitpunkt unmittelbar vor Beginn der Investition abgezinst. Die Differenz zwischen abgezinsten Ausgaben und Einnahmen ergibt den Kapitelwert. Die Kapitalwertmethode ist vor allem

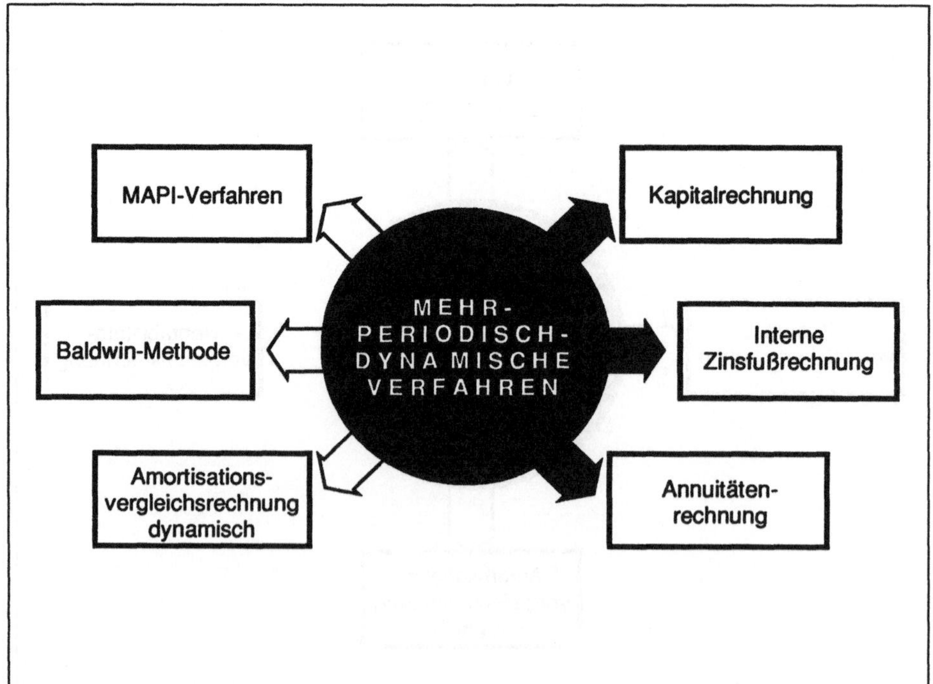

Bild 2.14 Verfahren der dynamischen Investitionsrechnung

dazu geeignet, die Vorteilhaftigkeit eines einzelnen Investitionsobjektes im Vergleich zur Anlage der finanziellen Mittel auf dem Kapitalmarkt bzw. ihrer Verwendung zur anderweitigen Schuldentilgung aufzuzeigen

Die *Methode des internen Zinsfußes* beruht auf einer Umformulierung der Kapitalwertmethode. Der interne Zinsfuß ist derjenige Zinsfuß (Diskontierungssatz), für den der Kapitalwert den Wert Null annimmt, d. h. die Rentabilität des eingesetzten Kapitals während der Lebensdauer einer Investition. Der interne Zinsfuß kennzeichnet also die tatsächliche Verzinsung des Kapitaleinsatzes, die für die Investitionsentscheidung große Bedeutung hat.

Die *Annuitätenmethode* ist wie die Methode des internen Zinsfußes nur eine abgewandelte Form der Kapitalwertmethode. Auch hier steht die Beurteilung der Kapitalverzinsung - ähnlich wie bei der Methode des internen Zinsfußes - im Vordergrund. Im Gegensatz zur Kapitalwertmethode, bei der eine Investition nach ihrem Gesamtgewinn beurteilt wird, ermittelt man bei der Annuitätenmethode den durchschnittlichen Gewinn einer Investition durch Umwandlung der Kosten und Erträge in Kosten- und Ertragsannuitäten, die gleichbleibende Jahreswerte darstellen.

2.2.1.2 Fabrikplanung

Ziel dieses Abschnitts ist es, einen Überblick über Aufgabenschwerpunkte der Fabrikplanung zu vermitteln, so daß es dem Leser möglich ist, selbständig spezielle Teilgebiete zu vertiefen.

2.2.1.2.1 Organisatorische Stellung der Fabrikplanung im Unternehmen

Häufig sind Schwachstellen im Fertigungsablauf, z. B. eine "verstopfte" Fabrikanlage oder zu geringe Maschinenkapazität, der Anstoß für Erweiterungs- und Neubauten. Durch Verbesserung des Materialflusses oder der Maschinenauslastung lassen sich aber oft Neubauten ganz oder teilweise vermeiden.

In gut geführten Unternehmen ist der hauptsächliche Anstoß für Fabrikneuplanungen ein so verändertes Produktionsprogramm, daß aufgrund der langfristigen Planung Erweiterungen oder Umstrukturierungen notwendig werden.

Früher hat allein der Architekt mit Genehmigung der Firmenleitung Fabriken geplant. Inzwischen wird Fabrikplanung im Teamwork und mit der Methode des *"project management"* betrieben.

Das Team besteht i. a. aus einem Betriebsplaner, einem Architekten und einem Betriebswirt. Die Intensität der Mitarbeit der Teammitglieder ändert sich während des Planungsablaufs. Bei kleinen Projekten muß der Betriebsplaner die Kenntnisse selbst mitbringen, bei größeren Projekten sollten mehrere Betriebsplaner mit Kenntnissen auf den Gebieten Materialflußwesen, Fertigung, Lagertechnik, Verwaltungsplanung, Netzplantechnik etc. zusammenarbeiten.

Für schwierige Einzelfragen sollten Spezialisten von außerhalb zugezogen werden, z.B. für

- Baugrunduntersuchung,
- Eisenbahn, Straßenbau, Kanalbau,
- Fertigungstechnik, Handhabung, Arbeitsplatzgestaltung,
- Fördermittel und -hilfsmittel,
- Lagertechnik und -verwaltung,
- Heizung, Lüftung, Klimatisierung,
- sanitäre Installationen, Bewässerung, Abwassertechnik,
- elektrische Anlagen, Lichttechnik,
- Arbeitsmedizin, Ergonomie und Sicherheitstechnik.

Die Aufgaben der Fabrikplanung reichen von der Standort- bis zur Maschinenaufstellungsplanung. Ausgehend von der Standortplanung engt sich der zu planende Bereich immer weiter bis auf die Einzelmaschine ein. Dementsprechend sind für die einzelnen Fabrikplanungsaufgaben auch unterschiedliche Lösungsmethoden erforderlich. Hier sollen Lösungswege aufgezeigt werden, die nicht nur den unterschiedlichen Aufgabengebieten, sondern auch dem unterschiedlichen Komplexitätsgrad und den anwenderspezifischen Anforderungen in der Planungsgenauigkeit gerecht werden.

2.2.1.2.2 Standortplanung

Standorttheorien sind schon seit langem bekannt [2.15, 2.16]. Der *optimale Standort* wurde teilweise so definiert, daß für ihn die Summe der Transportkosten zu Abnehmern und Lieferanten ein Minimum ergeben soll. In anderen Theorien gilt derjenige Ort als optimal, der jeweils zwischen den Orten minimaler Lohnkosten und minimaler Transportkosten liegt. Weitere Lösungsmöglichkeiten bieten die analytischen Bewertungsverfahren. Es werden umfangreiche Listen von für die Standortsuche relevanten Faktoren erstellt, und diese werden dann, um auch quantitative Aussagen zu erhalten, unterschiedlich bewertet.

In [2.17] ist der optimale Standort wie folgt definiert:

> "Der optimale Standort ist im Vergleich zu anderen Standorten derjenige, der die rechenbaren und nicht rechenbaren Anforderungen des Betriebes bestmöglichst erfüllt und für diesen Betrieb den größtmöglichen Erfolg bringt."

Setzt man Erfolg gleich Rentabilität, so wird am optimalen Standort die

$$\text{Rentabilität} = \frac{\text{Erlös - Kosten}}{\text{betriebsnotwendiges Kapital}}$$

ein Maximum.

Diese Definition wird hier für die Behandlung der Verfahren zur Bestimmung des optimalen Standortes zugrunde gelegt.

Es sollen hier zwei Verfahren vorgestellt werden, durch die sich mit vertretbarem Aufwand der optimale Standort näherungsweise bestimmen läßt.
Als Voraussetzung für die Anwendung von Verfahren zur Bestimmung des *bezüglich transportkostenoptimalen Standortes* müssen Erlös, betriebsnotwendiges Kapital und alle Kosten - außer den Transportkosten - unabhängig vom Standort sein.
Für jeden zur Wahl stehenden Ort (s. Bild 2.15) bestehen Transportkosten zu den Orten A (Abnehmer) und zu den Orten Z (Zulieferanten). Durch Aufsummierung der Transportkosten zu den jeweiligen Standorten (E) werden die Gesamtkosten ermittelt. Der Standort mit dem Minimum an Transportkosten kann als der optimale angesehen werden.

Auch mit Hilfe *analytischer Bewertungsverfahren* [2.18] kann der optimale Standort nur näherungsweise bestimmt werden.
Sämtliche Standortfaktoren, die für den jeweils vorliegenden Fall von Bedeutung sind, werden angegeben. Entsprechend dem Erfüllungsgrad jedes Standortfaktors werden die Alternativen mit Punkten bewertet (gute Erfüllung mit hoher, schlechte mit niedriger

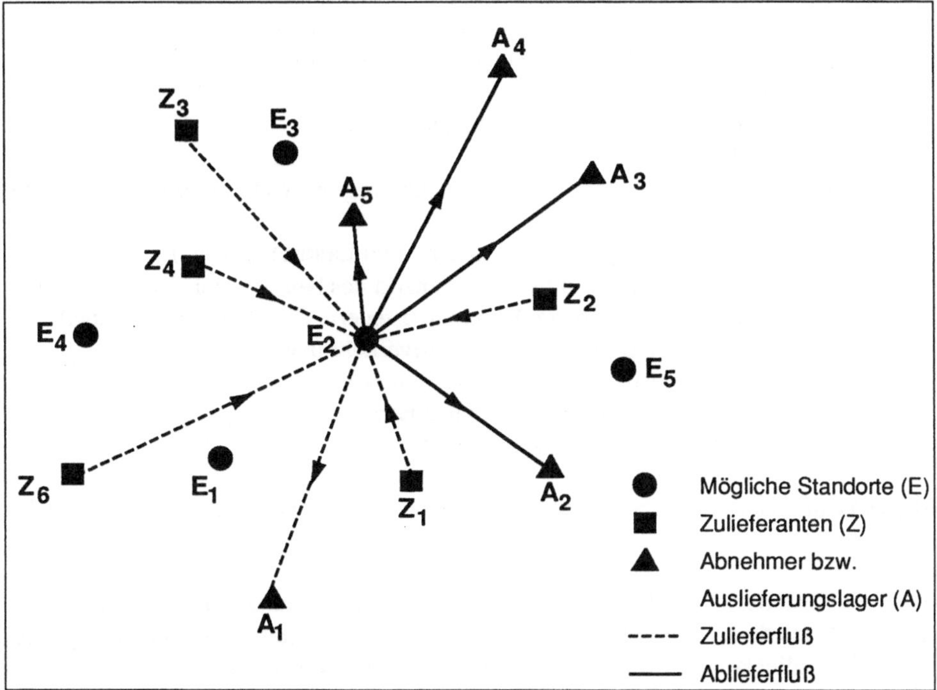

Bild 2.15 Bestimmung des optimalen Standorts bezüglich Transportkosten

Punktzahl). Die Standortfaktoren werden entsprechend ihrer Bedeutung gewichtet. Sämtliche Bewertungszahlen einer Alternative (Punktzahl x Gewichtungsfaktor) werden aufaddiert, wobei derjenige Standort mit der höchsten Gesamtpunktzahl die optimale Alternative darstellt. Setzt man die maximal erreichbare Gesamtpunktzahl gleich 100%, so erhält man einen Maßstab, wie gut die betrachteten realen Standorte im Vergleich zum idealen sind.

Dieses Verfahren hat folgende Vorteile:
- Es sind keine Vereinfachungen wie bei dem erstgenannten Verfahren erforderlich.
- Sowohl quantifizierbare als auch nicht quantifizierbare Größen werden erfaßt.
- Durch Gewichtung ist der standortsuchende Betrieb in der Lage, die ihm am wichtigsten erscheinenden Faktoren entsprechend hoch zu bewerten.

Dem stehen folgende Nachteile gegenüber:
- Häufig wird die vereinfachende Annahme getroffen, daß Erlös, Kosten und Kapitalbedarf standortunabhängig seien, da die benötigten Daten im voraus selten bekannt sind.
- Die subjektive Bewertung der immateriellen Faktoren kann zu Fehlentscheidungen führen.

Die Risiken können dadurch verringert werden, daß die Bewertungen von einem Team mit unterschiedlichen Fachleuten in Zusammenarbeit mit den Betroffenen durchgeführt werden.
    Die Gesichtspunkte, die für die Auswahl eines Standortes innerhalb eines Landes von Bedeutung sind, lassen sich in zwei Gruppen einteilen [2.13].

Zu den *gemeindespezifischen* Standortmerkmalen zählen:

- Arbeitsmarkt (Arbeitskräftereserven, Fernpendler, regionales Lohn- und Preisgefälle usw.)
- Industriegelände (Ansiedlungsflächen, Industrie und Landschaft usw.)
- Wirtschaftsstruktur (Industriestruktur, Absatzmarkt des betreffenden Landes usw.)
- Staatliche Förderung (Fördergebiete, Kommunalsteuern, Standortberatung usw.)
- Verkehrswege (Straßennetz, Schienennetz, Luftverkehr usw.)
- Energieversorgung (Elektrizität, Gas, Mineralöl usw.)
- Bildungseinrichtungen (Schulen, Universitäten usw.)
- Freizeitwert (Sportstätten, Naherholungsgebiete usw.).

Als *grundstücksspezifische* Standortmerkmale sind folgende Gesichtspunkte zu berücksichtigen:

- Gelände (Grundstücksgröße, Grundstückspreise, Grundstücksform, Bodenstruktur und Bodenbelastbarkeit, Dienstbarkeiten, Bebauungsvorschriften, bisherige Nutzung, spätere Zukaufsmöglichkeiten, Grundwasserbestand, Hochwassergefahr)
- verkehrsmäßige Erschließung
- Energieversorgung (Elektrizität, Gas, Wasser, Heißdampf, eventuell Heizöl und Kohle)

1	Name und Anschrift des Anbietenden (Telefon-Nr.) ?	15	Preis des Gases ?
2	Größe des Bauplatzes ?	16	Welche Zuführung für elektrische Energie steht zur Verfügung ?
3	Lage des Bauplatzes (Lageplan erbeten) ?	17	Spannung und Leistung ?
4	Ist das Gelände erschlossen ?	18	Entfernung des Geländes von der Entnahmestelle ?
5	Besteht Bahnanschluß ?		
6	Beschaffenheit des Untergrundes ?	19	Ungefährer Arbeits- und Leistungspreis ?
7	Preis des Geländes ?		
8	Welche Wassermengen können aus dem Versorgungsnetz entnommen werden ?	20	Wieviel Arbeitskräfte können etwa aus eigener Gemeinde aufgenommen werden ? (Arbeitsmarktverhältnisse)
9	Besteht die Möglichkeit, eigene Brunnen zu bohren ?	21	In welcher Entfernung liegen die nächsten größeren Gemeinden ?
10	Welche Möglichkeit besteht zur Reinigung des Industrieabwassers und seiner Abführung ?	22	Bestehen zu diesen Orten regelmäßige Verkehrsverbindungen ?
11	Härte des Wassers ?		
12	Preis des Wassers aus dem Versorgungsnetz ?	23	Lohnhöhe gelernter Industriearbeiter, angelernter Arbeiter u. Arbeiterinnen, Hilfsarbeiter ?
13	Kann Stadtgas bezogen werden ?		
14	Heizwert des Gases ?	24	Welche Fabrikanlagen befinden sich in der Nähe des Geländes ?

Bild 2.16 Beispiel für einen Fragebogen zur Standortsuche

- Wasserversorgung (Anschluß an das öffentliche Netz, Leistungsfähigkeit des Anschlusses, Beschaffenheit des Wassers, Kubikmeterpreis, Möglichkeiten der eigenen Wasserversorgung, zulässige Eigenfördermenge)
- Abwasserbeseitigung
- Abfallbeseitigung
- Nachbarbetriebe (Zahl und Art der Betriebe, mögliche Zusammenarbeit, Belästigung der Fremdbetriebe durch den eigenen Betrieb, Belästigung durch die fremden Betriebe).

Die betriebsspezifischen Anforderungen hinsichtlich dieser Kriterien sind Grundlage für die *Standortsuche*. Ein Fragebogen an alle Anbieter (Bild 2.16) erleichtert die Auswahl einer Alternative.

Wird ein Standort im Ausland gesucht, und stehen hierfür mehrere Länder zur Auswahl, dann können z. B. folgende Kriterien von erheblicher Bedeutung sein [2.31]:

- Regierungsform und Stabilität der Regierung
- Art der Verfassung
- Beziehung zu Nachbarländern
- Zugehörigkeit zu internationalen Organisationen
- Haltung der Regierung gegenüber ausländischen Investitionen und Auslandseigentum
- Haltung der Regierung gegenüber privaten Investitionen und Privateigentum
- Stabilität der Fiskal- und Geldpolitik
- langfristiger Besteuerungstrend
- Gold- und Devisenbestand
- Verschuldung des Staates
- Stabilität der Währung; in den letzten Jahren aufgetretene Kursschwankungen
- Konvertierbarkeit für Zahlungen im Waren-, Dienstleistungs- und Kapitalverkehr
- Handels- und Zahlungsbilanz
- Bindung an Wirtschaftsblöcke
- staatliche und private Investitionen
- staatliche Entwicklungsprogramme
- Ausgaben der Regierung für Entwicklungsvorhaben
- Abhängigkeit von Auslandshilfe und -entwicklung
- Einflußnahme der Regierung auf die Wirtschaft
- Bedrohung durch Verstaatlichung.

2.2.1.2.3 Generalbebauungsplan

Vor der Erstellung des Generalbebauungsplanes sind einige Vorarbeiten erforderlich. Zunächst muß der Flächenbedarf ermittelt werden. Dabei sind folgende Bereiche und Einrichtungen zu berücksichtigen:

- Produktions- und Lagerbereich
- Sozialeinrichtungen

- Hilfsbetriebe
- Verkehrswege
- technischer und kaufmännischer Bürobereich
- Verwaltungsbereich
- Parkplätze.

Erste Möglichkeit zur Ermittlung der Fläche ist die Hochrechnung der Nettonutzfläche des Istzustandes zum Sollzustand über die Prognose des Produktionszuwachses. Die zweite Möglichkeit ist die Berechnung der einzelnen Flächengrößen mit Hilfe von Kennzahlen.

Das gesamte zu überbauende Gelände wird mit einem genormten *Raster* überzogen [2.19]. Die Ausrichtung des Rasters auf dem Grundstück wird durch eventuell vorgegebene Baulinien und durch die Geometrie des Grundstückes bestimmt. Durch sinnvolle Ausrichtung des Rasternetzes und durch Auslegen der Abmessungen der verschiedenen Planungselemente als ganzes Vielfaches des Rastermaßes, ist eine optimale Bebauung des Grundstücks zu erreichen. Später ist dadurch auch ein problemloses Einpassen von An- und Erweiterungsbauten gewährleistet.

Die Zuordnung zum öffentlichen Straßennetz, die Beschaffenheit und die Oberflächengestaltung des Geländes sowie der Verlauf der Baulinien bestimmen als erstes die *Verkehrswege*. Berücksichtigt werden muß dabei noch die Abwicklung des Personenverkehrs und des Materialflusses zwischen den Betriebseinheiten sowie die Lage und Bemessung der Park- und Wendeflächen, Verladeräume und Werkseingänge.

Für die *Ver- und Entsorgung* (z. B. Druckluftversorgung) ist insbesondere zu entscheiden, ob zentrale oder dezentrale Anlagen verwendet werden sollen. Außerdem muß überlegt werden, welche Medien überhaupt selbst erzeugt werden müssen (Öffentliches Netz, Zusammenschluß mit benachbarten Betrieben usw.).

Da der Generalbebauungsplan ein langfristiges Konzept darstellt, muß mit einer Untergliederung in mehrere Baustufen eine günstige Anpassung an die jeweiligen Erfordernisse (Flächen) und Möglichkeiten (Investitionskosten) erreicht werden. Die Finanzierung der Bausumme muß ohne Gefährdung der Liquidität möglich sein.

Um ein stetiges Wachstum des Betriebes zu ermöglichen, sollten im ersten Bauabschnitt maximal 20 % des Geländes überbaut werden [2.20]. Dabei müssen dann schon die Energieversorgung, Nebenbetriebe, Lager- und Verwaltung errichtet werden und die dafür nötigen Gebäude (zumindest im Rohbau) sofort auf die Endausbaustufe ausgelegt werden. Sonst entstehen erhebliche Zusatzkosten. Die Anzahl bzw. Größe der Baustufen sollte so bemessen sein, daß nach der Bauzeit (1 bis 1 1/2 Jahre) nicht sofort wieder gebaut werden muß. Durch zu viele Baustufen ergeben sich neben erhöhten Baukosten, insbesondere bei bestehenden Betrieben, erhebliche Störungen des Betriebsablaufs. Die bestehenden Voraussetzungen für eine spätere Erweiterung sind bei einer übersichtlichen und regelmäßigen Gliederung gegeben.

Außerdem müssen die Verbindungsstellen nach außen (Wareneingang, Versand, Lager) in der Lage berücksichtigt werden. Grundsätzlich sollte die Erweiterungsrichtung senkrecht zum Hauptmaterialfluß verlaufen (Bild 2.17). Dadurch bleibt die Güte des Materialflusses bei allen Baustufen gleich und die Beeinflussung der laufenden Produktion wird auf ein Minimum reduziert.

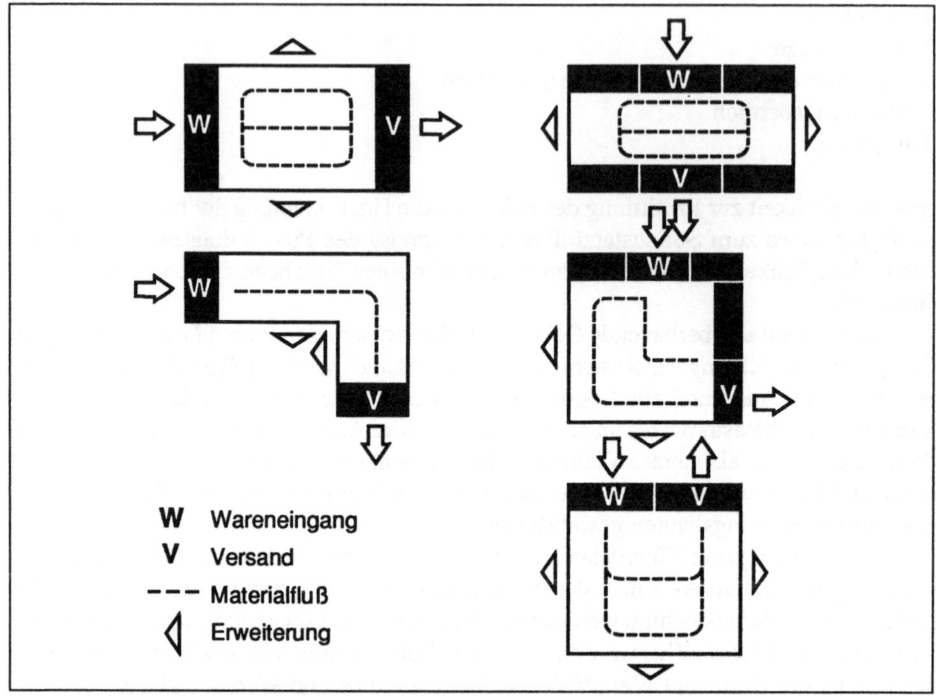

Bild 2.17 Erweiterungsmöglichkeiten bei gegebener Materialflußrichtung

Kriterien für die Wahl der *Bebauungsform* - ob aufgelockert oder kompakt - sind der Materialfluß und die Randbedingungen. Während der Materialfluß in einem Kompaktbau günstiger gestaltet werden kann, sind die einschränkenden Bedingungen und unterschiedlichen Anforderungen der einzelnen Bereiche leichter durch eine aufgelockerte Bebauung zu erfüllen.

Vorteile der *kompakten Bebauungsform* sind die geringeren Erschließungs- und Baukosten, der geringere Platzbedarf, die bessere Übersichtlichkeit und die Möglichkeit eines höheren Automatisierungsgrades. Die Nachteile sind die aufwendigere Gebäudekonstruktion, aufwendigere Abschirmungs- und Schutzmaßnahmen der einzelnen Bereiche gegeneinander und geringe Anpassungsmöglichkeiten an ungünstige Geländeformen.

Zu den Vorteilen der *aufgelockerten Bebauung* zählen die Möglichkeiten der Ausgliederung von Bereichen, die durch Lärm, Dämpfe, Staub usw. die Umwelt belasten, die gute Ausnutzung unterschiedlicher Baugrundeigenschaften, die einfacheren Erweiterungsmöglichkeiten und die bessere Zugänglichkeit (z. B. bei Brand). Die Nachteile sind der größere Grundstücksbedarf, höhere Transportkosten durch lange Transportwege, schlechtere Übersichtlichkeit und eventuell vorhandene Materialflußschnittstellen mit den notwendigen Umladevorgängen.

Die Anwendung der verschiedenen *Bautypen* (Mehrgeschoß-, Flach- und Hallenbau) ist abhängig vom Verwendungszweck.

Der *Mehrgeschoßbau* wird angewendet
- bei hohen Bodenpreisen und begrenzten Ausdehnungsmöglichkeiten,
- für hochwertige Güter mit niedriger Transportintensität und langen Arbeitsprozessen
  in den einzelnen Stockwerken (Foto-, Schmuck-, Uhren- und elektronische Industrie)
  und
- bei kontinuierlichen Prozessen, bei denen die Produkte durch die Schwerkraft in die
  tiefergelegenen Geschosse gelangen (Papier-, Nahrungsmitel-, Genußmittel-, Textil-
  industrie).

Der *Flachbau* findet seine Anwendung
- bei häufig wechselndem Produktionsprogramm,
- bei schweren Maschinen und Anlagen mit starker Erschütterungswirkung (Maschinenbau,
  Gießerei) und
- bei Bedarf an großen zusammenhängenden Flächen (Spinnerei, Druckerei, Kabelwerk).

Hallenbauten sind Bauwerke mit beträchtlicher Höhe und einer Grundfläche, die nicht
durch Pfeiler oder Stützen beeinträchtigt wird.

Sie werden angewendet
- für schwere, sperrige Erzeugnisse (Dampfkessel, Waggon-, Lokomotiv-, Diesel-
  motorenbau), die mit dem Kran bewegt werden,
- für die Aufstellung schwerer, hoher Maschinen (Hammerpressen) und Anlagen (Walz-
  straßen, Papiermaschinen),
- für Lagerhallen und
- für eine in mehreren Ebenen laufende Fertigung (Automobilbau).

2.2.1.2.4 Planung des innerbetrieblichen Materialflusses

Aufnahme des Materialflusses: Die *Ermittlung* und *Analyse* des innerbetrieblichen
Materialflusses ist Planungsgrundlage für
- die Anordnung von Betriebsmitteln,
- die Auswahl der Fördermittel und
- die Auswahl der Lagereinrichtungen.

Der innerbetriebliche Materialfluß wird gebildet durch seine Struktur und durch die
Materialflußmenge. Man spricht deshalb auch von qualitativem und quantitativem
Materialfluß. Die Struktur wird gebildet durch die Anzahl und Art der Betriebsmittel und
durch die Reihenfolge des Durchlaufes der Produkte durch den Betrieb. Es gilt, folgende
Fragen zu beantworten:

- Welches Betriebsmittel steht mit welchem Betriebsmittel in Verbindung?
- In welcher Reihenfolge werden die Betriebsmittel angelaufen?
- Welche Mengen werden zwischen den einzelnen Betriebsmitteln bewegt?

Zur Beantwortung der Fragen müssen folgende Daten erhoben werden:
- transportierte Mengen,
- Art der Transportmittel,
- Transportlosgrößen,
- absendende und empfangende Abteilungen.

Prinzipiell gibt es zwei Verfahren, um den innerbetrieblichen Materialfluß zu ermitteln:
- die direkte Materialflußaufnahme und
- die indirekte Materialflußaufnahme.

Die direkte Materialflußaufnahme ist nach Möglichkeit zu vermeiden, da sie erhebliche Störungen im Betrieb hervorrufen und sehr langwierig sein kann. Die erforderlichen Daten werden entweder durch den Transportarbeiter erfaßt, der jeden Transport mit den gewünschten Daten in entsprechende Listen einträgt oder dadurch, daß ein Transportkreuzungspunkt sämtliche Transportbewegungen und die nötigen Angaben ermittelt werden.

Als Grundlage für die indirekte Materialflußermittlung dienen
- Umsatzstatistiken der repräsentativen Artikel innerhalb eines repräsentativen Zeitraums,
- Stücklisten,
- Arbeitspapiere der repräsentativen Artikel und
- das Kostenstellenverzeichnis.

Es muß dann folgendermaßen verfahren werden:
1. Zerlegen der repräsentativen Artikel mit Hilfe der Stücklisten in Baugruppen bzw. Einzelteile.
2. Ermittlung der Gesamtzahl der Baugruppen bzw. Einzelteile pro Betrachtungszeitraum.
3. Ermittlung der Arbeitsfolge der Baugruppen bzw. Einzelteile.
4. Darstellung des Materialflusses.

Ungeeignet zur Wahl des repräsentativen Zeitraums sind
- Perioden saisonaler Höchst- und Tiefstwerte des Umsatzes oder der Produktionsbelastung und
- Perioden mit starker saisonaler Verschiebungen im Produktionsprogramm (Modeartikel, Weihnachtssortimente usw.).

Zur Ermittlung der repräsentativen Artikel gibt es drei gebräuchliche Methoden:

- Bei sehr großer Artikelmenge kann die Betrachtung von Zufallsteilen herangezogen werden. Aus den Verkaufs- oder Produktionsstatistiken wird eine zufällige Anzahl von Artikeln ausgewählt (z. B. jeder 3., jeder 4. oder jeder 10. usw.). Die Methode eignet sich vor allen Dingen zur direkten Analyse der innerbetrieblichen Transporte.
- Können bei der Untersuchung Teilefamilien (Typenreihen) gefunden werden, ist es im allgemeinen möglich, einem oder wenigen Vertretern jeder Teilefamilie die jeweiligen Verkaufs- oder Produktionszahlen zuzuordnen. Die Teilefamilien müssen

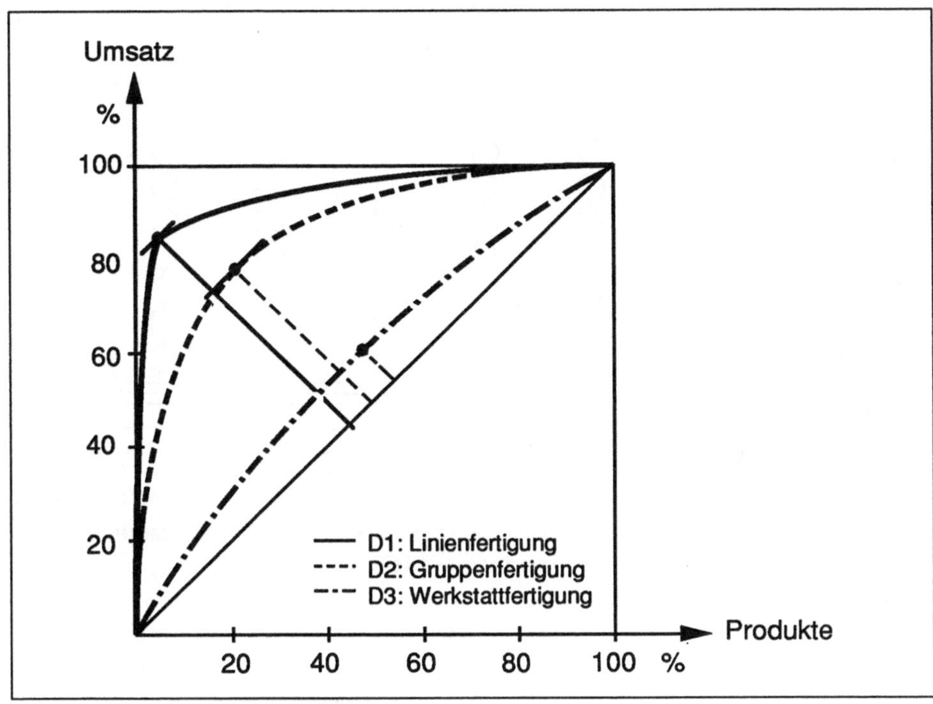

Bild 2.18 Auswahl der repräsentativen Artikel durch ABC-Analyse

dann nach abnehmendem Umsatzanteil geordnet werden.
- Die zuverlässigste Methode ist jedoch die ABC-Analyse. Die Artikel werden dabei nach einem Kriterium (z. B. Umsatz, Gewinn, Jahresverbrauchswert o.ä.) geordnet. Die Artikelwerte werden graphisch in der Reihenfolge abnehmender Werte/Mengeneinheit addiert, was einen Kurvenverlauf mit einer typischen Verteilung ergibt. Es zeigt sich beispielsweise, daß 20 % der Artikel 80 % des Umsatzes erbringen. Außerdem sind Rückschlüsse auf die Organisationsform der Fertigung möglich, wenn man als Maß für das Verteilungsverhältnis den größten Abstand D zwischen der Kurve und der Verbindungsgeraden zwischen Koordinatenursprung und Kurvenendpunkt nimmt (siehe Bild 2.18).

Darstellung des Materialflusses. Es gibt grundsätzlich die Möglichkeit, den Materialfluß nur qualitativ oder aber qualitativ und quantitativ darzustellen.

Eine *qualitative Materialflußdarstellung* zeigt nur die Reihenfolge und die Richtung des Materialflusses. Die Materialflußmenge wird nicht berücksichtigt.

- Graphische Darstellung:
Bild 2.19 zeigt zwei mögliche graphische Darstellungsformen, wobei sich die obere Darstellung dann eignet, wenn viele Teile dieselben Betriebsmittel durchlaufen.

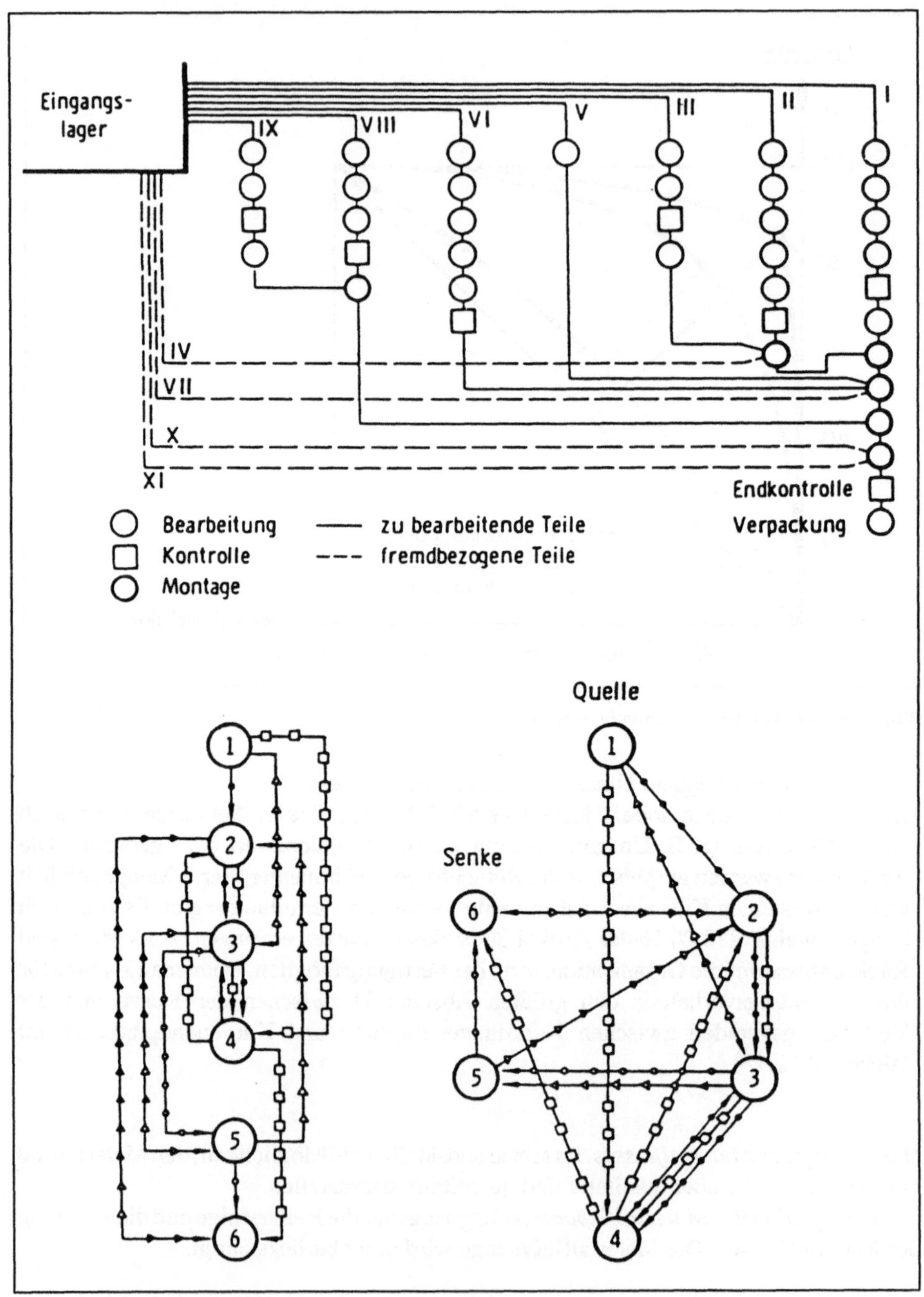

Bild 2.19 Beispiele zur qualitativen Materialflußdarstellung

- Tabellarische Darstellung:
Die Darstellung des qualitativen Materialflusses in einer Matrix ist auch für eine große Anzahl von Betriebsmitteln und Produkten geeignet.

Arbeitsablauffolge: Teil A: 1-2-3-4-3-5-6
                              Teil B: 1-3-5-2-6
                              Teil C: 1-4-2-3-4-6

In der linken Spalte von Bild 2.20 sind die absendenden, in der oberen Zeile die empfangenden Betriebsmittel mit Nummern bezeichnet. Die Felder der Matrix enthalten die Bezeichnung (im Bild 2.20 die Symbole) der transportierten Teile.

Bei einer *qualitativen* und *quantitativen Materialflußdarstellung* wird auch die Intensität des Materialflusses berücksichtigt.

- Tabellarische Darstellung:
Es wird wieder wie bei der qualitativen Darstellung eine Matrix erstellt, in der diesmal aber statt den Teilebezeichnungen die Transportintensität in den einzelnen Feldern

Bild 2.20 Beispiel zur qualitativen Materialflußdarstellung

Bild 2.21 Beispiel zur quantitativen Materialflußdarstellung

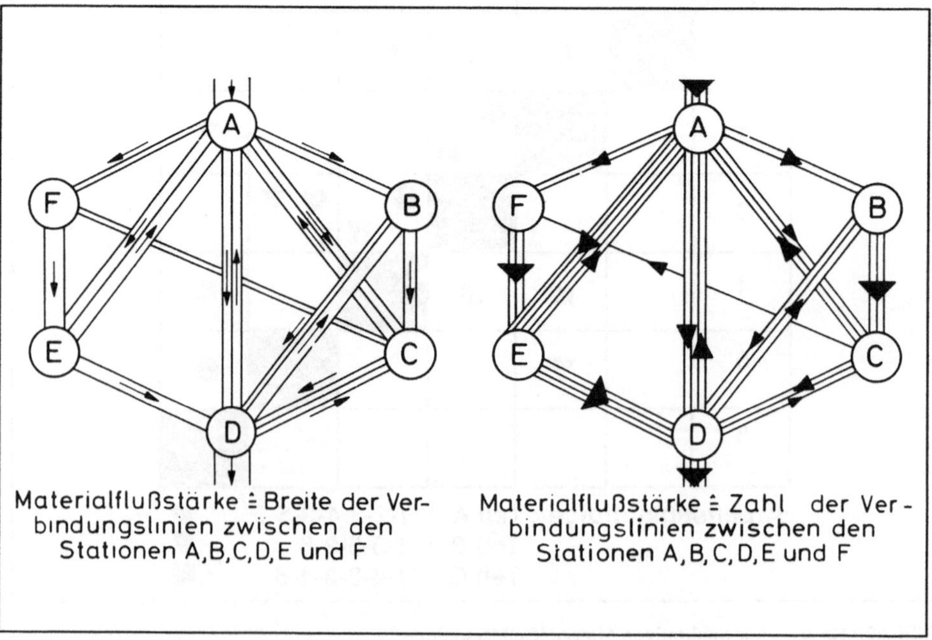

Bild 2.22 Prinzipielle Darstellung des qualitativen und quantiativen Materialflusses

Eine weitere Form der tabellarischen Darstellung ist die Dreiecksmatrix. Sie berücksichtigt jedoch nicht die Richtung des Materialflusses. Die Transportintensitäten sind schon zusammengefaßt, so daß man jeweils die Gesamttransportintensität zwischen den einzelnen Betriebsmitteln ablesen kann.

- Graphische Darstellung:
Die Materialflußintensität entspricht dem Abstand zweier Verbindungslinien bzw. der Anzahl der Verbindungslinien zwischen den Betriebsmitteln.
Zur besseren Übersichtlichkeit kann die Größe der Kreise proportional zur durchströmten Menge gezeichnet werden. Bei maßstäblich richtig angeordneten Kreisen erhält man dann eine lagegerechte graphische Darstellung (Bild 2.22).

Fördergut, Förderhilfsmittel und Fördermittel. Das *Fördergut* läßt sich in *Stückgut, Schüttgut* und *Flüssiggut* einteilen [2.21] (Bild 2.23). Diese Gruppen beeinflussen die Gestaltung geeigneter Förderhilfsmittel (FHM) [2.22]. Unter *Förderhilfsmittel* (Bild 2.24) versteht man Hilfsmittel zur Bildung von Ladeeinheiten, die vom Fördermittel aufgenommen werden, z. B. Flachpaletten, Rungenpaletten oder Boxpaletten [2.13]. Der wichtigste Vertreter der *tragenden Förderhilfsmittel* ist die *Flachpalette* (Pool Palette)

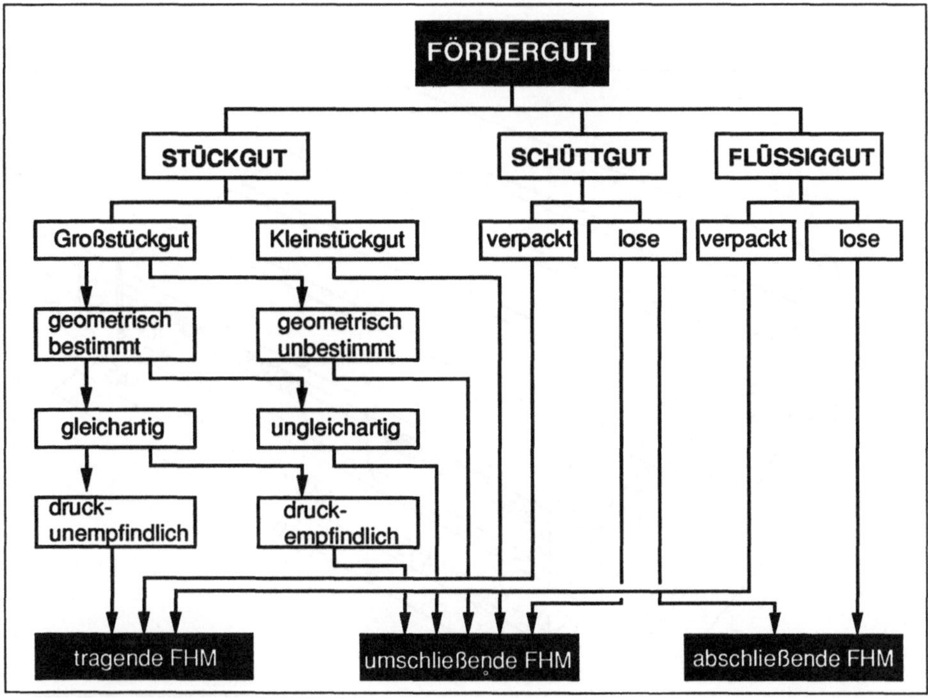

Bild 2.23 Fördergutgruppen

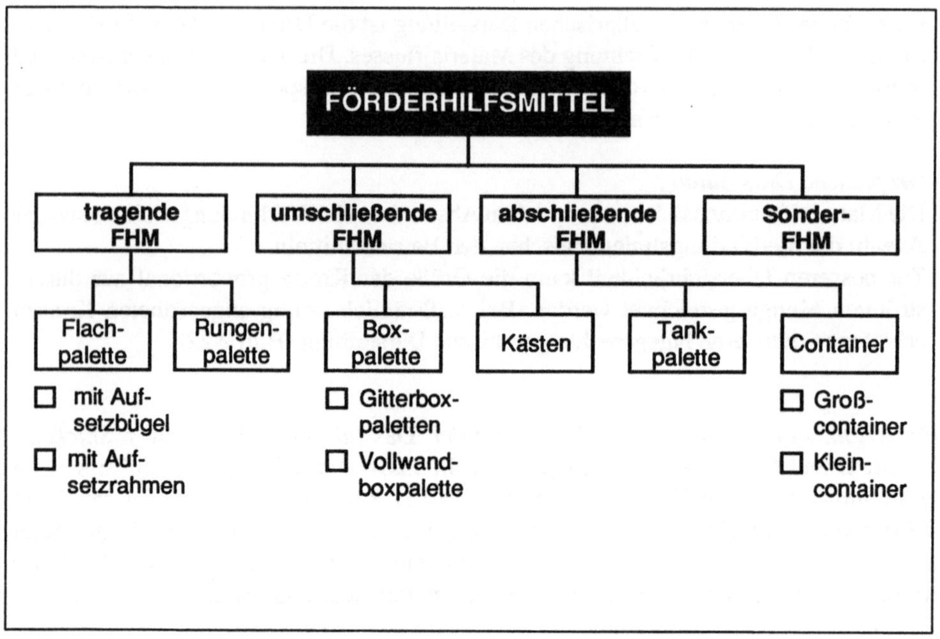

Bild 2.24 Gliederung der Förderhilfsmittel

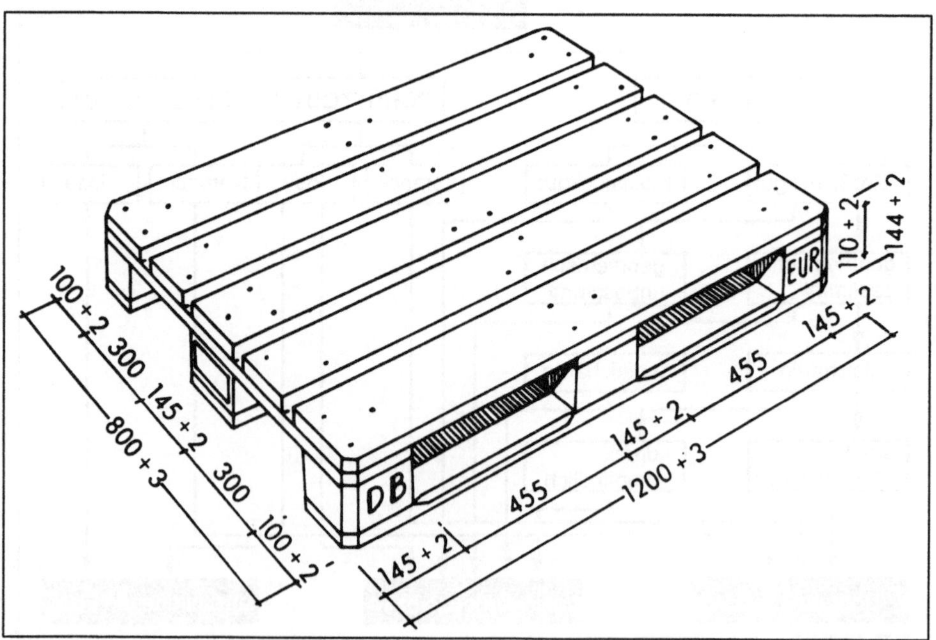

Bild 2.25 Pool-Palette [2.32]

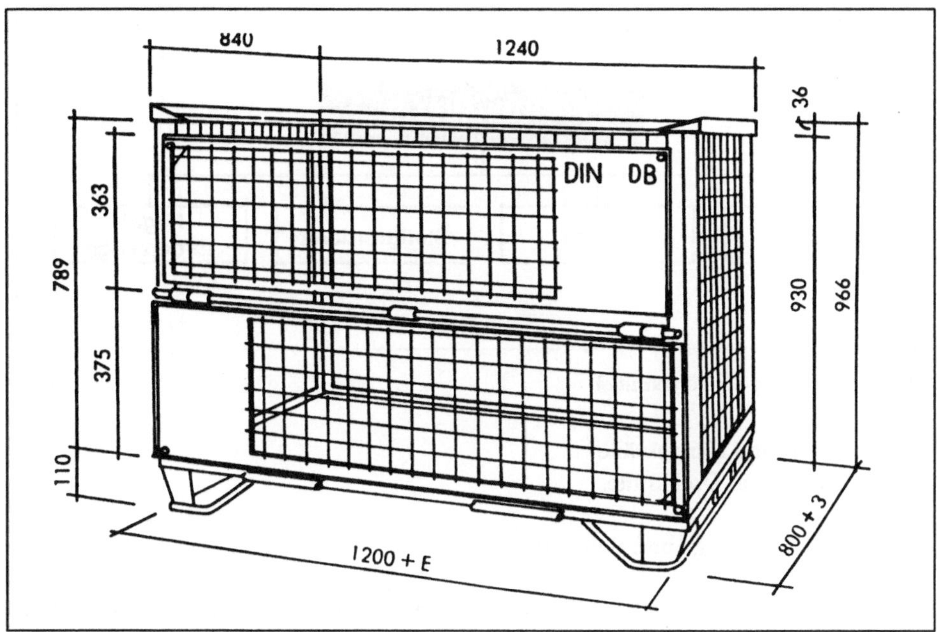

Bild 2.26 Pool-Gitterboxpalette [2.32]

(Bild 2.25). Folgende Abmessungen sind genormt: 800 x 1000, 800 x 1200 (Pool-Flachpalette) und 1000 x 1200 mm. Für tragende Förderhilfsmittel ist nur stapelbares Fördergut geeignet. Von Vorteil ist, daß sie in leerem Zustand nur wenig Platz benötigen.

Umschließende Förderhilfsmittel können auch nicht stapelbare oder schüttfähige Förder-güter aufnehmen. Ein Beispiel zeigt Bild 2.26.

Abschließende Förderhilfsmittel sind z. B. Tankpaletten, Kleincontainer, Kisten. Dicht abschließende Förderhilfsmittel können loses Schütt- oder Flüssiggut aufnehmen.

Fördermittel werden in der Regel entsprechend ihrer Konstruktionsprinzipien eingeteilt [2.23] (Bild 2.27).

Hebezeuge:

- mit einfacher Lastbewegung (nur senkrecht)
    - Elektrozüge
    - Druckluftzüge
    - Senkrechtaufzüge
    - Hebebühnen
- mit zusammengesetzter Lastbewegung (senkrecht und waagrecht)
    - mit Schienenlaufkatze

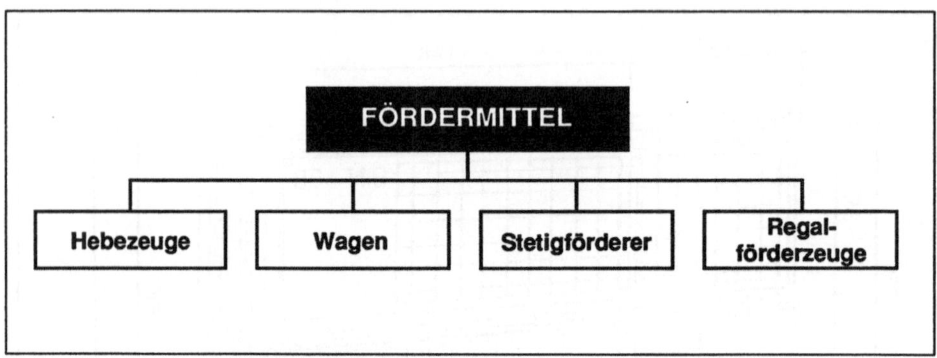

Bild 2.27 Gliederung der Fördermittel

- Brücken- und Hängekräne
- Ausleger- und Drehkräne.

Wagen (Flurförderzeuge und Bahnen):

- Schlepper mit Antrieb und der Bestimmung, andere Fahrzeuge zu ziehen oder zu schieben
- Wagen für Personen ohne Lasten
    - ohne Hubeinrichtung (Kipper, Plattformwagen)
    - mit Hubeinrichtung (Bild 2.28 und 2.29)
- Stapler: Flurförderzeuge mit senkrecht bewegten Lastträgern
    - Gabelstapler (Bild 2.29)
    - Hochhubwagen (radunterstützter Lastträger)
    - Gabelhochhubwagen (radunterstützter Lastträger)
    - Schubmaststapler (Lastaufnahme außerhalb Radbasis, Fördervorgang innerhalb Radbasis durch Schubgabel) (Bild 2.30).
    - Quergabelstapler (Gabel quer zur Fahrtrichtung)

Bild 2.28 Niederhub-Fahrzeuge [2.32]

- Vierweggabelstapler (kann durch Umstellung aller Räder Fahrtrichtungen im rechten Winkel ändern).
- Automatisch gelenkte Flurförderzeuge mit eigenem Antrieb: induktiv gesteuerte Flurförderzeuge
- Schleppkettenförderer: endlos umlaufende Kette unter Flur, auf Flur, über Flur als Zugorgan
- Eisenbahnen
- Hängebahnen.

Stetigförderer:

Mechanische Einrichtungen, bei denen der Förderutträger, das Fördergut selbst oder beide sich auf einem festgelegten Förderweg begrenzter Länge von der Aufgabestelle zur Ablagestelle stetig, eventuell mit wechselnder Geschwindigkeit oder im Takt bewegen.

Beispiel: Bandförderer, Kreisförderer, Rutschen (Bild 2.31), Rollenbahnen, Rohrpostanlagen.

Regalförderzeuge:

- Regalabhängige Regalförderzeuge:
    - bodenverfahrbar:
    Auftretende Kräfte werden direkt in den Baugrund abgeführt. Große Lagerhöhe und große Tragkräfte sind möglich.
    - deckenverfahrbar:
    Entstehende Kräfte werden vom Baukörper oder einer Stützkonstruktion aufgenommen.
    - regalverfahrbar:
    Auftretende Kräfte werden über das Regal abgeleitet. Auf das Regal werden auch Schwingungen übertragen, die unter Umständen ein Wandern der Güter im Regal bewirken können. Ein Einsatzbereich dieses Typs ist auf geringe Höhen und Nutzlasten begrenzt.

Bild 2.29 Gabelstabler [2.32]

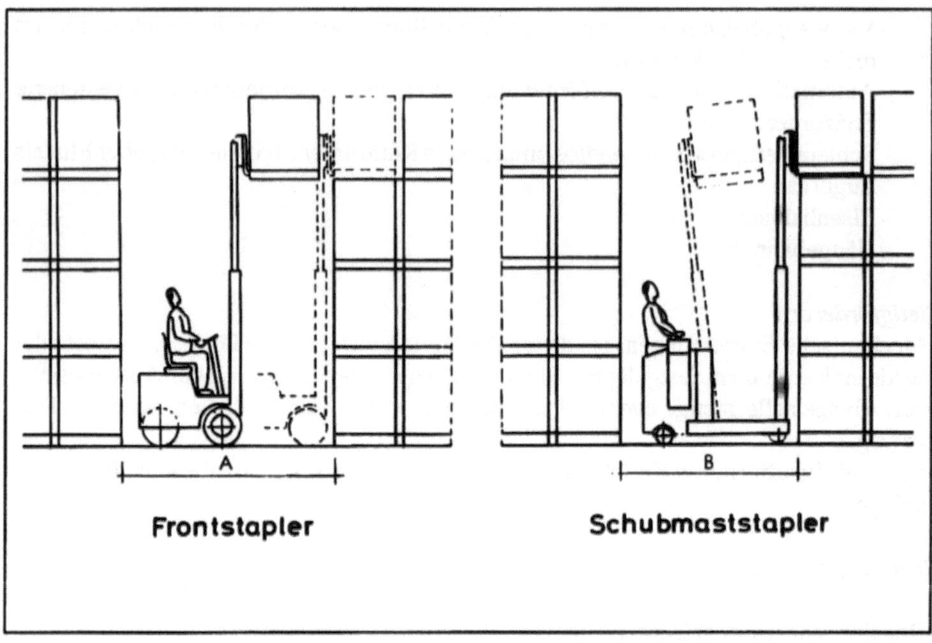

Bild 2.30 Vergleich von Frontstapler und Schubmaststapler

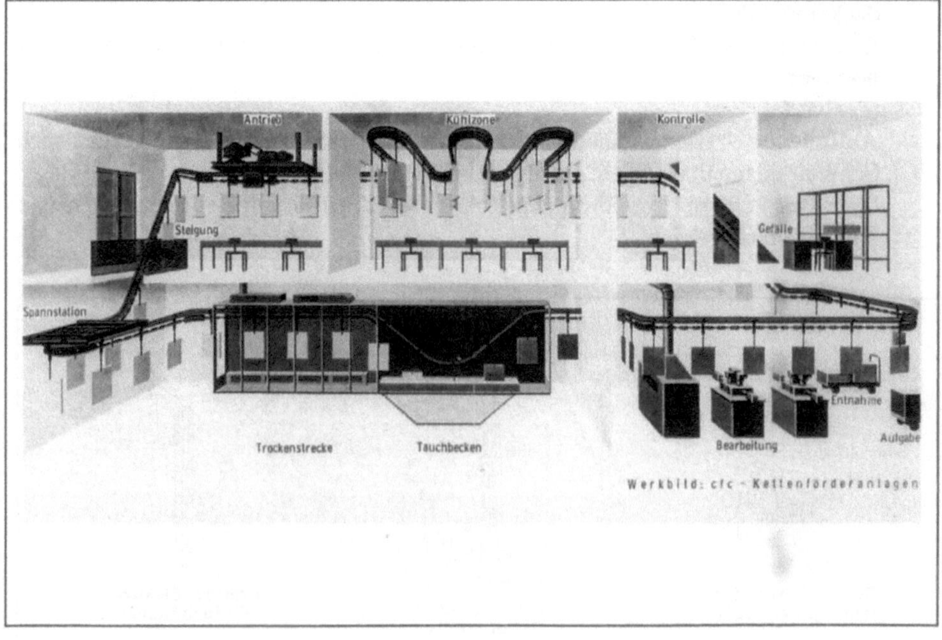

Bild 2.31 Beispiel für Kreisförderer

- Regalunabhängige (eventuell im Regal zwangsgeführte) Regalförderzeuge:
  - Kommissionierfahrzeuge:
    Der Bedienungsmann fährt mit zum Lagerfach und entnimmt dort einen Teil der Lagermenge
  - Hochregalstapler:
    Bis ca. 10 m Höhe, sonst Probleme mit der Genauigkeit der Lagerfachansteuerung.
  - Stapelkran:
    Brücken- und Hängekran mit am Katzfahrwerk drehbar angeordnetem starren Mast oder Teleskopmast, an dessen Ende sich ein Lastaufnahmemittel befindet.

Die regalunabhängigen Regalförderzeuge werden vor allem eingesetzt bei geringem Lagerumschlag und wenn viele Regalgassen durch das gleiche Gerät bedient werden sollen.

Das geeignete Fördermittel wird durch die *Auswahl* des *Förderhilfsmittels* weitgehend präjudiziert (Bild 2.33).
Modifikationen zur gegenseitigen Anpassung sollten zur Sicherung der Verträglichkeit mit Fördermitteln und Förderhilfsmitteln anderer Bereiche zugestanden werden.
Um die Handhabungs- und Transportvorgänge einfach zu gestalten, sollen in möglichst allen Bereichen nur ein oder wenige aufeinander abgestimmte Förder- und Förderhilfsmittel verwendet werden. Es sollten Fördergutgruppen gebildet werden, damit eine

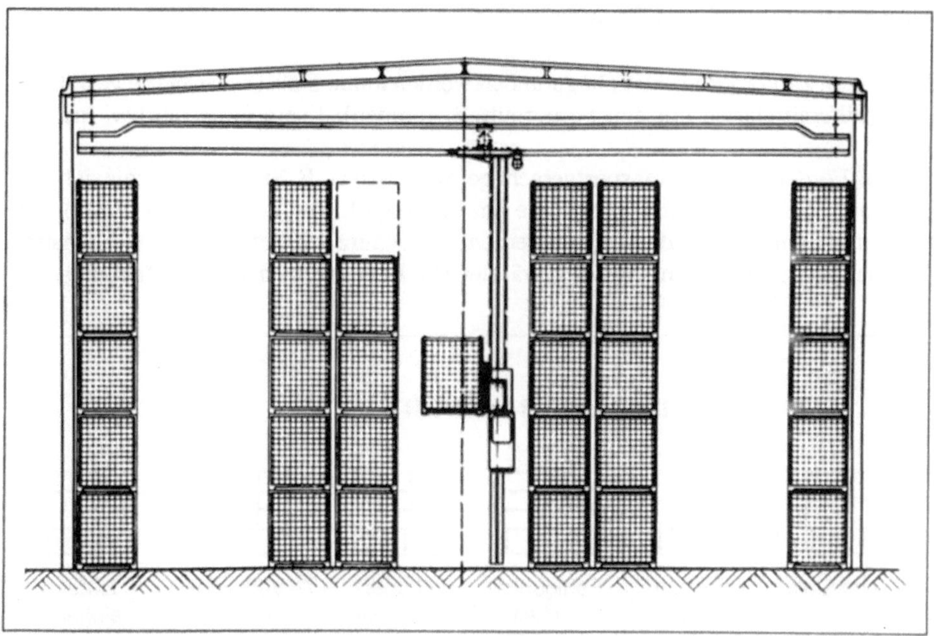

Bild 2.32 Lagerbedienung mit einem Normalstapelkran [2.33]

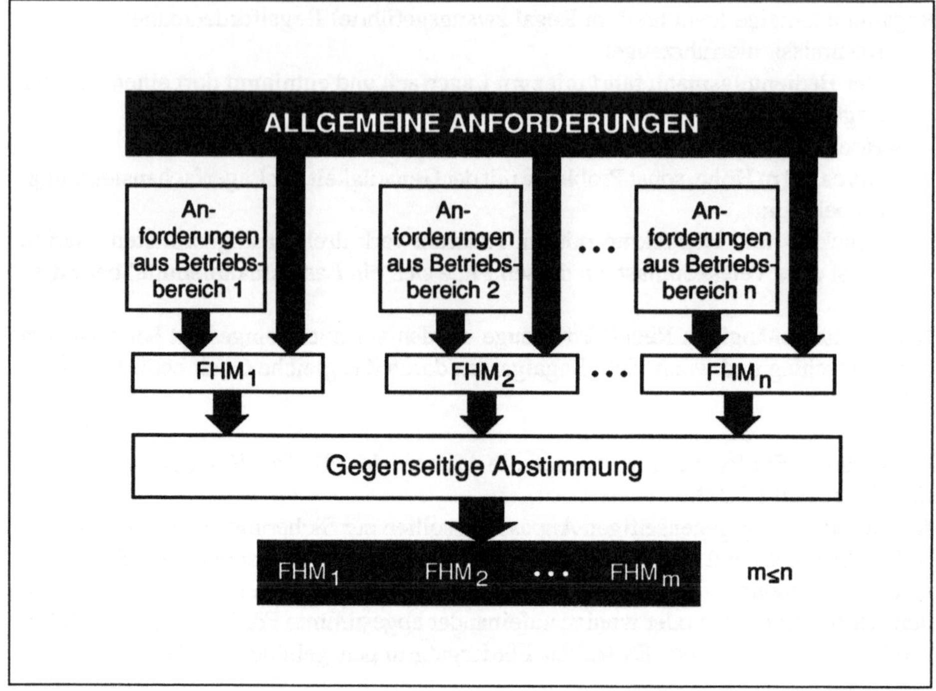

Bild 2.33 Auswahl von Förderhilfsmitteln

Zuordnung zu Förderhilfsmitteln gefunden werden kann. Dabei müssen die gewählten Förderhilfsmittelarten mit den Fördermitteln kompatibel sein (unterfahrbar, kranbar usw.).

Das Fördergut sollte transportgerecht gestaltet sein (z. B. Stapelkanten zur sicheren Stapelung, Schutz empfindlicher Teile am Fördergut). Erst dann sollten die Förderhilfsmittel dem Fördergut angepaßt werden, um Schutz vor Schädigung und günstige Handhabung mit Fördermitteln zu gewährleisten. Ladevolumen und Tragfähigkeit von

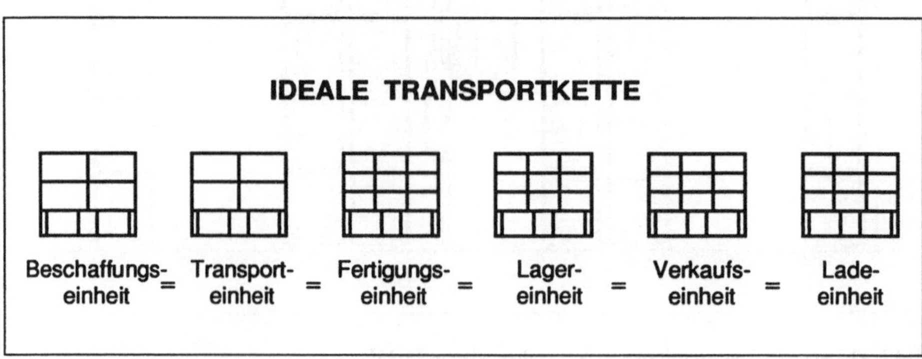

Bild 2.34 Ideale Transportkette

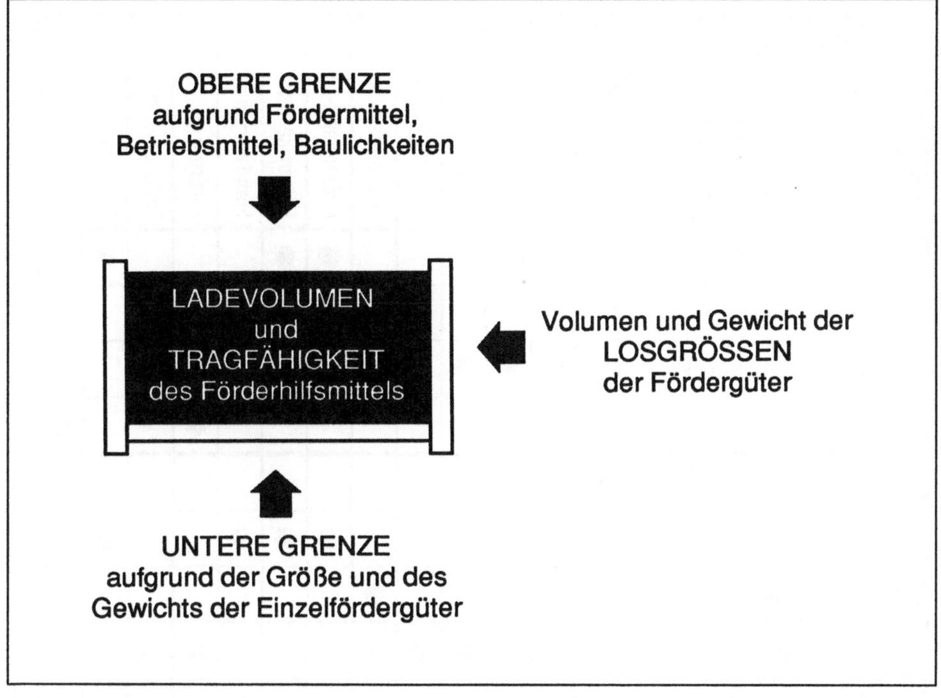

Bild 2.35 Bestimmung von Ladevolumen und Tragfähigkeit der Förderhilfsmittel (FHM)

Förderhilfsmitteln und Fördermitteln hängen von der durchschnittlichen Fördergutlosgröße und von der maximalen Einzelteilgröße ab (Bild 2.35).
Auswahlkriterien für Fördermittel sind im Bild 2.36 dargestellt [2.24].

Manuelle und rechnerunterstützte Erstellung von Maschinenaufstellungsplänen (Layout-Optimierung). Bei der Erstellung von Maschinenaufstellungsplänen (Layout) geht man grundsätzlich in zwei Schritten vor:

- Erstellung eines Idealplanes (minimaler Transportaufwand und damit minimale Material-
  flußkosten),
- Umformung des Idealplanes zu einem Realplan unter Berücksichtigung der Randbedingungen.

Durch Vorarbeiten müssen folgende Daten ermittelt werden:

- Flächen der einzelnen Planungselemente (Maschinen, Arbeitsplätze, Abteilungen,
  Betriebsbereiche),
- die Materialflußmatrix für den zu planenden Bereich,

Transportaufgabe \ Fördermittel		Gurtförderer	Kettenförderer	Rollenförderer	Einschienenförderer	Schraubenförderer	Gabelstapler	Elektrokarren	Handwagen	Hebezeug	Brückenkran	Drehkran	Aufzug
zu bedienende Fläche bzw. Raum	unbegrenzter Raum						●	●				●	
	begrenzter Raum								●		●		
	begrenzte Strecke	●	●	●	●	●							
	Punkt									●			●
Installation	unter Flur		●										
	auf dem Boden		●	●			●	●	●			●	
	in Arbeitshöhe	●	●	●		●							
	im Luftraum	●		●	●					●	●		
Weg	nicht festgelegter Weg						●	●	●				
	teilweise festgelegter Weg	●	●	●		●			●				
	festgelegter Weg	●	●	●	●	●					●	●	●
Häufigkeit	gelegentlich									●	●		●
	unterbrochen			●			●	●	●	●	●	●	●
	kontinuierlich	●	●	●	●	●							
Richtung	horizontal	●	●	●	●	●	●	●		●	●		
	abfallend	●	●	●	●								
	ansteigend	●	●		●	●							
	vertikal hinunter						●			●	●	●	●
	vertikal hinauf						●			●	●	●	●

Bild 2.36 Auswahlkriterien für Fördermittel [2.24]

- Randbedingungen für den zu planenden Bereich: Gebäudegrundriß, zentralisierende und dezentralisierende Bedingungen für die Maschinenzuordnung.

Zunächst sollen die wichtigsten manuellen Verfahren vorgestellt werden:

- Intuitive Verfahren:
Eine einfache Methode zur Erstellung von Maschinenaufstellungsplänen ist die im folgenden beschriebene. Nach Ermittlung der Materialflußmatrix wird ein quantitatives Materialflußschaubild gezeichnet. Dieses Bild wird so umgeordnet, daß möglichst wenig Überschneidungen der Verbindungslinien vorhanden sind und Verbindungslinien, die eine starke Materialflußbeziehung darstellen, möglichst kurz sind (Bild 2.37). Anschließend werden in das geordnete Materialflußschaubild die einzelnen Betriebsmittel mit ihren realen Flächengrößen und Formen eingefügt und unter Berücksichtigung der verschiedenen Randbedingungen (z. B. Sicherheitsvorschriften, Stützen, Förderwege usw.) zu einer "vernünftigen" Gesamtbauform gestaltet.

- Dreiecksverfahren:
Eine weitere einfache Methode für die manuelle Zuordnung von Betriebsmitteln ist das Dreiecksverfahren, das in [2.25] beschrieben ist. Die zur Verfügung stehende Planfläche

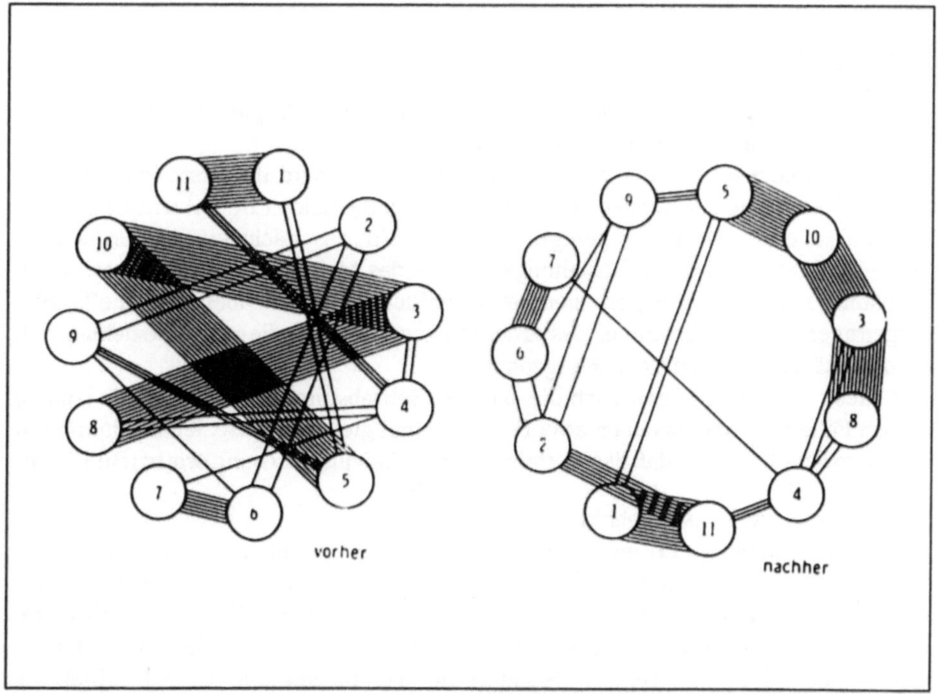

Bild 2.37 Zuordnung des Materialflusses nach dem intuitiven Verfahren

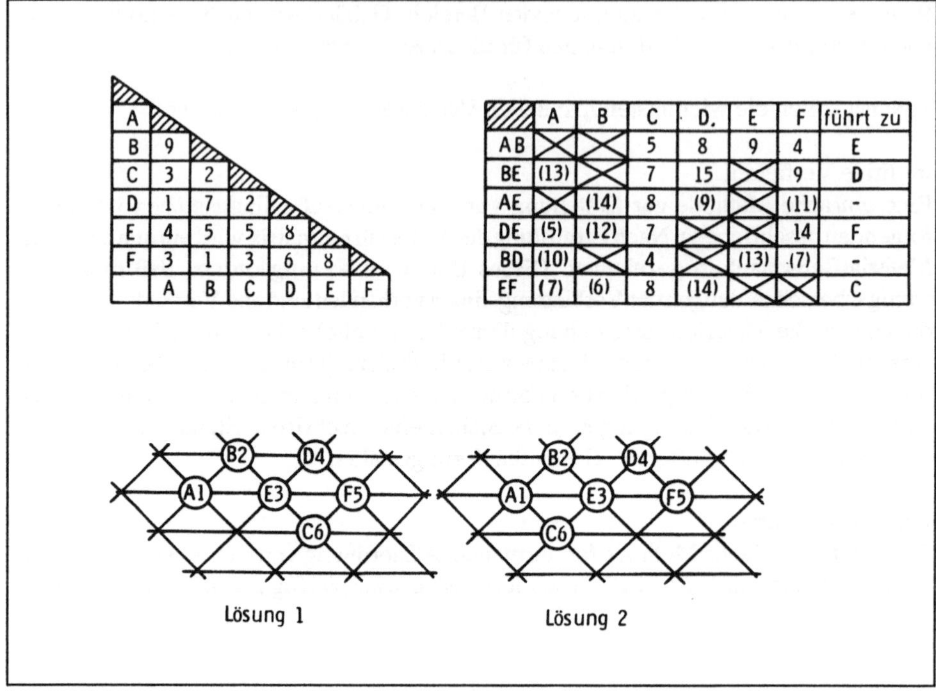

Bild 2.38 Dreiecksverfahren

wird mit einem Dreiecksraster überzogen. Die Schnittpunkte der gleichseitigen Dreiecke sind die möglichen Standorte für die Betriebsmittel (Bild 2.38).

Aus der Dreiecksmatrix der Materialflußbeziehungen wird das erste Paar, das die höchste Beziehung zueinander hat, ausgesucht und die beiden Betriebsmittel an zwei Eckpunkte eines Dreiecks gelegt. Zur Auswahl des nächsten anzuordnenden Betriebsmittels werden die Beziehungssummen des Materialflusses aller noch nicht verplanten zu den schon eingesetzten Betriebsmittelpaaren berechnet und in die Tabelle eingetragen. Das Betriebsmittel, das zu dem eingesetzten Paar die größte Beziehung hat, wird als nächstes in dem Raster angeordnet.

Auf diese Art werden dann auch die anderen Betriebsmittel zugeordnet. Es können jedoch Fälle auftreten, in denen zwei Betriebsmittel gleich hohe Beziehungsnummern zu einem Paar haben, so daß das Verfahren keine eindeutige Lösung ergibt (Bild 2.38).

- Modifiziertes Dreiecksverfahren

Um immer eindeutige Lösungen zu erhalten, ist das Dreiecksverfahren um Zusatzvorschriften erweitert worden [2.26]. Es werden nicht nur die Beziehungen des einzusetzenden Betriebsmittels zu den im Raster befindlichen Betriebsmittelpaaren, sondern zu allen schon angeordneten Paaren aufaddiert. Geht aus dieser Berechnung nicht eindeutig hervor, welcher Standort für das ausgewählte Betriebsmittel der günstigste ist, so schließt sich eine Ermittlung der Teilzielwerte für alle potentiellen

Standorte an. Der Teilzielwert des Betriebsmittels i ist die Summe der Produkte aus Entfernung s_{ij} und Materialflußstärke m_{ij} zu allen bereits eingesetzten Betriebsmitteln j.

$$t_{zw_i} = \sum_{j=i}^{i} s_{ij} \times m_{ij}$$

Darin bedeutet j die Anzahl der schon im Dreiecksraster angeordneten Betriebsmittel. Im Gegensatz zum Verfahren nach [2.22] werden hier also nicht nur die Materialflußbeziehungen, sondern auch die Entfernungen berücksichtigt. Dazu wird angenommen, daß die Seiten der das Raster bildenden Dreiecke die Länge 1 haben.

Mit zunehmender Komplexität von Planungsproblemen und schnell anwachsenden Datenmengen mußten zwangsläufig *rechnerunterstützte Verfahren* entwickelt werden. Diese bieten dann die Möglichkeit, die von sehr vielen Betrieben schon in einer DVA gespeicherten Daten der Lohnbuchhaltung, des Beschaffungswesens und des Vertriebs sowie der Fertigungssteuerung direkt ohne aufwendige Datenerhebungen zu verwenden.

Hierdurch läßt sich der Aufwand für die zeitraubendste Phase der gesamten Planung - von der Aufnahme des Materialflusses im Istzustand bis zur Erstellung der Materialflußmatrix - erfahrungsgemäß um etwa 90 % gegenüber der manuellen Vorgehensweise senken.

Die rechnerunterstützten Verfahren können in *analytische* und *heuristische* eingeteilt werden.

In der praktischen Anwendung scheiden allerdings die *analytischen Verfahren* aus, da sie mit Hilfe der Enumeration arbeiten und diese schon bei Problemen geringeren Umfangs (bei n Betriebsmitteln ergeben sich n! Zuordnungsmöglichkeiten) zu einer unvertretbar hohen Rechenzeit führt. Die heuristischen Verfahren liefern zwar kein mathematisch exaktes Optimum, kommen aber bei kürzeren Rechenzeiten zu Ergebnissen, die sich nur unwesentlich von den absolut optimalen unterscheiden, zumal bei analytischen Verfahren nicht alle betrieblichen Randbedingungen berücksichtigt werden können.

Die *heuristischen Verfahren* kann man noch unterteilen in konstruktive und Vertauschungsverfahren.

Die *Vertauschungsverfahren* versuchen, den Zielwert einer vorgegebenen Ausgangslösung durch Vertauschen der Betriebsmittelstandorte zu verbessern. (Auch das intuitive Verfahren ist ein Vertauschungsverfahren).

Bei den *konstruktiven Zuordnungsverfahren* ist Ausgangspunkt entweder die unbelegte Planungsfläche oder - bei Erweiterung - ein bestehendes Teillayout [2.27]. Es wird in jedem Zyklus nur ein Betriebsmittel ergänzt. Nachteilig wirkt sich dabei aus, daß immer nur die Materialflußbeziehungen des einzusetzenden Betriebsmittels zu den schon festgesetzten Betriebsmitteln berücksichtigt werden kann. Diese Vernachlässigung wird gegen Ende des Verfahrens, wenn nur noch wenige Betriebsmittel fehlen, immer kleiner. Der Fehler kann dadurch verringert werden, daß die materialflußmäßig wichtigsten Betriebsmittel zuerst eingesetzt werden.

Dynamische Planungsverfahren. Mathematisch analytische Methoden gestatten bei einer Aufnahme der Betriebsabläufe jeweils nur die Darstellung einzelner aus dem Gesamtablauf herausgegriffener Situationen. Um also Prozeßabläufe in ihrer zeitlichen Entwicklung darzustellen, würde eine Vielzahl von Berechnungen nötig sein.

Die Lösung des Mengen- und Raumproblems ist aus den geschilderten Verfahren zur Layoutoptimierung bekannt. Nicht beantwortet wird aber die Frage, ob benötigte Mengen zum rechten Zeitpunkt am richtigen Ort sind. Die Simulation betrachtet außer dem Mengen- und Raumproblem auch noch das Zeitproblem. Dabei wird mit Hilfe der EDV an einem mathematischen Modell die Entwicklung charakteristischer Zustandsgrößen beobachtet [2.28].

Die *Simulation* läßt sich sowohl zur Überprüfung bestehender Abläufe als auch zur Planung neuer Prozesse einsetzen, wobei Rationalisierungsreserven und Engpässe gut zu erkennen sind.

Man unterscheidet

- *zeitstetige Simulationsmodelle* entsprechend zustandsstetiger oder als zustandsstetig angenommener Prozesse und
- *zeitdiskrete Simulationsmodelle* entsprechend zustandsdiskreter oder als zustandsdiskret angenommener Prozesse.

Den *stetigen Simulationsmodellen* liegt konzeptionell ein Regelprozeß zwischen Potentialebenen zugrunde. Zwischen diesen Potentialen finden Übergänge in Form von Flüssen statt. Diese Übergangsraten werden über Entscheidungsfunktionen gesteuert.

Ein Beispiel für ein stetiges Simulationsmodell zeigt Bild 2.39. Es soll der Winterreifenbedarf abhängig vom Automobilbestand in einem zeitlichen Verlauf angegeben werden.
Modelle dieser Art werden zur Ermittlung langfristiger Entwicklungstrends wie z. B. des Personalbedarfs, des Kapazitätsbedarfs, der Umsatzerwartungen usw. eingesetzt.

Bei *diskreten Simulationsmodellen* wird der Fertigungsprozeß in

- permanente Einheiten (Fertigungsstellen, Fördermittel) und
- temporäre Einheiten (Fertigungsaufträge, Paletten)

eingeteilt.

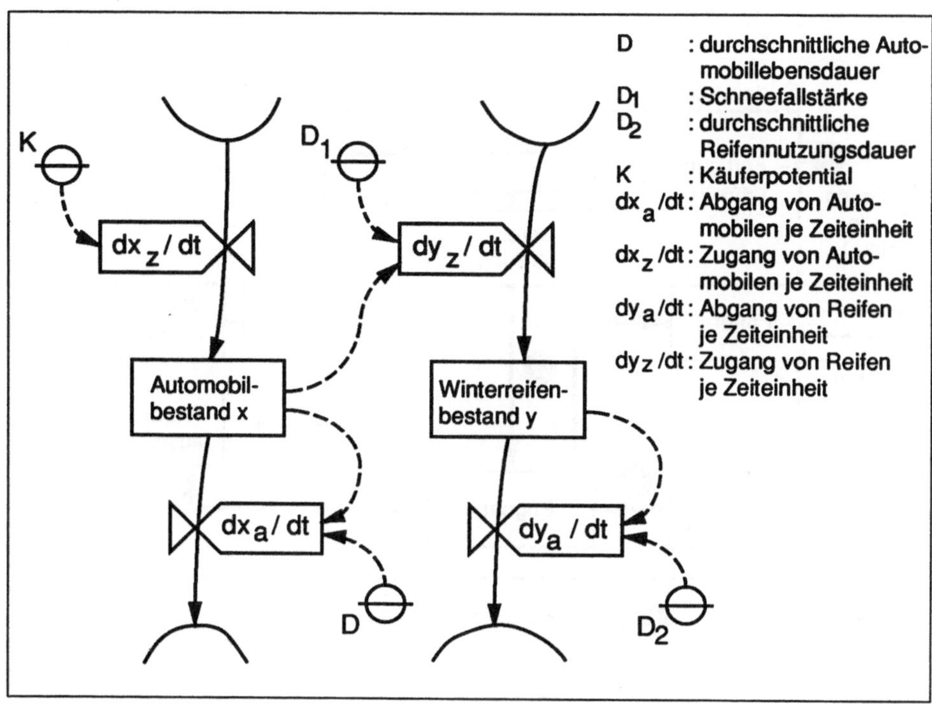

Bild 2.39 Beispiel für ein einfaches stetiges Simulationsmodell [2.28]

Man unterscheidet hier zwischen ereignis- und ablauforientierten Modellen.

Ereignisorientierte Modelle berücksichtigen nur die zeitliche Reihenfolge vorgegebener Ereignisse, z. B. rein parallele oder serielle Warteschlangensysteme.

Ablauforientierte Modelle berücksichtigen in hohem Maße Ereignisse, die unter dem Einfluß des jeweiligen Systemzustandes eintreffen. Der Schwerpunkt des Modells verschiebt sich also vom reinen Auffinden des nächsten Ereignisses zum Einleiten bzw. Unterbrechen von Abläufen (Beispiel: Erzeugen eines Fertigungsauftrages bei Erreichung eines vorgegebenen Systemzustandes (Lagerbestand, Maschinenstillstand usw.)). Zeitpunkte von einzelnen Ereignissen, statistische Häufigkeit von Ereignissen und deren Einfluß auf den Prozeßablauf können berücksichtigt werden.

Im folgenden soll die diskrete Simulation an einem Beispiel erläutert werden (Bild 2.40). Ein Materialflußsystem besteht aus

- Fertigungsbereich mit einem zentralen Puffer und zentraler Leergutsammelstelle,
- Lagerbereich mit Vorhof zur Bereitstellung von Lagergut und Förderaufträgen,

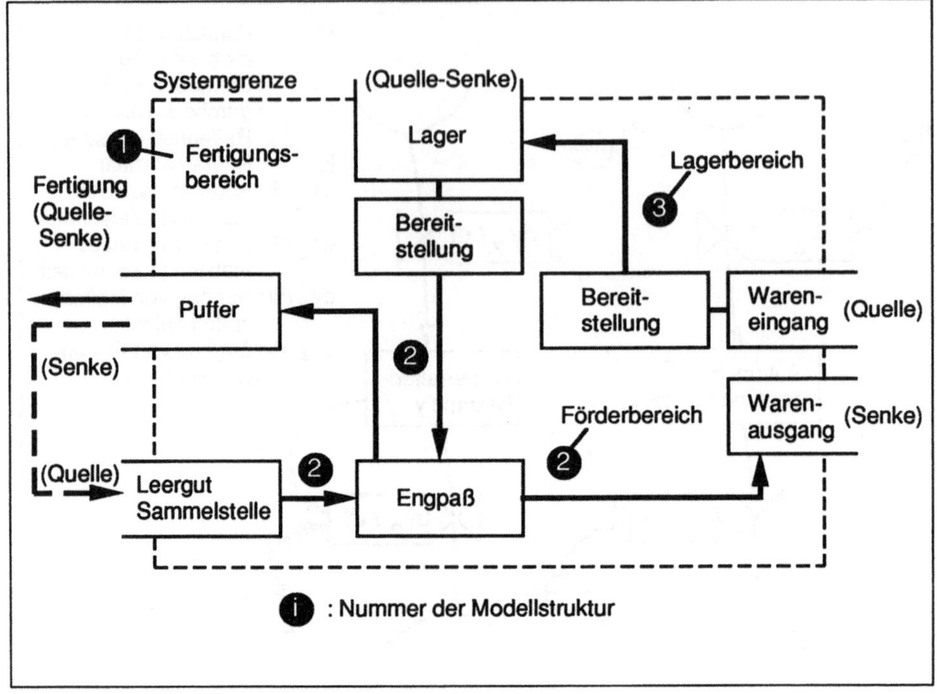

Bild 2.40 Materialflußmodell

- Fördermittelbereich, bestehend aus einer Anzahl von Fördermitteln, den Förderwegen und einem Engpaß,
- Systemgrenze, Wareneingang, Warenausgang.

Die *Fertigung* entnimmt nach einem Produktionsplan oder entsprechend einer vorgegebenen statistischen Verteilung in bestimmten Zeitintervallen Teile aus dem zentralen Puffer. Wird im Puffer bei einem bestimmten Artikel ein vorgegebener Mindestbestand erreicht, so wird aus dem zentralen Lager eine neue Palette angefordert.
Im zentralen *Lager* mit vorgegebener begrenzter Kapazität werden die Teile gelagert, die die Fertigung benötigt. Das Lager wird in vorgegebenen Perioden (Lieferplan) vom Wareneingang her aufgefüllt.

Am *Wareneingang* kommen in vorgegebenen Perioden Lagergüter bereits in Lagereinheiten an. Die Waren werden im Bereich des Wareneingangs bereitgestellt. Der Warenausgang ist dem Wareneingang räumlich zugeordnet. Dort wird das im Bereich der Fertigung anfallende Leergut zum Abtransport abgeliefert.

Im *Förderbereich* ist eine Anzahl von Fördermitteln eingesetzt, die verschiedene Geschwindigkeiten haben. Sie bewegen sich auf den Wegen zwischen Fertigungspuffer, Leergutbereitstellung, Lagervorhof, Wareneingang und Warenausgang. Für den Förderweg vom Lagervorhof zur Fertigung und vom Leergutpuffer zum Warenausgang

werden gemeinsame Wegabschnitte benützt, die einen Engpaß (z. B. Tor) enthalten. Das Tor kann jeweils nur von einem Fördermittel befahren werden. Die übrigen Wegstrecken haben keine Beschränkungen.
Mit Hilfe der Simulation lassen sich z. B. folgende charakteristische Fragen beantworten:

- Bestimmung der notwendigen Anzahl von Fördermitteln
- mittlerer zeitlicher Auslastungsgrad pro Fördermittel
- maximaler zeitlicher Auslastungsgrad
- Fehlbestände im Puffer bzw. im Lager
- mittlerer Pufferbestand
- Pufferbestandsverhalten (gesamt und nach Artikeln)
- Lagerbestandsverlauf
- durchschnittlicher Lagerbestand
- Warteschlangendaten am Engpaß.

Die Antworten können z. B. in Abhängigkeit von folgenden Prozeßvariablen gegeben werden:

- Fertigungsplan
- Lieferplan
- Einsatzstrategie der Fördermittel
- Fahrgeschwindigkeiten der Fördermittel
- Sammelmengen und Sammeldauer an den Bereitstellungsplätzen
- Kapazität der Fördermittel.

2.2.1.2.5 Kennzahlen

Kennzahlen werden vorwiegend bei der Erstellung des Generalbebaungsplanes verwendet. Die folgenden Kennzahlen (Bild 2.41) sind aus [2.30] entnommen.
Für metallverarbeitende Betriebe können außerdem folgende Richtwerte für den Flächenbedarf je Mitarbeiter bzw. je Arbeitsplatz angenommen werden:

- Produktionsfläche   35 m²
  davon
    - Vorbereitungswerkstatt   5 %
    - Mechanische Werkstatt   50 %
    - Oberflächenbehandlung   10 %
    - Montage   25 %
    - sonstige Flächen   10 %
    - Lagerflächen   7 m²

    - Hilfsbetriebe

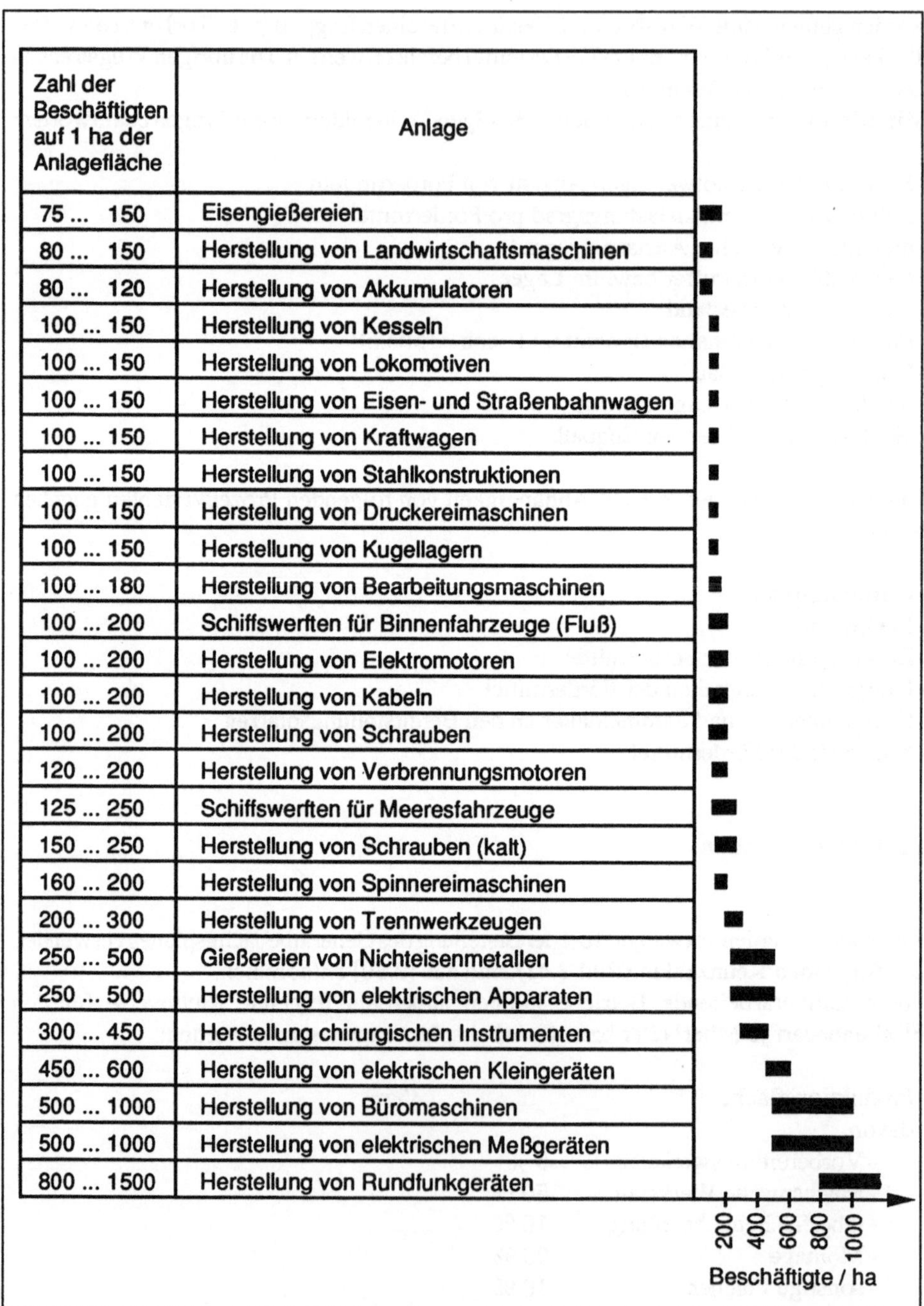

Bild 2.41 Grundstücksflächenbedarf für metallverarbeitende Betriebe [2.30]

- Prüffeld	$5 \ldots 8 \text{ m}^2$
- sonstige Flächen	2% der Nutzfläche
- Verkehrsflächen	$3 \ldots 4 \text{ m}^2$
- Sanitärflächen	$0,5 \text{ m}^2$
- Verwaltungsfläche	5 m^2

2.3 Wiederholungsfragen

1. Was sind die globalen Aufgaben der Unternehmensplanung?

2. Beschreiben Sie die Aktivitäten der einzelnen Planungsebenen innerhalb der Unternehmensplanung.

3. Was ist unter Planungshorizont bzw. Fristigkeit und Planungszyklus zu verstehen? Wie sieht die Zuordnung von Planungsebene und Planungshorizont aus?

4. Welche Aufgabe hat generell die Investitionsplanung?

5. Welche Phasen des Investitionsplanungsprozesses lassen sich unterscheiden?

6. Welche Schritte sind bei der Einzelplanung zu vollziehen?

7. Nach welchen Gesichtspunkten können Investitionsvorhaben gegliedert werden?

8. Welche Arten von Kriterien für eine Investitionsentscheidung gibt es, und welche Sachverhalte berücksichtigen sie?

9. Auf welche Fragestellung kann die Investitionsrechnung eine Antwort geben?

10. Welcher wesentliche Unterschied besteht zwischen der statischen und dynamischen Betrachtungsweise innerhalb der Investitionsrechnung?

11. Erläutern Sie die Begriffe Fördern und Transportieren.

12. Nennen Sie je 5 Beispiele für die gemeindespezifischen und die grundstücksspezifischen Standortfaktoren.

13. Was versteht man unter dem optimalen Standort?

14. Welche Vorarbeiten sind für die Erstellung eines Generalbebauungsplans erforderlich?

15. Welche Vorteile hat die kompakte Bebauungsform?

16. Wie ermittelt man die repräsentativen Artikel für die Materialflußuntersuchung?

17. In welche Klassen lassen sich die Förderhilfsmittel einteilen?

18. Welche Fragen lassen sich bei der Materialflußplanung mit Hilfe der Simulation beantworten?

2.4 Literaturhinweise

2.1 Schober, F.: Computergestützte Unternehmensplanung (1). IBM-Nachrichten 27 (1977) H. 237, S. 245-246.

2.2 Gälweiler, A.: Unternehmensplanung - Grundlagen und Praxis. Frankfurt/Main: Herder & Herder GmbH 1974.

2.3 Kuhlmann, M.: Praxis der Unternehmensplanung I und II. Bürotechnik 21 (1973) H. 1, S. 49-53; H. 2, S. 141-144.

2.4 Peisl, A.; Lüttge, B.: Konzeption und Organisation der Unternehmensplanung der Siemens AG. ZfB (1978), S. 361 ff.

2.5 Terborgh, G.: Leitfaden der betrieblichen Investitionspolitik. Wiesbaden: Betriebswirtschaftlicher Verlag Dr. Theodor Gabler 1976.

2.6 Schulz, E.: Technische Investitionsplanung in Fertigungsbetrieben. Management-Zeitschrift io 47 (1978) Nr. 4, S. 214-219.

2.7 Federmann, R.: Allgemeine Betriebswirtschaftslehre, Grundlagen in visueller Form. Wiesbaden: Betriebswirtschaftlicher Verlag Dr. Theodor Gabler 1976.

2.8 Olfert, K.: Investition. Ludwigshafen: Kiehl Verlag 1977.

2.9 Langguth, R.; Rautenberg, H.-G.: Finanzierung und Investitionsrechnung. VDI-Taschenbuch T 45, Betriebswirtschaftslehre für Ingenieure, Hrsg. H. Vormbaum. Düsseldorf: VDI-Verlag GmbH 1973.

2.10 Warnecke, H.-J.; Bullinger, H.-J.; Hichert, R.: Wirtschaftlichkeitsrechnung für Ingenieure. München, Wien: Carl Hanser Verlag 1980.

2.11 Ziebart, E.: Anwendung der integralen Unternehmensplanung. Management-Zeitschrift io 47 (1978) Nr. 1, S. 9-12.

2.12 VDI-Richtlinie 3300; Materialfluß-Untersuchungen. Berlin, Köln: Beuth-Vertrieb 1973.

2.13 Dolezalek, C.M.; Baur, K.: Planung von Fabrikanlagen. Berlin, Heidelberg, New York: Springer Verlag 1973.

2.14 DIN-Norm 30780: Transportkette, Begriffe. Berlin, Köln: Beuth-Vertrieb 1973.

2.15 Launhardt, W.: Die Bestimmung des zweckmäßigen Standortes einer gewerblichen Anlage. Zeitschrift des VDI, Band 26 (1982) H. 3, Spalte 105-115.

2.16 Lüder, K.: Die Standortwahl von Fertigungsstätten. In: Industrielle Produktion. Baden-Baden: Verlag für Unternehmensführung 1967.

2.17 Rüschenpöhler, H.: Der Standort industrieller Unternehmungen als betriebswirtschaftliches Problem. Versuch einer betriebswirtschaftlichen Standortlehre. Berlin: Verlag Dunker & Humblot 1958.

2.18 Zangemeister, Ch.: Nutzwertanalyse von Projektalternativen. In: Systemtechnik. Aufbauseminar TU Berlin. Berlin: Technische Universität 1970.

2.19 DIN-Norm 4172: Maßordnung im Hochbau. Berlin, Köln: Beuth-Vertrieb 1955.

2.20 Bosch, H. J.: Fabrikplanung. Vorlesungsunterlagen. Universität Stuttgart 1969.

2.21 Jünemann, R.: Einführung in die industrielle Logistik. Teilnehmerunterlagen. Berlin: Materialflußkongreß 1974.

2.22 Rau, W.: Systematische Auswahl von Förderhilfsmitteln für den innerbetrieblichen Materialfluß. Mainz: Krausskopf Verlag 1977.

2.23 Aumund, A.; Mechtold, R.: Hebe- und Förderanlagen, 5. Aufl. Berlin: Springer Verlag 1969.

2.24 Frey, S.R.: Plant Layout. München: Carl Hanser Verlag 1975.

2.25 Bloch, W.: Maschinenaufstellung nach dem Dreiecksverfahren. Industrielle Organisation 19 (1950) 5, S. 305-308.

2.26 Schmigalla, H.: Methoden zur Vorausbestimmung des wirtschaftlichsten räumlichen Strukturtyps und zur optimalen Gestaltung räumlicher Strukturen der spanenden Fertigung in Maschinenbaubetrieben. Magdeburg: Diss. an der Fakultät für Maschinenbau der TH 1966.

2.27 Minten, B.: Beitrag zur rechnerunterstützten Fabrikplanung. Main: Krausskopf Verlag 1977.

2.28 Stemmer, G.: MFSP - Ein Verfahren zur Simulation komplexer Materialflußsysteme. Mainz: Krausskopf Verlag 1977.

2.29 Hertlein, H.; Benthin, F.: Fabrikanlagen. In: Hütte, Taschenbuch für Betriebsingeniere, Bd. III: Fertigungsbetrieb. Berlin: Ernst & Sohn 1964.

2.30 Podolsky, J.P.: Flächenkennzahlen für die Fabrikplanung. Berlin, Köln: Beuth-Vertrieb 1977.

2.31 Warnecke, H.-J.; Cypris, W.; Dobler, G.W.: Risikominderung bei Produktionsverlagerung ins Ausland. Wt-Z. ind. Fertig. 66 (1976), S. 555-560.

2.32 Schram, W.: Handbuch Lager und Speicher. Wiesbaden, Berlin: Braun Verlag 1965.

2.33 Fackelmeyer, A.: Materialfluß. Planung und Gestaltung. Düsseldorf: VDI-Verlag 1966.

3 Forschung, Entwicklung, Konstruktion

3.1 Einleitung

Ziel dieses Kapitels ist eine technisch-organisatorische Betrachtung des betrieblichen Aufgabenbereiches Forschung und Entwicklung (F+E) mit einem eindeutigen Schwerpunkt im Komplex Entwicklung. Diese Gewichtung erklärt sich aus der unterschiedlichen Bedeutung dieser Bereiche bei Industriebetrieben, die sich z. B. aus der Anzahl der beschäftigten Mitarbeiter ergibt.

In einem ersten Abschnitt wird eine Abgrenzung des Bereiches Forschung und Entwicklung vorgenommen, in dem auch eine Klärung wichtiger Begriffe erfolgt (vgl. Abschnitt (3.2)). Dabei wird auch ein Abriß über die besondere Problematik dieses Unternehmensbereiches gegeben.

Im Abschnitt (3.3) erfolgt dann eine Übersicht über die wichtigsten Funktionen des F+E-Bereichs, einschließlich einiger Fragen zur Aufbau- und Ablauforganisation.

Methoden und Hilfsmittel, die typisch für die F+E-Arbeit sind, sind Gegenstand von Abschnitt (3.4), der sich in die Hauptabschnitte Ordnungssysteme, Zeichnungswesen, Stücklistenwesen und Rechnereinsatz in der Entwicklung aufteilt.

3.2 Abgrenzung des Bereiches Forschung, Entwicklung, Konstruktion

3.2.1 Vorbemerkung

Die besondere Schwierigkeit einer klaren Abgrenzung und Schnittstellenbildung des Bereiches F+E zeigt sich bereits mit den Problemen bei den Begriffsabgrenzungen zu Forschung, Entwicklung und Konstruktion (vgl. Abschnitt (3.2.2.1)).

Diese Schwierigkeit setzt sich auch in der praktischen Aufgaben- bzw. Abteilungsabgrenzung fort, weshalb bereits an dieser Stelle darauf hingewiesen werden soll, daß sich in Abhängigkeit von Unternehmensgröße, Produktspektrum, Fertigungstyp usw. sehr unterschiedliche organisatorische Gliederungsansätze herausgebildet haben.

In den weiteren Abschnitten wird - aufbauend auf einem Vorschlag zur begrifflichen Abgrenzung - auf die unterschiedlichen Arten von Entwicklungsaufträgen (vgl. Abschnitt (3.2.2.2)) und von Entwicklungsschritten (vgl. Abschnitt (3.2.2.3)) hingewiesen. Eine kurze Darstellung der heutigen Situation im F+E-Bereich von Industrieunternehmen rundet dieses Kapitel ab.

3.2.2 Die Begriffe Forschung, Entwicklung, Konstruktion

3.2.2.1 Überblick

In der wissenschaftlichen Literatur und in der praktischen Anwendung sind die Begriffe Forschung, Entwicklung und Konstruktion mit den verschiedensten Inhalten abgegrenzt worden. Je nach Betrachtungsstandpunkt kommt es dabei zu sich überschneidenden und z. T. auch widersprechenden Begriffsdefinitionen.

Unter dem Gesichtspunkt der Ausweitung des technischen Wissens - als einem möglichen Gesichtspunkt - sollen hier die folgenden beiden Definitionen verwendet werden (vgl. [3.1]).

Forschung: Aktivitäten der *Grundlagenforschung* sind darauf ausgerichtet, den Stand des technischen Wissens auszuweiten, d. h. die Menge der zum gegenwärtigen Zeitpunkt experimentell darstellbaren materiellen Erscheinungen (Phänomene) zu vergrößern und einen Erklärungsrahmen dafür abzugeben. Diese meßbaren Naturphänomene stellen das Potential dar, das für technische Problemstellungen prinzipiell zur Verfügung steht.

Aktivitäten der *angewandten Forschung* sind darauf ausgerichtet, experimentell darstellbare materielle Erscheinungen, die bislang noch nicht technisch genutzt worden sind, auf ihre Anwendungsmöglichkeiten zu untersuchen.

Während sich der Erkenntnisprozeß der Forschung weitgehend auf Einzelphänomene konzentriert, ist die Technik daraufhin ausgerichtet, komplexe Funktionsgebilde zu entwickeln. Dieser Entwicklungsprozeß beschäftigt sich mit der Konstruktion von Einzelphänomenen, weshalb die Begriffe Entwickeln und Konstruieren unmittelbar miteinander verbunden sind.

Entwicklung: Aktivitäten der *Entwicklung* sind daraufhin ausgerichtet, technische Erzeugnisse zu realisieren,

- die bislang noch nicht genutzte Phänomene enthalten (experimentelle Entwicklung, Neuentwicklung, Funktionsfindung). Grundsätzlich erfolgt die Herstellung von Prototypen bzw. Modellen/Labormustern.
- in denen eine neue Kombination von bereits technisch genutzten Phänomenen zugrunde liegt, die zum Standardwissen eines Konstrukteurs gehören (Routine-Entwicklung, Ausarbeitung, Detaillierung). Die Funktionsfähigkeit erscheint hier von vornherein gewährleistet.

Ein Versuch der Begriffsbegrenzung Forschung und Entwicklung ist mit Bild 3.1 gegeben.

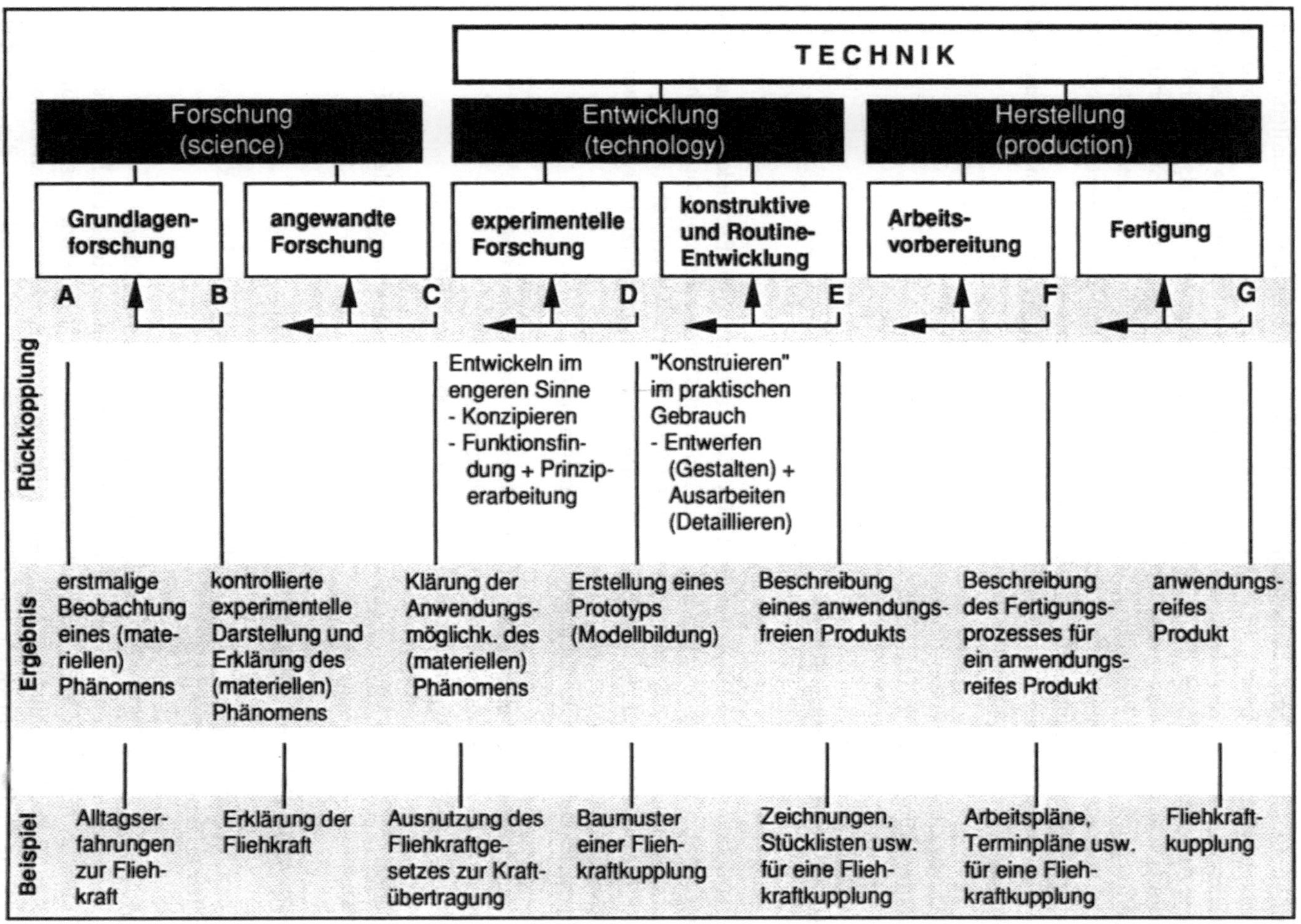

Bild 3.1 Entstehung technischen Wissens: Begriffsabgrenzung Forschung, Entwicklung und Konstruktion

Im vorgenannten Entwicklungsbegriff ist der Begriff Konstruktion enthalten. In der Praxis wird aber häufig eine Unterscheidung unter dem Aspekt der Erfolgswahrscheinlichkeit einer Lösungsfindung vorgenommen: Als Entwicklung wird demnach eine Aufgabe bezeichnet, die ein höheres Risiko in sich trägt, während als Konstruktion bereits weitgehend abgeklärte Aufgaben verstanden werden. In der Einzelfertigung (auftragsgebundene Produktion) wird häufig die kundenauftragsbezogene Gestaltung der Produkte als Konstruktion bezeichnet, während die kundenauftragsneutrale intern angestoßene Gestaltungsarbeit als Entwicklung bezeichnet wird.

In den folgenden Abschnitten wird die Entwicklungsarbeit in den Vordergrund gestellt und unter zwei Aspekten näher beleuchtet:

- Entwicklungsaufträge (vgl. Abschnitt (3.2.2.2))
- Entwicklungsschritte (vgl. Abschnitt (3.2.2.3)).

3.2.2.2 Entwicklungsaufträge

In Anlehnung an die VDI-Richtlinie 2210 sollen vier betriebliche Entwicklungsaufträge gegeneinander abgegrenzt werden [3.2], deren praktische Bearbeitung häufig auch in den entsprechend dafür eingerichteten organisatorischen Einheiten erfolgt.

In Bild 3.2 sind die verschiedenen Auftragsarten im prinzipiellen Ablauf der betrieblichen Produktentstehung gekennzeichnet.
In der Produktentwicklung unterscheidet man häufig:

- Neuentwicklung ("Entwicklungskonstruktion", "Neukonstruktion")
- technische Angebotsbearbeitung ("Angebotskonstruktion")
- kundenauftragsbezogene Entwicklung ("Auftragskonstruktion").

Daneben gibt es in vielen Betrieben eine Entwicklungsabteilung in der Fertigungsplanung:

- *Betriebsmittelentwicklung ("Betriebsmittelkonstruktion")*.

Unter Verwendung der VDI-Richtlinie 2210 sollen diese vier Entwicklungsaufträge näher erläutert werden [3.2]:

- *Neuentwicklung ("Entwicklungskonstruktion", "Neukonstruktion")*:
Bei langlebigen Konsum- und Investitionsgütern wird in der Regel die Nachfrage des Marktes durch moderne Beobachtungsmethoden des "Marketing" festgestellt (vgl. Kap. 9). Das Ergebnis dieser Analysen kann weitreichend Auskunft über den Marktbedarf geben und zu Entwicklungsaufträgen für Serienprodukte führen, die von der Geschäftsführung an den Bereich für Neuentwicklungen vergeben werden:

-Welche Vorstellungen hat der Kunde vom Produkt?
-Welche Funktionen sollte das Produkt aufweisen?
-Welche Qualitätsansprüche werden gestellt?
-Welche Sicherheitsvorschriften müssen erfüllt werden?
-Welche ästhetischen Ansprüche stellt der Kunde?
-Welcher Zusatznutzen könnte von Interesse sein?
-Welche zulässigen Herstellkosten werden vorgegeben?
-Welche Stückzahlen sind zu erwarten?

Die Antworten auf diese Fragen sind in einer Anforderungsliste (Pflichtenheft) zu dokumentieren. Aufgrund der Angaben der Anforderungsliste wird die Entwicklung in die Lage versetzt, zunächst unabhängig vom Verkaufsgeschehen ein Produkt bis zur Serienreife zu entwickeln, das nach entsprechender funktions- und fertigungstechnischen Erprobung auf den Markt gebracht werden kann.
Nach Abschluß der kundenneutralen Entwicklung hat dann die kundenauftragsbezogene Entwicklung ("Auftragskonstruktion") die Aufgabe, Anregungen und Hinweise

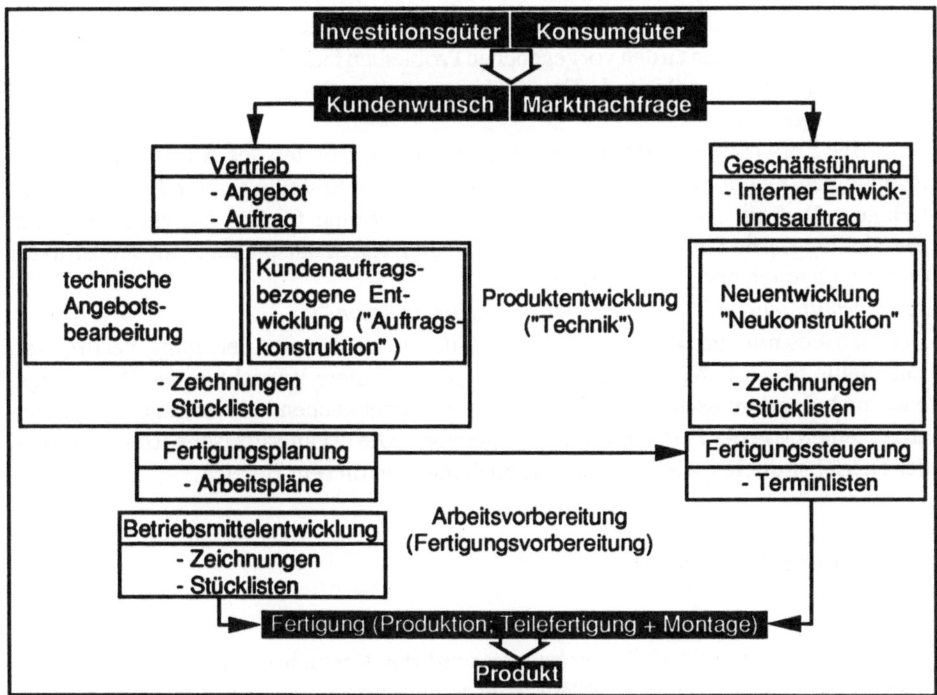

Bild 3.2 Ablauf des Produktentstehungsprozesses bei auftrags- und lagerorientierter Produktion (in Anlehnung an VDI [3.3]) (Die Bezeichnungen in Klammern geben in der Praxis häufig verwendete synonyme Begriffe wieder)

aus allen Bereichen des Unternehmens zur Verbesserung und Weiterentwicklung konstruktiv zu realisieren.

- *Technische Angebotsbearbeitung ("Angebotskonstruktion")*:

Entwicklungsarbeiten im Angebotsstadium sind in der Regel keine Neuentwicklungen von Produkten, da sich Kundenanfragen vornehmlich auf das vorhandene Produktspektrum beziehen.

Ein Angebot, bestehend aus der technischen Lösung, dem Preis, dem Liefertermin sowie den Verkaufsbedingungen, ist in vielen Fällen der entscheidende Kontakt zwischen dem Hersteller und dem Kunden. Jede Kundenanfrage löst im Entwicklungsbereich (bei größeren Unternehmen im gesonderten Angebotsbereich bzw. im Vertriebs- oder Offertbereich) einen Arbeitsprozeß mit dem Ziel aus, in möglichst kurzer Zeit eine den Kundenwünschen entsprechende technische Lösung anzubieten. Diese Lösung wird dabei meist nur bis zur Abschätzung ihrer Realisierbarkeit verfolgt, um die Grundlagen für eine Preisbildung zu erhalten. In vielen Fällen - z. B. im Anlagenbau - kann diese Arbeit sehr umfangreich sein. Die Tatsache, daß in vielen Fällen der Anteil der Angebote, die zu einem Auftrag führen, unter 10 % liegt, zeigt die Bedeutung dieser Auftragsart in Unternehmen mit überwiegend kundenauftragsbezogener Fertigung im Hinblick auf den Aufwand.

- *Kundenauftragsbezogene Entwicklung ("Auftragskonstruktion")*:

Kundenauftragsbezogene Entwicklungen sind dadurch gekennzeichnet, daß aufgrund von Kundenwünschen zu den vorgegebenen Problemen technische Lösungen erarbeitet werden müssen. Grundlegende Entwicklungsarbeiten (Neuentwicklungen) entfallen hier im allgemeinen.

Derartige Entwicklungsaufträge beginnen mit der auf Seiten des Angebotsbereiches festgelegten technischen Lösung und enden mit der Erstellung aller Fertigungsunterlagen. Bedingt durch die fest vereinbarten Termine für die Durchführung der Entwicklungsarbeiten hat hier die Termin- und Kapazitätsplanung im Konstruktionsbereich einen hohen Stellenwert.

- *Betriebsmittelentwicklung ("Betriebsmittelkonstruktion")*:

Der Betriebsmittelentwicklung fällt die Aufgabe zu, für die Fertigung bestimmter Einzelteile bzw. die Montage von Baugruppen geeignete Vorrichtungen, Werkzeuge oder auch Sondermaschinen zu entwickeln. Die entsprechenden Aufträge werden im allgemeinen von der Fertigungsplanung gegeben. Die organisatorische Eingliederung der Betriebsmittelentwicklung erfolgt auch meist in diesem Bereich.

3.2.2.3 Entwicklungsschritte

In einer Vielzahl von Veröffentlichungen wird der Versuch unternommen, die Entwicklungsarbeit in eine gewisse ablauf- bzw. tätigkeitsorientierte Systematik zu bringen ("Entwicklungsschritte"). Sehr häufig wird dabei die Gliederung in Bild 3.3 verwendet, die eine Unterscheidung in die Schritte Planen, Konzipieren, Entwerfen und Ausarbeiten vorschlägt.

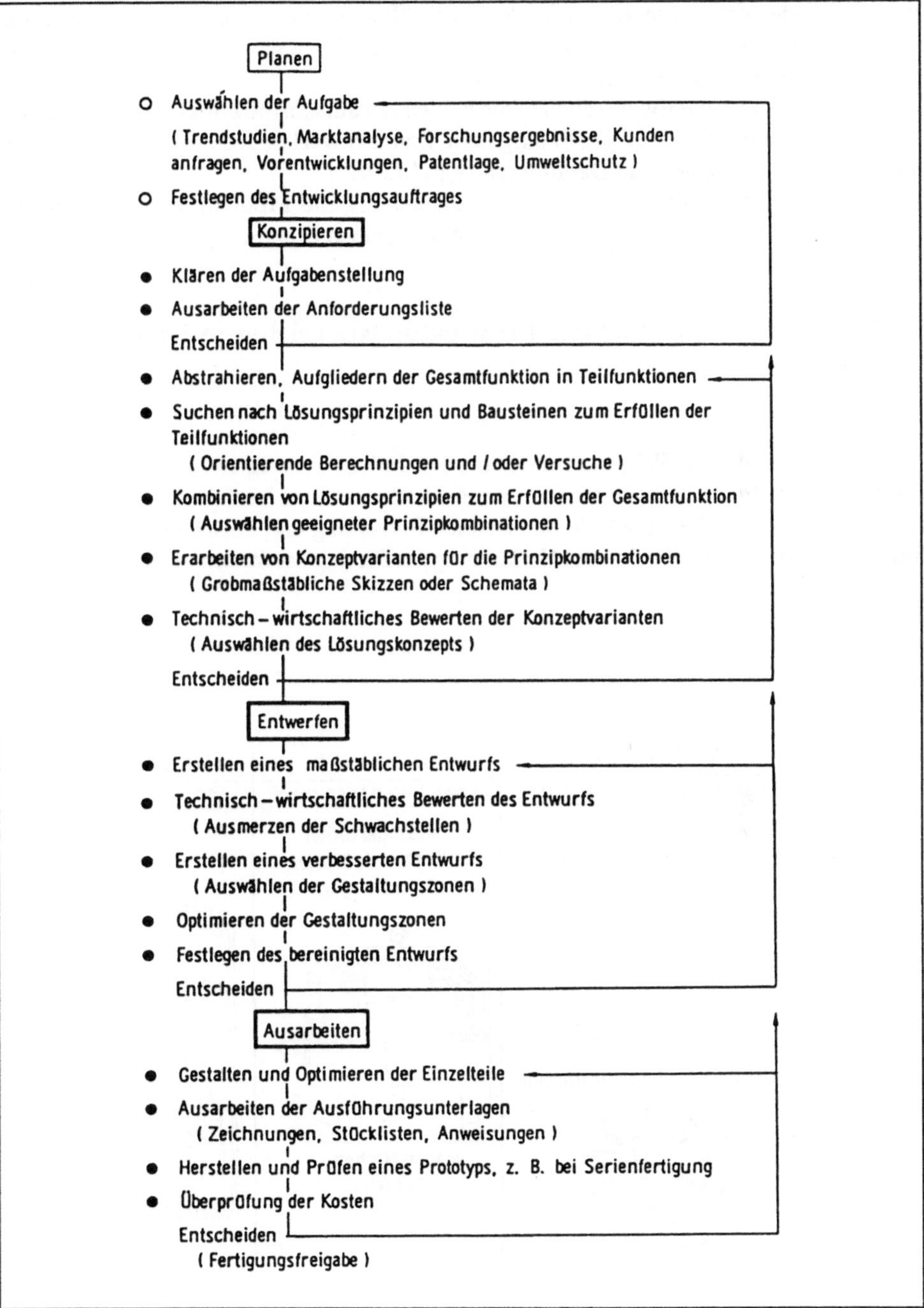

Bild 3.3 Genereller Vorgehensplan für das Planen, Konzipieren, Entwerfen und Ausarbeiten industrieller Produkte [3.3]

Im vorliegenden Zusammenhang wird der Schritt "Planen" der Aufgabe Produktplanung zugeordnet, da das Suchen neuer Produkte, das Analysieren des Marktes usw. nicht zu den Entwicklungsaufgaben gezählt werden kann.

Konzipieren wird teilweise auch in die beiden Ablaufschritte Funktionsfindung und Prinziperarbeitung (vgl. z. B. [3.2]) aufgeteilt. Statt Entwerfen und Ausarbeiten spricht man auch vom Gestalten und Detaillieren (vgl. [3.2]).

Bild 3.4 gibt in einer schematischen Darstellung die Produktkonkretisierung in diesen drei Schritten am Beispiel der Entwicklung eines Elektromotors wieder.

3.2.3 Derzeitige Situation des Entwicklungsbereiches in Fertigungsbetrieben

Der starke Anstieg des Wissens führte in allen Industriezweigen zu einer laufenden Verkürzung der Innovationszeiten für neue Produkte und neue Verfahren (Bild 3.5). Der dadurch entstehende Zeitdruck für den Bereich Forschung und Entwicklung wird noch durch die deutlich zu beobachtende Verkürzung der Produktlaufzeiten verstärkt. Um den

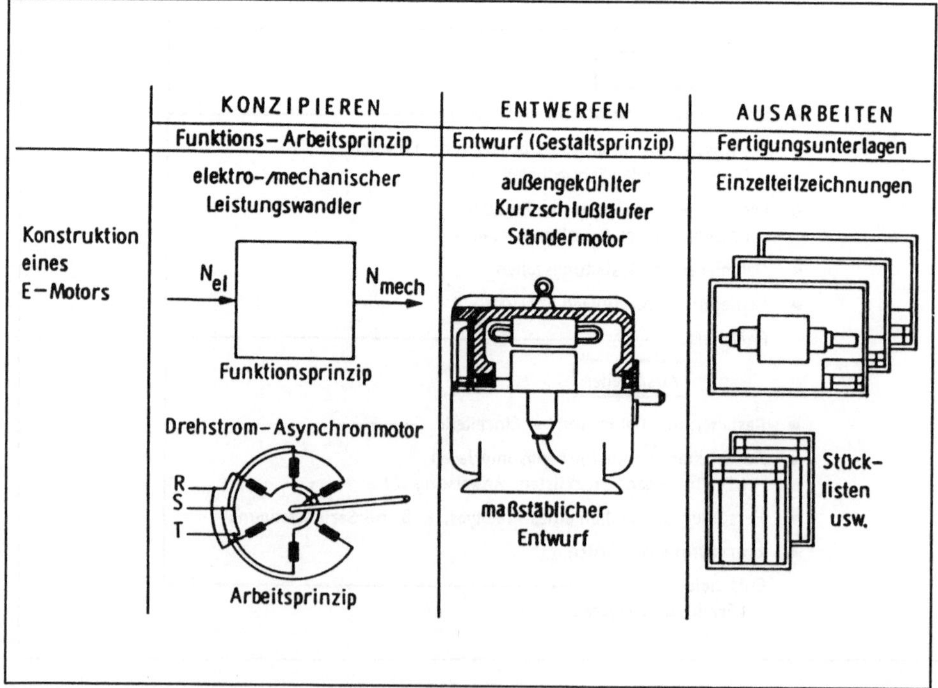

Bild 3.4 Entwicklungsschritte, dargestellt am Beispiel der Entwicklung eines Elektromotors

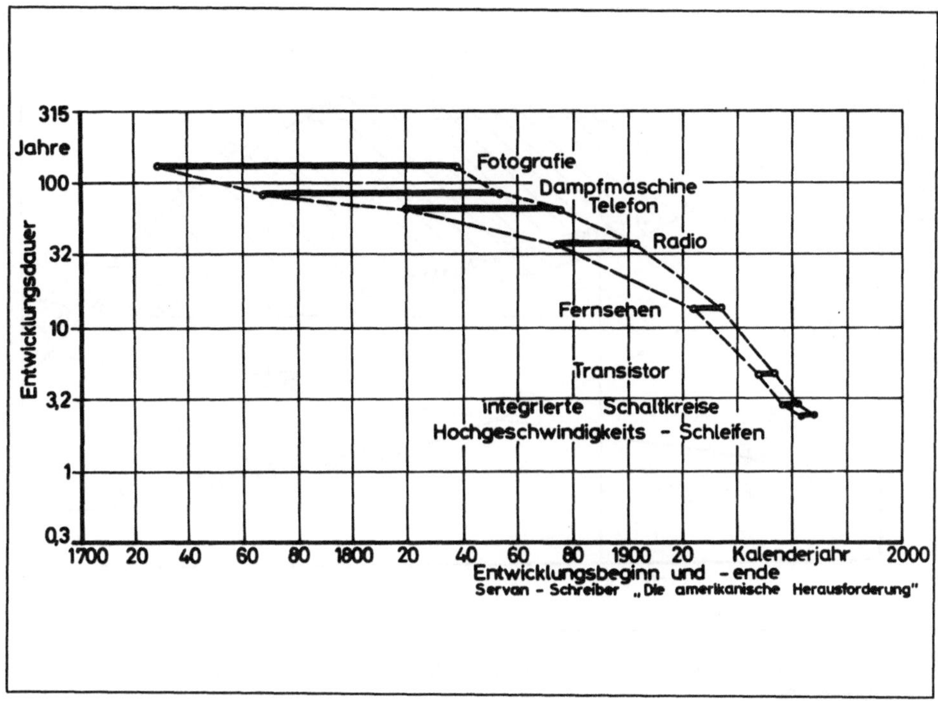

Bild 3.5 Beispiele von Innovationszeiten technischer Produkte [3.26]

geplanten Umsatz realisieren zu können, geht die Tendenz dahin, im Ablauf des Produktentstehungsprozesses die Zeitdauer bis zum Fertigungsbeginn immer kürzer zu wählen.

Nach der Darstellung von Bild 3.6 ist der Periodenumsatz unabhängig davon, ob man zum Zeitpunkt t_1 oder t_2 mit der Fertigung beginnt ($U_1 = U_2$). Die Kostensituation ist zum Zeitpunkt t_2 aber wesentlich günstiger ($K_2 < K_1$), da man weiterentwickelt hat und die Fertigungskosten (Anlaufkosten) entsprechend geringer sind. Dennoch ist der Zeitpunkt t_1 für den Start der Nullserie günstiger, da zur Zeit t_2 die Marktanteile schon weitgehend unter den Konkurrenten verteilt sind. Außerdem hat das Unternehmen, das früher an den Markt kommt, einen klaren Vorteil im "good will". Die Tendenz geht deshalb dahin, den Start der Nullserie noch weiter nach "links" zu verlagern, bei entsprechender Umsatzerwartung eventuell auch aus dem schraffierten Bereich heraus.

Auch bei kundenauftragsbezogener Entwicklung ist ein zunehmender Druck auf den zu vereinbarenden Liefertermin zu beobachten. Dabei müssen häufig hohe Anlaufkosten und "Kinderkrankheiten" in Kauf genommen werden, die häufig nachträgliche konstruktive Produktänderungen erfordern. Die durch diese Entwicklungen entstandene Situation ist durch eine erhebliche Mehrbelastung im Forschungs- und Entwicklungsbereich gekennzeichnet.

Die Änderungskosten sind dabei stark abhängig vom Konkretisierungsgrad eines neuen Produkts, was mit Bild 3.7 schematisch angedeutet wird.

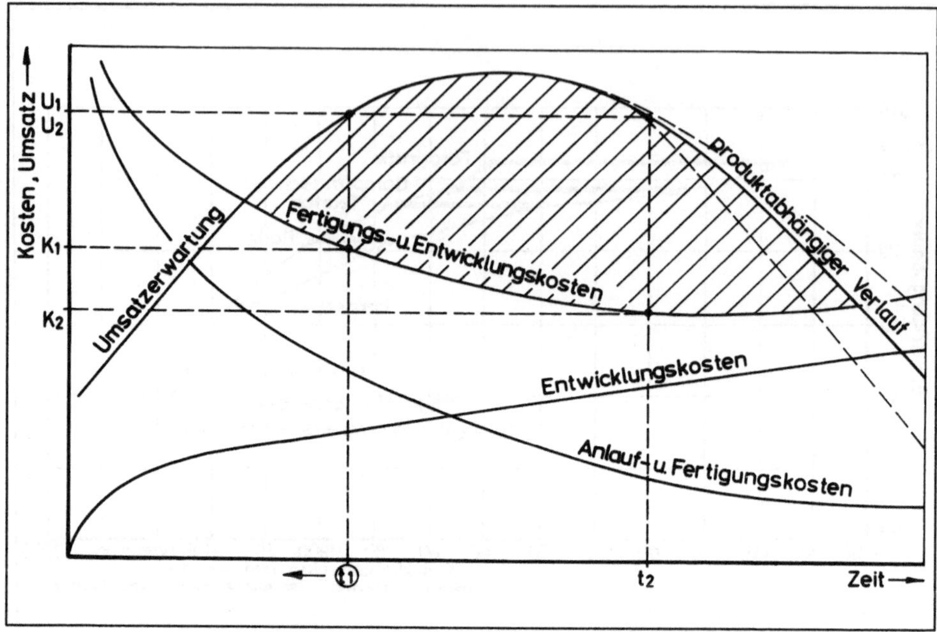

Bild 3.6 Verlauf von Umsatz und Kosten in der Serienfertigung zur Bestimmung des Fertigungsbeginns

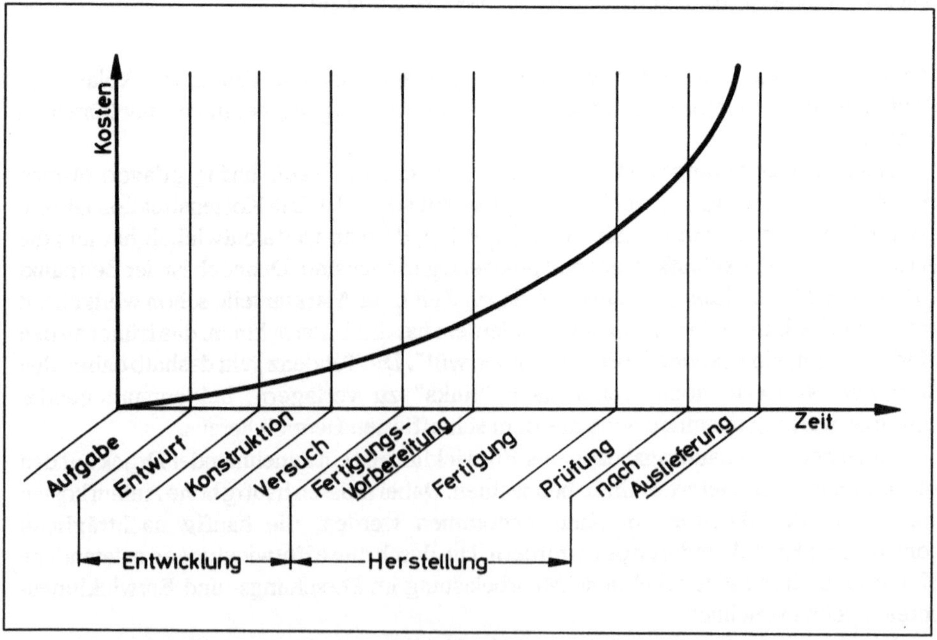

Bild 3.7 Trend der Änderungskosten in Abhängigkeit von der Produktkonkretisierung

Ein anderer belastender Einflußfaktor sind die steigenden Artikelzahlen und die zunehmende Verlagerung zu einer kundenwunschabhängigen Sonderfertigung. Darüber hinaus sind die Produkte zunehmend komplizierter geworden. Das gilt gleichermaßen für die Produktstruktur wie auch für die Anzahl der zu realisierenden Funktionen (Antreiben, Schalten usw.), wie sich z. B. am Übergang vom einfachen Stirnradgetriebe zu hydraulischen bzw. elektromagnetischen Getrieben zeigen.

Ferner führt die Verwendung von Fertigungseinrichtungen mit hohem Automatisierungsgrad zu einer Verlagerung von planenden Tätigkeiten aus dem Aufgabenbereich der Fertigung in die vorgelagerten Entwicklungsabteilungen. Dazu gehören beispielsweise die Vorgabe einer bestimmten Arbeitsgangfolge, das NC-gerechte Bemaßen oder Kollissionsprüfungen von Werkzeug und Werkstück.

Die zunehmende Bedeutung der Ergebnisse des Forschungs- und Entwicklungsbereichs ergibt sich z. B. daraus, daß der Anteil neuer Produkte am Umsatzzuwachs steigt. Es gibt amerikanische Untersuchungen, die bei neuen Produkten einen Anteil von 75 % des Umsatzzuwachses im Verlauf von vier Jahren nennen.

Ein weiterer Aspekt unterstreicht die Wichtigkeit der Forschungs- und Entwicklungsarbeiten: Wenn man die Kostenverantwortung der Unternehmensbereiche Konstruktion, Arbeitsvorbereitung, Einkauf, Fertigung und Verwaltung/Vertrieb analysiert (Bild 3.8), so legt der Konstruktionsbereich ca. 75 % der Produktkosten fest. Demgegenüber stehen die verursachten (abgerechneten) Kosten dieses Bereiches bei etwa 10 % der Produktkosten (Selbstkosten) [3.5].

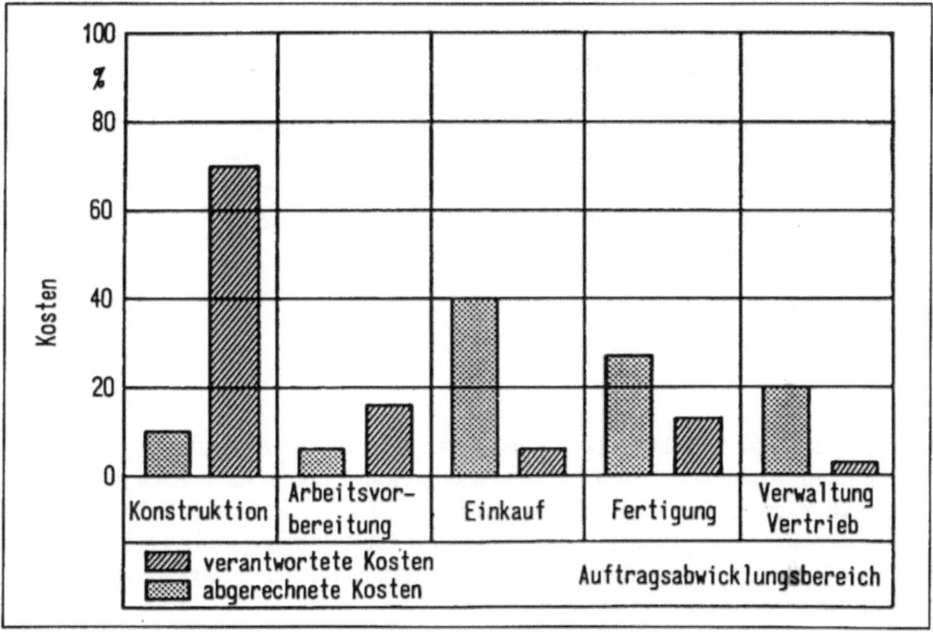

Bild 3.8 Kostenverantwortung und Kostenverursachung verschiedener Unternehmensbereiche [3.5]

3.3 Funktionen des Entwicklungsbereiches

3.3.1 Vorbemerkung

Für die folgenden Betrachtungen soll der Schwerpunkt in der *Entwicklung* technischer Erzeugnisse und den damit verbundenen Aufgaben liegen und weniger in der Analyse der Forschungsarbeit bestehen. Die Entwicklung ist überwiegend ein Aufgabenfeld der Ingenieure, während die Forschung im hier verwendeten Sinne in der Interessensphäre der Naturwissenschaftler, insbesondere der Physiker und Chemiker, liegt.

In Abschnitt([3.2.2.3) wurden die Entwicklungsschritte Konzipieren, Entwerfen und Ausarbeiten voneinander abgegrenzt, die zusammen mit der in ihnen enthaltenen Aufgabe Erproben (Versuchsbereich) auch die wichtigsten Aufgaben des Entwicklungsbereiches charakterisieren, da sie unmittelbar dem Produktkonkretisierungsprozeß bzw. der Erzeugnisgestaltung dienen.

Bild 3.9 zeigt diese Hauptaufgabe des Entwicklungsbereiches zusammen mit den anderen zu unterstützenden Aufgaben wie Normen und Verwalten (vgl. [3.10]).

Aufbauend auf den o.g. Begriffsbegrenzungen wird in den nachfolgenden Abschnitten zunächst eine nähere Analyse der Hautaufgaben Konzipieren (vgl. Abschnitt 3.3.2), Entwerfen (vgl. Abschnitt 3.3.3.1) und Ausarbeiten (vgl. Abschnitt 3.3.3.2) gegeben. Zusätzlich wird zu jedem Schritt ein entsprechendes Spezialthema aufgegriffen. Für eine vertiefende Behandlung dieser Aufgaben wird auf die vorhandene Literatur verwiesen (z. B. [3.11] und [3.12]).

Dann folgt ein kurzer Abriß zum Thema Erproben (3.3.4), auf den dann die Abschnitte Normen (3.3.5), Angebote bearbeiten (3.3.6), Verwalten (3.3.7), Ablauf planen (3.3.8), Mittel planen (3.3.9) und Führen (3.3.10) folgen.

Da es nicht immer leicht ist, eine scharfe Abgrenzung zwischen der Aufgabe bzw. betrieblichen Funktion und den dort verwendeten Hilfsmitteln und Methoden vorzunehmen, soll bereits an dieser Stelle auf deren Behandlung in Abschnitt 3.5 hingewiesen werden.

3.3.2 Konzipieren

Konzipieren ist der Teil des Entwickelns, der nach Klären der Aufgabenstellung durch Abstrahieren, Aufstellung von Funktionsstrukturen und durch Suche nach geeigneten Konstruktionsprinzipien und deren Kombination den grundsätzlichen Lösungsweg durch Erarbeiten eines Lösungskonzeptes festlegt (in Anlehnung an [3.11]).
Vor Bearbeitung der gestellten Aufgabe ist dabei vorab über folgende Fragen zu entscheiden:

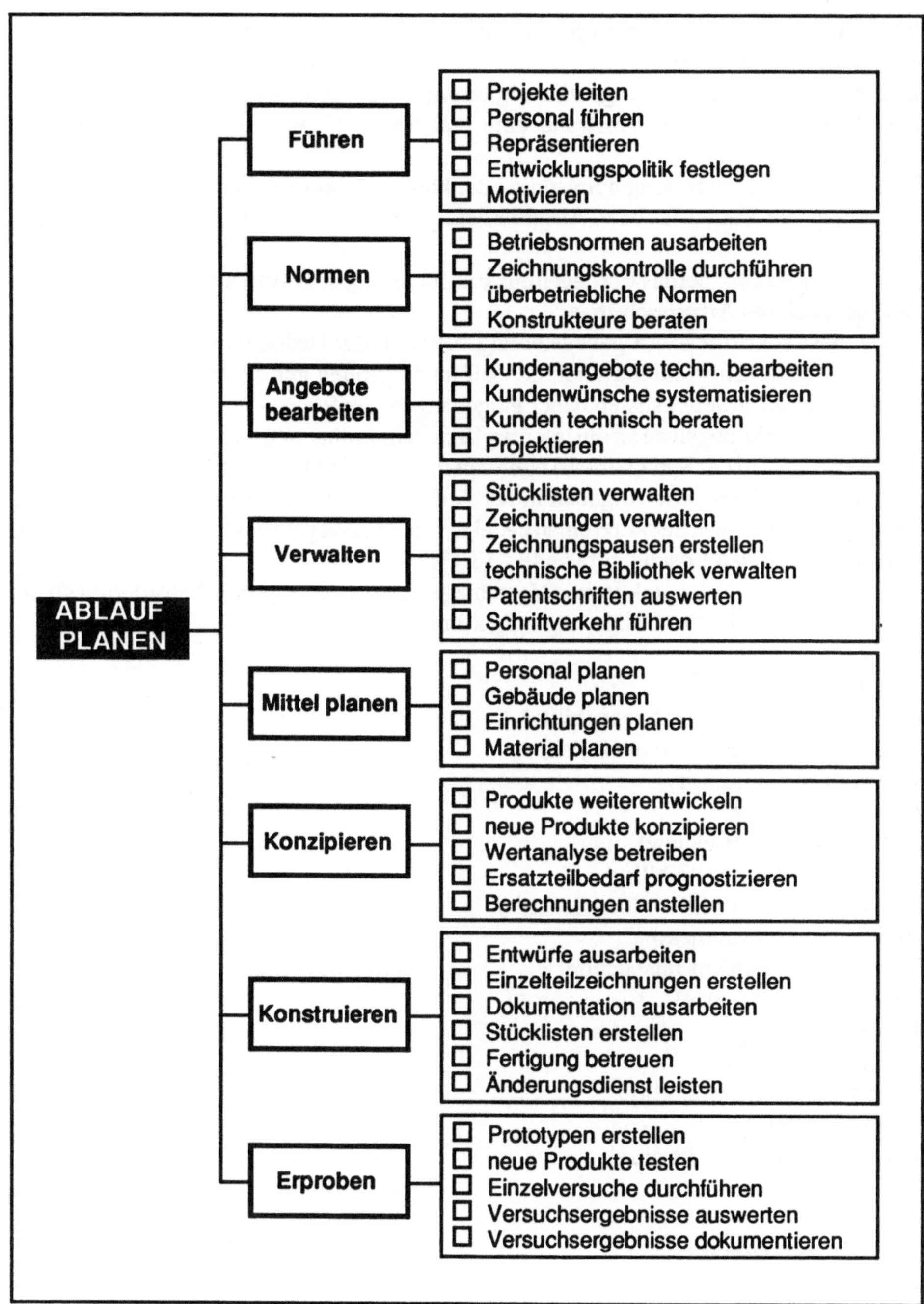

Bild 3.9 Aufgaben des Entwicklungsbereiches [3.10]

- Ist die Aufgabenstellung soweit geklärt, daß die Entwicklung der konstruktiven Lösung eingeleitet werden kann?
- Ist eine weitere Informationsgewinnung bezüglich der Aufgabe noch erforderlich?
- Besteht bei vertretbarem Aufwand eine realistische Chance, das gesetzte Ziel zu erreichen?
- Ist eine Konzepterarbeitung notwendig oder können schon bekannte Lösungen direkt Grundlage der Entwurfs- bzw. Ausarbeitungsphase sein [3.11]?

Wünschenswert ist dabei das Vorliegen einer Anforderungsliste (Pflichtenheft, Lastenheft) vor Beginn dieses Arbeitsschrittes.

Da diese schriftliche Aufgabenstellung von zentraler Bedeutung für eine rationelle und zielgeleitete Entwicklungsabeit ist, soll im folgenden auf die Bedeutung und den Aufbau von Anforderungslisten näher eingegangen werden.

"Die Anforderungsliste ist ein internes Verzeichnis aller Wünsche und Forderungen an ein Erzeugnis in der Sprache der Abteilungen, die die Entwicklung bzw. Konstruktion durchzuführen haben. Die Angaben in der Anforderungsliste sind als Eingangs- bzw. Ausgangsbedingungen zum Erkennen der eigentlichen Aufgabe und später zur Auswahl der bestgeeignetsten Lösung notwendig" [3.13].

Aus der Vielzahl der praktischen Vorschläge zur Gliederung einer Anforderungsliste soll eine in USA übliche Gliederung aufgeführt werden [3.14]:

- Genauigkeit (accuracy)
- Austauschbarkeit (interchangeability)
- Oberflächenzustand (surface finish)
- Lebensdauer (durability)
- Gewicht (weight)
- Wirkungsgrad (efficiency)
- Zugänglichkeit (accessibility)
- Handhabungsmöglichkeit (handleability)
- Reinlichkeit (cleanliness)
- Wartungsmöglichkeit (inspection)
- Aussehen (appearance)
- Größe (size)
- Festigkeit (strength)
- Zuverlässigkeit (realiability)
- Sicherheit (safety)
- Kontrollmöglichkeit (testing).

3.3.3 Konstruieren

Als Konstruieren werden die beiden Aufgaben Entwerfen und Ausarbeiten verstanden (konstruktive und Routine-Entwicklung, siehe Bild 3.1).

3.3.3.1 Entwerfen

Zum Entwicklungsschritt Entwerfen sollen im folgenden einige Hinweise übernommen werden [3.11]:

"Unter Entwerfen wird der Teil des Konstruierens verstanden, der für ein technisches Gebilde vom Konzept ausgehend die *Gestaltung* nach technischen und wirtschaftlichen Gesichtspunkten soweit vornimmt und durch weitere Angaben ergänzt, daß ein nachfolgendes Ausarbeiten zur Fertigungsreife *eindeutig* möglich ist."

Das Gestalten ist durch einen stets wiederkehrenden Überlegungs- und Überprüfungsvorgang gekennzeichnet. Dabei lassen sich die Grundregeln *eindeutig, einfach* und *sicher* von folgender generellen Zielsetzung ableiten:

- Erfüllung der technischen Funktion,
- wirtschaftliche Realisierung und
- Sicherheit für Mensch und Umgebung.

Darüber hinaus werden allgemeingültige Anweisungen zur Gestaltung gegeben, deren Nichtbeachtung zu mehr oder weniger großen Nachteilen, Fehlern, Schäden oder gar Unglücksfällen führt [3.11]:

Hauptmerkmal	Beispiele
Funktion	Wird die vorgesehene Funktion erfüllt? Welche Nebenfunktionen sind erforderlich?
Wirkungsprinzip	Bringen die gewählten Wirkungsprinzipien den gewünschten Effekt, Wirkungsgrad und Nutzen? Welche Störungen sind aus dem Prinzip zu erwarten?
Auslegung	Garantieren die gewählten Formen und Abmessungen mit dem vorgesehenen Werkstoff bei der festgelegten Gebrauchszeit und unter der auftretenden Belastung - ausreichende *Haltbarkeit*, - zulässige *Formänderung*, - genügende *Stabilität*, - genügende *Resonanzfreiheit*, - störungsfreie *Ausdehnung*, - annehmbares *Korrosions-* und *Verschleißverhalten*?
Sicherheit	Sind die Faktoren, die Bauteil-, Funktions-, Arbeits- und Umweltsicherheit beeinflussen, berücksichtigt?

Ergonomie	Sind die Mensch-Maschine-Beziehungen beachtet? Wurden unnötige Belastungen oder Beeinträchtigungen vermieden? Wurde auf menschengerechte und ansprechende Formgestaltung (Design) geachtet?
Fertigung	Sind Fertigungsgesichtspunkte in technologischer und wirtschaftlicher Hinsicht berücksichtigt?
Kontrolle	Sind die notwendigen Kontrollen während und nach der Fertigung oder zu einem sonst erforderlichen Zeitpunkt einfach möglich und als solche veranlaßt?
Montage	Können alle inner- und außerbetrieblichen Montagevorgänge einfach und eindeutig vorgenommen werden?
Transport	Sind inner- und außerbetriebliche Transportbedingungen und -risiken überprüft und berücksichtigt?
Gebrauch	Sind alle beim Gebrauch oder Betrieb auftretenden Erscheinungen wie Geräusch, Erschütterung, Handhabung in ausreichendem Maße beachtet?
Instandhaltung	Sind die für eine Wartung, Inspektion und Instandsetzung erforderlichen Maßnahmen in sicherer Weise durchführbar und kontrollierbar?
Kosten	Können die vorgegebenen Kostengrenzen eingehalten werden? Entstehen zusätzliche Betriebs- oder Nebenkosten?
Termin	Können die Termine eingehalten werden? Gibt es Gestaltungsmöglichkeiten, die die Terminsituation verbessern können?

3.3.3.2 Ausarbeiten

"Unter Ausarbeiten wird der Teil des Konstruierens verstanden, der den Entwurf eines technischen Gebildes durch endgültige Vorschriften für Anordnung, Form, Bemessung und Oberflächenbeschaffenheit aller Einzelteile, Festlegung aller Werkstoffe, Überprüfung der Herstellungsmöglichkeiten sowie der Kosten ergänzt und die verbindlichen zeichnerischen und sonstigen Unterlagen für seine stoffliche Verwirklichung schafft" [3.11].

Schwerpunkt des Arbeitsschrittes Ausarbeiten ist das Erarbeiten der Fertigungsunterlagen, insbesondere der Einzelteilzeichnungen, Baugruppenzeichnungen,

Zusammenstellungszeichnungen sowie der Stückliste. Je nach Produktart (Branche) und Fertigungsart (Einzel-, Kleinserien- oder Großserienfertigung) werden in der Entwicklung noch weitere Unterlagen zur Fertigung erstellt, wie Montage- und Transportvorschriften sowie Prüfvorschriften zur Qualitätssicherung.
Beim Ausarbeiten unterscheidet man folgende Arbeitsschritte:

- Detaillieren des endgültigen Entwurfs durch Herauszeichnen der Einzelteile und Detailoptimierungen hinsichtlich Form, Werkstoff, Oberfläche und Toleranzen
- Zusammenfassen von Einzelteilen zu Baugruppen
- Vervollständigen der Fertigungsunterlagen durch Montage- und Transportvorschriften, Bedienungsanleitungen usw.
- Prüfen der Fertigungsunterlagen hinsichtlich Normeinhaltung, fertigungsgerechter Bemaßung, erforderlicher Fertigungsangaben sowie Beschaffungsgesichtspunkten (z. B. bei Lagerteilen).

Einzelne Teilprobleme des Arbeitsschrittes "Ausarbeiten" sind im Abschnitt [3.5] näher erläutert.

3.3.4 Erproben

Da sich bei der Klärung von Betriebsbeanspruchungen oft sehr viele Vorgänge einer genauen Rechnung entziehen, müssen entsprechende Versuche geplant und durchgeführt werden.
Während bei der Einzelfertigung ein entsprechender Versuch nur durch einen Probelauf der fertiggestellten Maschine/Anlage erfolgen kann, werden im allgemeinen bei der Serienfertigung im Rahmen der Entwicklungsarbeiten Prototypen gebaut, um zu erfahren, ob die theoretischen Werte auch wirklich im praktischen Einsatz standhalten. Dabei sind folgende Untersuchungsmethoden üblich:

- Modellversuche in kleinem Maßstab (Analogieverfahren) wie beispielsweise optische Spannungsprüfung bei Bauwerken,
- Teilversuche an besonders beanspruchten Teilen wie beispielsweise bei Hubschrauber-rotoren,
- Großversuche für Massenerzeugnisse wie beispielsweise bei Kraftfahrzeugen,
- Lebensdauer-Prüfungen unter verschärften Bedingungen, bis der entsprechende Untersuchungsgegenstand zerstört wird, wie beispielsweise Profilstahl-Bauteile unter Wechselbelastung,
- Material-Festigkeitsprüfungen bei Sonderbeanspruchungen wie beispielsweise Strahltriebwerke bei hohen Temperaturen.

Meistens können die in der praktischen Anwendung entstehenden Beanspruchungen nicht vollkommen vorweggenommen werden. Der vorherrschende Termindruck zum rechtzeitigen Markteintritt verhindert in vielen Fällen die theoretisch vorgeschlagenen Entwicklungsabläufe, was sich oft nachteilig auf die Gesamtkostensituation auswirkt.

3.3.5 Normen

Unter Normung versteht man die einheitliche und von den jeweils Beteiligten anerkannte Festlegung von Begriffen, Arten, Größen, Formen, Farben, Abmessungen, Kennzeichnungen usw. Ziel der Normungsarbeit ist die Wegbereitung für eine Leistungssteigerung (Rationalisierung) in Technik, Verwaltung, Wirtschaft und Wissenschaft durch die Schaffung von Ordnungsprinzipien.

Die verschiedenen Normungsaufgaben werden meist in einer sogenannten Normenstelle (Normenbüro) zusammengefaßt und oft direkt der Entwicklungsleitung als Stabsstelle zugeordnet.

Die folgende Auflistung soll für einen praktischen Fall die Aufgaben der Normenstelle charakterisieren [3.15]:

- Auswählen und Einführen von allgemeinen DIN-Normen im eigenen Betrieb,
- Aufstellen von Werknormen und Normenübersichten,
- Überwachung der Lagerhaltung, speziell bei den Rohstoffen,
- Aufbau der Zeichnungs- und Stücklistenorganisation,
- Aufbau und Einführung des im Betrieb erforderlichen Nummernsystems, Nummernschlüssels usw.,
- Führen einer Teilekartei und des Ident-Nummernverzeichnisses sowie die Ausgabe dieser Nummern,
- Begriffsnormung, d. h. die eindeutige Benennung von Teilen, Baugruppen usw.,
- Aufstellen und Führen einer sogenannten Werkstoffverwendungskartei, ebenso das Führen einer Wiederholteilekartei bzw. der erforderlichen Wiederholteileübersichten,
- Erstellen von allgemeinen Vorschriften und Richtlinien in Zusammenarbeit mit anderen Abteilungen,
- Normprüfung der Fertigungsunterlagen wie Zeichnungen und Stücklisten,
- Unterstützung der Fertigungs- und der Wareneingangskontrolle,
- Zeichnungsverwaltung sowie die Verwaltung von Normblättern, Werknormenmappen usw.,
- Vervielfältigungswesen,
- Kontrolle der ausgehenden Bestellungen auf Normung bzw. Werknormung,
- Durchführung und Überwachung des Änderungsdienstes.

Auf die unterschiedlichen Normenarten in der betrieblichen Arbeit verweist Bild 3.10, bei dem vor allem auf die beiden unterschiedlichen Arten einer Herstellernorm hingewiesen werden soll.

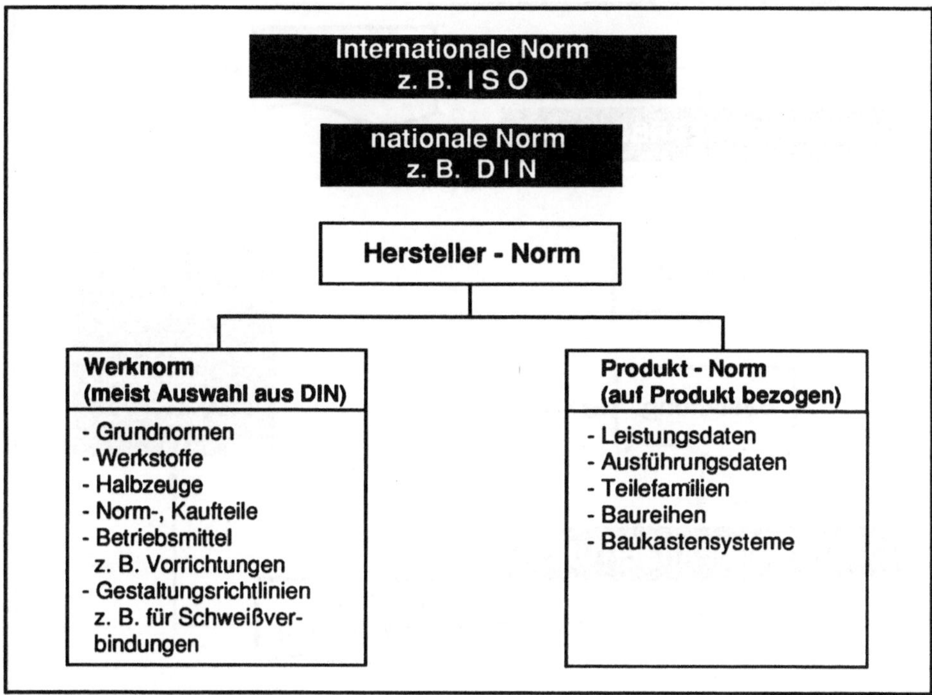

Bild 3.10 Normenarten [3.16]

Werknormen sind meist eine Auswahl der DIN-Normen für Werkstoffe, Halbzeuge usw. und resultieren aus dem speziellen Aufgabenbereich des betreffenden Unternehmens. Mit Produktnormen dagegen legt ein Hersteller die technischen Eigenschaften und die Gestalt seiner Produkte fest [3.16].

3.3.6 Angebot bearbeiten

Die Bedeutung und die Besonderheiten des Angebotswesens des Unternehmens werden von einer Vielzahl von Faktoren bestimmt, wobei vor allem der Produktionstyp (auftragsgebundene Produktion - lagerorientierte Produktion bzw. Produktion für den anonymen Markt) eine wichtige Stellung einnimmt. Der prinzipielle Ablauf ist jedoch in beiden Fällen gleich und wird mit Bild 3.11 dargestellt.

Aufgrund einer Anfrage - dies kann die konkrete Anfrage eines Kunden, der anonyme Marktbedarf oder aber eine Ausschreibung von seiten der Öffentlichen Hand sein - wird vom Unternehmen ein Angebot erstellt. Hierbei kann es sich entweder um ein katalogmäßiges oder um ein individuelles Angebot handeln. Akzeptiert der Anfrager das Angebot, so ergeht schließlich eine Bestellung an das Unternehmen. Aus dieser Bestellung

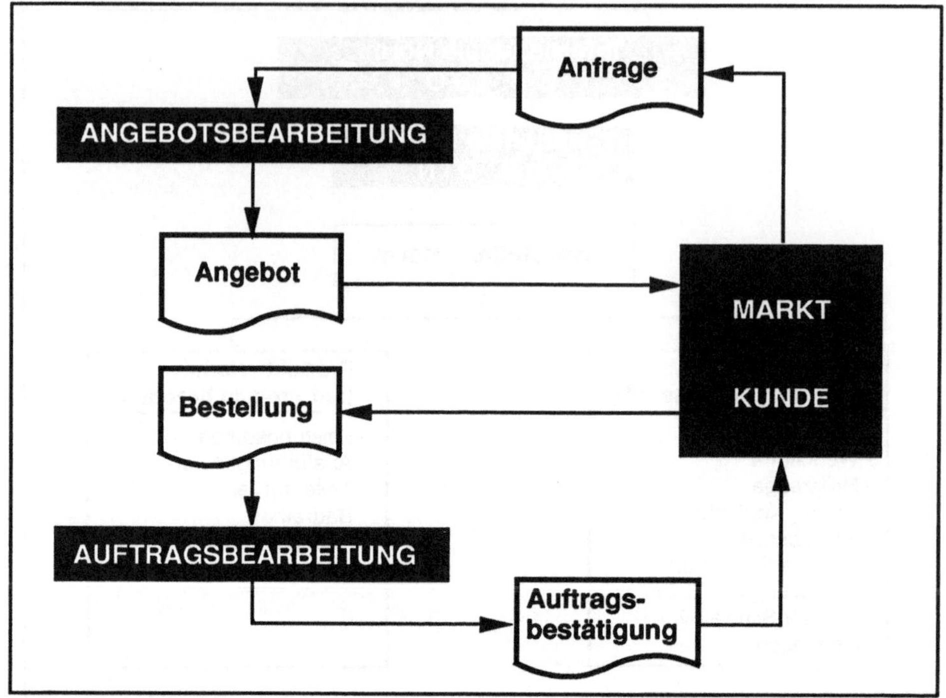

Bild 3.11 Abgrenzung von Angebotserstellung und Auftragsbearbeitung [3.18]

wird innerbetrieblich ein Auftrag, der zu den zugesagten Bedingungen ausgeführt werden muß, da diese verbindlichen Charakter haben.

Ein Angebot besteht aus folgenden vier Komponenten:

- technischer Lösungsvorschlag,
- Preis,
- Liefertermin bzw. Lieferfrist und
- Lieferkonditionen (z. B. juristische Bedingungen).

Anhand des in [3.18] dargestellten Ablaufs für die Angebotsbearbeitung werden die unterschiedlichen Schwerpunkte der Arbeitsschritte in Abhängigkeit vom Produktionstyp herausgestellt (Bild 3.12). Hierbei sind die Funktionen "Prüfen der Anfrage" und "kaufmännische Informationsaufbereitung" sowie die Funktionen "Ermittlung der Kosten", "Ermittlung des Preises", "Festlegen der Lieferkonditionen" und "Schreiben des Angebots" dem Vertriebsbereich zuzuordnen, während die Funktionen "technische Informationsaufbereitng" und "Ermittlung der technischen Lösung" im Entwicklungs-/Konstruktionsbereich zu bearbeiten sind. Die Funktion "Ermittlung des Liefertermins" sollte von einer zentralen Auftragssteuerungsstelle übernommen werden.

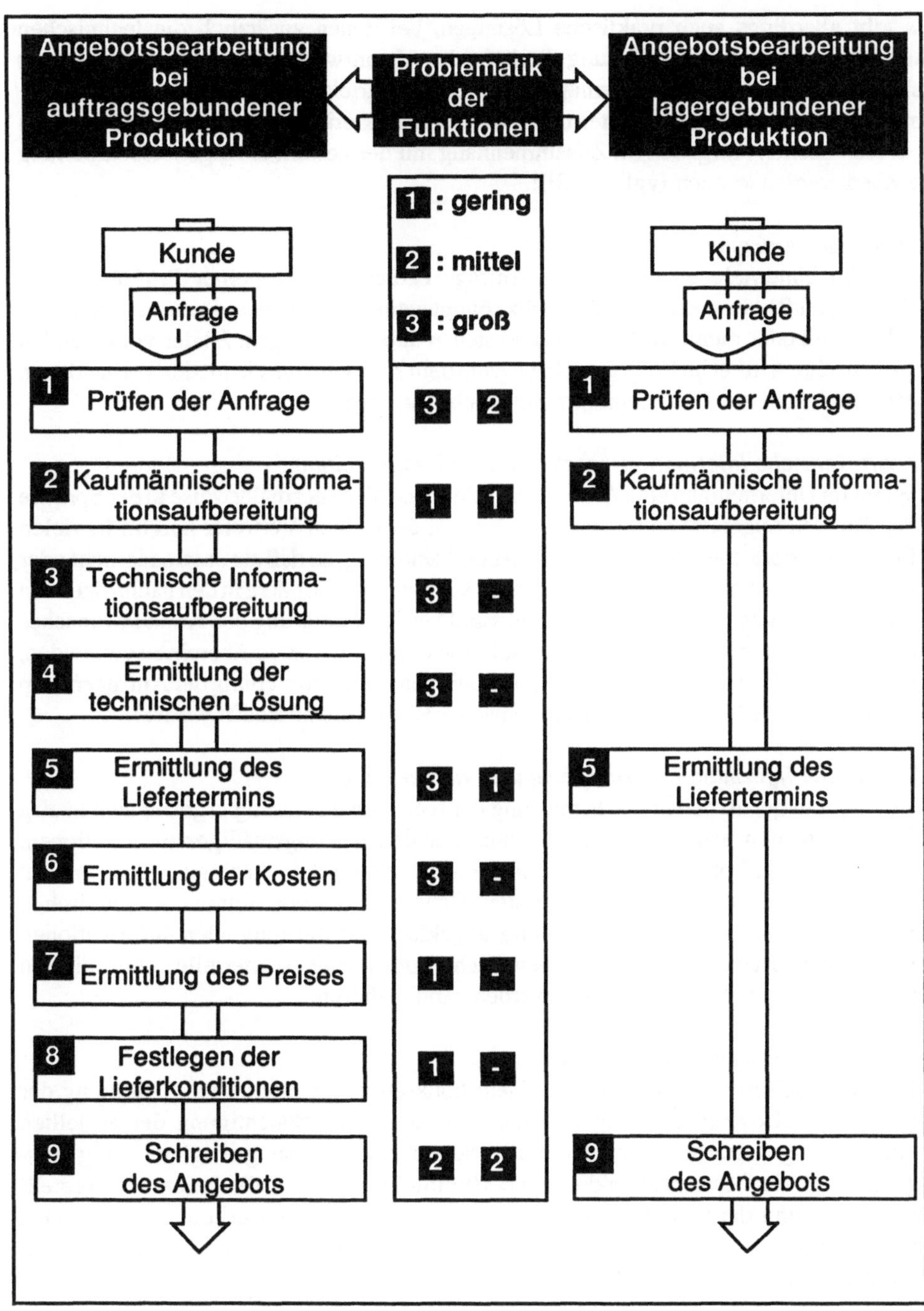

Bild 3.12 Einfluß des Produktionstyps auf die Funktionen der Angebotsbearbeitung [3.18]

Es gibt allerdings auch praktische Lösungen, bei denen zusätzlich die technischen Aspekte der Angebotsbearbeitung direkt in den Verantwortungsbereich des Vertriebs fallen, um einen besseren Informationsfluß zu gewährleisten.

Im folgenden sollen die genannten neun Schritte charakterisiert werden, damit die beiden rein technischen Aufgaben im Zusammenhang mit der gesamten Angebotsbearbeitung gesehen werden können (vgl. [3.18]):

- Prüfen der Anfrage:
Jede im Unternehmen eingehende Anfrage bedarf zunächst einer Prüfung. Diese Prüfung muß klären, ob die Anfrage überhaupt weiterbearbeitet und zu einem Angebot führen soll oder nicht. Im Vordergrund stehen dabei die Fragen: Ist der vom Kunden gewünschte Artikel im Programm bzw. kann dem Kundenwunsch mit den vorhandenen Möglichkeiten des Unternehmens entsprochen werden?

- Kaufmännische Informationsbeschaffung und -aufbereitung:
Wenn im Unternehmen eine Anfrage eingeht, so ist diese normalerweise in der Sprache des Kunden abgefaßt; es sei denn, sie kommt über einen Vertreter herein. In vielen Fällen sind derartige Anfragen nicht klar und eindeutig, so daß sie entweder nicht oder nur mit Schwierigkeiten bearbeitet werden können. Insbesondere in den nachfolgenden Funktionen kann dadurch erhöhter Aufwand bei der Abklärung des Kundenwunsches sowie ein Zeitverlust auftreten. Um diese Schwierigkeiten von vornherein zu vermeiden, müssen die fehlenden notwendigen Informationen vor Weiterleitung der Anfragen vom Kunden mittels brieflicher oder telefonischer Rückfrage beschafft werden.

- Technische Informationsbeschaffung und -aufbereitung:
Vor Beginn der Arbeiten zur Ermittlung der technischen Lösung ergeben sich häufig Schwierigkeiten wegen fehlender technischer und leistungsmäßiger Informationen. Der Kunde weiß oft nicht, welche Angaben zur technischen Auslegung des von ihm gewünschten Produktes benötigt werden. Daher müssen von Seiten der technischen Planung der Kundenwunsch eindeutig abgeklärt und die fehlenden Informationen beschafft werden. Zu diesen können auch Proben oder Musterteile, ohne die ein technisches Angebot nicht erstellt werden kann, gehören.

- Ermittlung der technischen Lösung:
Der erste Schritt auf dem Weg zu einem konkreten Angebot ist die Ermittlung der technischen Lösung, die vom Unternehmen unter Berücksichtigung der gestellten Anforderungen erarbeitet werden muß. Die technische Lösung ist gleichzeitig Ausgangsgröße für die nachfolgende Angebotsterminierung und -kalkulation. Häufig stellt die Ermittlung der technischen Lösung das Unternehmen vor erhebliche Probleme, wenn nicht auf bereits abgewickelte Aufträge oder zumindest Teile davon zurückgegriffen werden kann.

- Ermittlung des Liefertermins:
Eine der wichtigsten Funktionen der Angebotsbearbeitung ist die Ermittlung des Liefertermins. Von´ dessen Richtigkeit hängt es entscheidend ab, ob die spätere Auftragsabwicklung reibungslos verläuft oder nur mit Sonderaktionen ein Termin realisiert werden kann. Eventuell fallen sogar Konventionalstrafen bei einer Terminüberschreitung an.

- Ermittlung der Kosten:
Die Ermittlung der Kosten wird mit zunehmender Anforderung an die Genauigkeit aufwendiger. Wenn der Materialbedarf sowie die Zeitanteile für die Entwicklung, Fertigung und Montage aus früheren Aufträgen übernommen werden können, lassen sich die Kosten mit relativ großer Sicherheit berechnen. Demgegenüber bereitet bei völlig neuen technischen Lösungen die Ermittlung der Kosten aufgrund von Unsicherheiten zum Teil große Schwierigkeiten.

- Ermittlung des Preises:
Auf der Grundlage der Kostenkalkulation erfolgt im nächsten Schritt die Preisfestlegung. Der Preis muß dabei in einer vorausschauenden Rechnung so festgelegt werden, daß er möglichst unter Preisforderungen der Konkurrenz liegt, andererseits aber im Falle einer Bestellung die anfallenden Kosten gedeckt sind und darüber hinaus ein angemessener Gewinn erzielt wird.

- Festlegen der Lieferkonditionen:
Die Lieferkonditionen sind ein nicht unwesentlicher Bestandteil des Angebots, da sie eine klare Aussage über die Verbindlichkeiten der Angebotsdaten enthalten. Sie sind, wie alle Beziehungen zwischen Kunde und Lieferant, in den gesetzlichen Bestimmungen des Handelsgesetzbuches und des Bürgerlichen Gesetzbuches geregelt. Zu diesen Konditionen zählen u. a. Preisstellung, Gewährleistung, Zahlungsbedingungen, Eigentumsvorbehalt usw.

- Schreiben des Angebots:
Normalerweise werden alle Beziehungen zwischen dem Unternehmen und seinen Kunden schriftlich abgewickelt. Da diese Schriftstücke die Basis für das Vertragsverhältnis zwischen Kunde und Unternehmen darstellen, muß bei ihrer Erstellung auf absolute Richtigkeit geachtet werden.

3.3.7 Verwalten

Die Verwaltung im F+E-Bereich bezieht sich auf folgende Funktionen und Hilfsmittel (vgl. auch [3.15]):

- Aufgabe und Aufbau des Zeichnungs- und Stücklistenansatzes
- zu verwendende genormte Blattgrößen und Formulare
- Aufbau des Zeichnungsnummern- und Werkstoffnummernsystems
- Ausführungen der Zeichnungen
- Organisation des Änderungsdienstes
- Zeichnungsaufbewahrung (Archiv)
- Stücklistenorganisation
- Dokumentation und Information (Karteiaufbau, Karteiführung, Patente)
- Normen- bzw. Werknormenmappen
- allgemeine Vorschriften und Richtlinien
- Gliederung des Erzeugnisprogramms
- Ersatzteilwesen
- Vervielfältigungen/Pausen.

Alle mit dem Zeichnungs- und Stücklistenwesen zusammenhängenden Aspekte werden in Abschnitt 3.5 behandelt.

Im folgenden soll auf einzelne der anderen Verwaltungsprobleme etwas näher hingewiesen werden:

- Änderungswesen:
Änderungen an der laufenden Produktdokumentation wird es immer geben, weil die Entwicklung nie still steht. Es ist deshalb besser, diese Änderungen zu organisieren, anstatt sie zu unterdrücken. Änderungen können von allen Seiten des Unternehmens gewünscht werden, wobei Änderungswünsche grundsätzlich auf einem Formblatt einzureichen sind. Bild 3.13 zeigt ein Beispiel für einen Änderungsantrag.

Änderungen können aus folgenden Gründen notwendig werden:

- Beseitigung von Zeichnungsfehlern
- normentechnische Gründe
- Anforderungen der Fertigung
- andere Werkstoffwahl
- verbesserte Form und/oder Funktion eines Produktes
- Verbesserungsvorschläge (Vorschlagswesen/Wertanalyse).

Mit Hilfe des Änderungsantrags wird zunächst geprüft, ob eine beantragte Änderung auch tatsächlich durchzuführen ist. Dann wird in einer Besprechung mit den zuständigen Stellen (Konstruktion, Normenstelle, Betriebsleitung, Kontrolle, Einkauf usw.)

ÄNDERUNGSANTRAG

Maschinentype: BOM   Baugruppe: 1-256. 017

Antragsteller — Name — Dat.: 15.1.19..

Abt. | Art und Grund der Änderung, alte und neue Ausführung, eventuelle Skizze

Einbau einer Wellendichtung im Getriebegehäuse.
Nutring nicht einwandfrei.

Vorschlag: Simmerring 10x16x4 Typ B1 OF

AVB — Dat.: 16.1.19.. — Name

Lfd. Nr.	Zeichn.-Nr	Ident.-Nr.	Bestände			1) Disp.	Erford. Änd. des/der			Voraussichtl. Zeit		Änd. 2) Stufe
			Roh.	in Fert	Lag.		Mod.	Vorrichtg.	Werkzg.	alt	neu	
1	0-450.005	03487	240	160	105	x		x		0,50	1,20	1
2	1-256.017	25557		75	50	0				-	-	
3	0-502.005	03535	200	150	122	x				-	-	
4	2-012.100	33030		30	10	0				-	-	
5	2-012.101	33031			4	0				-	-	
6	2-012.102	33032		15	8	0				-	-	
7	Nutring.	66152			852	•				-	-	
8	Simmerr.	66176								-	-	

KOB — Dat.: 17.1. — Name

Stellungnahme:

Getriebedichtung wird verbessert.

NOS — Dat.: 19.1. — Name

Stellungnahme:

Durchführen. Bohrung im Lagerschild
von 14,5 in 16,5 ändern.
Simmerring lieferbar.

WTL — Dat.: 20.1. — Name

Stellungnahme:

Versuch durchgeführt, einwandfrei.

BTL — Dat.: 21.1. — Name

Stellungnahme:

TLT — Dat.: 22.1. — Name

Stellungnahme:

Genehmigt, sofort durchführen.

1) Dispositionen: 0= ungeändert aufbrauchen
     x= ändern - nacharbeiten
     •= verschrotten

2) Änderungs-Stufe: 1= Funktionswichtige Änderung
     2= Konstr.-bzw. fertigungstechn. Ändrg.
     3= Zeichnerische Richtigstellung

Bild 3.13 Änderungsantrag (Beispiel) [3.15]

entschieden, ob und wie zu ändern ist. Dabei sind eine Reihe möglicher Änderungsfälle zu unterscheiden. So werden die Änderungsanträge geprüft nach:

- Notwendigkeit der Änderung
- Durchführbarkeit hinsichtlich des vorhandenen Maschinenparks
- Einfluß auf andere Geräte und Maschinen
- Auswirkung auf Lagerbestände
- Einfluß auf die Kosten, Liefertermine usw.

Erst wenn diese Fragen geklärt sind, d. h. wenn der ausgefüllte und genehmigte Änderungsantrag beim Änderungsdienst eingegangen ist, beginnt die eigentliche Änderungsdurchführung in der Konstruktion bzw. Entwicklung. Die durchgeführte Änderung wird mit Hilfe einer "Änderungsmitteilung" schriftlich mitgeteilt.

- *Dokumentation und Information:*
  Es ist ein Trend zu beobachten, daß immer mehr Informationen über Produkte, Märkte und Problemlösungen unbewußt, ungeordnet und zum Teil an unbekannten Quellen vorhanden sind, während auf der anderen Seite die Notwendigkeit, sichere Entwicklungsentscheidungen zu fällen, laufend zunimmt. Darüber hinaus ergibt sich die Forderung nach einem effektiven Dokumentations- und Informationswesen aus

Vertriebsstatistiken
- ☐ Anfragen- und Angebots-Statistiken
- ☐ Auftragseingang- und Umsatz-Statistiken
- ☐ Kundenkartei

Reiseberichte
- ☐ Berichte des Verkaufspersonals
- ☐ Berichte der Monteure und Revisoren
- ☐ Messeberichte
- ☐ Berichte von Tagungen, Großkunden
- ☐ wichtigen Ereignissen, Besichtigungen

Technische Dokumentation
- ☐ Entwicklungs- und Versuchsberichte
- ☐ Vorhandene Pflichtenhefte
- ☐ Schadenstatistik

Patentabteilung, Bibliothek und Archiv

Bild 3.14 Betriebsinterne Sekundärinformationen [3.16]

dem hohen Anteil der Arbeitszeit in der Entwicklung für Informationsbeschaffung, für die im Durchschnitt über 15 % der Arbeitszeit aufgewendet wird [3.17].
Im folgenden soll aus dem großen Komplex der technischen Dokumentation und Information ein Überblick über drei Methoden der Informationsbeschaffung gegeben werden:

- *Primärinformationen* als gezielte Einzelinformationen für Entwicklungsaufgaben lassen sich häufig nur durch direkte Befragung gewinnen. Während sich in der Konsumgüterindustrie mit großen Abnehmerzahlen Stichprobenerhebungen durchführen lassen, muß in der Investitionsgüterindustrie der Abgrenzung des zu befragenden Kreises besondere Bedeutung zugemessen werden (Hochschulinstitute, Experten, Institute für Meinungsforschung).

- Unter *Sekundärinformationen* versteht man die in Zeitschriften, Statistiken und Untersuchungen bereits vorhandenen Daten und Aussagen. Dabei können zum einen die betriebsinternen Sekundärinformationen (Bild 3.14) und zum anderen die betriebsexternen Sekundärinformationen (Bild 3.15) herangezogen werden.

- Als *Kreativinformationen* werden die Informationen mit einem hohen Grad an Neuigkeit bezeichnet, die durch die Intuition, Anwendung von Kreativitätstechniken

Amtliche Statistiken
☐ Statistisches Bundesamt
☐ Statistische Landesämter
☐ Internationale Behörden: EG, OECD, JLO, UNO u.a.
Statistiken und Nachrichten von Verbänden
☐ z. B. VDMA - Maschinenbau - Nachrichten
☐   VDMA - Wirtschaftsbilder
☐   VDMA - Statistisches Handbuch
Fachliteratur, insbesondere Fachzeitschriften
☐ In- und Ausland
☐ eigene Branche
☐ Abnehmerbranchen
Firmenveröffentlichungen, Adreßbücher, Messekataloge
☐ Geschäftsberichte
☐ Haus- und Kunden - Zeitschriften
☐ Jubiläumsschriften
Veröffentlichte Studien und Gutachten
☐ Forschungs - Institute
☐ Hochschul - Institute
☐ Amtliche Stellen

Bild 3.15 Betriebsexterne Sekundärinformationen [3.16]

GESAMTZIEL

SYSTEMATISCHE BEREITSTELLUNG EINER DOKUMENTATION FÜR TECHNISCHE ERZEUGNISSE MIT EINER GEPLANTEN QUALITÄT

TEILZIELE

- **Erkennen von Engpässen**
- **Erhöhung der Transparenz**
- **Bildung von Erfahrungswerten**
- **Reduzierung des Planungsaufwandes**
- **Verkürzung der Durchlaufzeit**
- **Bessere Auslastung von Kapazitäten**
- **Ermittlung realistischer Endtermine**
- **Verringerung der Konventionalstrafen**
- **Schnellere Reaktion auf Veränderungen in der Auftrags- bzw. Kapazitätssituation**
- **Reduzierung von Überstunden und Fremdvergabe**

Bild 3.16 Allgemeine Zielsetzung einer verbesserten Planung im Entwicklungsbereich [3.10]

(z.B. Brainstorming) und die herkömmlichen Ideenfindungsmethoden (z. B. betriebliches Vorschlagswesen) gefunden werden können.

3.3.8 Ablauf planen

Im Rahmen der Ablaufplanung in der Entwicklung müssen die Reihenfolge der Tätigkeiten und die Arbeitsteilung geplant und festgelegt sowie der Arbeitsfortschritt laufend überwacht werden.

Die allgemeinen Ziele an eine verbesserte Ablaufplanung im Entwicklungsbereich sind in Bild 3.16 zusammengefaßt. Dabei kann die Funktion "Ablauf planen" mit den in Bild 3.17 gezeigten Aufgaben charakterisiert werden.

Wenn auch in Abhängigkeit von den verschiedenen Randbedingungen und dem vorhandenen Organisationsstand völlig unterschiedliche Planungs- bzw. Improvisationstechniken in der Praxis vorhanden sind, so lassen sich doch - für den Idealfall - immer folgende Schritte des Planungsprozesses auseinanderhalten:

- Beantragen

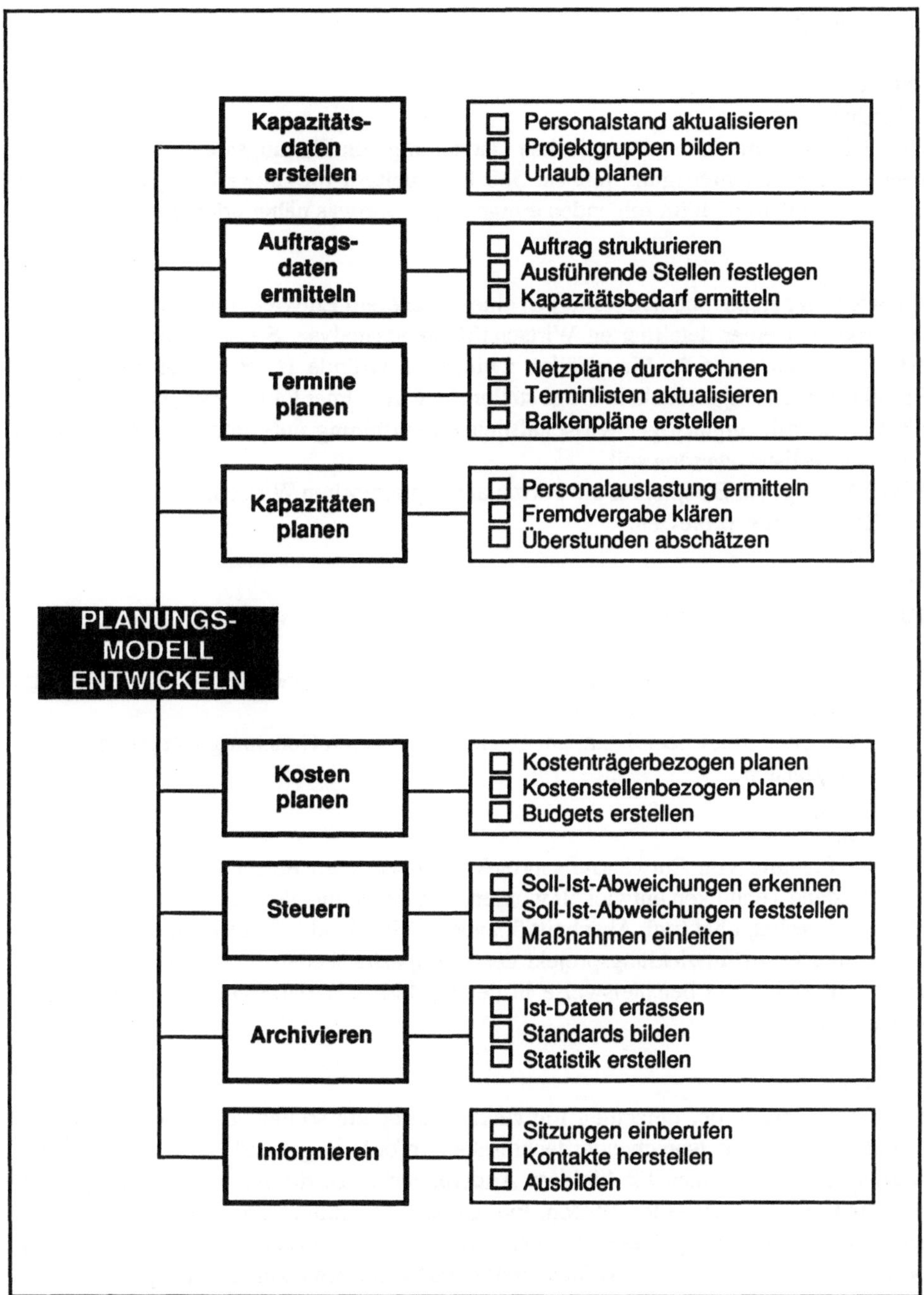

Bild 3.17 Aufgaben der Funktion Ablaufplanung in der Entwicklung [3.10]

- Genehmigen
- Planen
- Steuern
- Durchführen.

Bild 3.18 zeigt in einer schematischen Darstellung den Planungsablauf für ein Unternehmen der Serienfertigung mit ca. 500 Mitarbeitern im Entwicklungsbereich. Für diesen Ablauf werden im folgenden einige Aspekte etwas näher erläutert:

- Beantragen:
Ein wichtiger Aspekt beim Beantragen eines (größeren) Entwicklungsvorhabens ist die Ausarbeitung einer detaillierten Wirtschaftlichkeitsanalyse. Sie sollte in jedem Falle erfolgen, auch wenn in Einzelfällen zwingende Gründe (z. B. Gesetzgebung) die Projektbearbeitung gar nicht in Frage stellen. Es wird immer Fälle geben, bei denen auch ein Projekt mit ungünstiger wirtschaftlicher Beurteilung aufgrund anderer Faktoren dennoch realisiert werden soll.
Bild 3.19 zeigt ein Beispiel für ein Formular zur praktischen Wirtschaftlichkeitsanalyse von Entwicklungsprojekten.

- Genehmigen:
Für den Schritt Genehmigen ist auf folgende Aspekte hinzuweisen:

- Festlegen der je Hierarchiestufe maximal zu genehmigenden Entwicklungsbeträge
- Ausarbeiten schriftlicher Entwicklungsanträge
- Erarbeiten von Checklisten, um einen transparenten Genehmigungsprozeß zu gewährleisten.

- Planen:
Für die Planung von Entwicklungsprojekten bzw. deren einzelner Tätigkeiten sind verschiedene Techniken entwickelt worden, von denen die Netzplantechnik besondere Bedeutung erlangt hat (vgl. Abschnitt 5.3 und [3.19]). Bild 3.20 zeigt eine Balkenplandarstellung für ein Entwicklungsprojekt, dessen Kapazitätsbedarf (in Stunden, Manntagen, Personen) sich dann beispielsweise in der in Bild 3.21 dargestellten Arbeitsgruppe niederschlägt.

- Steuern:
Für die Steuerung der einzelnen Entwicklungsprojekte sollten schriftliche Auftragsfomulierungen mit entsprechenden technischen Anforderungen und Terminen verwendet werden. Hierbei können für kleinere Änderungen z. B. die Änderungsanträge (vgl. Abschnitt 3.3.7) verwendet werden. Für große Entwicklungsprojekte wird meist ein entsprechendes Auftragswesen für die Entwicklung eingesetzt. Bild 3.22 zeigt ein praktisches Beispiel für den Aufbau eines derartigen Entwicklungsauftrages.
In allen diesen einzelnen Schritten des Planungsprozesses kommt der Strukturierung der zu bearbeitenden Aufgaben eine zentrale Bedeutung zu. Aus der Projektstruktur leiten

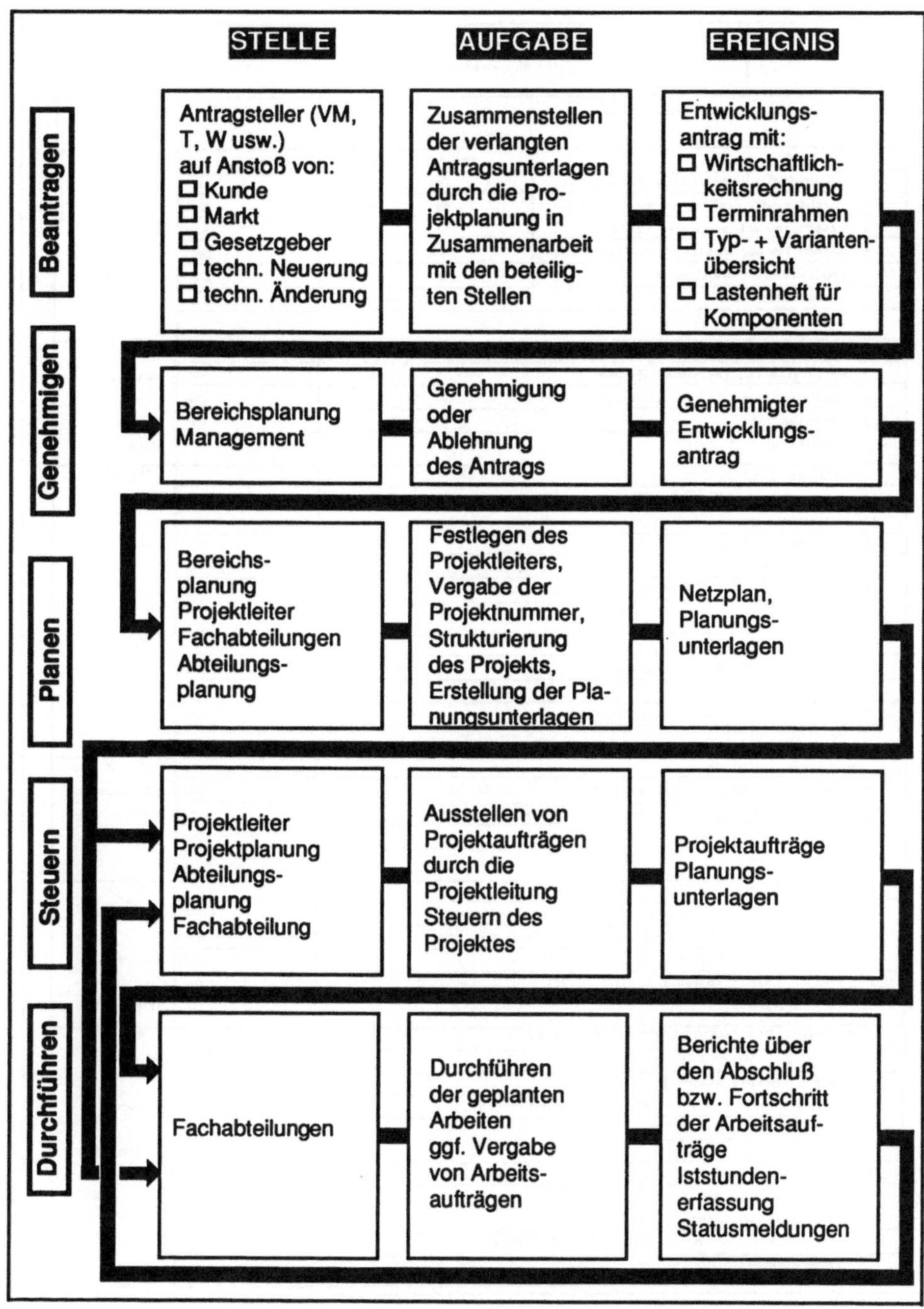

Bild 3.18 Ablauf der Planung im F+E-Bereich (schematische Darstellung in 5 Schritten) [3.10]

<table>
<tr><td colspan="4" style="text-align:center">W I R T S C H A F L I C H K E I T S R E C H N U N G
für Entwicklungsantrag   NR.: ....</td><td></td></tr>
<tr><td colspan="5">Kurzbezeichnung der Entwicklungsaufgaben:</td></tr>
</table>

VERKAUF	Inland	Ausland	Gesamt	
1 durchschnittlicher (Mehr) Preis je St.	DM	DM	DM	Abteilung:
2 durchschnittl. Jahres (mehr) Stückz.	St.	St.	St.	
3 Gesamt (mehr) Stückzahl (2x6)	St.	St.	St.	Datum:
4 Gesamt (mehr) umsatz in (n) Jahr. (3x1)	DM	DM	DM	
5 Produkteinführungskosten	DM	DM	DM	U.schrift:
6 Verkaufszeitraum	19........ bis 19.......		Jhr	
Bemerkung:				

KONSTRUKTION (TL/ TO/ TS)		
7 Personalkosten (Personalaufwand Std.)	DM	Abteilung:
8 sonstige Kosten (z. B. Serienbetreuung)	DM	
9 Gesamtkosten	Dm	Datum:
Bemerkung :		U. schrift:

VERSUCH (TE)		
10 Personalkosten (Personalaufwand : Std.)	DM	Abteilung:
11 Materialkosten	DM	
12 sonstige Kosten ( )	DM	Datum:
13 Investitionen ( )	DM	
14 Gesamtkosten (einschließlich Investitionen)	DM	U.schrift:
Bemerkungen:		

KONSTRUKTIONSFREIGABE (TE)		
15 Personalkosten (Personalaufwand Std.)	DM	Abteilung:
16 sonstige Kosten ( )	DM	Datum:
17 Gesamtkosten (eischließlich Investitionen)	DM	U.schrift:
Bemerkungen:		

BETRIEB (WF) /KC		
18 Maschinen- und Gebäudeinvestitionen	DM	Abteilung :
19 Betriebsmittelinvestitionen (Werkzeug,Vorrichtungen)	DM	Datum:
20 Investitionen (gesamt)	DM	U.schrift:
Bemerkungen :		

KALKULATION (KC)		
21 Material (mehr)kosten (eischließl.Gemeinkosten)/Stk.	DM	Abteilung:
22 Lohn (mehr) kosten (einschließl. Gemeinkosten)/ Stk.	DM	
23 Herstell (mehr) kosten je Stück (21+22)	DM	Datum:
24 Herstell (mehr) kosten pro Jahr (2+23)	DM	
Bemerkungen :		U.schrift:

WIRTSCHAFTLICHKEITSRECHNUNG (KC)		
25 Einmalige (Mehr) Kosten (5+9+14+17+20)	DM	Abteilung:
26 Herstell (mehr) kosten je Stück (23)	DM	
27 (Mehr) Umsatz pro Jahr (durchschnittlich) (4/6)	DM	Datum:
28 (Mehr) Umsatz gesamt (4)	DM	
29 Grenzstückzahl (25/ (1-23))	St.	U.schrift:
30 Amortisationsdauer (25 / (27-24))	DM	
31 Oberschuß pro Jahr (27-24-25/6)	Jhr.	
32 Oberschuß pro Stück (31/2)	DM	
33 Gesamtüberschuß im (n) Jahren (4-25 ·24x6)	DM	
Bemerkungen:		

Bild 3.19 Beispiel für die Wirtschaftlichkeitsanalyse von Entwicklungsprojekten [3.10]

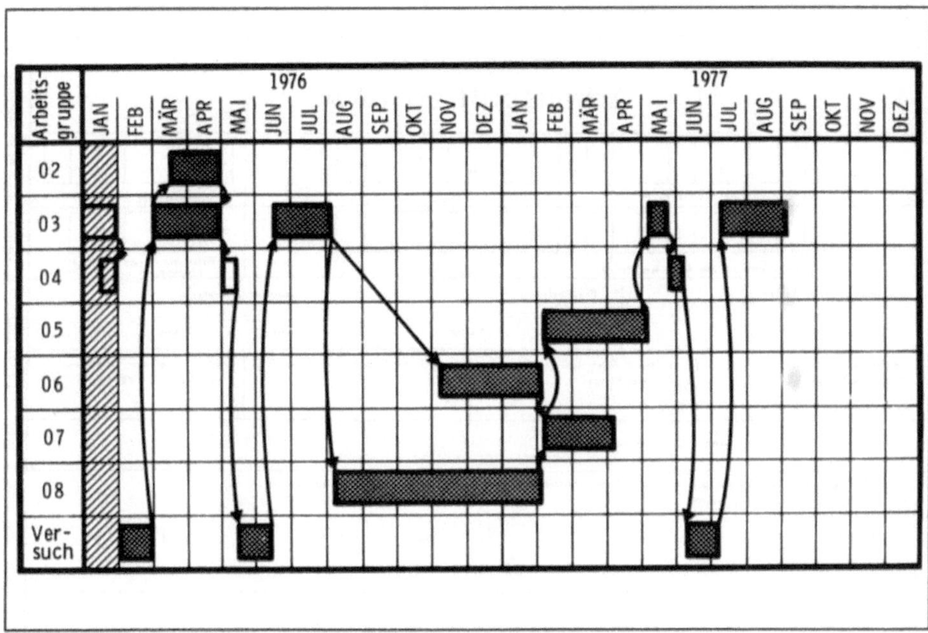

Bild 3.20 Balkenplan als Ergebnis der Terminrechnung [3.10]

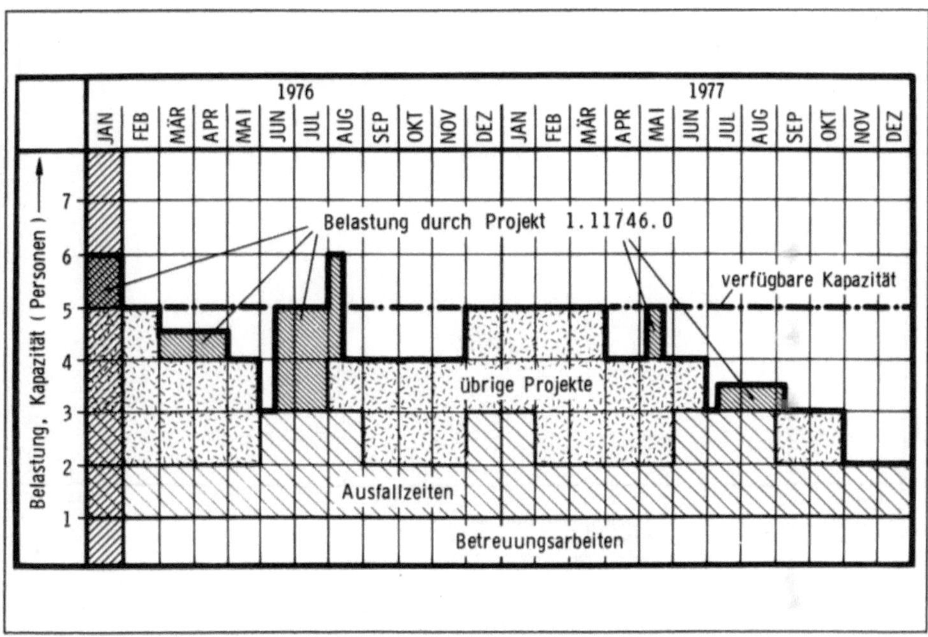

Bild 3.21 Belastungsdiagramm für die Arbeitsgruppe 03 aus Bild 3.20 [3.10]

Entwicklungsplanung

Arbeitsauftrag (AA)

DATUM· . . . .

Kurzbezeichnung des Projektes

Projektnummer

Kurzbezeichnung des Arbeitsauftrages

Arbeitsauftrags-Nummer

Unter-auftrag

auftraggebende Stelle	Projektleiter	ausführende Stelle
Abt. . . . . Name	Abt. . . . . . Name	Abt. . . . . Name . . . .

geplanter Beginn des Arbeitsauftrages	geplanter Abschluß des Arbeitsauftrages	geplanter Personalaufwand (KK)	gepl. Material-, Werker-, Fremdkosten, (VOK)
Datum:	Datum:	. . . . S·a.	. . . . DM

Die Arbeiten sind durchzuführen in Zusammenarbeit mit
 . . . .

Art, Umfang und Durchführung der in diesem Arbeitsauftrag festgelegten Arbeiten wurde zwischen
der auftraggebenden Stelle, Herrn   Unterschrift·

und der ausführenden Stelle, Herrn   Unterschrift·

am . . . . abgesprochen.

Beschreibung des Arbeitsauftrages

Verteiler: Anlage:

1. ausführende Stelle   (blau)   3. auftraggebende Stelle (weiß)
2. Projektleitung   (rosa)   4. Bereichsplanung   (grün)
                                      5. Abteilungsplanung   (gelb)

Bild 3.22 Projektauftrag für die Steuerung der F+E-Aktivitäten [3.10]

	Planungs-phase	Konzeptions-phase	Konstruktions-phase	Erprobungs-phase	Dokumen-tationsphase	Serienvorberei-tungsphase	Serienphase
Anstoß	• Markt • Kunde • Gesetzgeber • Technische Neuerungen	• Freigabe der Konzeption	• Freigabe der Konstruktion	• Freigabe der Erprobung	• Freigabe der Dokumentation	• Freigabe der Serienvorbereitung	• Freigabe der Serienfertigung
Durchzuführende Arbeiten	• Klärung und Definition des Projektes	• Studien • Vorversuche • Berechnungen	• Entwurfszeichnungen • Versuchsstücklisten • Vorversuche • Berechnungen	• Prototypbau • Prototyperprobung • Konstruktive Betreuung des Versuchs	• Fertigungsreife Zeichnungen u. Stücklisten • Technische Dokumentation • Normung	• Arbeitsplanung • Materialbeschaffung • Vorserie bzw. Vorläufer • Konstruktive Überarbeitung	• Materialbeschaffung • Teilefertigung u. Montage für die Serie • Konstruktive Betreuung
Beteiligte Stellen	• Verkauf • Marketing • Konstruktion • Erprobung • Technische Dokumentation	• Konstruktion • Erprobung • Marketing	• Konstruktion • Erprobung • Technische Dokumentation	• Erprobung • Konstruktion • Materialbeschaffung	• Technische Dokumentation • Konstruktion	• Arbeitsplanung • Materialbeschaffung • Fertigungssteuerung • Fertigung • Erprobung • Konstruktion	• Materialbeschaffung • Fertigung • Montage • (Konstruktion)
Ergebnisse	• Projektbeschreibung • Wirtschaftlichkeitsrechnung • Terminrahmen • Planungsbericht	• Pflichtenheft • Wirtschaftlichkeitsrechnung • Prinzipskizzen • Terminrahmen • Bericht über die Konzeptionsphase	• Entwurfszeichnungen • Versuchsstücklisten • Konstruktionsbericht	• Erprobter Prototyp • Versuchsbericht	• Fertigungsreife Konstruktionsunterlagen • Bericht über die Dokumentationsphase	• Serienreife Fertigungsunterlagen • Bericht über die Serienvorbereitungsphase	• Serienprodukte
Entscheidung über Projekteinstellung Rücksprung in vorherige Phasen oder Freigabe der nächsten Phase	◇ ?	◇ ?	◇ ?	◇ ?	◇ ?	◇ ?	◇ ?
Entwicklungskostenanfall							

Bild 3.23 Entwicklungsphasen für die Entwicklungsprojekte eines Unternehmens der Serienfertigung [3.10]

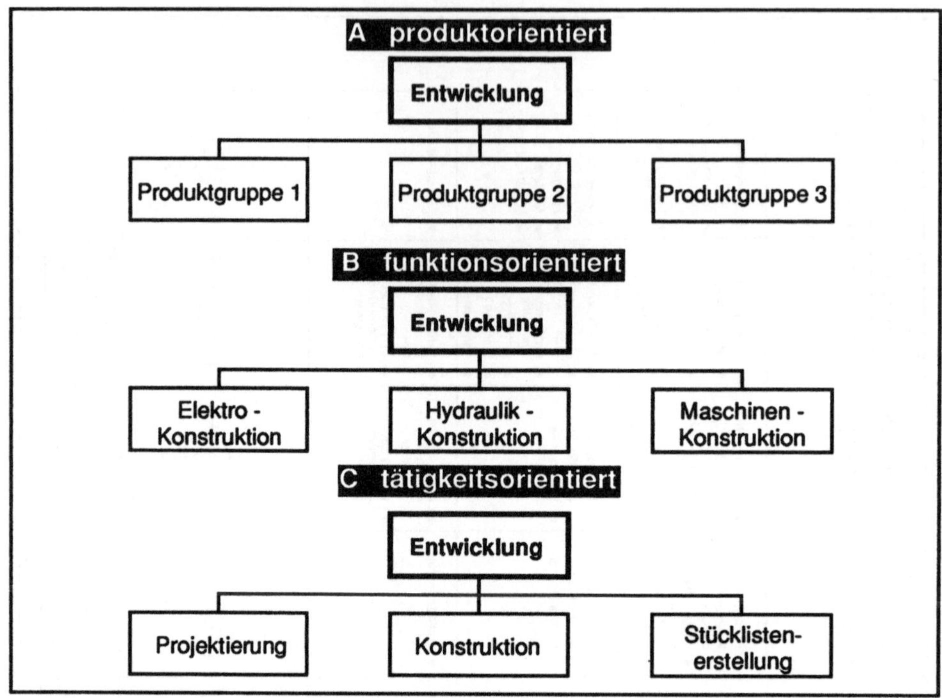

Bild 3.24 Strukturierungsmöglichkeiten des Entwicklungsbereiches

sich die wichtigsten Anforderungen an die optimale Ablauforganisation und daraus wiederum an die geeignete Aufbauorganisation ab.

Bild 3.23 zeigt eine phasen-, d. h. ablauforientierte Projektstruktur in sieben aufeinanderfolgenden definierten Entwicklungsphasen am Beispiel eines Unternehmens der Serienfertigung. Dabei betreffen die Phasen Konzipieren, Konstruieren, Erproben und Dokumentieren den Entwicklungsbereich im hier verwendeten Sinne.
Bild 3.24 stellt dar, wie der Entwicklungsbereich auch entsprechend dem Produktspektrum (A) bzw. der Produktstruktur (B) gegliedert werden kann. In der Praxis findet man häufig Mischformen aus mehreren Gliederungskriterien.

3.3.9 Mittel planen

Zu den Aufgaben der Mittelplanung gehört die Planung des Personals, der Betriebsmittel, des Materials und der Information. Für den Entwicklungsbereich hat dabei die Personalplanung bei weitem die größte Bedeutung. Sie spiegelt sich im weitesten Sinne in der Aufbauorganisation wieder.

Es soll deshalb an dieser Stelle nicht auf allgemeine Probleme der Personalbeschaffung, -beurteilung usw. eingegangen werden (vgl. hierzu Kap. 5 und 10), sondern speziell auf die für die Entwicklung zutreffenden aufbauorganisatorischen Konzepte.
Prinzipiell lassen sich drei fachliche Gliederungsmöglichkeiten des F+E-Bereiches unterscheiden, die in Bild 3.24 schematisch dargestellt sind.

Die Vor- und Nachteile dieser drei Alternativen können folgendermaßen beschrieben werden [3.18]:
Die produkt- und funktionsorientierten Gliederungen haben den Vorteil, daß die Verantwortlichen für einzelne Produkte oder Funktionen klar abgegrenzt werden und sich die Mitarbeiter spezialisieren können. Diese Strukturierungen setzen aber eine bestimmte Mindestgröße der Entwicklung voraus. Besondere Nachteile ergeben sich dann, wenn innerhalb eines einheitlichen Produktbereiches (z. B. Folien-Verpakkungsmaschinen) nochmals produktbezogene Sparten gebildet werden. Hier zeigt die Praxis, daß dann häufig Parallelentwicklungen betrieben werden und innerhalb eines geschlossenen Produktprogramms keine einheitliche Produktsystematik erhalten bleibt.

Bei der Entwicklungsuntergliederung nach Tätigkeiten geht man davon aus, daß unabhängig von Produkten oder deren Funktionen immer ganz bestimmte Tätigkeiten zu verrichten sind und diese Tätigkeiten zum Teil sehr unterschiedliche Anforderungen an die Mitarbeiter der Entwicklung stellen. Ziel dieser Untergliederung ist letztlich eine Arbeitsteiligkeit, die für Routinetätigkeiten den verstärkten Einsatz von Hilfsmitteln ermöglicht. Allerdings stößt die Realisierung dieser Untergliederung in kleinen Betrieben - wegen der geringen Anzahl von Mitarbeitern - auf Schwierigkeiten. Daher empfiehlt es sich insbesondere für kleine und mittlere Unternehmen, eine Mischform aus diesen Alternativen zu wählen, daß möglichst die Vorteile jeder der Alternativen ausgeschöpft werden.

Für mittlere Entwicklungsbereiche mit ungefähr 30 bis 200 Mitarbeitern werden die einfachen Liniengliederungen nach Bild 3.24 meistens um Stabsstellen wie Patentwesen, Schreibbüro, Terminplanung, technische Bibliothek usw. ergänzt. Bild 3.25 zeigt ein Beispiel für die Organisation des technischen Bereiches eines Unternehmens der Serienfertigung mit ca. 3 000 Mitarbeitern [3.16].

Große Entwicklungsbereiche mit 200 und mehr Mitarbeitern bzw. F+E-Bereiche, die an Großprojekten arbeiten (Projekte mit einem Aufwand von ca. 5 000 Stunden und mehr) erweitern diese Organisationsform zu einer Matrixorganisation (vgl. Kap. 1). Ein Beispiel für eine derartige Matrixorganisation zeigt Bild 3.26.

3.3.10 Führen

Im Entwicklungsbereich kommt der Aufgabe "Führen" von einzelnen Mitarbeitern und Arbeitsgruppen (Teams) besondere Bedeutung zu, da die Motivation und Kooperation der Betroffenen gerade bei kreativ tätigen Mitarbeitern eine entscheidende Rolle spielen.

Hierbei steht das Führungsverhalten des Vorgesetzten im Vordergrund, das durch eine flexible und dynamische Organisation und eine gute Kommunikation unterstützt

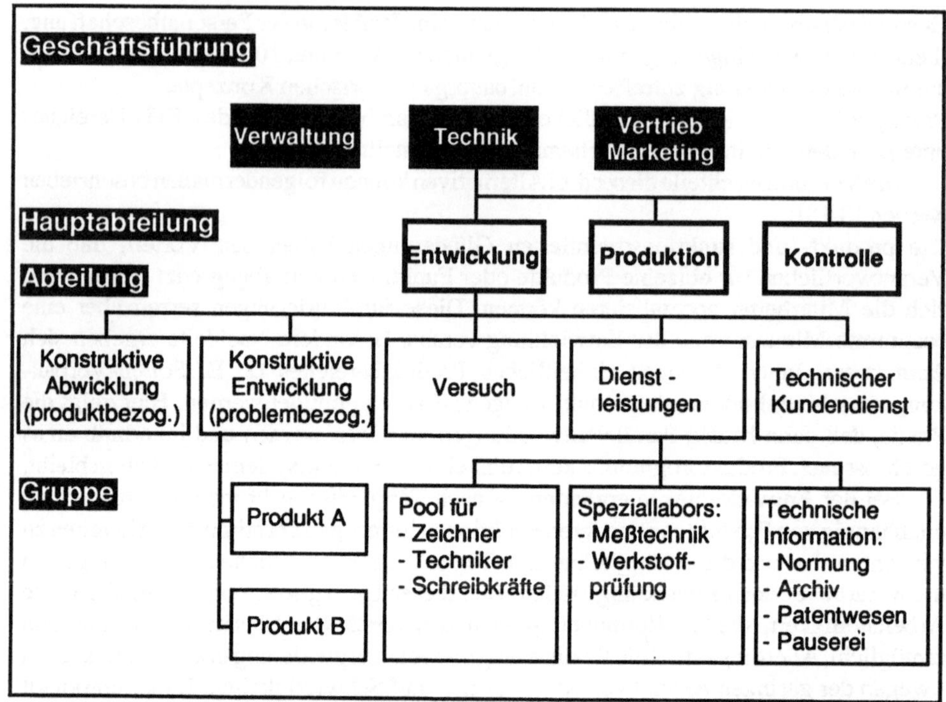

Bild 3.25 Aufbauorganisation des Entwicklungsbereiches eines mittleren Unternehmens des Maschinenbaus [3.16]

werden kann. In [3.16] wird die Entwicklung eines kooperativen Führungsstils vorgeschlagen, der durch die nachfolgend genannten Ziele und Merkmale charakterisiert wird (vgl. Kap. 10).

Ziele des kooperativen Führungsstils:

- verbesserte Motivation der Mitarbeiter
- Entwicklung der eigenen Initiative
- Entfaltung der Kreativität
- Förderung der Selbstverwirklichung des Mitarbeiters.

Merkmale des kooperativen Führungsstils:

- Delegation von Zuständigkeit und Verantwortung
- eindeutige Festlegung des Aufgabenbereiches (Stellenbeschreibung)
- klare Formulierung der Ziele
- Informationspflicht
- Setzen von Maßstäben zur Bewertung der Arbeitsergebnisse (Kontrollpflicht)
- gerechte Leistungsbeurteilung und Gehaltsfindung

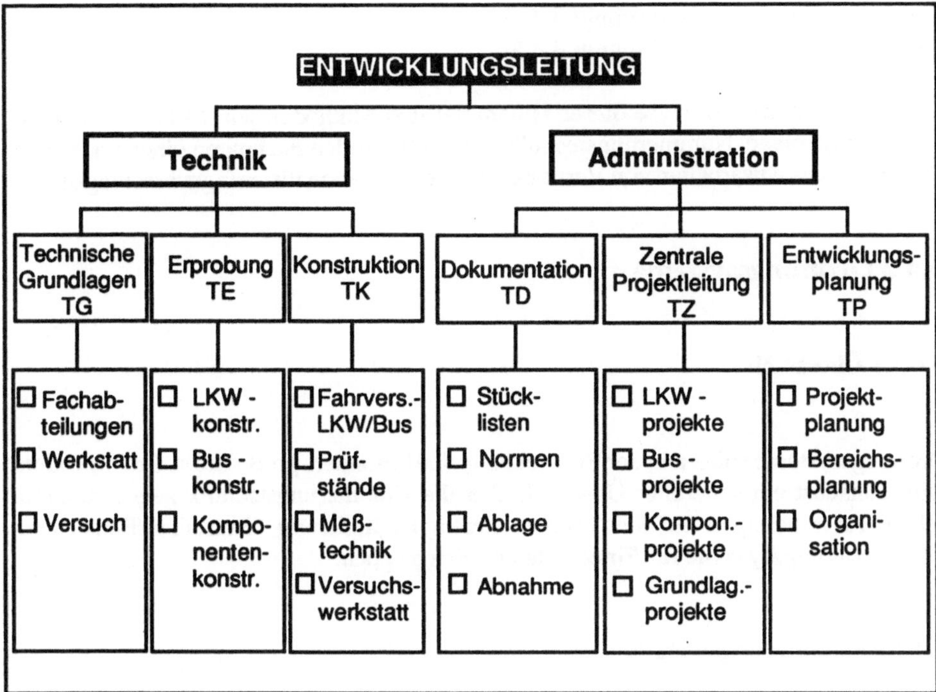

Bild 3.26 Matrixorganisation eines Entwicklungsbereiches mit ca. 500 Mitarbeitern (Serienfertigung)

- regelmäßige Durchführung von Förderungs- und Beratungsgesprächen (Beurteilungs-
  pflicht)
- Verbesserung des Leistungsniveaus durch Weiterbildung
- Förderung der Teamarbeit
- Betonung der aufgabenbezogenen Organisation.

3.4 Methoden und Hilfsmittel im Entwicklungsbereich

3.4.1 Vorbemerkung

Im folgenden soll eine Aufteilung der verschiedenen Hilfsmittel und Methoden zur
Unterstützung der Arbeiten im Entwicklungsbereich nach folgenden Aspekten erfolgen:

- Ordnungssysteme   (Abschnitt 3.4.2)
- Zeichnungswesen   (Abschnitt 3.4.3)

- Stücklistenwesen   (Abschnitt 3.4.4)
- Rechnereinsatz   (Abschnitt 3.4.5).

Eine systematische Analyse dieser Hilfsmittel und Methoden wie Mikroverfilmung, Zeichnungsablage, Nummerungstechnik usw. stellt für den Fachmann einen wichtigen Aspekt für das Ausarbeiten von Verbesserungs- bzw. Rationalisierungsvorschlägen dar.

3.4.2 Ordnungssysteme

3.4.2.1 Überblick

Ordnungssysteme spielen in der Entwicklung eine besonders große Rolle. Im folgenden wird zunächst ein genereller Überblick über die Nummerungstechnik gegeben, dann folgen Anwendungen zu den Themen Erzeugnisgliederung, Baureihen/Baukästen, Klassifizierungssysteme für Einzelteile und Baugruppen.

3.4.2.2 Nummerungstechnik

Die Verknüpfung einzelner Nummern zu Nummernsystemen kann auf unterschiedliche Weise erfolgen. Nach DIN 6763 [3.20] werden numerische Nummern (z. B. 33124 - 16) und alphanumerische Nummern (z. B. XA 1200 - 1F) unterschieden (s.a. Kap. 8).

Es lassen sich folgende Anforderungen an Nummernsysteme zusammenstellen [3.11]:

- *Identifizieren*, d. h. eindeutiges und unverwechselbares Kennzeichnen von Sachen und Sachverhalten zu ermöglichen,
- *Klassifizieren*, d. h. Ordnen von Sachen und Sachverhalten nach festgelegten Begriffen zu ermöglichen,
- Identifizierung und Klassifizierung sollten getrennt handhabbar sein,
- vom Aufbau her soll ein Nummernsystem weitgehende Erweiterungsmöglichkeiten zulassen,
- mit den Anforderungen der Datenverarbeitung muß Verträglichkeit bestehen,
- gute Verständlichkeit auch für Betriebsfremde durch logischen Systemaufbau, eindeutige Terminologie und gute Merkfähigkeit ist anzustreben, d.h. achtstellige Nummern sollten im allgemeinen nicht überschritten werden und
- konstruktionsgerechter Aufbau zur Verarbeitung und Ausgabe von Informationen aller Art durch und für den Konstrukteur, insbesondere für die Zeichnungs- und Stücklistenbenummerung, soll gegeben sein.

Bei der Festlegung eines geeigneten Nummernsystems müssen die betrieblichen Gegebenheiten und die Zielsetzungen beachtet werden.
Wichtige Einflüsse sind:

- Art und Komplexität des Produktprogramms,
- Produktionsart, z. B. Einzel-, Kleinserien- oder Massenfertigung,
- Kundendienst-, Ersatzteil- und Vertriebsorganisation,
- organisatorische Gegebenheiten, z. B. Anwendung der EDV und
- Ziele der Nummerung, z. B. Erfassung der gesamten Auftragsabwicklung eines oder mehrerer Produktprogramme oder nur Klassifizierung von Einzelteilen zur Wiederholteilsuche.

In der betrieblichen Praxis stellen die sog. Sachnummernsysteme und die Klassifizierungssysteme die wichtigsten Nummernsysteme dar.

- Sachnummernsysteme:
Als Sachnummernsysteme werden in der betrieblichen Praxis solche Systeme bezeichnet, die die betriebliche Nummerung von Sachen und Sachverhalten aller Unternehmensbereiche umspannen (vgl. [3.20]. Sachnummern müssen eine Sache *identifizieren*, sie können sie darüber hinaus auch *klassifizieren*.
Sachen und Sachverhalte sind alle in der Entwicklung und Fertigung zur Auftragsabwicklung benötigten Gegenstände (z. B. neuentwickelte Teile), Unterlagen (z. B. Patente) und Vorschriften (z. B. Montageanweisungen) [3.11].

Der Aufbau eines Sachnummernsystems kann als *Parallel-Nummernsystem und Verbund-Nummernsystem* erfolgen, sofern es identifizieren und klassifizieren soll.

Bild 3.27 zeigt den prinzipiellen Aufbau einer Sachnummer mit Parallelverschlüsselung [3.21]. Bei *Parallel-Nummernsystemen* werden einer Identifizierungsnummer (Ident-Nummer) eine oder mehrere von der Identifizierung unabhängige Klassifizierungsnummern zugeordnet. Der Vorteil einer solchen Parallelverschlüsselung liegt in einer großen Flexibilität und Erweiterungsmöglichkeit, da beide Teilsysteme praktisch

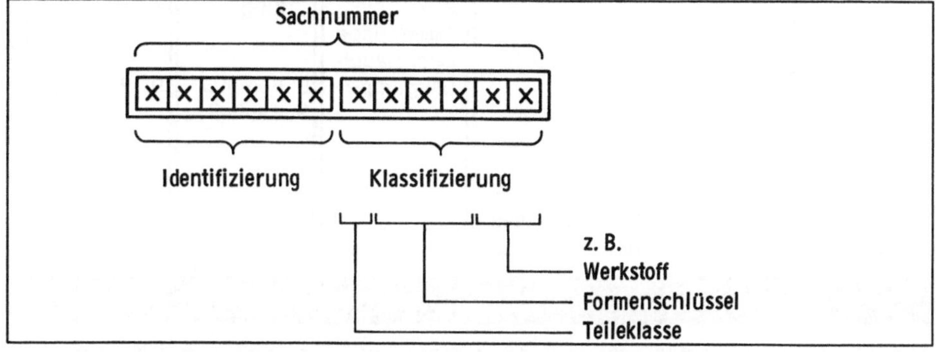

Bild 3.27 Prinzipieller Aufbau einer Sachnummer für ein Parallel-Nummernsystem [3.21]

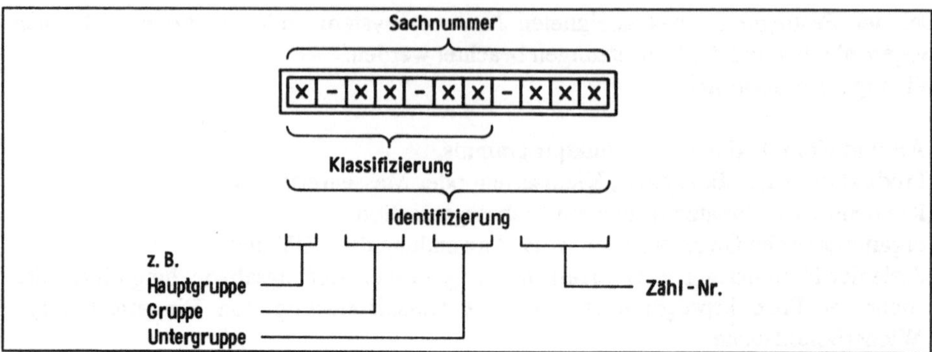

Bild 3.28 Prinzipieller Aufbau einer Sachnummer für ein Verbund-Nummernsystem [3.21]

unabhängig voneinander sind. Dieses System ist deshalb für die Mehrzahl von Einsatzfällen anzustreben und bietet Vorteile einer leichteren EDV-Verarbeitung, wenn dort nur die Ident-Nummer benötigt wird [3.11].

Bei einem *Verbund-Nummernsystem* besteht die Gesamtnummer aus klassifizierenden und identifizierenden (zählenden) Nummernteilen, die starr miteinander verbunden

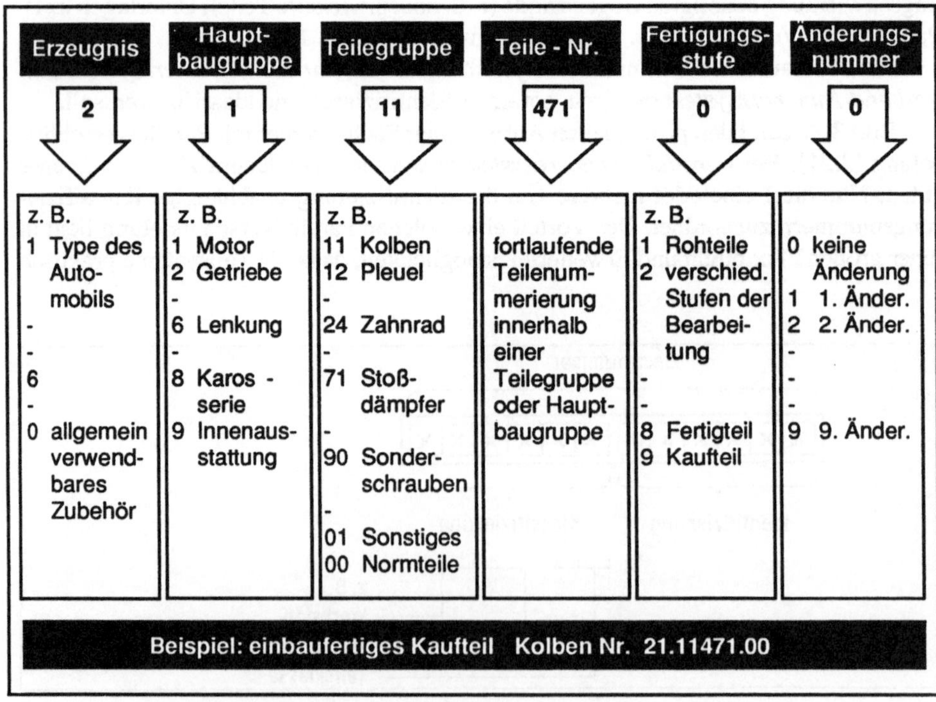

Bild 3.29 Konventionelle Zeichnungsnummer (praktisches Beispiel)

sind, so daß die zählenden von den klassifizierenden Nummernteilen abhängen. Bild 3.28 zeigt hierzu den prinzipiellen Aufbau [3.21]. Bild 3.29 gibt ein praktisches Beispiel einer konventionellen Zeichnungsnummer wieder.

Solche Systeme sind nur in Sonderfällen zweckmäßig, nachteilig ist vor allem ihre große Starrheit bei Erweiterungen.

- Klassifizierungssysteme:
Für die Erstellung eines Klassifizierungssystems stellt sich die Aufgabe, das gesamte zu klassifizierende Spektrum in einer überschaubaren Anzahl von Klassen - eine Art Grobgliederung - zu gliedern. Bild 3.30 enthält hierzu zwei Vorschläge, die den oben aufgestellten Forderungen nach Datenverarbeitbarkeit und Verwendungsunabhängigkeit weitgehend Rechnung tragen [3.7].

Derartige Sachgebiete (Hauptgruppen) können z. B. in einem Sachnummernsystem die erste Stelle des Klassifizierungsteils einnehmen. Die weiteren Stellen werden im Sinne einer Feinklassifizierung durch weitere Merkmale gefüllt [3.11].

GROBKLASSIFIZIERUNG		
Firma A	**1. Stelle**	**Firma B**
frei	0	Anlagen und Geräte
Genormte mechanische Elemente	1	Spezifische Baugruppen
Genormte elektrische Elemente	2	Allgemeine Baugruppen
Werkstoffe, Halbzeuge	3	Bauteile
Fertigungsverfahren	4	Einzelteile
Werkzeuge	5	Rohteile, Halbzeuge
Vorrichtungen	6	Stoffe
Meßzeuge	7	Dokumentation
Werkzeugmaschinen, Fördermittel, Anlagen	8	Betriebsmittel
Erzeugnisse und Erzeugnisteile	9	frei

Bild 3.30 Grobklassifizierung in Sachnummernsystemen (zwei praktische Beispiele) [3.7]

3.4.2.3 Erzeugnisgliederung

Die Auftragsabwicklung komplexer Geräte und Anlagen zwingt die ausführenden Unternehmen, das gesamte Produkt in überschaubare Einheiten zu zerlegen. Diese Einheiten - meist sind es größere oder kleinere Baugruppen - können auf diese Weise zeitlich parallel durch die verschiedenen Produktionsbereiche gesteuert werden [3.6].

Als Beispiel sei das in Bild 3.31 gezeigte Gliederungssystem für Nutzfahrzeuge gewählt. Über weitere Ebenen kann so jedes Erzeugnis bis hin zu den Einzelteilen aufgeschlüsselt werden.

Folgende Vorteile werden dabei von der Erzeugnisgliederung erwartet [3.7]:

- Vereinfachung der Auftragsabwicklung durch Vermeidung von mehreren Gliederungen,
- Erleichterung der Angebotskalkulation durch einheitliche Baugruppenabgrenzung,
- Förderung der Wiederverwendung von Baugruppen in der Entwicklung,
- exakte Materialdisposition für Rohmaterialien und Zukaufteile,
- Verbesserung der Fertigungs- und Montageterminsteuerung,
- Benutzung der Erzeugnisgliederung als Basis für Stücklistenaufbau und Netzplanerstellung und
- Schaffung der Voraussetzung für eine verwendungsunabhängige Klassifizierung von Baugruppen.

3.4.2.4 Baureihen und Baukästen

Unter einer *Baureihe* versteht man technische Gebilde (Maschinen, Baugruppen oder Einzelteile), die

- dieselbe Funktion,
- mit der gleichen Lösung,
- in mehreren Größenstufen,
- bei möglichst gleicher Fertigung

in einem weiten Anwendungsbereich erfüllen [3.11].

Unter einem *Baukasten* versteht man dagegen Maschinen, Baugruppen und Einzelteile, die

- als Bausteine mit oft unterschiedlichen Lösungen duch Kombination
- verschiedene Gesamtfunktionen erfüllen [3.7].

- Baureihen:

Bei der Entwicklung von Baureihen wird von einer bestehenden Maschine (Baugruppe,

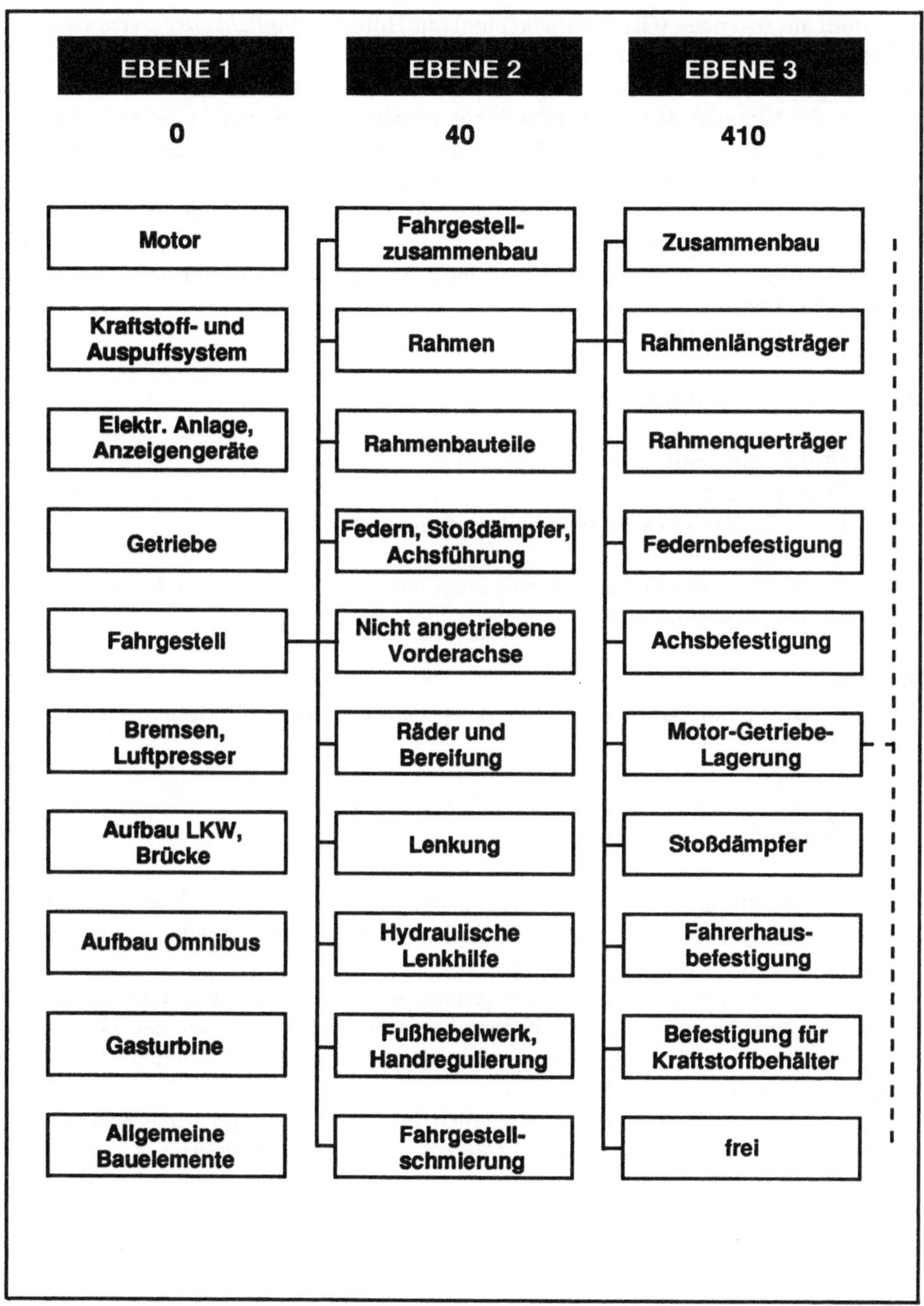

Bild 3.31 Erzeugnisgliederung von Nutzfahrzeugen (Praxisbeispiel)

Einzelteil) ausgegangen (Grundentwurf) und mit Hilfe der *Ähnlichkeitsgesetze* werden andere Baugrößen als Folgeentwürfe abgeleitet.

Eine geometrische Ähnlichkeit (sog. "Storchschnabelkonstruktionen") ist zwar aus Gründen der Einfachheit vom Konstrukteur gewünscht, aber nur in seltenen Fällen realisierbar, da sie meist den in der Modelltechnik verwendeten Gesetzen widerspricht. Für den *Hersteller* ergeben sich folgende Vorteile [3.11]:

- Die konstruktive Arbeit wird für viele Anwendungsfälle nur einmal unter Ordnungsprinzipien geleistet,
- die Fertigung von bestimmten Losgrößen wiederholt sich und wird dadurch wirtschaftlicher und
- es ist eher eine hohe Qualität erreichbar.

Daraus entstehen für den *Anwender* Vorteile:

- preisgünstige, qualitativ gute Produkte,
- kurze Lieferzeit und
- problemlose Ersatzteilbeschaffung und Ergänzung.

Als Nachteile für beide ergeben sich eine eingeschränkte Größenwahl mit nicht immer optimalen Betriebseigenschaften.

- *Baukästen:*
  Die Elemente eines Baukastens müssen als Bausteine zwei Mindestanforderungen genügen:

  - Vorhandensein von Paß- oder Anschlußstellen und
  - Austauschbarkeit aufgrund der Normung.

Ein Bauprogramm läßt dabei genau und vollständig erkennen, welche unterschiedlichen Kombinationen gebildet werden können, und welche Bausteine in jeder Kombination benutzt werden (Beispiel: Wechselräder).

Kann man kein umfassendes Bauprogramm aufstellen, greift man auf einen *Baumusterplan* zurück, aus dem einige charakteristische Kombinationen der Bausteine entnommen werden können, die unterschiedliche Erzeugnisse darstellen (Beispiel: Spannvorrichtungen).

Baukastensysteme lassen sich unterteilen in allgemeine Baukastensysteme, die ausschließlich Bausteine enthalten und Mischsysteme, in denen Bausteine und Nichtbausteine vorkommen [3.9].

Bei den *allgemeinen Baukastensystemen* (vgl. Bild 3.32) hat man zunächst zu unterscheiden zwischen Bausteinen gleicher und verschiedener Rangordnung. Bausteine höherer Rangordnung (Baugruppen) können beispielsweise aus mehreren Bausteinen niederer Ordnung zusammengesetzt sein. Bausteine gleicher Ordnung können unter sich gleich, verschieden oder teilweise gleich und verschieden sein.

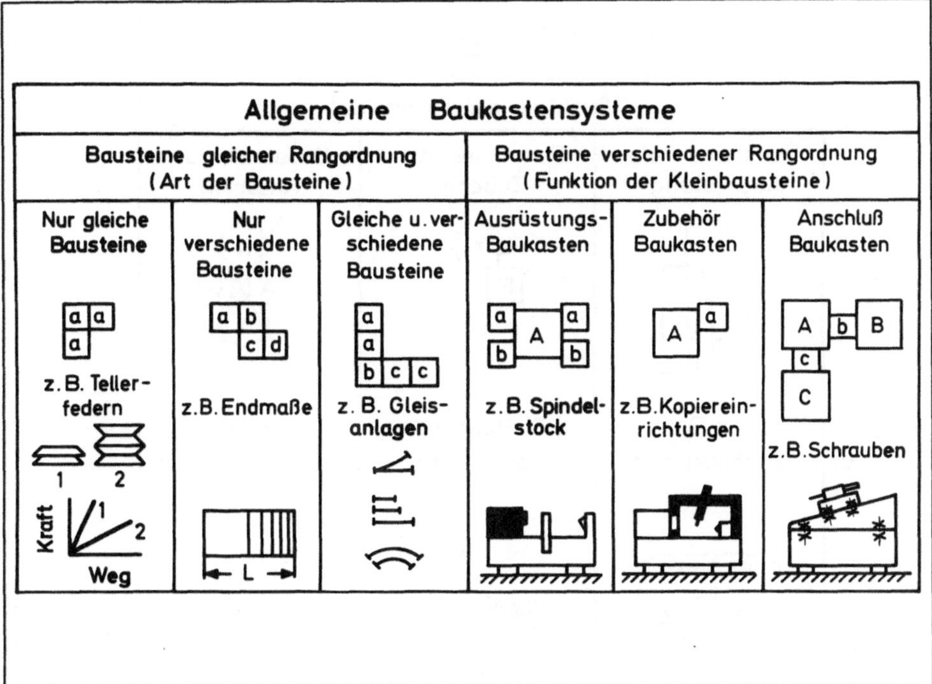

Bild 3.32 Allgemeine Baukastensysteme [3.9]

Bei den Systemen mit verschiedener Rangordnung unterscheidet man zwischen Baukästen, in denen die Bausteine zur Ausrüstung größerer Bausteine, als Zubehör der Großbausteine oder zum Fügen der Großbausteine dienen.

Diese Untersuchung nach den Funktionen der Bausteine wird auch auf die *Mischsysteme* (vgl. Bild 3.33) angewendet.

In [3.11] wird auf folgende Vor- und Nachteile bei der Verwendung von Baukästen hingewiesen:

Herstellervorteile:

- Für Angebote, Projektierung und Konstruktion stehen bereits fertige Ausführungs-unterlagen zur Verfügung.
- Auftragsgebundener Konstruktionsaufwand entsteht nur für nicht vorhersehbare Zusatzeinrichtungen.
- Vereinfachte Arbeitsvorbereitung und Kalkulation.
- Günstige Montagebedingungen infolge zweckmäßigerer Baugruppenunterteilung.

Anwendervorteile:

- kurze Lieferzeit,

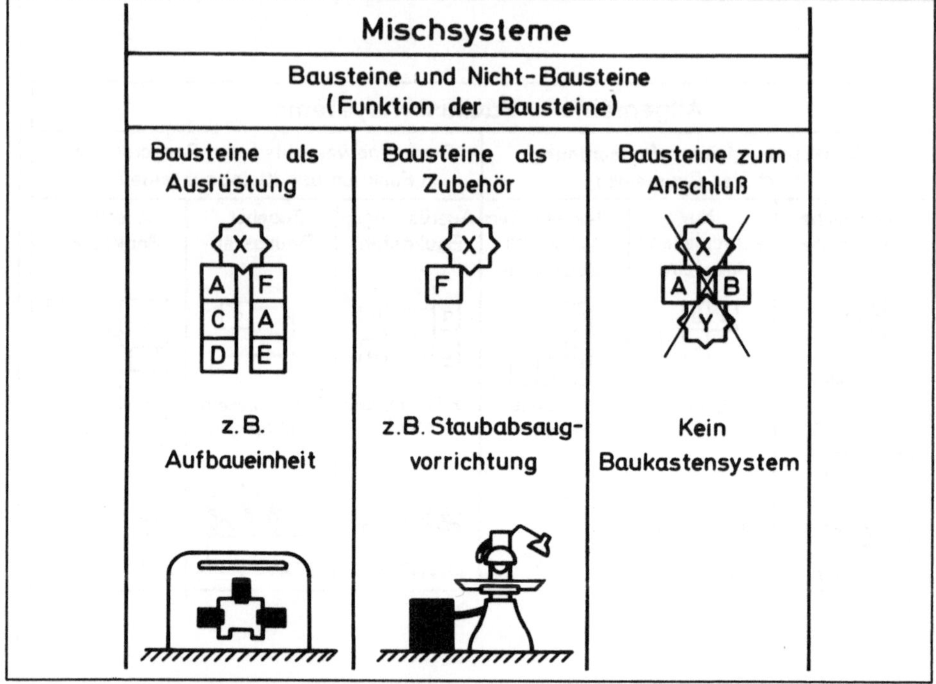

Bild 3.33 Mischsysteme bei Baukästen [3.9]

- bessere Austausch- und Instandsetzungsmöglichkeit,
- besserer Ersatzteildienst,
- Fehlermöglichkeiten durch ausgereifte Gestaltung fast ausgeschlossen.

Herstellernachteile:

- Eine Anpassung an spezielle Kundenwünsche ist nicht so weitgehend möglich wie bei
  Einzelkonstruktionen.
- Produktionsänderungen sind nur in größeren Zeiträumen wirtschaftlich vertretbar, da
  die einmaligen Entwicklungskosten hoch sind.
- Erhöhter Fertigungsaufwand, z. B. an Paßflächen, denn die Fertigungsqualität muß
  höher liegen, da eine Nacharbeit ausgeschlossen ist.
- Seltene Kombinationen im Rahmen des Baukastenprogramms zur Erfüllung aus-
  gefallener Gesamtfunktionsvarianten können kostenmäßig ungünstiger sein als eine
  eigens für die Aufgabenstellung durchgeführte Einzelausführung.

Anwendernachteile:

- Spezielle Wünsche des Anwenders sind schwer erfüllbar.
- Bestimmte Qualitätsmerkmale können ungünstiger liegen als bei Einzelausführungen.

3.4.2.5 Klassifizierungssysteme für Einzelteile

Eine besonders wichtige Aufgabe der Klassifizierung in der Entwicklung besteht in der Wiederfindung von vorhandenen Gleichteilen oder Ähnlichkeiten.

Die Wiederverwendung bereits vorhandener Teile bei Neuentwicklungen führt zur Stückzahlsteigerung und dient zur Kostensenkung (insbesondere in der Entwicklung, Arbeitsvorbereitung und Fertigung).

Welche positiven Ergebnisse sich durch die Einführung der Wiederholteileverwendung erzielen lassen, zeigt Bild 3.34, in dem der Erfolg mehrjähriger Bemühungen eines Werkzeugmaschinenherstellers veranschaulicht wird.
Die Wiederholteileverwendung kann als Vorstufe einer betriebsspezifischen Normung angesehen werden.

Von den zahlreichen Vorschlägen zur erzeugnisunabhängigen Teileklassifizierung hat vor allem das System von Opitz [3.22] praktische Bedeutung erlangt.

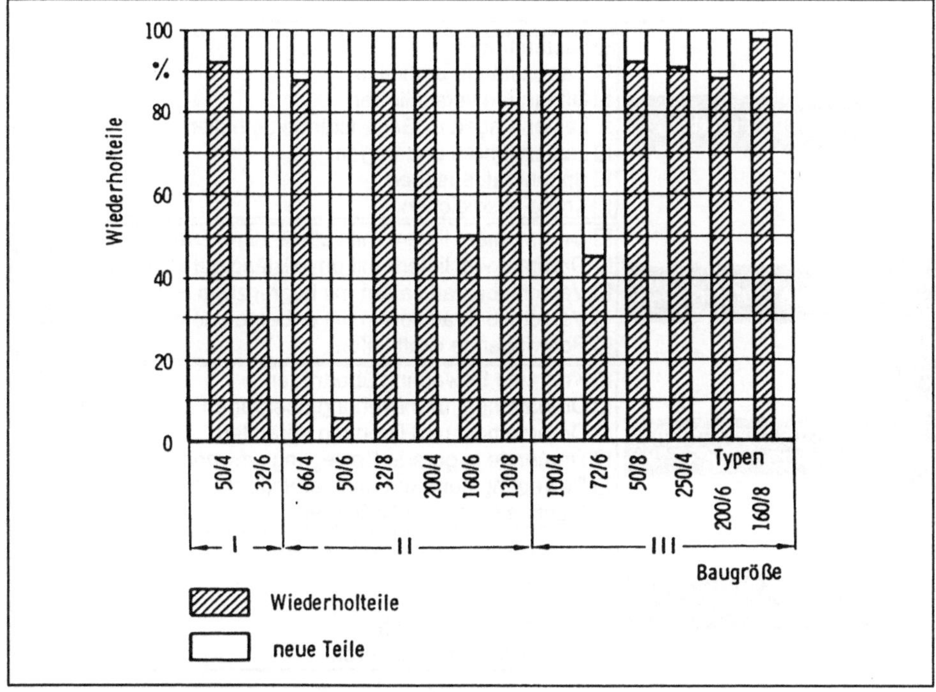

Bild 3.34 Wiederholteileverwendung (Praxisuntersuchung)

3.4.2.6 Klassifizierungssysteme für Baugruppen

Bei der Klassifizierung von Baugruppen sollten zweckmäßigerweise nicht die Form- oder Fertigungsähnlichkeit wie bei den Einzelteilen, sondern die Funktion das wichtigste Unterscheidungsmerkmal darstellen. So wird z. B. ein Getriebe durch den Funktionsbegriff "Drehmoment wandeln", ein Hydraulikzylinder durch "Kraft mit begrenztem Hub liefern" usw. charakterisiert. Neben der Funktion ist eine allgemeine Benennung der Baugruppe sowie die Angabe ihrer Eigenschaften von Bedeutung [3.7].

Ein Beispiel für eine Gliederung erzeugnisneutraler Baugruppen auf den höchsten Ebenen in Haupt- und Grundfunktionen zeigt Bild 3.35 .

3.4.3 Zeichnungswesen

Das Aufgabengebiet des Zeichnungswesens umfaßt die wirtschaftliche Anfertigung, Änderung, Ergänzung und Reproduktion von Zeichnungen und Stücklisten sowie deren Sicherung, geordnete Ablage und Verwaltung.

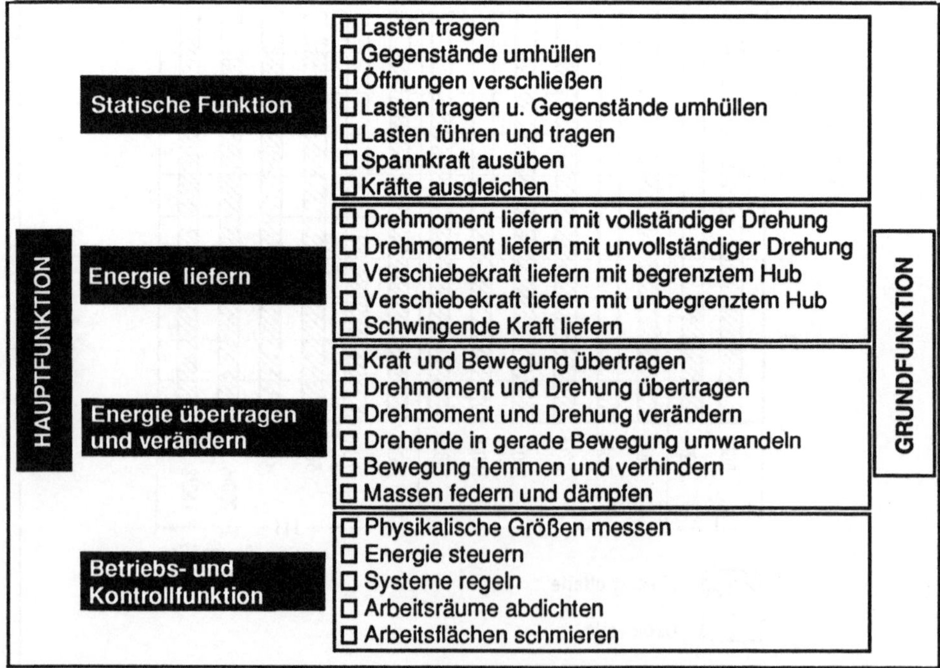

Bild 3.35 Haupt- und Grundfunktionen der allgemeinen Baugruppen im Maschinenbau [3.7]

- Arten technischer Zeichnungen:
Folgende Unterscheidungsmerkmale von technischen Zeichnungen werden in DIN 199 genannt [3.23]:

-Art der Darstellung
-Art der Anfertigung
-Inhalt
-Zweck.

Hinsichtlich der *Darstellungsart* wird unterschieden zwischen Skizzen (meist freihändig und/oder grob maßstäblich), Zeichnungen (maßstäbliche Darstellung), Plänen (z. B. Lagepläne) und graphische Darstellungen (z. B. von Funktionsstrukturen).
Hinsichtlich der *Anfertigungsart* wird unterschieden zwischen Originalzeichnungen als Grundlage für Vervielfältigungen und Vordruckzeichnungen, die oft nicht maßstäblich sind.

Hinsichtlich des *Inhalts* gibt es eine große Zahl von Unterscheidungsmöglichkeiten: Gesamtzeichnungen (früher: Zusammenstellungs-Zeichnungen), Gruppen-Zeichnungen, Teile-Zeichnungen, Rohteil-Zeichnungen, Modell-Zeichnungen und Schema-Zeichnungen.

Hinsichtlich des *Zwecks* einer Zeichnung ist folgende Unterscheidung sinnvoll: Entwurfszeichnungen und Fertigungszeichnungen (auch Werkstatt-Zeichnungen genannt). Bei den Fertigungszeichnungen gibt es wiederum Bearbeitungs-Zeichnungen unterschiedlicher Vollständigkeit, Zusammenbau-Zeichnungen, Ersatzteil-Zeichnungen, Aufstellungs-Zeichnungen und Versand-Zeichnungen.

- Zeichnungsformate:
Ausgangsformat für Zeichnungen ist die Größe DIN A 0 mit einer Fläche von 1 m². Mit dem Bildungsgesetz, daß jedes Format die halbe Fläche des nächstgrößeren hat und das Seitenverhältnis a : b = 1 : 2 konstant ist, ergeben sich folgende Formatgrößen:

-DIN A 4: 210 x   297 mm
-DIN A 3: 297 x   420 mm
-DIN A 2: 420 x   594 mm
-DIN A 1: 594 x   841 mm
-DIN A 0: 841 x 1 189 mm.

- Zeichnungsnumerierung:
Um die Übersichtlichkeit über die Baugruppen und Einzelteile eines Produktes bzw. Produktbereiches zu fördern, besteht der Wunsch nach einer Benummerung der Teile und Gruppen in der Art, daß aus der Nummer bestimmte Aussagen - z. B. für die Wiederholteileverwendung oder Teilefamilienbildung - ableitbar sind (vgl. Abschnitt 3.4.2).

-Zeichnungsaufbau:
Beim Zeichnungsaufbau werden in der Praxis entweder das Sammelblattsystem oder das Einzelblattsystem verwendet.
Beim Sammelblattsystem werden auf einer Zeichnung sämtliche Einzelteile einer Baugruppe - häufig auch zusammen mit der Zusammenstellungszeichnung der Baugruppe - dargestellt.

Beim Einzelblattsystem wird für jedes Element der Erzeugnisgliederung - sei es eine Baugruppe oder ein Einzelteil - eine separate Zeichnung erstellt.

Die Vorteile beim Sammelblattsystem liegen bei einer unmittelbaren Zuordnung der Teile zu einer Baugruppe, was für die Paus- und Änderungsarbeiten eine Arbeitserleichterung darstellt. Darüber hinaus kann bei der Zeichnungsablage mit einer einheitlichen Blattgröße gearbeitet werden. Allerdings müssen die Zeichnungen für die Arbeitsvorbereitung bzw. Fertigung zerschnitten werden. Darüber hinaus ist die Wiederauffindung von Teilen sehr schwierig, wodurch z. B. leicht mehrere Arbeitspläne für identische Teile entstehen können.

Der hauptsächliche Vorteil des Einzelblattsystems besteht in der erleichterten Wiederverwendung einzelner Teile. Mit zunehmendem Einsatz der Datenverarbeitung für die Zeichnungsorganisation hat das Sammelblattsystem an Bedeutung verloren. Zur Vertiefung des Themas Zeichnungsaufbau wird auf DIN 6789 verwiesen [3.8].

-Zeichnungsaufbewahrung/Mikrofilmeinsatz:
In der Zeichnungsaufbewahrung werden die konventionellen Zeichnungsschränke - sie können ca. 4 000 Zeichnungen aufnehmen - durch den zunehmenden Einsatz der *Mikrofilmtechnik* immer mehr verdrängt.

Grundsätzlich lassen sich mit dem Mikrofilm im Zeichnungswesen zwei Hauptanwendungsgebiete unterscheiden:

Sicherheitsverfilmung ist die Verfilmung zur Sicherung wertvoller Unterlagen vor Verlust. Die Mikroverfilmung ist hier insofern eine Hilfe, weil im Katastrophenfall auf die Mikrofilme der vernichteten Originalunterlagen zurückgegriffen werden kann.

Arbeitsverfilmung (aktiver Mikrofilm) ist die Verfilmung primär unter dem Gesichtspunkt der Rationalisierung des Zeichnungswesens. Dabei können folgende Überlegungen den Anstoß für den Mikrofilmeinsatz geben:

- -Senkung von Sach- und Arbeitskosten (keine Pausen, oft genügt Betrachtung im Lesegerät),
- -Lösung von Raumproblemen (Raumersparnis bis 90 %),
- -Verbesserung bestehender Arbeitsabläufe (z. B. beim Änderungsdienst),
- -Beschleunigung der Auftragsabwicklung (schnellere Reaktion auf Anfragen möglich).

-Zeichnungsvereinfachung:
Ein wesentlicher Rationalisierungserfolg in der Entwicklung ist dann zu erreichen, wenn die Zeichnungsmenge und die Zeit für das Erstellen von Zeichnungen und Stücklisten so weit reduziert wird, daß der Informationsgehalt trotzdem noch so groß bleibt, um die materielle Verwirklichung ohne Risiko zu gewährleisten [3.24].

In [3.24] sind folgende Merksätze zur Vereinfachung von Zeichnungen zusammengefaßt worden:

- Zweck einer Zeichnung ist es, der Werkstatt genaue Infomationen zu vermitteln.
- Keine übertriebenen Feinheiten in der Zeichnung! Die Funktion muß aber erkennbar sein.
- Anstreben des Einzelblattsystems.
- Je Teil eine Zeichnung, möglichst DIN A 4!
- Verkleinerungen der Zeichnungen auf die Formate DIN A 2, 3, 4 sollten möglich sein.
- Bei Zusammenstellungs-Zeichnungen sollte sichtbar sein, was, wo, wie zu montieren ist.
- Übertreibungen in der Darstellung, Wiederholungsdetails, Doppelangaben und überflüssige Ansichten sind zu vermeiden.
- Bei Ähnlichkeitsteilen sollten Skizzen mit Maßtabellen verwendet werden.
- Freihandzeichnungen können in einzelnen Fällen ausreichen.
- Gestrichelte Linien nur dort, wo sie zur Beseitigung von Zweifeln notwendig sind.
- Keine Pfeile, wenn Striche genügen!
- Keine langen, unübersichtlichen Nummern!
- Verwendung vorgedruckter Zeichnungsdetails und Klebebilder (z.B. für Federn, Bolzen, Stifte usw.).
- Stücklisten sollen nicht auf der Zeichnung stehen.

3.4.4 Stücklistenwesen

3.4.4.1 Überblick

Aufgabe der Stückliste ist es, den Aufbau eines Produkts hinsichtlich der gegenseitigen Zuordnung von Baugruppen und Einzelteilen nach Art und Menge zu beschreiben.

Da die Stückliste einen zentralen Informationsträger für ein Unternehmen darstellt, ist der geeigneten Aufbauform einer Stückliste besondere Bedeutung zuzumessen. Folgende Anforderungen werden dabei an den Aufbau einer Stückliste gestellt [3.7]:

- Berücksichtigung der Erzeugnisgliederung
- Übersichtlichkeit
- geringstmögliches Datenvolumen
- geringer Stücklistenumfang
- maschinelle Verarbeitbarkeit
- einfacher Änderungsdienst
- wenig aufwendige Bedarfsrechnung.

3.4.4.2 Stücklistenarten

AlleStücklistenformen lassen eine Unterscheidung in sog. Kopfzeilen und Positionszeilen
vornehmen:

Die *Kopfzeilen* enthalten Angaben über die mit der Stückliste beschriebene Baugruppe
bzw. über das Erzeugnis, mindestens deren Identifizierung und Benennung. Weitere
Angaben wie Auftragsdaten und Dispositionsangaben (Gültigkeitsvermerke, Abnahme,
Gewicht usw.) können je nach Anwendungsfall dazukommen.
Die *Positionszeilen* enthalten neben Identifizierung und Benennung auch die
Mengenangaben für die Einzelteile des im Stücklistenkopf beschriebenen Erzeugnisses.
Dazu können wiederum Dispositions- und Auftragsdaten kommen.

- *Stücklistenanordnung:*
  Für die Anordnung der Stücklisten bestehen grundsätzlich zwei Möglichkeiten:
  Die *gebundene Stückliste* wird auf die Baugruppen- bzw. Zusammenbau-Zeichnung
  geschrieben. Hier entspricht der Stücklistenkopf dem Zeichnungskopf.

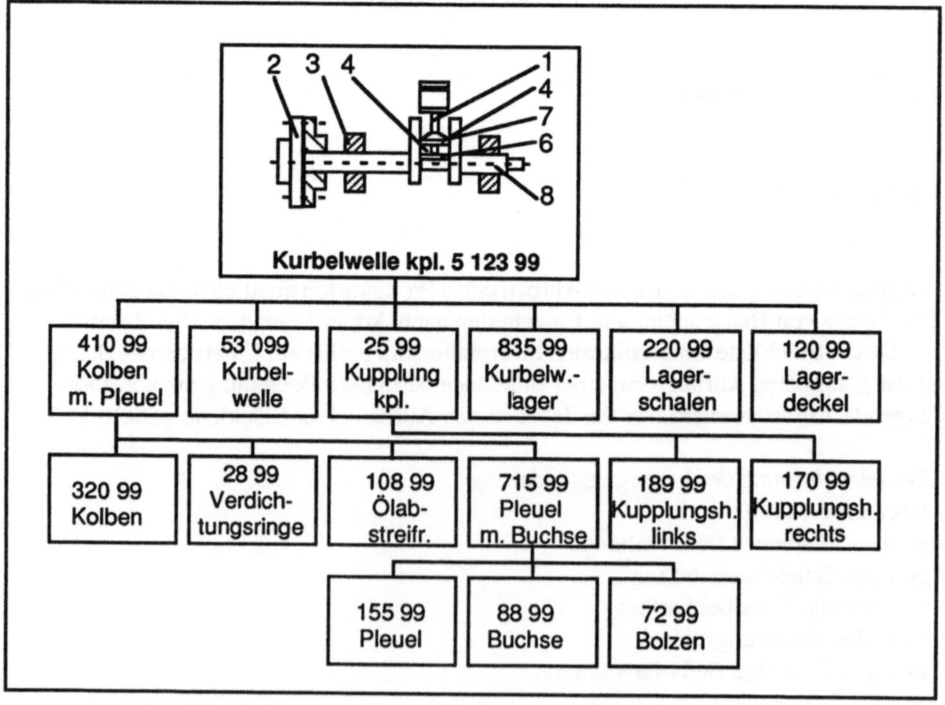

Bild 3.36 Zeichnungsatz (Beispiel)

Die *lose Stückliste* wird auf eigene Vordrucke (meist in DIN A 4) geschrieben. Sie hat sich mit dem Einsatz von Datenverarbeitungsanlagen praktisch in allen größeren Betrieben durchgesetzt.

- Übersichts- bzw. Mengenstückliste:
Die einfachste Stücklistenform ist die Übersichts- oder Mengenstückliste, die je Erzeugnis nur die Einzelteile mit ihren Mengenangaben enthält. Sie ist nur für einfache und wenig gegliederte Erzeugnisse geeignet. Eine Struktur kann aus der Mengenstückliste nicht erkannt werden.

- Strukturstückliste:
In der Strukturstückliste ist der strukturelle Aufbau eines Erzeugnisses in verschiedenen Baugruppenebenen und Einzelteilen abgebildet.
Am Beispiel des Bildes 3.36, in dem die Baugruppen und Einzelteile einer kompletten Kurbelwelle gezeigt sind, soll der Aufbau einer Strukturstückliste erläutert werden. Bild 3.37 zeigt schematisch den Aufbau der entsprechenden Strukturstückliste, bei der mehrfach im Erzeugnis verwendete Baugruppen bzw. Einzelteile auch mehrfach an verschiedenen Stellen erscheinen (z. B. die Paßschraube mit den laufenden Nummern

lfd. Nr.	Pos.	Ident-Nr.	Benennung Blatt 1	lfd. Nr.	Pos.	Ident-Nr.	Benennung Blatt 2
		512399	Kurbelwelle komplett			512399	Kurbelwelle komplett
1	1	041099	Kolben mit Pleuel	11	22	071099	- Kupplungshälfte
2	11	032099	- Kolben	12	23	008090	- Paßschraube
3	12	002899	- Verdichtungsring	13	24	021299	- Paßfeder
4	13	010899	- Ölabstreifring	14	21	018999	- Kupplungshälfte
5	14	071599	- Pleuel mit Buchse	15	3	083599	Kurbelwellenlager
6	15	015599	-- Pleuel	16	4	053099	Kurbelwelle
7	18	008899	-- Buchse	17	5	022099	Lagerschale
8	19	002299	-- Bolzen	18	6	012099	Lagerdeckel
9	15	030199	- Sicherungsring	19	7	008099	Paßschraube
10	2	002599	Kupplung komplett	20	8	111399	Schmiermittel

Bild 3.37 Strukturstückliste (Beispiel)

12 und 19). Hierdurch würde bei manueller Bearbeitung der Änderungsdienst und die Bedarfsrechnung (Stücklistenauflösung) stark erschwert.

-Baukastenstückliste:

Die Baukastenstückliste enthält je Baugruppe nur die Untergruppen bzw. Einzelteile, die unmittelbar in die im Stücklistenkopf beschriebene Baugruppe eingehen. Damit gibt es für jede (unterschiedliche) Baugruppe eines Unternehmens genau eine Stückliste. Als Beispiel gibt Bild 3.38 den Stücklistensatz zu Bild 3.36 bei Anwendung von Baukastenstücklisten wieder.

Da diese Stücklistenform praktisch nur bei einer EDV-Verwaltung der Stücklisten vorkommt, kann auch der Nachteil der fehlenden Erzeugnisgesamtdarstellung nicht zum Tragen kommen, da entsprechende Stücklistenprozessoren auch Strukturstücklisten und Mengenstücklisten aus den Baukastenstücklisten ableiten können. Vorteilhaft für die EDV-Verarbeitung ist das geringe Speichervolumen und ein erleichtertes Änderungswesen, da jede Gruppe nur einmal gespeichert wird.

-Variantenstückliste:

Ein besonderes Problem, das insbesondere bei der Serienfertigung auftritt, ist die Berücksichtigung der Varianten beim Stücklistenaufbau. Diese Varianten können auf

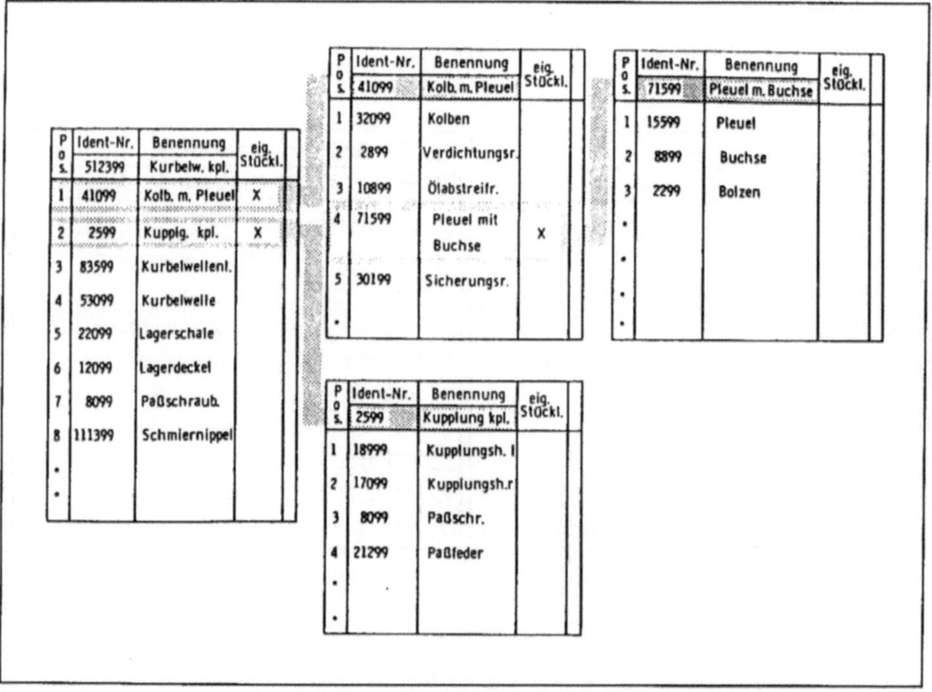

Pos.	Ident-Nr.	Benennung	eig. Stückl.
	512399	Kurbelw. kpl.	
1	41099	Kolb. m. Pleuel	X
2	2599	Kupplg. kpl.	X
3	83599	Kurbelwellenl.	
4	53099	Kurbelwelle	
5	22099	Lagerschale	
6	12099	Lagerdeckel	
7	8099	Paßschraub.	
8	111399	Schmiernippel	
.			
.			

Pos.	Ident-Nr.	Benennung	eig. Stückl.
	41099	Kolb. m. Pleuel	
1	32099	Kolben	
2	2899	Verdichtungsr.	
3	10899	Ölabstreifr.	
4	71599	Pleuel mit Buchse	X
5	30199	Sicherungsr.	
.			

Pos.	Ident-Nr.	Benennung	eig. Stückl.
	71599	Pleuel m. Buchse	
1	15599	Pleuel	
2	8899	Buchse	
3	2299	Bolzen	
.			
.			
.			

Pos.	Ident-Nr.	Benennung	eig. Stückl.
	2599	Kupplung kpl.	
1	18999	Kupplungsh. l	
2	17099	Kupplungsh.r	
3	8099	Paßschr.	
4	21299	Paßfeder	
.			
.			

Bild 3.38 Baukastenstückliste (Beispiel)

jeder Strukturstufe auftreten. Es ist nicht sinnvoll, für jede Variante einen eigenen Stücklistensatz anzulegen, weil dadurch Disponenten und Änderungsdienst erschwert werden.

Man kann aber z. B. künstliche Stufen bilden, die es gestatten, die in allen Varianten auftretenden Teile (Gleichteile) zusammenzufassen. Die jeweilige Variante wird dann aus einem Gleichteilesatz und den entsprechenden Variantenteilen gebildet.

Bild 3.39 zeigt am Beispiel einer Pleuelstange, wie vier Gleichteile verschiedener Pleuelstangen-Varianten in einer separaten Liste zusammengefaßt werden.

Für die Darstellung der Variantenstückliste gibt es auch andere Möglichkeiten: In der *Komplexstückliste* stehen alle variierenden Positionen untereinander. Eine erweiterte Form stellt die *Typenstückliste* dar, die für jede Variante eine eigene Mengenspalte hat. Dadurch werden die möglichen Variationen übersichtlich dargestellt, und es wird gezeigt, wie das gleiche Teil mit verschiedenen Stückzahlen in verschiedene Varianten eingeht. Bei der *Plus-Minus-Stückliste* werden Varianten auftragsabhängig durch die Angabe von Entfall- und Zusatzteilen gebildet (vgl. Bild 3.40). Für die Grundausführung ist hierbei eine vollständige Stücklistenstruktur gespeichert. Diese anpassungsfähige Form wird oft in der Kleinserienfertigung angewendet, wenn Standardausführungen entsprechend dem Kundenwunsch abgewandelt werden müssen.

Identnummer	Benennung
4708	Pleuelstange 500/75

Pos.	Ident-Nr.	Me	Benennung
1	7811	1	Gleichteile
2	6711	1	Lager ⌀ 75
3	6811	1	Unterteil 500

Identnummer	Benennung
7811	Gleichteile Pleuelstange

Pos.	Ident-Nr.	Me	Benennung
1	4711	1	Stangenkopf
2	4712	1	Lager ⌀ 125
3	4713	2	Schraube M8×60
4	4714	2	Mutter M8

Identnummer	Benennung
4709	Pleuelstange 450/70

Pos.	Ident -Nr.	Benennung
1	7811	Gleichteile
2	6712	Lager ⌀ 70
3	6812	Unterteil 450

Bild 3.39 Gleichteil-/Variantenstückliste (Beispiel)

Grundstückliste

Benennung Pleuelstange			Stückl.-/Zeichng.-Nr. Ident-Nr. 4009	
Pos.	Me	ME	Ident-Nr.	Benennung
1	1	0	4711	Stangenkopf
2	1	0	4712	Lager ⌀ 125
3	2	0	4713	Schraube M8×60
4	2	0	4714	Mutter M8
5	1	0	6811	Unterteil 500
7	1	0	6711	Lager ⌀ 75

Me : Menge
ME : Mengeneinheit

Plus-Minus-Stückliste			Referenzstückliste Ident-Nr. 4009	
Benennung Pleuelstange			Stückl.-/Zeichng.-Nr. Ident-Nr. 4008	
Pos.	Me	Me	Ident-Nr.	Benennung
5		1	6811	Unterteil 500
5	1		6812	Unterteil 450
7		1	6711	Lager ⌀ 75
7	1		6712	Lager ⌀ 70

Bild 3.40 Plus-Minus-Stückliste (Beispiel)

– *Teileverwendungsnachweis:*

Während die Stückliste die analytische Frage "Woraus besteht eine Baugruppe?" beantwortet, ist es die Aufgabe des Teileverwendungsnachweises, Antwort auf die synthetische Fragestellung "In welcher Gruppe ist ein bestimmtes Teil enthalten" zu geben.

Der Teileverwendungsnachweis ist sozusagen die "Umkehrung" der Stücklistenstruktur, um z. B. für den Änderungsdienst aufzuzeigen, auf welche Baugruppen sich eine bestimmte Einzelteiländerung auswirkt.

Bei der maschinellen Speicherung der Stücklistenstrukturen wird automatisch auch die Teileverwendungsstruktur aufgebaut. Ein vollständiger Verwendungsnachweis, der alle Änderungen berücksichtigen kann, wird also gewissermaßen "nebenbei" gewonnen.

3.4.5 Rechnereinsatz in der Entwicklung

3.4.5.1 Vorbemerkung

Die in der Entwicklung durchzuführenden Tätigkeiten haben teils schöpferischen, teils repetitiven Charakter. Es erscheint daher heute weder möglich noch sinnvoll, alle in diesem Bereich anfallenden Aufgaben dem Rechner zu übertragen. Vielmehr ist eine Unterstützung anzustreben, bei der der Konstrukteur im Dialog mit dem Rechner seine Aufgaben löst (Computer Aided Design = CAD). Aufgaben, die schöpferischer Natur sind, werden dabei weiterhin vom Menschen wahrgenommen.

Die Entwicklung von Programmsystemen zur Unterstützung der Entwicklungsaufgaben ist weiterhin gekennzeichnet durch die unterschiedlichen Anforderungen, die von verschiedenen Produkten oder Produktelementen an eine Rechnerunterstützung gestellt werden. Bisher entwickelte Programmsysteme sind daher nur in der Lage, Teilbereiche im Entwicklungsablauf für bestimmte Produkte oder Produktelemente abzudecken.

3.4.5.2 Einsatzschwerpunkte

Ein erster Einsatzschwerpunkt des Rechners in der Entwicklung liegt bei der Durchführung *technischer Berechnungen*.
In [3.25] werden dabei folgende Programmarten unterschieden:

- *Nachrechnungsprogramme:*
  Wenn ein Teil bereits gestaltet vorliegt, kann mit Hilfe von Nachrechnungs- oder Kontrollprogrammen ein vorgegebener Ist-Zustand geprüft werden. Das Aufgabenspektrum reicht dabei von der einfachen Festigkeitsnachrechnung bis zur Verformungs- und Spannungsberechnung aufgrund mechanischer und thermischer Belastungen mit Hilfe der Finite-Elemente-Methode (FEM).

- *Auslegungsprogramme:*
  Liegen die an ein Bauteil gestellten Anforderungen (Kräfte, Temperaturen usw.) vor, so werden durch Auslegungsprogramme direkt die gewünschten Bauteilgrößen ermittelt. Meistens enthalten diese Programme Kontrollrechnungen, mit deren Hilfe das erhaltene Ergnis iterativ verbessert werden kann.

- *Optimierungsprogramme*:
  Als konsequente Fortführung der Auslegungsprogramme ermitteln die sog. Optimierungsprogramme Extremwerte (Optima) bestimmter vorgegebener Parameter. Das

Problem wird dadurch stark erschwert, wenn einzelne Parameter nur diskrete Werte annehmen können (z. B. bei Normteilen oder vorgegebenen Anschlußmaßen).

Ein zweiter Einsatzschwerpunkt ist die *automatische Zeichnungserstellung*.
Da das Ausarbeiten vorliegender Entwürfe bis zu fertigungsreifen Unterlagen oft den zeitlich größten Anteil bei der Entwicklungsarbeit darstellt und dazu noch am einfachsten algorithmierbar ist, sind hier für die praktische Arbeit die größten Rationalisierungsreserven zu erwarten.

In [3.11] wird dabei zwischen dem rechnergesteuerten Zeichnen von Gestaltungsvarianten bei unverändertem Lösungskonzept (z. B. im Rahmen einer Baureihe) und dem sog. freien Zeichnen beliebiger Bauteile unterschieden.

Der dritte Einsatzschwerpunkt des Rechners im Entwicklungsbereich ist die *technische Dokumentation*.

Hier besteht die Zielsetzung u. a. darin, bereits einmal durchgeführte Arbeiten so zu dokumentieren, daß bei gleichen oder ähnlichen Aufgaben auf bereits vorhandene Ergebnisse zurückgegriffen werden kann. Das besondere Problem liegt hierbei darin, die Arbeitsergebnisse - also Konstruktionen von Baugruppen oder Einzelteilen - unter Berücksichtigung verschiedener Merkmale mit einem klassifizierenden Schlüssel zu versehen, der ein leichtes Wiederfinden ermöglicht (vgl. Abschnitt 3.4.2).

3.4.5.3 Beispiel für den Rechnereinsatz in der Entwicklung

Bild 3.41 zeigt ein Beispiel für die Anwendung der Finite-Elemente-Methode zur Berechnung des Verformungszustandes eines Zylinderkopfs [3.27]. Mit den einzelnen Teilen des Bildes werden folgende Darstellungen gezeigt:

- gewählte Struktur der Bauteile mit Angriffspunkt der Zylinderkopfschrauben (a)
- gewählte Struktur der Bauteile mit Angriffsflächen des Gasdrucks (b)
- Temperaturverteilung in den Bauteilen (c)
- resultierender Verformungszustand (d).

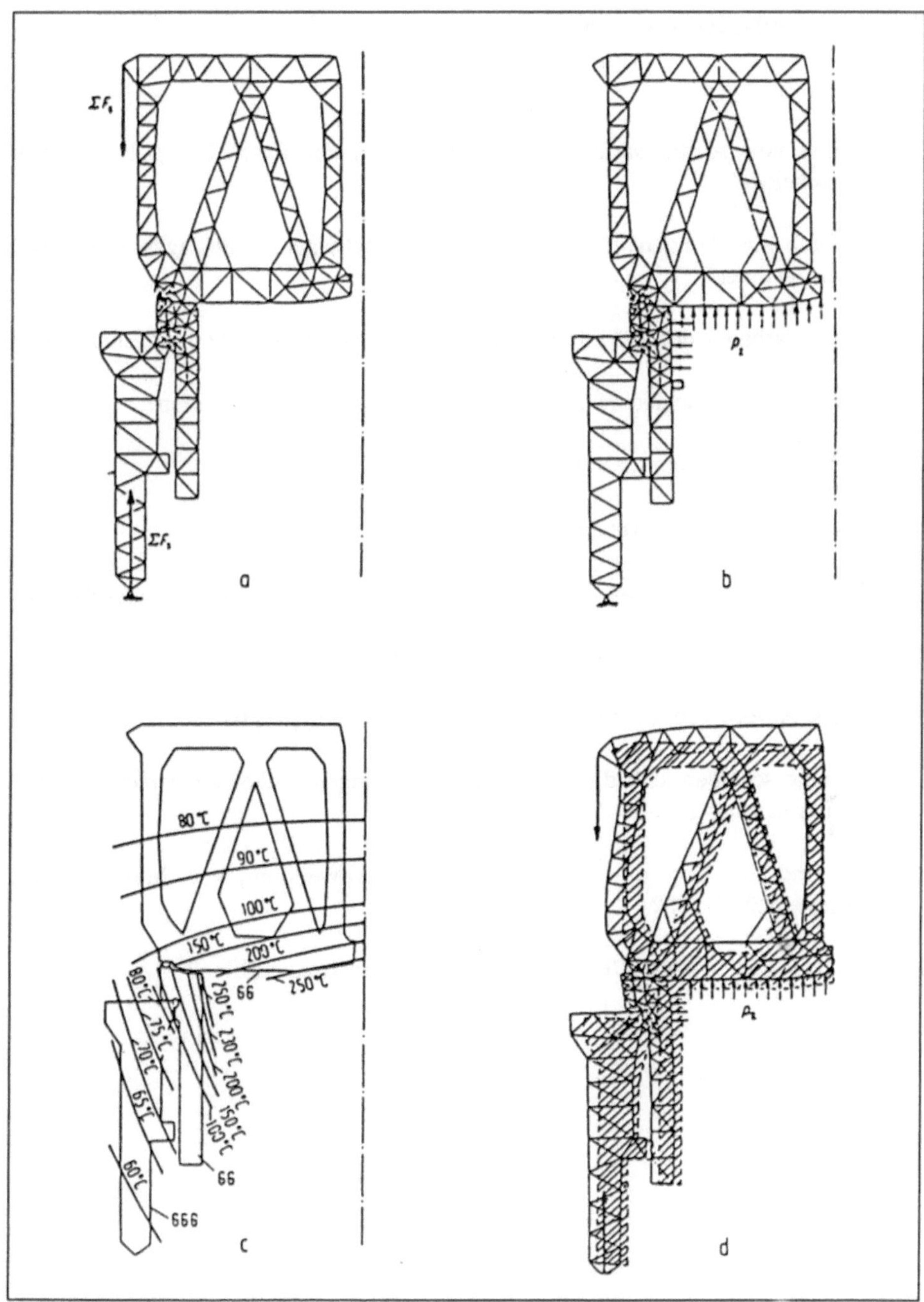

Bild 3.41 Anwendung der Finite-Elemente-Methode [3.27, 3.11]

3.5 Wiederholungsfragen

1. Welche vier Auftragsarten zum Aufgabenfeld der Entwicklung lassen sich unterscheiden?

2. Wodurch sind kundenauftragsbezogene Entwicklungen (Auftragskonstruktion) gekennzeichnet?

3. Ist das Erarbeiten der Anforderungsliste eine Aufgabe des Entwicklungsbereiches?

4. Was ist der Unterschied zwischen Werknormen und Produktnormen?

5. Aus welchen Komponenten besteht ein Angebot?

6. Welche Aufgaben hat das Änderungswesen?

7. Was ist der Unterschied der Sachnummernsysteme und der Klassifizierungssysteme?

8. Was versteht man unter Baureihen und Baukästen?

9. Welche Anforderungen stellt man an ein Klassifizierungssystem für Einzelteile?

10. Wie unterscheiden sich die Mikrofilmanwendungen Sicherheitsverfilmung und Arbeitsverfilmung?

11. Was sind die Vor- und Nachteile bei der Anwendung von Mengen- und Baukastenstücklisten?

12. Welche Funktion hat der Teileverwendungsnachweis zu erfüllen?

3.6 Literaturhinweise

3.1   Scholz, L.: Definition und Abgrenzung der Begriffe Forschung, Entwicklung und Konstruktion. In: RKW-Handbuch Forschung, Entwicklung, Konstruktion. Hrsg.: Moll/Warnecke. Berlin: Erich Schmidt Verlag 1978.

3.2   Datenverarbeitung in der Konstruktion. Analyse des Konstruktionsprozesses im Hinblick auf den EDV-Einsatz. VDI-Richtlinie 2210 (Entwurf) vom November 1975. Düsseldorf: VDI-Verlag 1973.

3.3   Konstruktionsmethodik. Konzipieren technischer Produkte. VDI-Richtlinie 2222 Blatt 1 (Entwurf) vom Oktober 1973. Düsseldorf: VDI-Verlag 1973.

3.4   Bullinger, H.-J.; Hichert, R.: Rationalisierung im Konstruktions- und Entwicklungsbereich. Ergebnis einer Befragung. Werkzeugmaschine international (1973) Nr. 6, S. 33-41.

3.5   Warnecke, H.-J.: Einflüsse und Tendenzen in der Produktionstechnik. wt-Z. ind. Fertig. 61 (1971) 11, S. 667-671.

3.6   Brankamp, K.; Wiendahl, H.-P.: Systematische Erzeugnisgliederung als Voraussetzung für eine rationelle Auftragsabwicklung. Industrie-Anzeiger 91 (1969) Nr. 106.

3.7   Eversheim, W.; Wiendahl, H.-P.: Rationelle Auftragsabwicklung im Konstruktionsbereich. Essen: Girardet-Verlag 1971.

3.8   Zeichnungssystematik. Fertigungsgerechter Zeichnungs- und Stücklistensatz. DIN 6789. Berlin: Beuth-Vertrieb GmbH 1965.

3.9   Borowski, K.-H.: Das Baukastensystem in der Technik. Berlin, Göttingen, Heidelberg: Springer-Verlag 1961.

3.10 Hichert, R.: Stufenweise Ableitung eines praktischen Planungssystems für den Entwicklungsbereich. Mainz: Krausskopf-Verlag 1978.

3.11 Pahl, G.; Beitz, W.: Konstruktionslehre. Berlin, Heidelberg, New York: Springer-Verlag 1977.

3.12 Hansen, F.: Konstruktionssystematik. Berlin: VEB Verlag Technik 1966.

3.13   Pahl, G.: Klären der Aufgabenstellung und Erarbeiten der Anforderungsliste. Konstruktion 24 (1972), S. 195-199.

3.14   Latham, R.L.: Problem Analysis by Logical Approach. Metalworking Production (1965) Nr. 6.

3.15   Kainz, R.; Bernhardt, W.: Produktivitätssteigerung im Konstruktionsbereich. Esslingen: Baierl Verlag 1970.

3.16   Leistungssteigerung von Entwicklung und Forschung im Maschinenbau. Verein Deutscher Maschinenbau-Anstalten (Hrsg.). Frankfurt: Maschinenbau Verlag 1976.

3.17   Datenverarbeitung in der Konstruktion. VDI-Bericht Nr. 219. Düsseldorf: VDI-Verlag 1975.

3.18   Brankamp, K.: Leitfaden zur Leistungssteigerung in der Konstruktion. Methoden - Hilfsmittel - Fallstudien. Düsseldorf: VDI-Verlag 1975.

3.19   Gewald, K.; Kaspar, K.; Schelle, H.: Netzplantechnik - Methoden zur Planung und Überwachung von Projekten, Band 1-3. München: Oldenbourg-Verlag 1972.

3.20   Nummerung. Allgemeine Begriffe. DIN 6763, Blatt 1. Berlin, Köln, Frankfurt: Beuth-Vertrieb GmbH 1972.

3.21   Bernhardt, R.: Nummerungstechnik. Würzburg: Vogel Verlag 1975.

3.22   Opitz, H.: Werkstückbeschreibendes Klassifizierungssystem. Essen: Girardet-Verlag 1966.

3.23   Technisches Zeichnen, Benennungen. DIN 199. Berlin, Köln, Frankfurt: Beuth-Vertrieb GmbH 1972.

3.24   Kainz, R.: Das erfolgreiche technische Büro durch leistungsfähige Struktur- und Arbeitsorganisation. Esslingen: Lexika Verlag 1975.

3.25   Praß, P.: Einsatz von elektronischen Datenverarbeitungsanlagen für Berechnungen in der Konstruktion. Konstruktion 26 (1974), S. 235-242.

3.26   Servan-Schreiber, J.-J.: Die amerikanische Herausforderung. Hamburg: Hofmann und Campe 1968.

3.27   Maaß, H.: Der Zylinderkopfdichtverband - eine Verformungsstudie mit Hilfe Finiter Elemente. Konstruktion 28 (1976), S. 151-158.

4 Beschaffungs- und Lagerwesen

4.1 Einleitung

Die Bedarfsdeckung aller Bereiche eines Fertigungsunternehmens ist Aufgabe des Beschaffungs- und Lagerwesens.

Für alle Güter und Dienstleistungen erfüllt das Beschaffungs- und Lagerwesen Abwicklungs-, Übermittlungs- und Pufferfunktionen. Das Spektrum der benötigten externen Leistungen ist sehr breit gefächert und umfaßt den einmaligen Bedarf wie z. B. die Erstellung einer Fabrikhalle und die damit verbundenen Planungsarbeiten ebenso wie den immer wiederkehrenden Bedarf wie z. B. Betriebsmittel, Rohmaterial, Büromaterial, aber auch Reparaturen, Renovierungsarbeiten und ähnliches.

Zielsetzung dieses Kapitels ist es, die wichtigsten Aufgaben des Beschaffungs- und Lagerwesens in einem Fertigungsunternehmen aufzuzeigen, mögliche Methoden für Problemlösungen zu erläutern und derzeit verfügbare Hilfsmittel vorzustellen. Der Schwerpunkt liegt hierbei auf der Beschaffung und Lagerung von Material, das direkt in die Produkte eingeht.

4.2 Beschaffungswesen

4.2.1 Stellung des Beschaffungswesens im Unternehmen

Im Industriebetrieb kommt dem Beschaffungswesen die Aufgabe zu, alle für den Leistungserstellungsprozeß erforderlichen Güter und Dienstleistungen bereitzustellen. Dabei lassen sich folgende Kategorien von Gütern unterscheiden:

- Güter, die für die Aufnahme der Produktion erforderlich sind. Darunter fallen insbesondere Produktions- und Verwaltungsbauten, Bearbeitungsmaschinen und Transporteinrichtungen.
- Güter, die für die laufende Durchführung der Produktion benötigt werden. Darunter fallen insbesondere Hilfs- und Betriebsstoffe, Werkzeuge, Vorrichtungen, Meß- und Prüfmittel, Reparaturmaterial und Büromaterial.
- Güter, aus denen die Produkte hergestellt werden (direktes Material). Hierunter fallen insbesondere Rohmaterialien und Kaufteile, aber auch Verpackungsmaterial und Zubehör, das als Handelsware vertrieben wird (Bild 4.1).

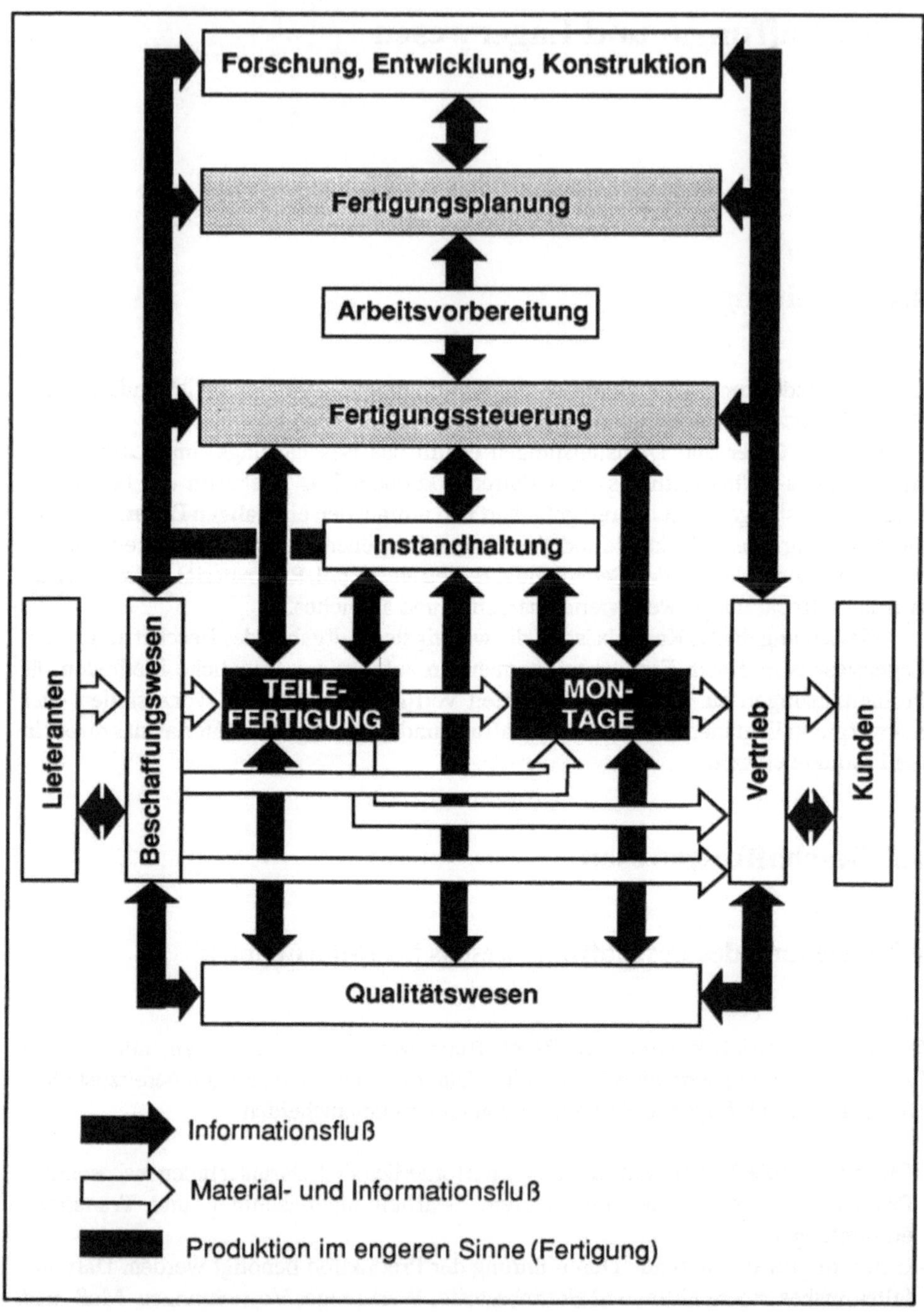

Bild 4.1 Material- und Informationsflußbeziehungen im Produktionsprozeß

Im folgenden soll der Schwerpunkt auf die Beschaffung des "direkten Materials" gelegt werden.

Dem Beschaffungswesen kommt eine hohe Verantwortung für Funktionsfähigkeit und Erfolg des Industriebetriebes zu. Bild 4.2 zeigt am Beispiel des Maschinenbaus den Anteil der Aufwendungen für bezogenes Material an den Gesamtkosten. Dieser Anteil bewegt sich in der Regel zwischen 40 und 60 %.

Da die Spezifikation der zu beschaffenden Güter nach Art, Qualität, Mengen und Terminen nicht vom Beschaffungswesen selbständig durchgeführt werden kann, nimmt es seine Aufgaben in enger Zusammenarbeit mit anderen Unternehmensbereichen wahr. Im folgenden sind die wesentlichen Verbindungen zu anderen Unternehmensbereichen aufgezeigt.

Gemeinsam mit *Forschung, Entwicklung* und *Konstruktion* muß das Beschaffungswesen versuchen, auf dem Markt angebotene neue Produkte, Bauteile und Materialien für die eigenen Produkte sinnvoll einzusetzen. Dazu muß einerseits das Beschaffungswesen diesen Unternehmensbereich laufend über aktuelle Marktentwicklungen unterrichten, andererseits müssen die beiden Unternehmensbereiche gemeinsam auf dem Beschaffungsmarkt nach Lösungen für von Forschung, Entwicklung und Konstruktion definierte Problemstellungen suchen.

Das Beschaffungswesen sollte darüber hinaus diesem Unternehmensbereich systematisch aufbereitete Informationen über am Lager geführte Artikel sowie die Preisentwicklung bei diesen Artikeln bereitstellen, damit von der Konstruktion vorzugsweise vorhandene Bauteile und solche mit einer günstigen Preisentwicklung verwendet werden.

Die Entscheidung über Eigenfertigung oder Fremdbezug wird zusammen mit der *Arbeitsvorbereitung* gefällt, wobei das Beschaffungswesen Informationen zu Beschaffungsmöglichkeiten und -kosten bereitstellt, während die Arbeitsvorbereitung die Möglichkeiten der Eigenfertigung prüft und die Herstellkosten ermittelt.

Als wesentliche Grundlage seiner Arbeit benötigt das Beschaffungswesen von der

Kostenstruktur (aus Erfolgsrechnung)		
36 %	Kapitalkosten und andere	16 %
24 %	Löhne und Gehälter	31 %
40 %	Aufwendungen für bezogenes Material	53 %
1956		1971

Bild 4.2 Anteil der Aufwendung für bezogenes Material an den Gesamtkosten [4.1]

Arbeitsvorbereitung die Bedarfswerte für das "produktive Material", also Mengen und Termine der benötigten Artikel.

Bei der Festlegung des Bedarfes muß, im Rahmen der Produktionsprogrammplanung, eine Abstimmung zwischen Arbeitsvorbereitung und Beschaffungswesen erfolgen, damit sichergestellt ist, daß der Bedarf sich auch tatsächlich aus dem zur Verfügung stehenden Beschaffungsmarkt abdecken läßt.

Weitere Punkte der Zusammenarbeit zwischen Beschaffungswesen und Arbeitsvorbereitung sind Disposition und Abwicklung der Fremdbearbeitung von Teilen, die Beschaffung der Produktionsmittel und die Abstimmung von technischen Änderungen.

Da die Aufgaben der Fertigungssteuerung von der Arbeitsvorbereitung wahrgenommen werden, ist eine direkte Zusammenarbeit zwischen Beschaffungswesen und *Produktion* im Normalfall nicht erforderlich. Das Beschaffungswesen hat jedoch eine hohe Verantwortung für einen reibungslosen Produktionsablauf, da Terminverzüge und Qualitätsmängel zu empfindlichen Störungen führen können.

Vom *Qualitätswesen* sind Informationen über die Qualität der angelieferte Artikel bereitzustellen, die bei der Lieferantenauswahl durch das Beschaffungswesen heranzuziehen sind. Zu diesem Zweck nimmt das Qualitätswesen eine Eingangskontrolle der angelieferten Artikel vor, die in enger Zusammenarbeit mit dem, dem Beschaffungswesen zuzurechnenden, Wareneingang durchgeführt wird.

Die Beschaffung des für die *Instandhaltung* benötigten Materials (Reserveteile, Hilfs- und Betriebsstoffe) erfolgt über das Beschaffungswesen. Die Instandhaltung hat hierzu den jeweiligen Bedarf festzustellen und vorzugeben.

Bei der Entscheidung über die Beschaffung von Produktionsmitteln hat die Instandhaltung diese hinsichtlich Zuverlässigkeit und Instandhaltungsaufwand zu prüfen.

Eine direkte Zusammenarbeit mit dem *Vertrieb* ist nur dann erforderlich, wenn vom Vertrieb einzelne Artikel selbständig disponiert werden. Dieses können insbesondere Handelswaren und Verpackungsmittel sein.

Der Zahlungsverkehr mit den Lieferanten wird über das *Finanz-* und *Rechnungswesen* abgewickelt. Er wirkt daher bei der Gestaltung der Verträge, insbesondere hinsichtlich der Zahlungsbedingungen, mit.

Dieser Unternehmensbereich kann das Beschaffungswesen weiterhin dadurch unterstützen, daß er durch entsprechende Kalkulationen die Herstellkosten der Lieferanten ermittelt und damit dem Beschaffungswesen wesentliche Hilfestellung bei den Preisverhandlungen bietet.

Finanz- und Rechnungswesen und Beschaffungswesen wirken weiterhin zusammen bei der Durchführung von Bestands- und Beschaffungsplanungen.

Dabei ist insbesondere abzustimmen, welche Mittel insgesamt für die zu beschaffenden Güter bereitzustellen sind und welche Mittel zur Finanzierung der Lagerbestände bereitgestellt werden müssen.

Das *Lagerwesen* ist für die Bereitstellung der Informationen über die Bestände verantwortlich, die vom Beschaffungswesen zu berücksichtigen sind.

Weiterhin ist eine Zusammenarbeit zwischen Lager- und Beschaffungswesen erforderlich bei der Festlegung der Transportmittel und -verpackungen, in denen die Güter von den

Lieferanten antransportiert werden. Die Festlegung hat mit dem Ziel einer Minimierung der Transport- und Handhabungskosten zu erfolgen.

4.2.2 Aufgaben des Beschaffungswesens

4.2.2.1 Kostenoptimale Erfüllung der Beschaffungsfunktion

Die Bereitstellung der zur Produktion benötigten Güter in der erforderlichen Menge und Qualität zur richtigen Zeit und am richtigen Ort ist mit Kosten verbunden, deren Minimierung ein Ziel des Beschaffungswesens ist [4.2]. Die Kosten, für die das Beschaffungswesen verantwortlich ist, lassen sich gliedern in

- Beschaffungskosten,
- Lagerhaltungskosten und
- Fehlmengenkosten.

Die Beschaffungskosten werden im wesentlichen bestimmt durch die Preise für die gekauften Güter. Um diese zu minimieren, sind folgende Aufgaben durchzuführen:

- Überwachung der Preisentwicklung,
- Vergleich verschiedener Lieferanten,
- Ausnutzung aller Möglichkeiten bei Preisverhandlungen,
- Nutzung von Rabattmöglichkeiten.

Die gleichfalls den Beschaffungskosten zuzurechnenden Transportkosten für die Anlieferung (Materialfluß 4. Stufe) und die Kosten für die Bestellabwicklung lassen sich durch eine rationelle Organisation und durch die Verminderung der Zahl von Bestellungen und Lieferungen bei Abnahme größerer Mengen vermindern.

Die Lagerhaltungskosten setzen sich im wesentlichen zusammen aus den Zinskosten sowie den Kosten für Lagerpersonal, Lagerraum und Lagereinrichtungen. Um die Lagerhaltungskosten gering zu halten, ist eine Minimierung der Bestände anzustreben.

Fehlmengenkosten treten auf, wenn durch mangelhafte Lieferbereitschaft der Produktionsablauf gestört wird oder ersatzweise teurere Materialien verwendet werden müssen. Die Fehlmengenkosten lassen sich einerseits durch eine exakte Disposition und Verbrauchsüberwachung und andererseits durch hohe Lagerbestände gering halten.

Auf die aus der Gegenläufigkeit der Anforderungen resultierenden Probleme wird in den Abschnitten 4.2.4.3 und 4.2.4.4 eingegangen.

4.2.2.2 Beschaffungsmarketing

Voraussetzung für eine wirkungsvolle Wahrnehmung der Beschaffungsfunktion ist eine genaue Kenntnis der Situation auf dem Beschaffungsmarkt und der Entwicklungstrends. Gegenstand des Beschaffungsmarketings ist daher die Analyse der Marktsituation und aufbauend hierauf das Erschließen neuer Beschaffungsmärkte und Beschaffungsmöglichkeiten.

Die bei der Marktbeobachtung wesentlichen technischen Aspekte sind die Suche nach neuen Problemlösungen, die sich auf die Gestaltung der eigenen Produkte auswirken kann, sowie die Suche nach Substitutionsmöglichkeiten für verwendete Rohmaterialien. Dabei ist insbesondere auch die Entwicklung der Qualität der auf dem Markt angebotenen Produkte zu beachten, die sich z. B. durch neue Herstellungsverfahren verändern kann. Wesentlich bei der Marktbeobachtung ist weiterhin das Verhältnis und die Prognose der künftigen Entwicklung von Angebot und Nachfrage. Das Angebot kann beispielsweise beeinflußt werden durch Rohstoffverknappung, staatliche Import- und Exportrestriktionen sowie durch Kapazitätserweiterungen der Anbieter. Die Nachfrage kann sich verändern durch die Verwendung der Artikel in zusätzlichen Produkten oder durch den Wegfall von Verwendungen sowie durch Auswirkungen von Umsatzveränderungen auf anderen Märkten, z. B. eine erhöhte Nachfrage nach Transistoren durch eine erhöhte Nachfrage nach Farbfernsehern.

Aufgabe des Beschaffungsmarketings ist ferner, bisher nicht genutzte, insbesondere internationale Märkte in die Betrachtungen einzubeziehen.

Die Informationssammlung für das Beschaffungsmarketing geschieht einerseits durch die systematische Sammlung von zugesandten oder allgemein zugänglichen Unterlagen wie Verkaufsprospekten der Anbieter oder Bezugsquellennachweisen und andererseits durch aktive Informationsbeschaffung, beispielsweise durch Anfragen bei potentiellen Lieferanten.

Zu den Aufgaben des Beschaffungsmarketings gehört letztlich auch die Beobachtung des Beschaffungsverhaltens von Wettbewerbern, um aus Änderungen in deren Verhalten rechtzeitig Schlußfolgerungen für die Beschaffungspolitik ziehen zu können.

4.2.2.3 Lieferantenauswahl

Ziel der Lieferantenauswahl ist es, die jeweils günstigste Bezugsquelle für einen Artikel auszuwählen. Da Vorbereitung und Durchführung der Lieferantenauswahl selbst einen gewissen Aufwand darstellen, wird man nicht nach jeder Bedarfsfeststellung oder vor jeder Bestellung alle möglichen Lieferanten überprüfen, sondern diese Prüfung nur in bestimmten Zeitabständen durchführen und in der Zwischenzeit den betreffenden Artikel nur bei dem oder den ausgewählten Lieferanten beschaffen. Die Festlegung der Zeitabstände einer solchen Überprüfung können beispielsweise mit Hilfe einer ABC-Analyse (vgl. 4.2.4.2) festgelegt werden.

Die wesentlichen Kriterien, nach denen die Auswahl des Lieferanten erfolgt, sind

- Preis,
- Qualität
- und Liefertreue.

Unter Liefertreue ist dabei zu verstehen, in welchem Maße der Lieferant sich an in Bestellungen genannte Mengen und Termine hält. Weitere Kriterien, die bei der Beurteilung eine Rolle spielen, sind beispielsweise der Service des Lieferanten (insbesondere bei Investitionsgütern), seine geographische Lage, seine Gesamtkapazität oder seine Vertragskonditionen (Bild 4.3).

Bei der Entscheidung über den Wechsel eines Lieferanten ist ferner zu beachten, daß das Risiko von Störungen bei der Belieferung der Produktion weitestgehend ausgeschlossen werden muß.

Bei solchen Artikeln, die eine enge technische Zusammenarbeit mit dem Lieferanten erfordern, ist über die o.g. Kriterien hinaus zu prüfen, inwieweit das technische Know-how des Lieferanten ausreicht, um die eigene Produktentwicklung bei der Gestaltung künftiger Produkte aktiv zu unterstützen. Eine bewährte technische Zusammenarbeit mit einem Lieferanten ist dann u. U. zu gewichten als ein ungünstiger Preis bei diesem Lieferanten.

Kriterien / Durchschnittliche Bewertung	Chemische Industrie	Eisen- und NE-Metallerzeugung, Stahlverform.	Stahl- Maschinen-, Fahrzeugbau	Elektrotechnik, Feinmechanik, Optik	Holz-, Papier-, Druckgewerbe	Nahrungs- und Genußmittel	Sonstige Bereiche	Gesamt
Qualitätsniveau	4,9	4,8	4,9	5,0	4,8	5,0	4,8	4,9
Preisniveau	4,8	5,0	4,8	4,8	4,8	4,3	5,0	4,8
Terminierung	4,3	4,5	4,7	4,8	4,2	4,3	4,5	4,5
Zuverlässigkeit	4,2	4,3	4,3	4,4	4,8	4,7	4,5	4,4
Konditionen	3,9	4,0	3,7	3,7	3,2	3,7	4,5	3,8
Erfahrung	3,0	3,3	3,6	3,1	3,4	4,0	3,0	3,4
Kapazität	3,3	3,7	2,9	3,0	2,8	3,8	2,0	3,1
Kundendienst	2,2	3,3	2,4	2,0	4,0	4,0	3,0	2,7
Ruf	2,2	3,2	2,3	2,3	2,8	4,0	2,5	2,6
Finanzkraft	2,3	2,2	2,3	2,6	1,2	3,2	2,3	2,3
Verbundenes Unternehmen	3,1	3,5	1,4	2,9	1,4	1,7	1,5	2,2
geographische Lage	1,7	2,5	2,1	2,3	1,2	3,0	1,3	2,0
Gegenseitigkeitsgeschäft	2,2	2,7	1,6	1,9	1,8	1,3	1,5	1,9
Vertriebskapazität	1,8	1,5	1,6	1,4	2,0	2,5	1,5	1,7

Bild 4.3 Kriterien zur Lieferantenbeurteilung

Eine detaillierte Vorgehensweise zur Lieferantenanalyse und -auswahl ist in Abschnitt 4.2.4.1 aufgezeigt.

4.2.2.4 Bestellabwicklung

Im Gegensatz zu den vorhergegangenen Aufgaben des Beschaffungswesens hat die Bestellabwicklung einen repetitiven Charakter. Bei der Bestellabwicklung lassen sich im einzelnen folgende Teilaufgaben unterscheiden:

- Festlegung des Bestelltermines
- Festlegung der Bestellmenge
- Bestellschreibung
- Terminüberwachung
- Wareneingang.

Voraussetzung für die Festlegung von Bestelltermin und Bestellmenge ist die Feststellung des abzudeckenden Bedarfes mit Mengen und Terminen, die beim produktiven Material von der Arbeitsvorbereitung (Fertigungssteuerung) durchgeführt wird. Wesentliche Bestimmungsgrößen für die Bestelltermine sind Lieferzeiten sowie Sicherheitsbestände oder -zeiten (siehe 4.2.4.3, 4.2.4.4.1). Bei der Festlegung der Bestellmengen sind im Sinne einer Losgrößenoptimierung die Bestellkosten und die Lagerhaltungskosten gegeneinander abzuwägen.

Bei den Bestellungen ist zu unterscheiden zwischen Einmal-Bestellungen, mit denen für einen definierten Zeitpunkt eine definierte Menge bestellt wird, und Rahmenbestellungen, die keine genauen Liefertermine enthalten, sondern nur die Abnahme einer bestimmten Menge innerhalb eines bestimmten Zeitraumes festlegen. Die genaue Festlegung von Lieferterminen und -mengen erfolgt dann durch Abrufe, wobei bei den Abrufen die gleichen Überlegungen hinsichtlich Menge und Termin anzustellen sind wie bei Einmal-Bestellungen. Dies ist z. B. in der Automobilindustrie üblich.

Bei der Bestellschreibung werden dem Lieferanten die geforderten Mengen und Termin (Bestellung oder Abruf) schriftlich mitgeteilt, wobei in der Regel Bestellformulare verwendet werden, in denen die Abnahmebedingungen aufgeführt sind oder zumindest auf diese Bezug genommen wird.

Aufgabe der Terminüberwachung ist es, die rechtzeitige Anlieferung der Artikel sicherzustellen. Dabei ist zu beachten, daß sich durch Verbrauchsabweichungen der Bedarfstermin gegenüber dem in der Bestellung angegebenen Termin verändern kann. Weiterhin ist zu berücksichtigen, daß durch die Einplanung von Sicherheitsbeständen oder -zeiten eine geringfügige Überschreitung des Liefertermins noch keine Störung der Produktion nach sich zieht. Unter Berücksichtigung dieser Einflüsse ist frühestens kurz vor dem angegebenen Liefertermin, auf jeden Fall jedoch vor dem Bedarfstermin zu prüfen, ob die Lieferung bereits eingegangen ist. Soweit erforderlich, sind die Lieferanten

telefonisch oder schriftlich zu mahnen. Die Häufigkeit von Mahnungen und
Terminüberschreitungen ist ein Kriterium, welches bei der Lieferantenauswahl zu
berücksichtigen ist.

Mit dem Wareneingang ist die Bestellabwicklung für das Beschaffungswesen
abgeschlossen. Am Wareneingang ist die eingehende Ware zu identifizieren und einer
Prüfung hinsichtlich Transportschäden, Menge etc. zu unterziehen. Die Rückmeldung
des Wareneingangs an den Einkauf muß in einer Form geschehen, die eine eindeutige
Zuordnung zur entsprechenden Bestellung zuläßt. Die Qualitätskontrolle innerhalb des
Wareneingangs ist Aufgabe des Qualitätswesens. Rechnungsprüfung und Begleichung
der Rechnung sind Aufgabe des Finanz- und Rechnungswesens.

4.2.3 Aufbauorganisation

4.2.3.1 Problematik

Bei jeder Gestaltung einer Aufbauorganisation sind Aufgaben, Tätigkeiten und
Verantwortlichkeiten den Mitarbeitern, Gruppen und Abteilungen so zuzuordnen, daß
die Voraussetzungen für eine optimale Funktionserfüllung gegeben sind. Das besondere
Problem bei der Zuordnung von Einkaufstätigkeiten liegt darin, daß Routineaufgaben
- Bestellabwicklung, Terminkontrolle - und Aufgaben mit planendem oder gestaltendem
Charakter - Marktanalyse, Angebotsprüfung, Lieferantenauswahl - eng beieinander
liegen. In [4.4] werden diese Aufgabengruppen mit "verwaltender Einkauf" und
"gestaltender Einkauf" bezeichnet. Entsprechend für die Erreichung der Beschaffungsziele
ist die konsequente Durchführung der Aufgaben des "gestaltenden Einkaufs", wobei
jedoch stets die Gefahr besteht, daß die Mitarbeiter von zeitkritischen Routinearbeiten
so ausgefüllt sind, daß gerade die wichtigeren Aufgaben des "gestaltenden Einkaufs" zu
kurz kommen.

Eine für alle Betriebe gültige, optimale Aufbauorganisation läßt sich nicht festlegen,
da diese Organisation u. a. abhängig ist von

- Art der Unternehmung (Branchenzugehörigkeit, Betriebsgröße),
- Art und Umfang von Beschaffungsgütern,
- Art der Beschaffungsmärkte (z. B. Inland oder Ausland).

4.2.3.2 Gliederungsprinzipien

Bei der Gliederung des Beschaffungswesens lassen sich nach [4.5] folgende Gliederungsprinzipien unterscheiden (Bild 4.4):

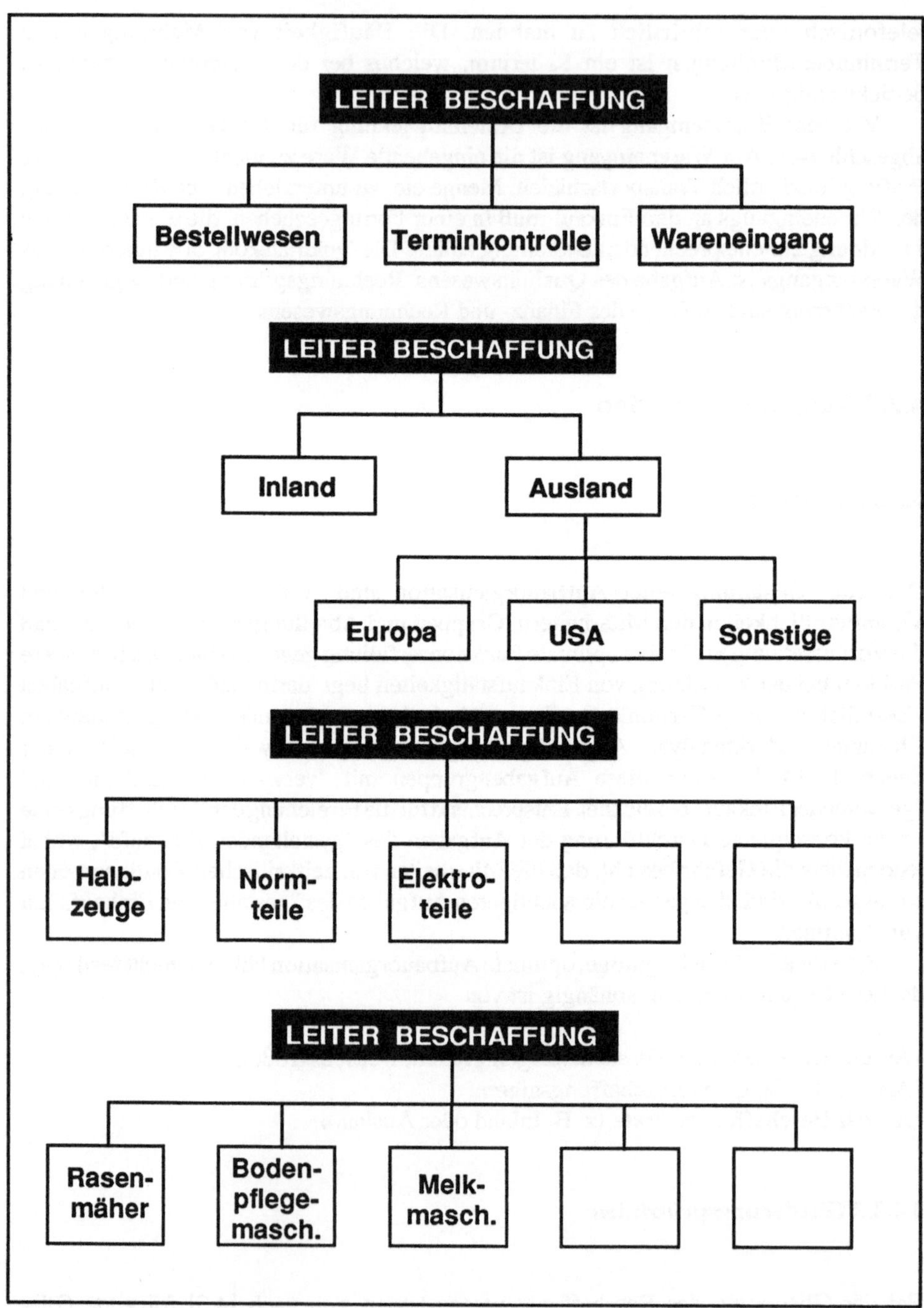

Bild 4.4 Gliederungsprinzipien im Beschaffungswesen

- Funktionsbezogene Gliederung:
  In den einzelnen Dienststellen sind jeweils gleichartige Tätigkeiten zusammengefaßt, beispielsweise Terminkontrolle für alle Bestellungen, Disposition für alle Artikel etc.. Hier läßt sich insbesondere eine Trennung des verwaltenden und gestaltenden Einkaufs realisieren.

- Marktbezogene (regionale) Gliederung:
  Die einzelne Dienststelle ist für alle Einkaufsaktivitäten verantwortlich, die mit Lieferanten in einer bestimmten Region abgewickelt werden. Der Vorteil einer marktbezogenen Gliederung liegt darin, daß die Dienststelle über alle regional bedingten Besonderheiten (Transportwege, Zollfragen) besser informiert ist.

- Objektbezogene Gliederung:
  Einzelne Dienststellen nehmen dabei jeweils alle Beschaffungsfunktionen für eine Gruppe von Einkaufsobjekten wahr. Die Gruppierung der Artikel kann dabei entweder nach der Teileart oder nach der Zuordnung zum fertigen Produkt durchgeführt werden. Der Vorteil einer objektbezogenen Gliederung liegt darin, daß die einzelne Dienststelle

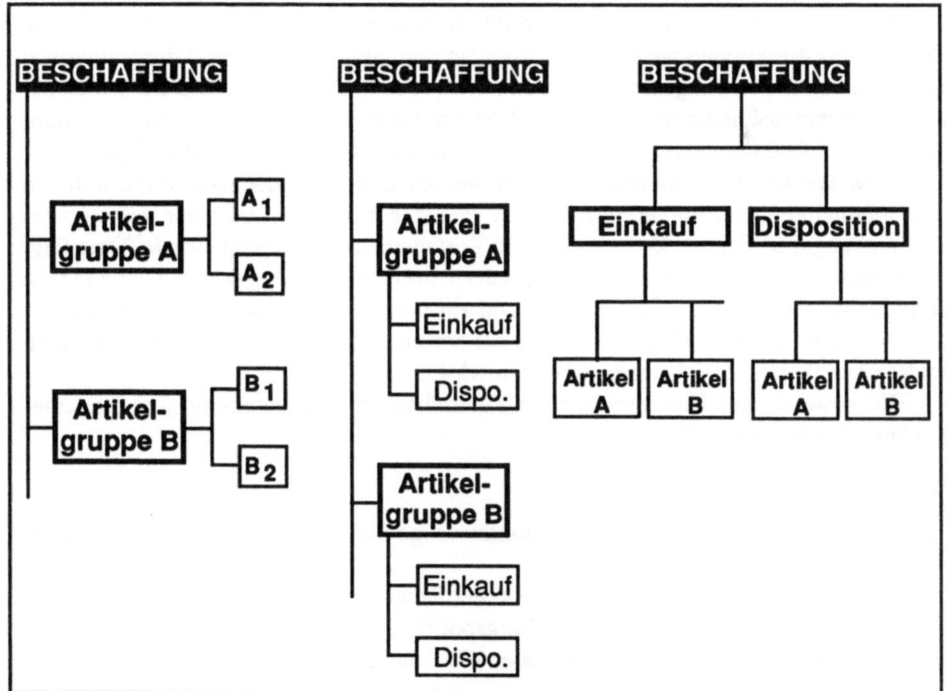

Bild 4.5 Mischformen der Gliederung des Beschaffungsbereiches

für ihre Artikelgruppe hinsichtlich aller Beschaffungsaktivitäten von Preisgestaltung bis Lieferbereitschaft verantwortlich ist.

In der Praxis wird in der Regel nicht ein einzelnes Prinzip realisiert, sondern die Gliederung wird durch eine Mischung dieser Prinzipien gebildet. Die Funktion Wareneingang (ggf. mit Lagerverwaltung) ist dabei in der Regel eine eigene Dienststelle. Eine weitere Funktion, die häufig selbständig realisiert wird, ist das Beschaffungs- marketing. Dieses hat dann gegenüber den übrigen Beschaffungsdienststellen eine beratende Funktion.

Die wesentliche Frage bei der Gliederung des Beschaffungsbereiches ist, wie die Einkaufsaufgaben (Lieferantenauswahl, Preisverhandlungen) einerseits und die dispositiven Aufgaben (Ermittlung Bestellmengen und -termine, Bestellabwicklung, Terminkontrolle) einander zugeordnet sein sollen. Wie Bild 4.5 zeigt, sind zwischen einer rein objektbezogenen Gliederung und einer rein funktionsbezogenen Gliederung noch Mischformen möglich, indem z. B. innerhalb einer Diensstelle verschiedene Mitarbeiter für die Einkaufs- und Dispositionstätigkeiten zuständig sind.

4.2.3.3 Zentralisierung und Dezentralisierung

Bei Unternehmen mit mehreren Produktionsstätten stellt sich die Frage, ob die Beschaffungsfunktionen dezentral wahrgenommen, also räumlich und disziplinarisch den einzelnen Werken zugeordnet werden sollen, oder ob sie zu zentralisieren, d. h. direkt der Unternehmensleitung zuzuordnen sind. Wesentlicher Vorteil bei einer Zentralisierung der Einkaufsfunktionen ist, daß durch die Zusammenfassung der Bedarfswerte der einzelnen Werke Mengenvorteile genutzt werden können, indem durch die höheren Einkaufsmengen Rabatte erzielt werden und der Einkäufer in einer günstigeren Verhandlungsposition ist. Der wesentliche Vorteil einer dezentralen Beschaffung liegt in der Nähe zum Verbraucher, die z. B. bei der Terminabstimmung oder bei der Klärung von Qualitätsproblemen vorteilhaft ist. Die am meisten geeignete Organisationsform wird in der Regel eine Mischform sein, bei der ein Teil der Beschaffungsfunktionen zentral, ein Teil dezentral wahrgenommen wird.

Die wesentlichen Funktionen einer Zentralbeschaffungsabteilung sind bei einer solchen Mischform [4.4]:

- Beschaffungsmarketing
- Abschluß von Rahmenverträgen für höherwertige oder von mehreren Verbrauchern benötigte Artikel
- Vertretung der Beschaffungsinteressen in der Unternehmensleitung
- Festlegung einer eindeutigen Beschaffungspolitik
- Durchführung von Kostensenkungs- oder Wertanalyseprojekten.

Die Aufgaben der dezentralen Beschaffungsabteilungen sind dann im wesentlichen
- Wareneingang und Terminkontrolle

- Bedarfsfeststellung und Abrufe im Rahmen der von der zentralen Beschaffungsabteilung
  getätigten Abschlüsse
- selbständiger Einkauf von geringwertigen und nur in einem Werk benötigten Artikeln
- direkte Abstimmungen mit Qualitätswesen, Arbeitsvorbereitung, Produktion etc.

4.2.4 Methoden und Hilfsmittel

4.2.4.1 Lieferantenauswahl

Im Rahmen der Lieferantenauswahl sind die Lieferanten auszuwählen, die eine optimale
Versorgung entsprechend den Beschaffungszielen sicherstellen können (vgl. 4.2.2.3).
     Eine Lieferantenauswahl durch Vergleich verschiedener Lieferanten ist grund-
sätzlich durchzuführen bei der erstmaligen Beschaffung eines neuen Artikels.
Darüber hinaus sollte auch bei der laufenden Beschaffung von Zeit zu Zeit (z. B. bei
Preiserhöhungen) durch einen Lieferantenvergleich geprüft werden, ob nicht ein
Lieferantenwechsel oder die Hinzuziehung eines weiteren Lieferanten vorteilhaft ist. Im
folgenden wird aufgezeigt, wie ein geeigneter Lieferant unter Berücksichtigung der drei
entscheidenden Kriterien - Qualität, Preis und Liefertreue - ausgewählt werden kann.

4.2.4.1.1 Informationsbeschaffung

Um Preisvergleiche durchführen zu können, sind von einer möglichst großen Zahl von
Lieferanten Angebote einzuholen. Neben den genauen technischen Spezifikationen der
Artikel benötigt der Lieferant insbesondere auch Angaben über die künftigen
Liefermengen, um ein Angebot machen zu können. Eine besondere Rolle bei der Abgabe
eines Preisangebotes spielen eventuelle Werkzeugkosten, die vom Lieferanten auf die
erwartete Abnahmemenge umgelegt werden können oder die direkt vom Abnehmer
getragen werden können.
     Aus den vorliegenden Angeboten kann zunächst eine Preiskennzahl abgeleitet
werden, in dem die jeweiligen Preise zum niedrigsten Preis ins Verhältnis gesetzt werden:

$$\text{Preiskennzahl} = 1 - \frac{\text{Preis - Niedrigstpreis}}{\text{Preis}}$$

Schwieriger ist die Beschaffung von Informationen über das Qualitätsniveau und die
Liefertreue des Lieferanten. Bei Lieferanten, die bereits diesen oder ähnliche Artikel
liefern, können die bisherigen Lieferungen analysiert und zur Beurteilung herangezogen

204   4 Beschaffungs- und Lagerwesen

werden. Die Beurteilung des Qualitätsniveaus des Lieferanten kann beispielsweise mit Hilfe folgender Kennzahl erfolgen:

$$\text{Qualitätskennzahl} = \frac{\text{Zahl der unbeanstandeten Lieferungen}}{\text{Gesamtanzahl der Lieferungen}}$$

Eine Kennzahl für die Termintreue des Lieferanten läßt sich beispielsweise wie folgt ermitteln:

$$\text{Terminkennzahl} = 1 \; - \; \frac{a + 2b + 3c}{\text{Gesamtanzahl der Lieferungen}}$$

Dabei ist a die Zahl der um maximal eine Woche verspäteten Lieferungen, b die Zahl der um maximal zwei Wochen verspäteten Lieferungen und c die Zahl der um mehr als zwei Wochen verspäteten Lieferungen.

Handelt es sich um einen neuen Lieferanten, so ist die Bildung von Kennzahlen auf diese Weise nicht möglich. Die zur Beurteilung notwendigen Informationen sind dann durch Anfrage bei anderen Kunden des Lieferanten oder durch einen Besuch beim

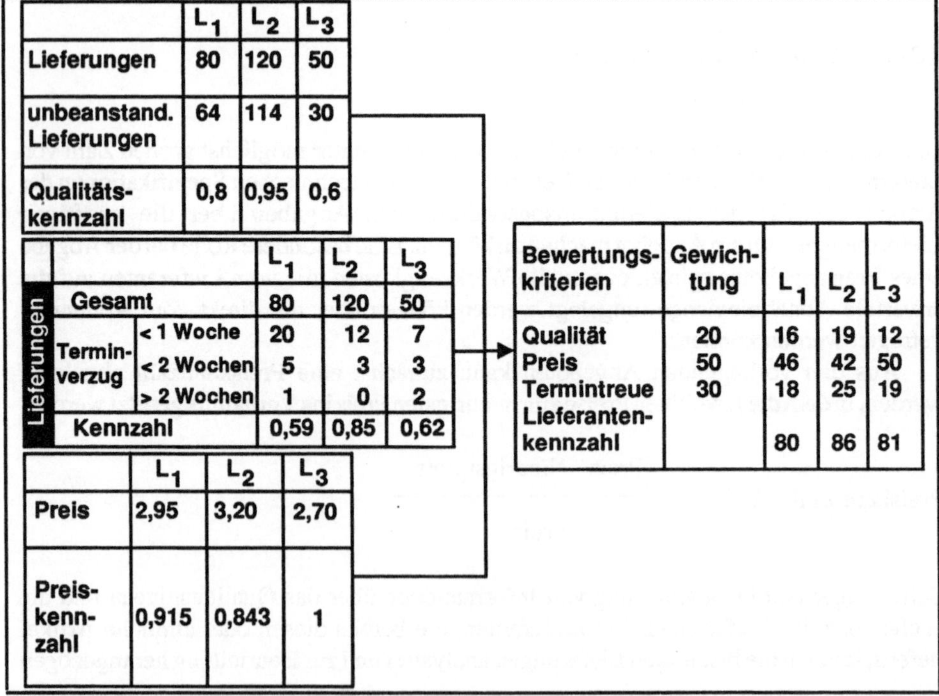

	L_1	L_2	L_3
Lieferungen	80	120	50
unbeanstand. Lieferungen	64	114	30
Qualitäts- kennzahl	0,8	0,95	0,6

Lieferungen			L_1	L_2	L_3
	Gesamt		80	120	50
	Termin- verzug	< 1 Woche	20	12	7
		< 2 Wochen	5	3	3
		> 2 Wochen	1	0	2
	Kennzahl		0,59	0,85	0,62

	L_1	L_2	L_3
Preis	2,95	3,20	2,70
Preis- kenn- zahl	0,915	0,843	1

Bewertungs- kriterien	Gewich- tung	L_1	L_2	L_3
Qualität	20	16	19	12
Preis	50	46	42	50
Termintreue	30	18	25	19
Lieferanten- kennzahl		80	86	81

Bild 4.6 Rechenschema zur Lieferantenbeurteilung

Lieferanten zu beschaffen. Der Besuch beim Lieferanten kann Aufschluß darüber geben, ob mit der vorhandenen maschinellen Ausstattung das geforderte Qualitätsniveau zu erreichen ist und ob seine Organisation die Einhaltung von Lieferterminen gesichert erscheinen läßt.

4.2.4.1.2 Rechenschema zur Lieferantenbeurteilung

Zur Beurteilung der Lieferanten nach den drei genannten Kriterien sind zunächst für jedes Kriterium vergleichbare Kennzahlen zu ermitteln.

Im nächsten Schritt sind die Bewertungskriterien gegeneinander zu gewichten. Diese Gewichtung ist insbesondere davon abhängig, welche Folgekosten durch zu geringe Qualität oder Terminverzüge des Lieferanten verursacht werden können. Nach der Gewichtung der Kriterien läßt sich entsprechend dem in Bild 4.6 angegebenen Rechenschema eine Punktzahl für jeden Lieferanten ermitteln. Der Lieferant oder die Lieferanten mit der günstigsten Punktzahl können dann ausgewählt werden.

4.2.4.2 ABC-Analyse

Die ABC-Analyse ist eine bewährte Methode, aus einer Grundgesamtheit von Objekten diejenigen auszuwählen, die hinsichtlich einer speziellen Fragestellung von besonderer Bedeutung sind. Diese Analysemethode läßt sich auch für eine Reihe von im Beschaffungsbereich anfallenden Aktivitäten sinnvoll anwenden.
Im folgenden sollen mögliche Anwendungen von drei ABC-Analysen aufgezeigt werden, und zwar ABC-Analysen nach

- Verbrauchswert
- Bestandswert
- Lieferantenumsatz.

Der Verbrauchswert eines Artikels ist wie folgt definiert:

$$\text{Verbrauchswert} = \frac{\text{Stückpreis x Verbrauch}}{\text{Zeitraum}}$$

Bild 4.7 zeigt die Erstellung einer ABC-Analyse nach Jahresverbrauchswert. Mit Hilfe der ABC-Analyse nach Jahresverbrauchswerten werden diejenigen Materialpositionen ermittelt, die den höchsten Anteil am Gesamtumsatz des Beschaffungswesens haben.

Ermittlung Jahresverbrauchswert und Anteile					
Teil-Nr.	ME	Preis/ME (DM)	Jahres- verbrauch (ME)	Jahres- verbrauchs- wert (TDM)	Rang- folge
312 647	Stck	17	3 500	63	7
417 685	kg	9	53 000	477	5
512 372	m	75	3 200	240	6
216 357	Stck	19	38 000	722	4
117 258	Stck	5	400 000	2 000	1
122 355	kg	280	3 750	1 050	2
268 317	Stck	180	5 400	972	3

Summe Jahresverbrauchswert (TDM) 5 524

Rang- folge	Teil-Nr.	Jahres- verbrauchs- wert (TDM)	Anteil (%)	Anteil kumuliert (%)
1	117 258	2 000	36	36
2	122 255	1 050	19	55
3	268 317	972	18	73
4	216 357	722	13	86
5	417 685	477	9	95
6	512 372	240	4	99
7	312 647	63	1	100

Ermittlung der Wertanteile

Bild 4.7 Erstellung einer ABC-Analyse nach Jahresverbrauchswerten

Eine wesentliche Anwendung dieser ABC-Analyse liegt in der Festlegung der Dispositionsabläufe. Während bei geringwertigen (C-Teilen) die Verwaltungskosten im Verhältnis zu den Jahresverbrauchswerten hoch sind, sind bei A-Teilen allein die Verbrauchswerte bestimmend. Bei A-Teilen ist also ein hohes Gewicht auf eine exakte Disposition zu legen, um die Bestände möglichst gering zu halten. Bei C-Teilen können dagegen einfachere Dispositionsverfahren angewendet werden, z. B. die einmalige Bestellung des gesamten Jahresbedarfes oder eine rein verbrauchsorientierte Disposition, bei der bei Unterschreitung eines Mindestbestandes eine große Menge nachbestellt wird.

Bei Kostensenkungsprojekten wird man sich gleichfalls auf die A-Teile konzentrieren, da hier mit wesentlich geringerem Aufwand ein höherer Erfolg erzielt werden kann als bei C-Teilen. Dieses gilt nicht nur für interne Wertanalyseprojekte, sondern auch für den Aufwand, der für Lieferantenauswahl und Preisverhandlungen mit Lieferanten getrieben wird.

Der Bestandswert ist wie folgt definiert:

Bestandswert = Stückpreis x Durchschnittsbestand.

Eine solche ABC-Analyse wird man durchführen, wenn durch gezielte Maßnahmen die Kapitalbindung im Lager gesenkt werden soll.

Bei einer ABC-Analyse nach Lieferantenumsatz werden die Lieferanten nach dem in einem bestimmten Zeitraum mit ihnen gemachten Umsatz in absteigender Folge sortiert. Eine solche ABC-Analyse kann beispielsweise dafür Hinweise geben, zu welchen Lieferanten man auf internationalen Märkten geeignete Alternativen suchen sollte.

Bild 4.8 zeigt ein typisches Ergebnis einer ABC-Analyse in verschiedenen Darstellungsformen. Wo die Grenze zwischen A-, B- und C-Positionen zu setzen ist, läßt sich nicht allgemein angeben. Die Gruppierung in drei Gruppen ist ebenfalls willkürlich. Es kann bei speziellen Fragestellungen auch sinnvoll sein, eine Gruppierung in zwei, vier oder gar fünf Gruppen vorzunehmen.

4.2.4.3 Festlegung der Sicherheitsbestände

Der Sicherheitsbestand hat die Funktion, die Lieferbereitschaft des Lagers auch bei Störungen in der Anlieferung oder bei Verbrauchsabweichungen sicherzustellen.
Bild 4.9 zeigt die Kriterien, die bei der Festlegung des Sicherheitsbestandes zu berücksichtigen sind, und die Häufigkeit ihrer Anwendung, die bei einer Umfrage in Maschinenbauunternehmen ermittelt wurde.

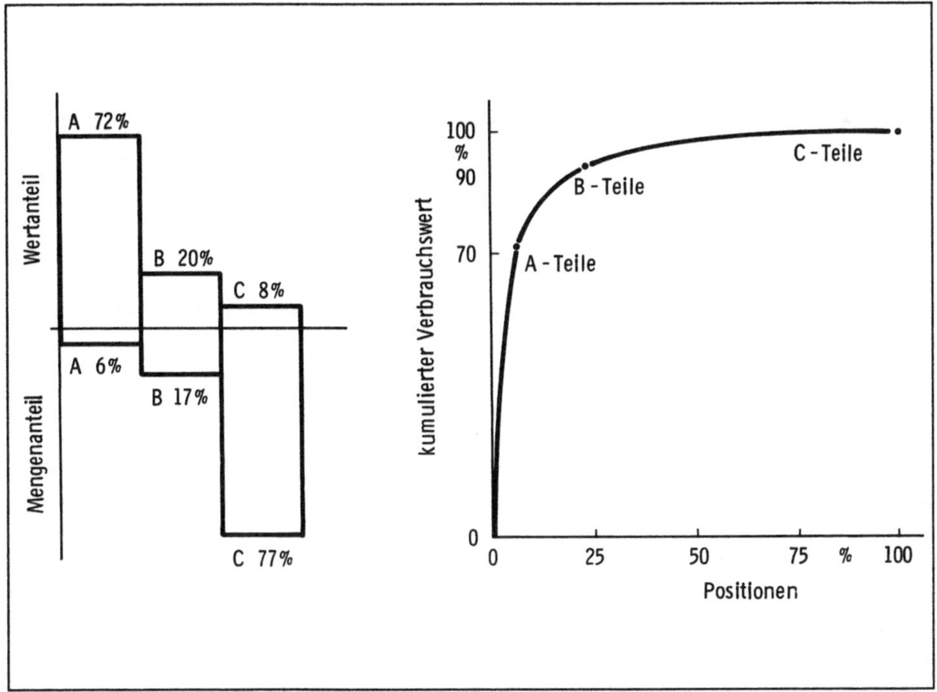

Bild 4.8 Darstellungsformen für ABC-Analysen

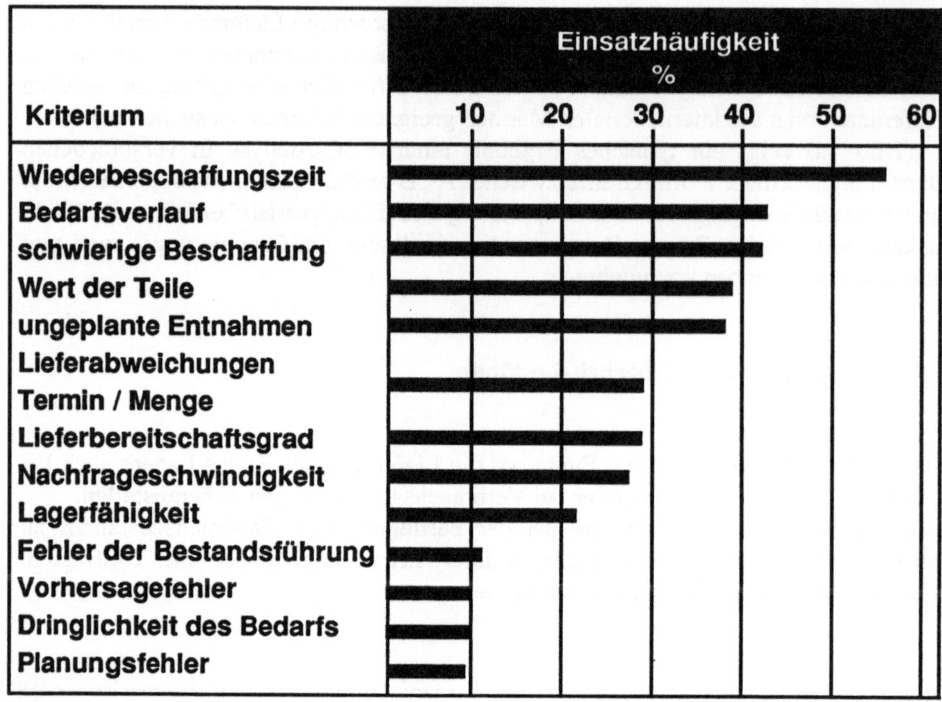

Bild 4.9 Kriterien für die Festlegung des Sicherheitsbestandes

Der Sicherheitsbestand kann auf grundsätzlich zwei verschiedene Formen angegeben werden:

- fixer Sicherheitsbestand
- fixe Sicherheitszeit.

Ist eine fixe Sicherheitszeit angegeben, so errechnet sich der Sicherheitsbestand wie folgt:

Sicherheitsbestand = Sicherheitszeit (Tage) x durchschnittlicher Tagesbedarf

Entscheidend für die Höhe des Sicherheitsbestandes ist, welche Lieferbereitschaft vom Lager gefordert wird. Mit zunehmender Lieferbereitschaft oder zunehmendem Servicegrad steigt der benötigte Sicherheitsbestand progressiv (Bild 4.10).

Eine 100%-ige Lieferbereitschaft ist dabei theoretisch nicht zu erreichen. Ein statistisches Hilfsmittel zur Festlegung der Sicherheitsbestände ist die Untersuchung der mittleren absoluten Abweichungen (MAD) der Verbrauchswerte je Zeiteinheit. Je größer dieser MAD ist, desto höher ist der Sicherheitsbestand festzulegen.

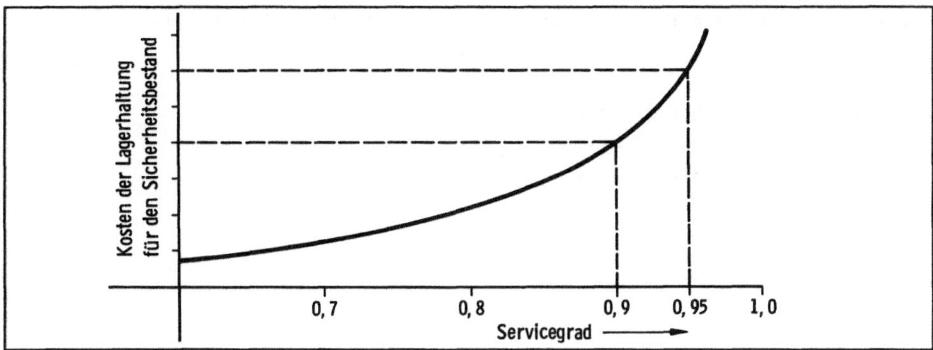

Bild 4.10 Sicherheitsbestand und Servicegrad

Bei der Festlegung des Sicherheitsbestandes ist weiterhin der Verbrauchswert (s. o.) der Artikel zu berücksichtigen.

Setzt man voraus, daß die Folgekosten für einen Fehlbestand am Lager unabhängig vom Verbrauchswert des Teiles sind, so nimmt der kostenoptimale Sicherheitsbestand mit zunehmendem Verbrauchswert ab (Bild 4.11).

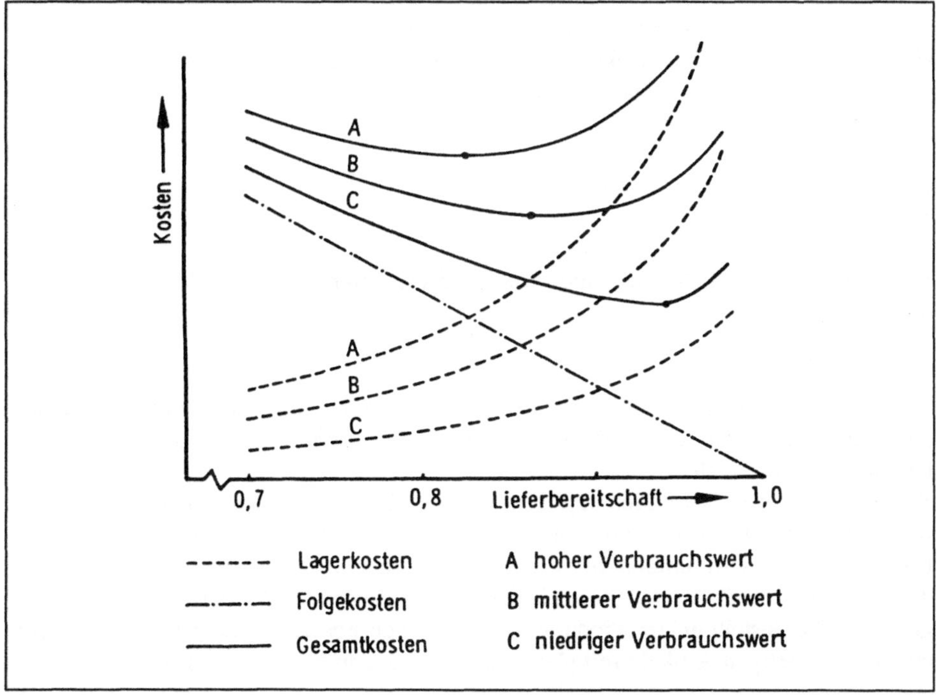

Bild 4.11 Kostenoptimale Lieferbereitschaft in Abhängigkeit vom Verbrauchswert

Wegen dieses Zusammenhanges werden die Sicherheitsbestände häufig mit Hilfe einer ABC-Klassifizierung festgelegt, beispielsweise

- A-Teile: 5 Tage Sicherheitszeit
- B-Teile: 10 Tage Sicherheitszeit
- C-Teile: 20 Tage Sicherheitszeit.

4.2.4.4 Bestellrechnung

4.2.4.4.1 Begriffserklärung

Bild 4.12 zeigt die beiden wesentlichen Aufgaben der Bestellrechnung mit den am häufigsten angewendeten, im folgenden diskutierten Methoden.

Im Rahmen der Bestellrechnung sind folgende Begriffe von Bedeutung, die anhand von Bild 4.13 erläutert werden sollen:

Bild 4.13 zeigt einen idealisierten Bestandsverlauf für eine Lagerposition. In bestimmten Zeitabständen gehen Lieferungen in Höhe der Bestellmenge ein. Die Lieferung erfolgt genau dann, wenn der Lagerbestand bis auf den Sicherheitsbestand abgesunken ist. Die entsprechende Bestellung ist spätestens dann anzustoßen, wenn der Lagerbestand abzüglich des Sicherheitsbestandes noch genau den Bedarf während der Wiederbeschaffungszeit abdeckt. Die Wiederbeschaffungszeit setzt sich, wie Bild 4.13 zeigt, aus verschiedenen Zeitanteilen zusammen.

4.2.4.4.2 Bestellterminrechnung

Zur Festlegung des Bestelltermines werden zwei unterschiedliche Methoden angewendet:

- Bestellpunktmethode:
  Bei der Bestellpunktmethode wird unter Bestellpunkt die Bestandsmenge verstanden, die, vermindert um den Sicherheitsbestand, den Bedarf während der Wiederbeschaffungszeit abdeckt.
  Bei jeder Entnahme ist folglich zu prüfen, ob dieser Bestand erreicht oder unterschritten wird. In diesem Falle wird eine Neubestellung erforderlich. Bei der Festlegung des Bestellpunktes wird unterstellt, daß sich aus den vergangenen Entnahmen ein durchschnittlicher Bedarf ableiten läßt, der auch für die Zeit der Wiederbeschaffungszeit gültig ist. Die Bestellpunktmethode ist also insbesondere bei manueller Bestandsführung und geringwertigen Artikeln mit gleichmäßigem Bedarfsverlauf anzuwenden.

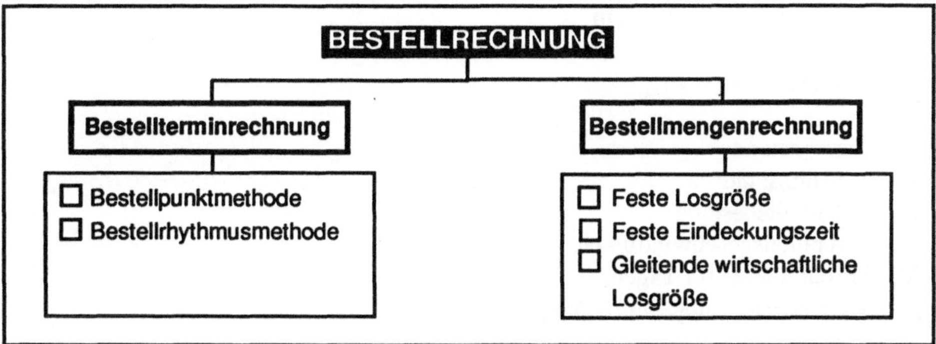

Bild 4.12 Aufgaben und Methoden der Bestellrechnung

- Bestellrhythmusmethode:
Bei der Bestellrhythmusmethode wird in einem festen Rhythmus, z. B. wöchentlich, überprüft, ob der vorhandene Lager- und Bestellbestand ausreichend ist, um den Bedarf während der Wiederbeschaffungszeit, erhöht um den Zeitpunkt bis zur nächsten Durchführung einer Bestellrechnung, abzudecken.

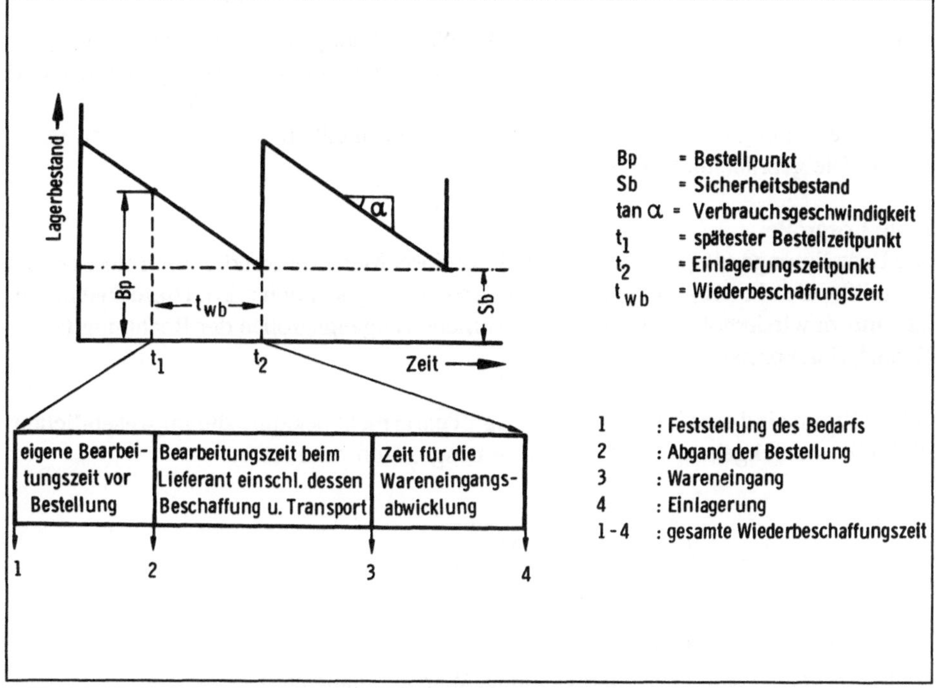

Bild 4.13 Dispositive Funktion und Anteile der Wiederbeschaffungszeit

Es wird also dann bestellt, wenn

$$LB + BB < SB + v\,(T + t_{wb})$$

LB : Lagerbestand
BB : Bestellbestand
SB : Sicherheitsbestand
 v : Verbrauchsgeschwindigkeit (Tagesbedarf)
 T : Periodenlänge (in Tagen)
t_{wb} : Wiederbeschaffungszeit (in Tagen).

Werden die Dispositionsaufgaben mit Unterstützung der EDV durchgeführt, so kommt in der Regel die Bestellrhythmusmethode zur Anwendung, da die entsprechenden EDV-Verfahren zyklisch eingesetzt werden. Bei Anwendung der Bestellrhythmusmethode ist es insbesondere auch möglich, den Bedarf nicht aus Vergangenheitswerten abzuleiten, sondern ihn über eine Stücklistenauflösung aus dem künftigen Produktionsprogramm abzuleiten.

4.2.4.4.3 Bestellmengenrechnung

Die Festlegung der Bestellmenge hat unter Berücksichtigung von Losgrößenüberlegungen zu erfolgen. Es sind hierbei Bestellkosten und Lagerhaltungskosten gegeneinander abzuwägen (Bild 4.14).
Bei der Festlegung der Bestellmenge können unterschiedliche Methoden angewendet werden. Die gebräuchlichsten sind:

- Feste Losgröße:
  Die Bestellmenge entspricht bei Anwendung dieser Methode grundsätzlich einer festen Losgröße, die einmalig mit einer Losgrößenrechnung ermittelt wird. Diese Rechnung ist dann zu wiederholen, wenn sich wesentliche Eingangsgrößen der Rechnung (z. B. Bedarf, Stückpreis) verändert haben.

Im Schrifttum sind eine Vielzahl von Losgrößenformeln bekannt, die im wesentlichen auf Andler zurückgehen. Die Andler'sche Losgrößenformel lautet:

$$L = \sqrt{\frac{200 \times K_b \times M}{K_s \times p}}$$

L : Wirtschaftliche Losgröße
K_b : fixe Bestellkosten (Bestellabwicklung, Wareneingang etc.)
M : Jahresbedarf

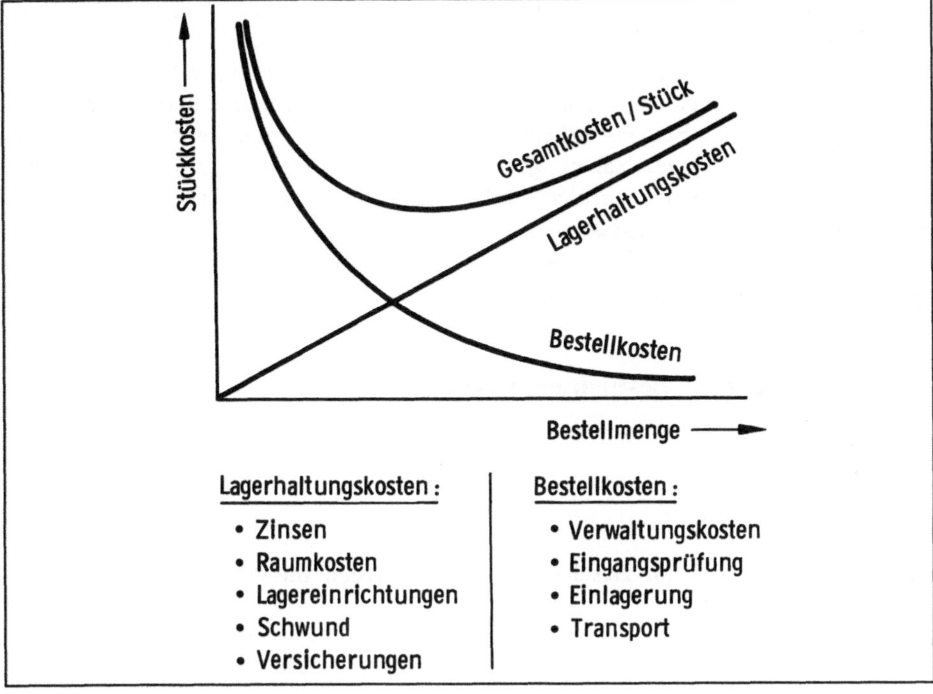

Bild 4.14 Eingangsgrößen für die Bestimmung optimaler Beschaffungsgrößen

K_s : Stückkosten
p : Lagerhaltungskostensatz (%).

- Feste Eindeckungszeit:
Es wird jeweils der Bedarf einer bestimmten Anzahl von Perioden zu einer Bestellmenge
zusammengefaßt. Die Festlegung der zusammenfassenden Anzahl von Perioden sollte
dabei gleichfalls mit einer Losgrößenrechnung erfolgen. Im Extremfall wird bei Teilen
mit hohem Verbrauchswert jeweils genau der Bedarf einer Periode bestellt.

- Gleitende wirtschaftliche Losgröße:
Im Gegensatz zur festen Losgröße gestattet diese Methode, auch bei schwankendem
Verbrauch, jeweils die kostenoptimale Bestellmenge zu ermitteln. Wie Bild 4.15 zeigt,
werden bei dieser Methode die Gesamtkosten je Stück bei unterschiedlichen
Eindeckungszeiten, die jeweils ein Vielfaches der Periodenlänge sind, ermittelt. Die
Bestellmenge ergibt sich dann aus dem Gesamtbedarf der Eindeckungszeit, bei der die
Gesamtkosten je Stück am niedrigsten waren.

Ein sinnvoller Einsatz dieser Methode, die theoretisch die günstigsten Ergebnisse der
beschriebenen Methoden liefert, ist nur mit EDV-Unterstützung möglich.

Bei Losgrößenüberlegungen ist grundsätzlich zu berücksichtigen, daß einerseits die Gesamtkostenkurve (Bild 4.15) in einem größeren Bereich recht flach verläuft, so daß geringfügige Abweichungen von der optimalen Losgröße, insbesondere bei Überschreitung der optimalen Losgröße, kostenmäßig kaum ins Gewicht fallen, und andererseits eine korrekte Ermittlung der Eingangsgrößen für die Losgrößenrechnung sehr problematisch ist, so daß hier häufig nur mit Näherungswerten gearbeitet werden kann. Darüber hinaus können in den Losgrößenformeln nicht alle Einflußgrößen berücksichtigt werden, die für die Wahl der optimalen Losgröße wichtig sind.

Beispiele für solche Einflüsse sind eine begrenzte Lagerfähigkeit der Artikel und die Häufigkeit von technischen Änderungen.

4.2.4.5 EDV-Einsatz im Beschaffungswesen

4.2.4.5.1 Zielsetzung

Mit dem EDV-Einsatz im Beschaffungswesen werden im wesentlichen folgende Zielsetzungen verfolgt:

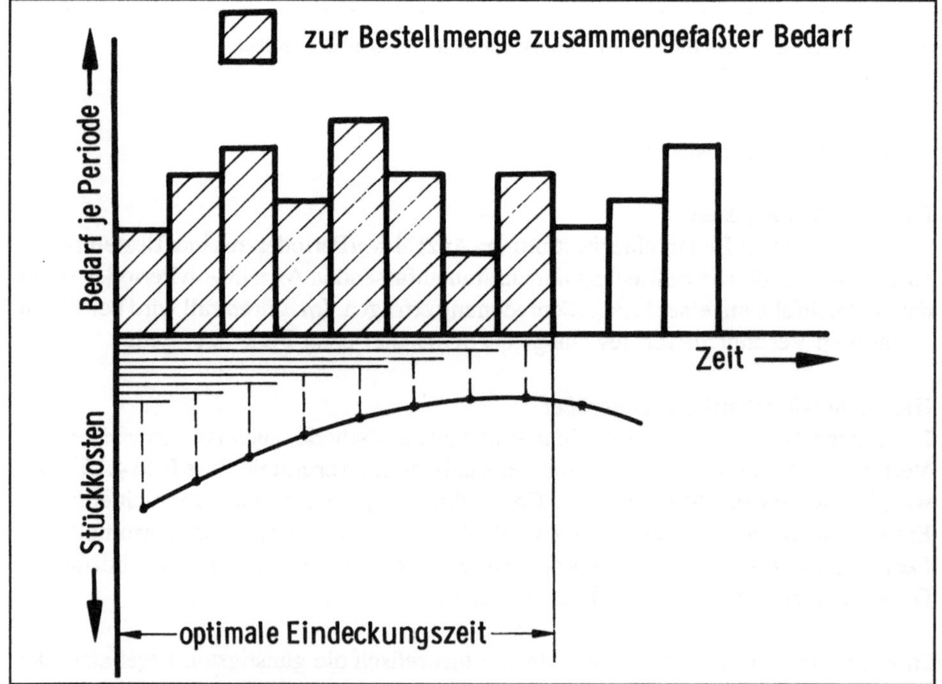

Bild 4.15 Gleitende wirtschaftliche Losgröße

- Senkung des Verwaltungs-, insbesondere Personalaufwands
- Entlastung qualifizierten Einkaufspersonals von Routinetätigkeiten
- Beschleunigung der Bestellabwicklung und damit Verkürzung der Wiederbeschaffungszeit
- Gewinnung von mehr Transparenz und zusätzlichen Informationen, beispielsweise
  hinsichtlich der Höhe des gebundenen Kapitals und hinsichtlich des Bestellobligos, also
  der durch schon getätigte Bestellungen eingegangenen finanziellen Verpflichtungen
- verbesserte Terminkontrolle und dadurch verbesserte Lieferbereitschaft.

Bild 4.16 zeigt an einem Beispiel, wie durch EDV-Einsatz die Zeitanteile für
Routinetätigkeiten gesenkt werden konnten und dadurch mehr Zeit für Verhandlungen
mit den Lieferanten und zur Klärung von Qualitätsproblemen zur Verfügung stand.

4.2.4.5.2 Anwendungsbereiche

Die wesentlichen Anwendungsbereiche für die EDV im Beschaffungswesen sind die
Bestandsführung und die Bestellrechnung.

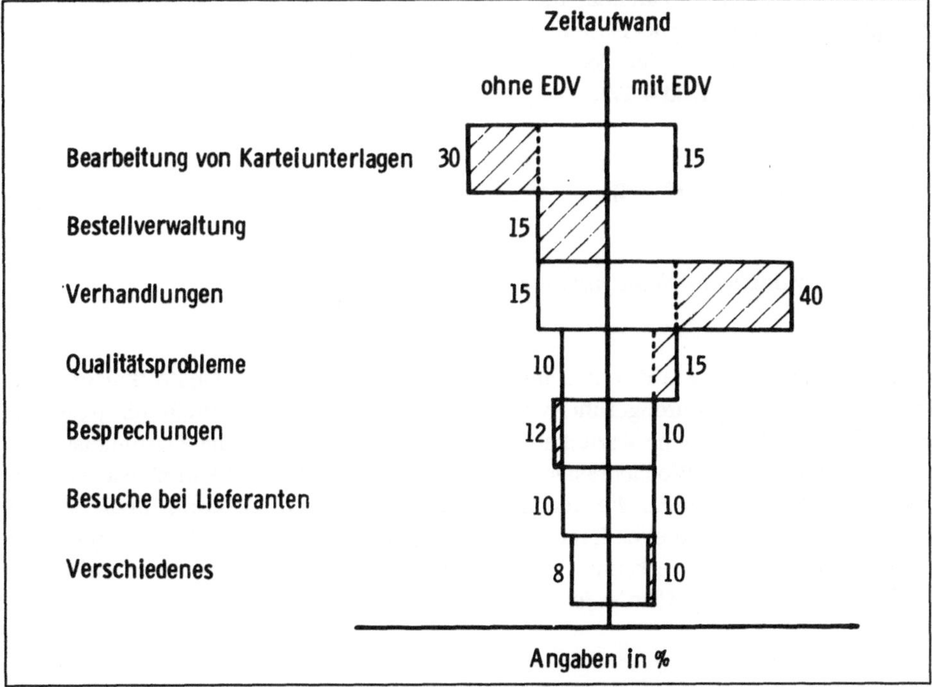

Bild 4.16 Verschiebung des Arbeitsaufwandes im Einkauf bei EDV-Einsatz [4.8]

Bei der maschinellen *Bestandsführung* werden die von der Lagerverwaltung erfaßten Informationen über die Lagerbewegungen in den Rechner eingegeben, der den Lagerbestand buchmäßig fortschreibt. Diese Bestandshöhen und die Entwicklung von Zu- und Abgängen werden dem Beschaffungswesen mitgeteilt. Bei zyklischer Durchführung der Bestandsrechnung hat sich häufig gezeigt, daß die Aktualität der Bestandsinformationen bei beispielsweise wöchentlicher Bereitstellung von Bestands- und Bewegungslisten nicht hinreichend ist, so daß hier schon vielfach Bildschirme zum Einsatz kommen, die einerseits zur zeitnahen Erfassung der Lagerbewegungen im Lagerbereich und andererseits zur Abfrage der aktuellen Bestände im Beschaffungswesen eingesetzt werden.

Ausgehend von den aktuellen Lagerbeständen, den aktuellen Bestellbeständen und den durch die Fertigungssteuerung bereitzustellenden Bedarfszahlen wird in der *Bestellrechnung* geprüft, ob neue Bestellungen erforderlich sind, und es werden entsprechende Bestellvorschläge erstellt. Dabei kommen die Bestellrhythmusmethode und eine der in 4.2.4.4.3 aufgeführten Methoden zur Bestellmengenermittlung zum Einsatz. Wenn eine hohe Aktualität der Eingabedaten gegeben ist, läßt sich durch den EDV-Einsatz die Bestellabwicklung soweit automatisieren, daß der Rechner bereits fertige Bestellungen ausdruckt, die - ggf. nach Prüfung und Unterschrift - den Lieferanten zugestellt werden können.

Für die *Bestellbestandsführung* ist es notwendig, einerseits die getätigten Bestellungen abzuspeichern, und andererseits eingehende Lieferungen vom Wareneingang in einer Form dem Rechner mitzuteilen, die eine Zuordnung zur gespeicherten Bestellung ermöglicht. Eine Führung der Bestellbestände ist Voraussetzung für die Berücksichtigung des Bestellbestandes bei der Bestellrechnung sowie für eine EDV-Unterstützung im Beschaffungswesen (Bild 4.17).

4.2.4.6 Terminüberwachung

4.2.4.6.1 Terminüberwachung mit einer Bestellkartei

Bild 4.18 zeigt, wie auf einfache Weise mit Hilfe einer Bestellkartei eine Terminüberwachung durchgeführt werden kann. Diese Kartei enthält für jeden zu beschaffenden Artikel eine Karteikarte, an deren oberem Rand eine Terminleiste mit beispielsweise einem Wochenraster angebracht ist. Auf dieser Terminleiste können Reiter verschoben werden, die den Zeitpunkt der nächsten Lieferung und/oder die Eindeckungszeit des aktuellen Lagerbestandes markieren. Auf diese Weise können mit einem Blick Lieferungen erkannt werden, die überfällig sind, oder Positionen, bei denen die Lieferbereitschaft gefährdet ist.

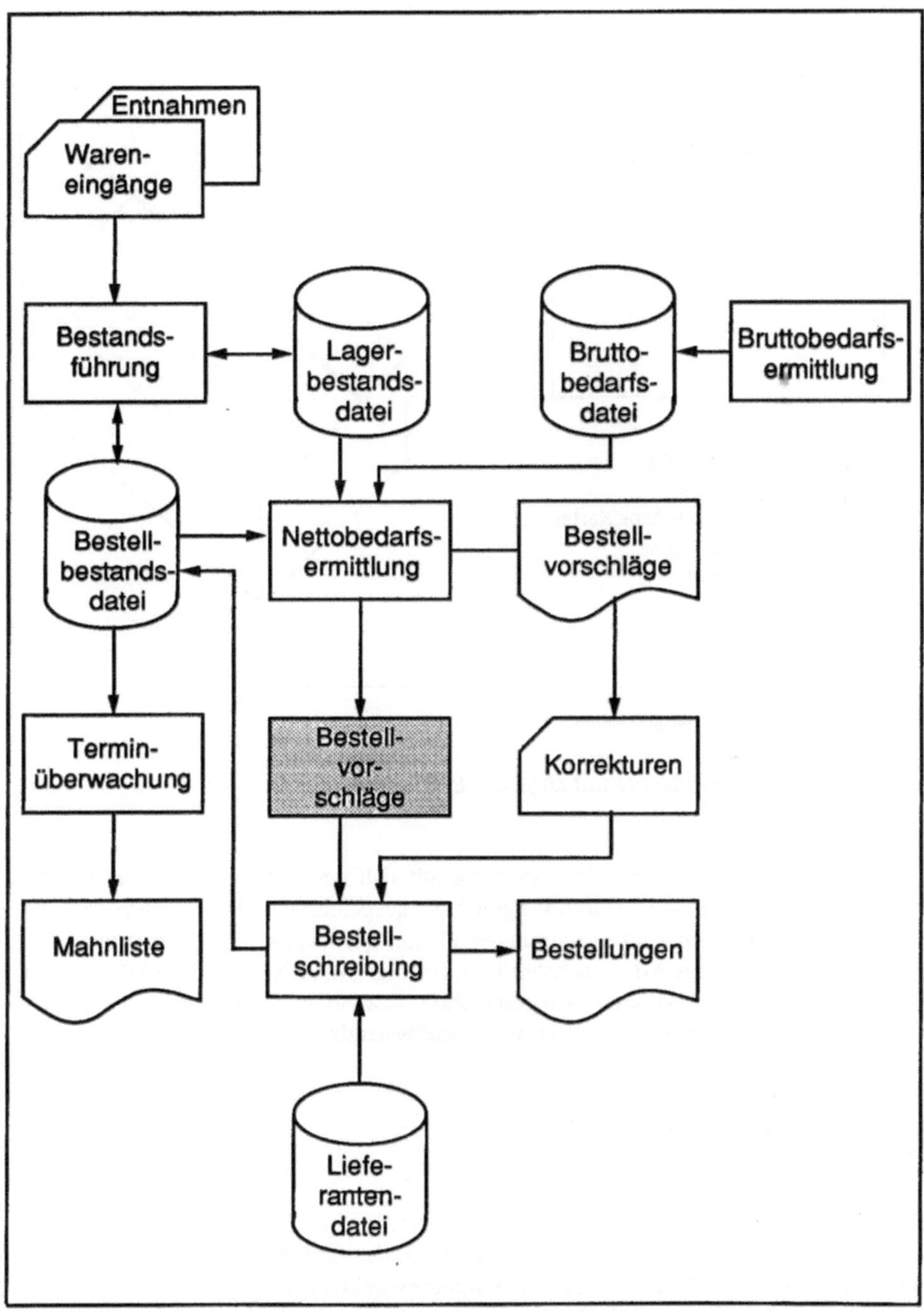

Bild 4.17 Datenfluß bei einer EDV-Unterstützung im Beschaffungswesen

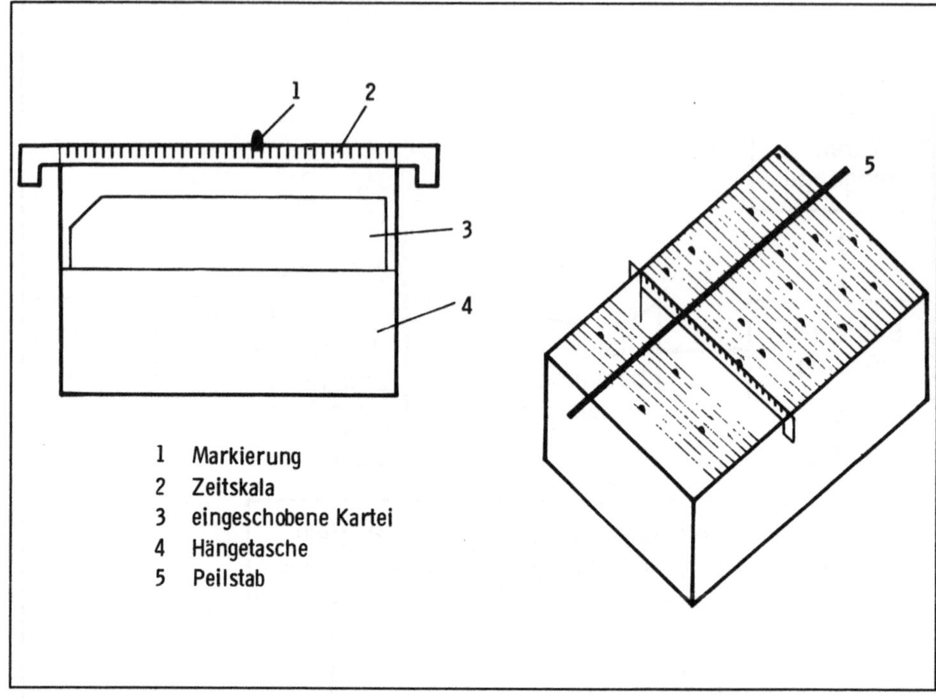

Bild 4.18 Bestellkartei in Hängetaschen

4.2.4.6.2 Terminüberwachung mit Hilfe der EDV

Voraussetzung für eine Terminüberwachung mit Hilfe der EDV ist die maschinelle Führung der Bestellbestände. Durch Vergleich der gespeicherten Liefertermine mit dem aktuellen Datum können solche Lieferungen erkannt werden, die in Terminverzug sind, und wo eine Anlieferung in den nächsten Tagen erfolgen muß. Sind darüber hinaus auch die Lagerbestands- und Bedarfswerte gespeichert, so kann bei der Terminüberwachung auch die Eindeckungszeit des verfügbaren Lagerbestands eingezogen werden.

4.2.5 Ablauforganisation

Bild 4.19 zeigt die wesentlichen Aktivitäten innerhalb eines Bestellvorganges von der Bedarfsfeststellung bis zum Wareneingang. Wenn der Bedarf gedeckt ist, sind keine weiteren Aktivitäten erforderlich. Ist eine Rahmenbestellung vorhanden, dann ist nur der entsprechende Abruf notwendig. Ist eine Neubestellung erforderlich, so ist zunächst zu entscheiden, ob beim bisherigen Lieferanten zu beschaffen ist, oder ob ein neuer Lieferant ausgewählt werden soll. Im letzteren Falle sind entsprechende Angebote

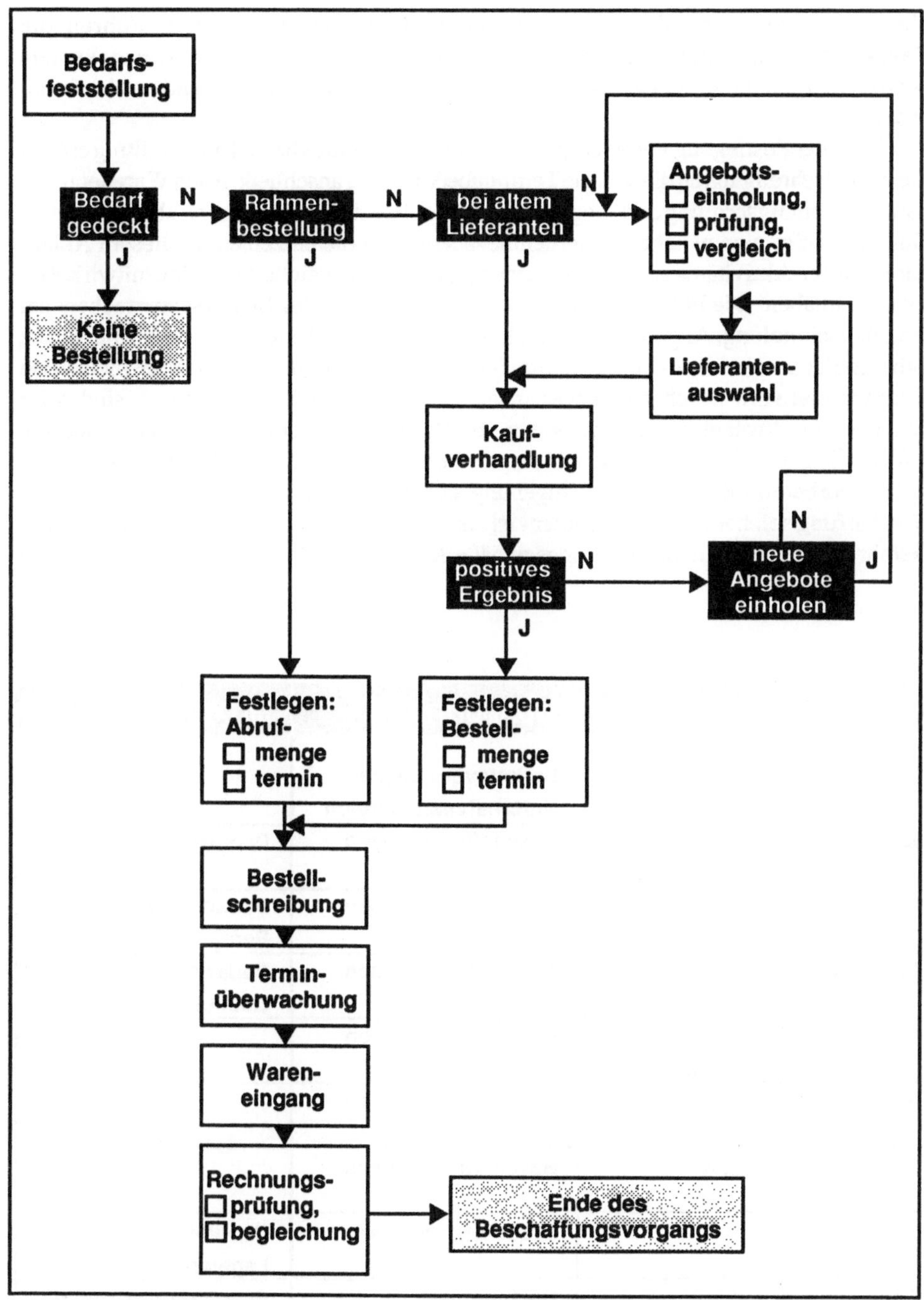

Bild 4.19 Wesentliche Aktivitäten innerhalb eines Bestellvorganges

einzuholen, die dann Grundlage für die Lieferantenauswahl sind. Führen die Kaufverhandlungen mit dem alten bzw. mit dem ausgewählten Lieferanten zu keinem positiven Ergebnis, so ist, ggf. nach Einholung weiterer Angebote, ein anderer Lieferant auszuwählen.

Nach der Festlegung von Menge und Termin des Abrufes bzw. der Bestellung erfolgt die Bestellschreibung, an die sich die Terminüberwachung anschließt. Nach Wareneingang sowie Rechnungsprüfung und -begleichung ist der Beschaffungsvorgang abgeschlossen. Bild 4.20 zeigt, von welchen Unternehmensbereichen die einzelnen, in diesem Ablauf aufgeführten Aktivitäten ausgeführt werden und welche Bereiche dabei eine mitwirkende Funktion haben. Die Form und Intensität der Mitwirkung des Bedarfsverursachers bei Angebotseinholung, Angebotsprüfung, Lieferantenauswahl und Kaufverhandlungen ist dabei stark von der Art des zu beschaffenden Artikels abhängig. Während beispielsweise Büromaterial vom Beschaffungswesen selbständig beschafft werden kann, sind beim Einkauf von Investitionsgütern, wie z. B. Werkzeugmaschinen, Spezialkenntnisse erforderlich, die in der Regel nur der Bedarfsverursacher, also beispielsweise die Arbeitsvorbereitung, hat. Eine Umgehung des Beschaffungswesens - auch bei der Beschaffung solcher Investitionsgüter - ist aber auf jeden Fall zu vermeiden, da sonst die Gefahr besteht, daß für eine ordnungsgemäße Abwicklung des Beschaffungsvorganges

AUFGABE	AUSFÜHRUNG	MITWIRKUNG
Bedarfserstellung	Bedarfsverursacher Unternehmensbereich	
Angebotseinholung -prüfung	Beschaffungswesen	Bedarfsverursacher
Kaufverhandlung	Beschaffungswesen	Bedarfsverursacher Rechnungswesen
Lieferantenauswahl	Beschaffungswesen	Bedarfsverursacher Qualitätswesen
Festlegung Bestellmenge -termin	Beschaffungswesen	
Bestellschreibung	Beschaffungswesen	
Terminüberwachung	Beschaffungswesen	
Wareneingang	Beschaffungswesen	Qualitätswesen Lagerwesen
Rechnungsprüfung -begleichung	Rechnungswesen	Beschaffungswesen

Bild 4.20 Zusammenarbeit des Beschaffungswesens mit anderen Bereichen

wesentliche Dinge, wie Einholen von Vergleichsangeboten, Festlegung der Zahlungsmodi etc. vernachlässigt werden.

4.2.6 Kennzahlen für das Beschaffungswesen

4.2.6.1 Organisatorische Kennzahlen

Organisatorische Kennzahlen sind Kennzahlen, die Aufschluß über die Arbeitsbelastung einzelner Dienststellen sowie die Verteilung von Arbeitsbelastung und Funktionserfüllung geben. Sie sind bei der Suche nach Rationalisierungsansätzen unterstützend heranzuziehen:

- Anzahl Bestellungen
- Anzahl Bestellpositionen
- Anzahl Beschaffungsartikel
    - davon aktiv
- Gesamthöhe der Beschaffungskosten
    - absolut
    - in Relation zum Umsatz
- Anzahl Mitarbeiter im Beschaffungswesen
    - gesamt
    - davon Einkäufer
    - davon Bestellschreibung, Karteiarbeit u. ä.
- Administrative Kosten eines Beschaffungsvorganges (in der Regel DM 15,- bis DM 50,- [4.4])
- Verteilung der Bestellwerte je Bestellung und Bestellpositionen
- Häufigkeit von Angebotsvergleichen
- Häufigkeit von Lieferantenbesuchen.

4.2.6.2 Kennzahlen zu Beschaffungspreisen

Solche Kennzahlen können Hinweise dafür geben, bei welchen Artikelgruppen gezielt Kostensenkungen, beispielsweise durch die Suche nach Substitutionsmaterialien, angestrebt werden sollten.

- Entwicklung des Beschaffungsumsatzes einzelner Artikelgruppen
- Preisentwicklung bei einzelnen Artikelgruppen
- Preisentwicklung bei einzelnen Artikeln in Relation zueinander (Bild 4.21).

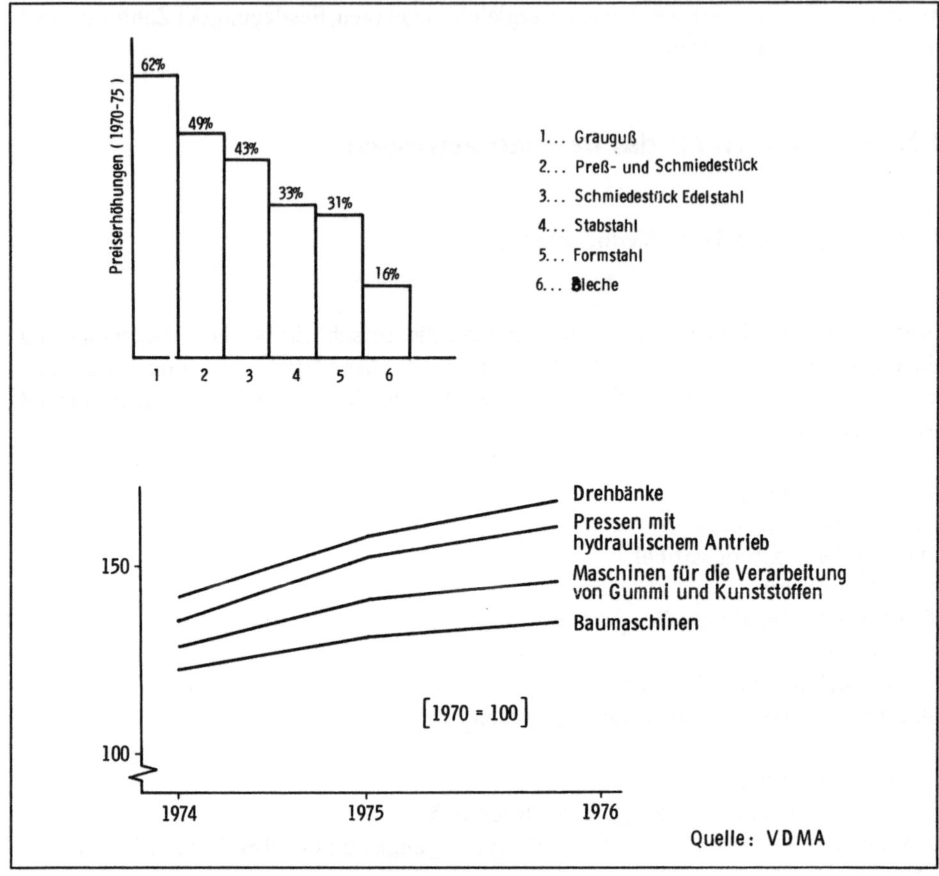

Bild 4.21 Beispiele für Kennzahlen zur Preisentwicklung

4.2.6.3 Dispositive Kennzahlen

Dispositive Kennzahlen sind geeignet, um festzustellen, inwieweit das Beschaffungswesen seiner Aufgabe, eine reibungslose Versorgung der Produktion bei minimalen Beständen sicherzustellen, gerecht wird:

- Lagerumschlagshäufigkeit/Eindeckungszeit
- Verteilung der Lagerumschlagshäufigkeiten/Eindeckungszeiten
- Häufigkeit von Unterdeckungen
- Häufigkeit von Terminverzügen.

Bild 4.22 zeigt in einer Gegenüberstellung ein Beispiel für eine gute und eine schlechte Verteilung von Eindeckungszeiten innerhalb einer Materialgruppe.

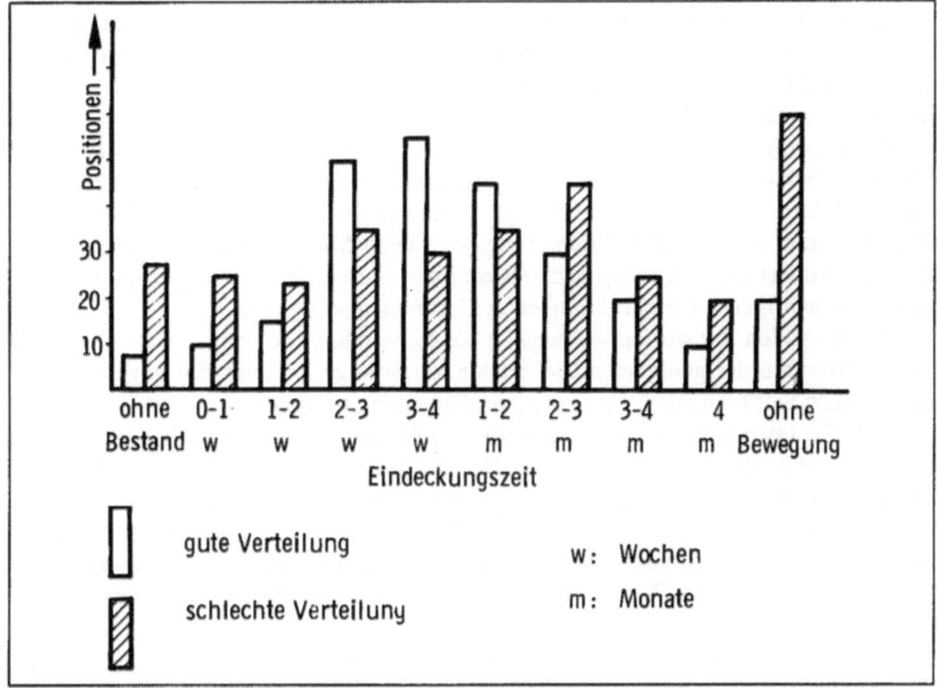

Bild 4.22 Beispiel für die Verteilung von Eindeckungszeiten

4.2.7 Probleme und Entwicklungstendenzen

Im folgenden sollen einige globale Entwicklungen aufgezeigt werden, die für die künftige Entwicklung des Beschaffungswesens bestimmend sein werden.

In vielen Bereichen der Industrie ist eine zunehmende Arbeitsteilung durch Spezialisierung einzelner Unternehmen zu beobachten. Diese wird unterstützt durch die zunehmende Komplexität der angebotenen Produkte. Diese Entwicklung führt dazu, daß bei Beschaffungsvorgängen in zunehmendem Maße technische Probleme in den Vordergrund treten, die auch personelle Konsequenzen hinsichtlich der Anforderungen an den Einkäufer haben. Einerseits muß die technische Schulung des Einkäufers intensiviert werden, andererseits werden - ebenso wie auf der Seite der Verkäufer - zunehmend Mitarbeiter mit einer technischen Grundausbildung im Einkaufsbereich eingesetzt.

Auf vielen Märkten ist weiterhin eine zunehmende Innovationsgeschwindigkeit, also eine zunehmende technische Weiterentwicklung von Produkten und immer kürzeren Lebensdauern der Produkte, zu beobachten. Diese Entwicklung, verbunden mit der zunehmenden Arbeitsteilung, führt dazu, daß bei der Suche nach geeigneten Lieferanten kurzfristige Preisvorteile immer mehr in den Hintergrund treten, und stattdessen das technische Know-how des Lieferanten an Bedeutung gewinnt. Nur ein Lieferant mit einem hohen technischen Stand kann den Abnehmer bei dem Finden neuer Problemlösungen aktiv unterstützen.

Die zunehmende internationale Verflechtung von Märkten führt einerseits zu einem erhöhten Konkurrenzdruck auf den Absatzmärkten, der die Unternehmen zu verstärkten Rationalisierungsbemühungen zwingt, andererseits eröffnen sich damit auch Möglichkeiten, sich auf der Beschaffungsseite neue Märkte zugänglich zu machen. Daraus resultiert die Forderung nach einem intensiveren Beschaffungsmarketing und nach einer häufigeren Durchführung nach Lieferantenvergleichen.

Die bei vielen Rohstoffen weltweit zu beobachtende Verknappung führt dazu, daß bei der Auswahl der geeigneten Lieferanten kurzfristige Preisvorteile gegenüber der langfristigen Sicherung der Versorgung an Bedeutung verlieren.

Auf die interne Organisation des Beschaffungswesens wird sich die Tatsache auswirken, daß die Aufgabenbereiche Beschaffung, Materialfluß, Disposition und Distribution als Rationalsierungsgegenstand zunehmend an Bedeutung gewinnen. Während der direkte Fertigungsbereich schon lange Gegenstand gezielter Rationalisierungsmaßnahmen war, weil sich hier Kostenvergleiche relativ einfach durchführen lassen, werden in den o.g. Bereichen vielfach noch erhebliche Rationalisierungsreserven vermutet.

Es wird daher häufig versucht, durch Schaffung von Unternehmensbereichen "Materialwirtschaft" oder "Logistik", deren Aufgabe eine durchgängige Planung und Durchführung aller dieser Tätigkeiten von Beschaffungsmarketing über Einkauf, Lagerwesen, Fertigungssteuerung bis zur Distribution der Fertigware (jedoch ohne die eigentliche Verkaufstätigkeit) ist, eine straffere Durchführung dieser Aufgaben zu erreichen. Solche aufbauorganisatorischen Maßnahmen sind durchaus geeignet, die Rationalisierung dieser Bereiche voranzutreiben und insbesondere die Reaktionsfähigkeit des Unternehmens bei kurzfristigen Marktschwankungen zu steigern.

4.3 Lagerwesen

4.3.1 Einleitung

Ein Lager ist ein Mittel zur Stabilisierung des Materialflusses zwischen zwei Systemen, bei denen der Ausstoß des ersten Systems zeitlich nicht an den Bedarf des zweiten angepaßt ist. Die Funktion eines Lagers besteht also in einem zeitlichen und mengenmäßigen Ausgleich zwischen Angebot und Nachfrage von Gütern aller Art, sei es, daß diese von einem Produktionsbetrieb zur Fortführung der Fertigung in Form von Rohstoffen, Zwischenprodukten, Zulieferteilen, Hilfsstoffen oder Packmitteln benötigt werden, sei es, daß sie zur Befriedigung der Marktbedürfnisse bereitgestellt werden [4.9]. Ziel der folgenden Ausführungen ist es, einen Überblick über die Schwerpunkte des

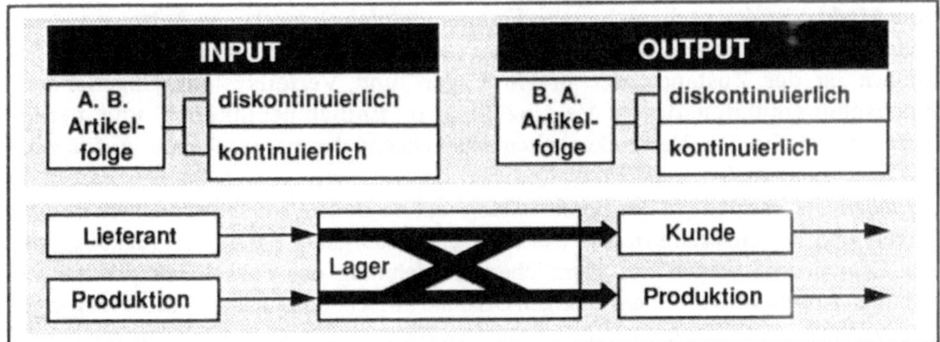

Bild 4.23 Funktionen des Lagers im Güterstrom

Lagerwesens zu geben. Als erstes folgt eine Beschreibung der Lagerfunktionen und der notwendigen Anforderungen an ein Lager. Danach werden die Lagerarten, die Lagerungsmöglichkeiten sowie die unterschiedlichen Lagerstrukturen dargestellt.

Ablauforganisation, Lagerordnungssysteme und Ein- und Auslagerungsstrategien schließen sich an. Einige Lagerkennzahlen bilden den Abschluß dieses Kapitels.

4.3.2 Aufgaben des Lagerwesens

Bild 4.23 zeigt die unterschiedlichen Eigenschaften des Inputs und des Outputs von Güterströmen, die ein Lager erforderlich machen. Die *Funktionen* des Lagers sollen daran aufgezeigt werden.

Die Funktion des Lagers besteht im Ausgleich der

- *zeitlichen* Unterschiede zwischen den Zu- und Abgängen der Güter (Zeitausgleichs-aufgabe, Zeitüberbrückung), die dadurch entstehen, daß z. B. die Nachfrage des Marktes im Zeitablauf schwankt, die Produktion aus Kostengründen aber in wirtschaftlichen Losgrößen durchgeführt wird und somit Produktionsende und Marktversorgung in der Regel zeitlich nicht zusammenfallen; die Zeitüberbrückung wird auch notwendig, wenn die in das Lager- und Warenverteilsystem eingehenden Güter bis zu ihrem Ausgang eine Zustandsänderung durchlaufen müssen, für die eine bestimmte Lagerzeit erforderlich ist.

- *mengenmäßigen* Unterschiede zwischen den Zu- und Abgängen der Güter (Mengen-ausgleichsaufgabe), die dadurch entstehen, daß z. B. die Fertigungslosgrößen mit den am Markt oder in nachgeschalteten Fertigungsstufen nachgefragten Gütermengen nicht übereinstimmen.

- *artmäßigen* Unterschiede in der Zusammensetzung der Zu- und Abgänge von Gütern (Sortimentsausgleichsaufgabe, Umstrukturierung), die dadurch entstehen, daß z. B. die vom Markt oder den nachgeschalteten Fertigungsstufen abgegebenen Aufträge andere Güter beinhalten, als das Sortiment eines Produktionssystems insgesamt umfaßt. Zu ändern ist der Zustand der in ein Lager- und Verteilsystem eingehenden Nachschubeinheiten durch Vereinzelung in Entnahmeeinheiten und deren Zusammenstellung zu Versandeinheiten entsprechend den vorgegebenen Aufträgen.

- *örtlichen* Unterschiede in der Bereitstellung und im Bedarf von Gütern innerhalb des Lager- und Warenverteilsystems (Raumausgleichsaufgabe, Raumüberbrückung), da der Lagerprozeß wegen der räumlichen Ausdehnung der Funktionsträger nur in wenigen Abschnitten an einem einzigen Ort ohne zwischengeschaltete Fördervorgänge abgewickelt verden kann [4.10].

Zur Gewährleistung der wirtschaftlichen Funktionserfüllung sind an das Lager folgende *Anforderungen* zu stellen:

- Das benötigte Material muß zur geforderten Zeit in der geforderten Menge bereitstellbar sein. Dazu ist eine entsprechende Eingliederung in den betrieblichen Material- und Informationsfluß notwendig.
- Der Kostenaufwand für das Lager soll möglichst gering sein. Die Faktoren, die diesen Aufwand beeinflussen, sind:

  - Materialdurchlauf durch das Lager
  - Zahl der Arbeitskräfte, einschließlich der Beschäftigten in der Lagerverwaltung
  - Lagerfläche und Lagerhöhe in Abhängigkeit von dem zu lagernden Gut
  - Einrichtungen (Fördermittel, Förderhilfsmittel, Regale, ...).

4.3.3 Aufbau des Lagerbereiches

4.3.3.1 Lagerarten

Eine Gliederung der Lagerarten läßt sich nach unterschiedlichen Kriterien durchführen. Die am häufigsten verwendeten Gesichtspunkte werden entsprechend der Gliederung nach

- dem Lagergut,
- dem Lagerzweck,
- der Stellung des Lagers im Betrieb und
- der Stellung des Lagergutes zum Fertigungsprozeß

im folgenden näher betrachtet.

Einteilung entsprechend dem *Lagergut:*

- Lager für Stückgut:
  Als Stückgut gelten die Güter mit fester Hülle, die während des Ablaufes von Lager-
  und Transportvorgängen eine unveränderliche Gestalt besitzen.

- Lager für Schüttgut:
  Schüttgüter sind Güter, die während des Ablaufes von Lager- und Transportvorgängen
  ihre Gestalt verändern.

- Lager für Flüssiggut:
  Flüssiggüter sind Güter, die während des Ablaufes von Lager- und Transportvorgängen
  immer von einem Förder- bzw. Lagerhilfsmittel umgeben sein müssen.

Einteilung entsprechend dem *Lagerzweck*::

- Spekulationslager:
  Bei der Vorratshaltung von Materialien tritt hier das Spekulationsmotiv in den
  Vordergrund. Dies ist der Fall, wenn bei dem Lagergut eine erhebliche Preissteigerung
  zu erwarten ist und der Betrieb beim Güterverkauf oder beim Eigenverbrauch einen
  Spekulationsgewinn erhoffen kann.

- Technologische Lager:
  Das Gut macht während der Lagerzeit einen technologischen Prozeß durch. Dies ist vor
  allem im Bereich der Lebensmittelherstellung der Fall (Wein, Weinbrand).

- Pufferlager:
  Diese Lager dienen zur reibungslosen Versorgung der Produktion oder des Marktes mit
  Teilen.

Einteilung entsprechend der *Stellung im Betrieb:*

- Beschaffungslager:
  Dies sind Lager im Bereich der Materialwirtschaft.

- Zwischenlager:
  Als Zwischenlager gelten Lager, die im Bereich der Produktion zwischen einzelnen
  Produktionsstufen entstehen.

- Lager im Bereich des Vertriebs:
  Fertigwarenlager und Auslieferungslager gehören zu dieser Gruppe. Einteilung
  entsprechend der *Stellung* des Lagerguts zum *Fertigungsprozeß* (häufigste angewandte
  Einteilung).

- Rohstofflager:
Als Rohstoff werden alle Güter bezeichnet, die zum weiteren Be- und Verarbeiten beschafft werden, um sie in ein Enderzeugnis oder in einen Bestandteil des Enderzeugnisses umzuwandeln.

- Zwischenproduktelager:
Als Zwischenprodukte (Halb-/Fertigerzeugnisse) werden die Güter bezeichnet, die im Betrieb bereits bearbeitet wurden oder umgewandelt worden sind, aber noch nicht in ihrer endgültigen Form vorliegen, um sie zu verkaufen.

- Fertigproduktelager:
Als Fertigprodukte werden die vom Betrieb erzeugten verkaufsfähigen Güter bezeichnet. Vielfach ist hier eine Aufgliederung in Vorrats- und Kommissionierlager zu finden.

- Hilfsstofflager:
Als Hilfsstoffe werden solche Materialien bezeichnet, die zwar ebenso wie die Rohstoffe unmittelbar in bestimmten Betriebserzeugnissen aufgehen, jedoch bei der Erzeugung der Produkte nur ergänzend auftreten.

- Betriebsstofflager:
Diese Gruppe von Lagergütern umfaßt alle nicht ins Erzeugnis eingehenden Materialien wie z. B. Brennstoffe, Öle, Werkzeuge, Ersatzteile für Maschinen, Büromaterial, Verpackungsmaterial u. ä.

- Abfall- und Leergutlager:
Diese Güter fallen im Verlauf der Leistungserstellung des Betriebs an und werden vielfach wieder an den Markt zum Recycling abgegeben (Drehspäne, Altöle, Fässer usw.).

4.3.3.2 Lagerungsmöglichkeiten

Eine Gliederung nach dem Kriterium der benutzten *Förder-* und *Lagerhilfsmittel* ist gleichzeitig als eine Beschreibung der anwendbaren *Lagerungsmöglichkeiten* anzusehen. Entsprechend Bild 4.24 gibt es die folgenden Möglichkeiten der Lagerung: Man kann zunächst die zwei Hauptgruppen *Lagerung im Freien* und *in Gebäuden* unterscheiden, deren weitere Untergliederung im folgenden beschrieben wird.

In den Fertigungsbetrieben bestehen im allgemeinen nur geringe Anwendungsmöglichkeiten für *Silos* oder *Tanks*. Sie werden benutzt für die Lagerung von Rohmaterial, Hilfsstoffen oder Abfällen. Ihre Aufstellung erfolgt im Freien oder in Gebäuden, je nach Größe, Werkstoff, Lagergut, Art der Beschickung und Entnahme.
Die *Lagerung ohne Lagergestell* kommt in Frage für Stückgut - es kann auch ungestapelt oder gestapelt gelagert werden (vgl. Bild 4.25) - und für Schüttgut; es wird auf den Boden

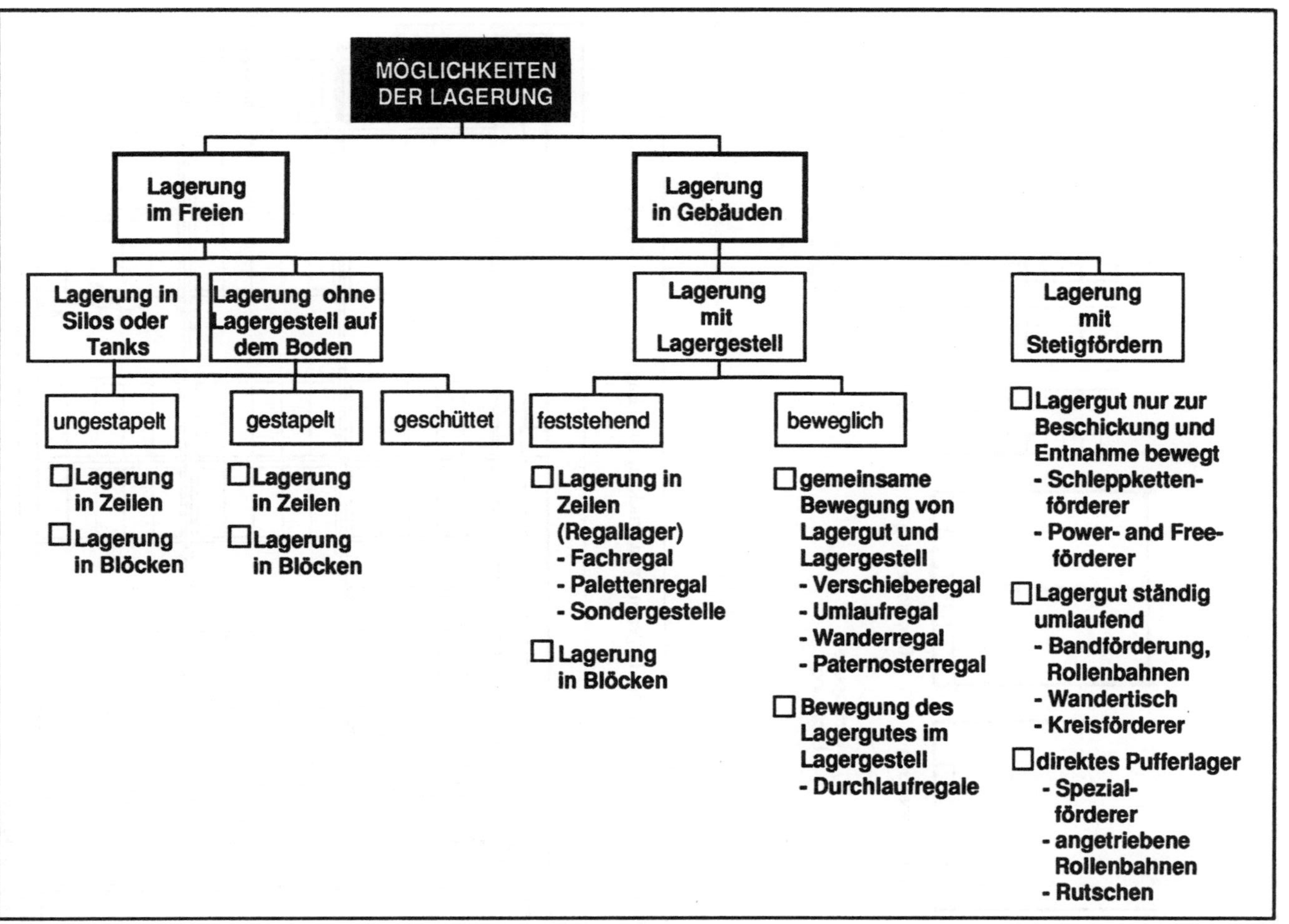

Bild 4.24 Lagerungsmöglichkeiten [4.11]

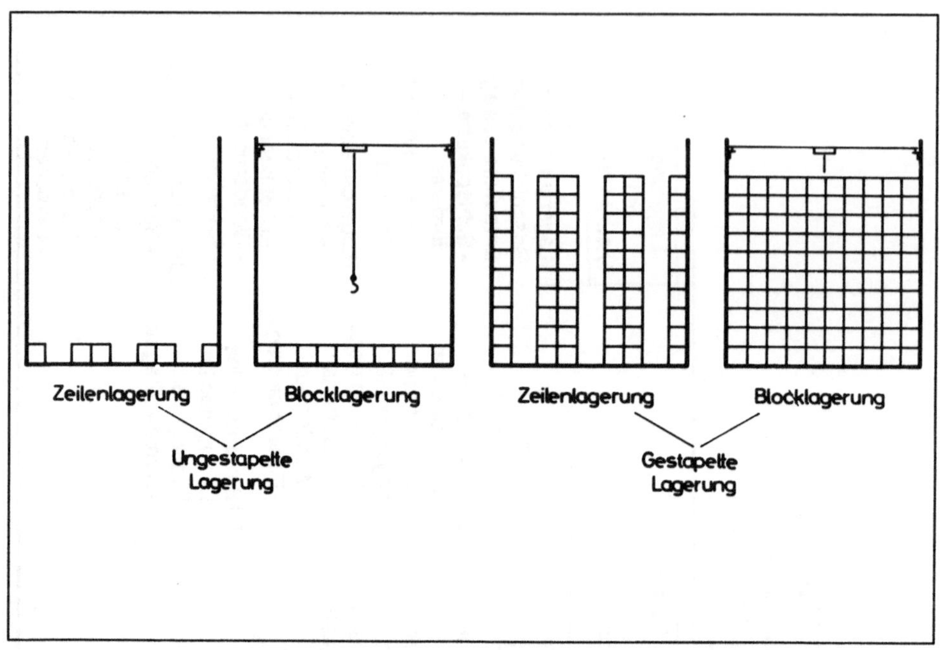

Bild 4.25 Möglichkeiten der Lagerung von Stückgut ohne Lagergestell auf dem Boden [4.11]

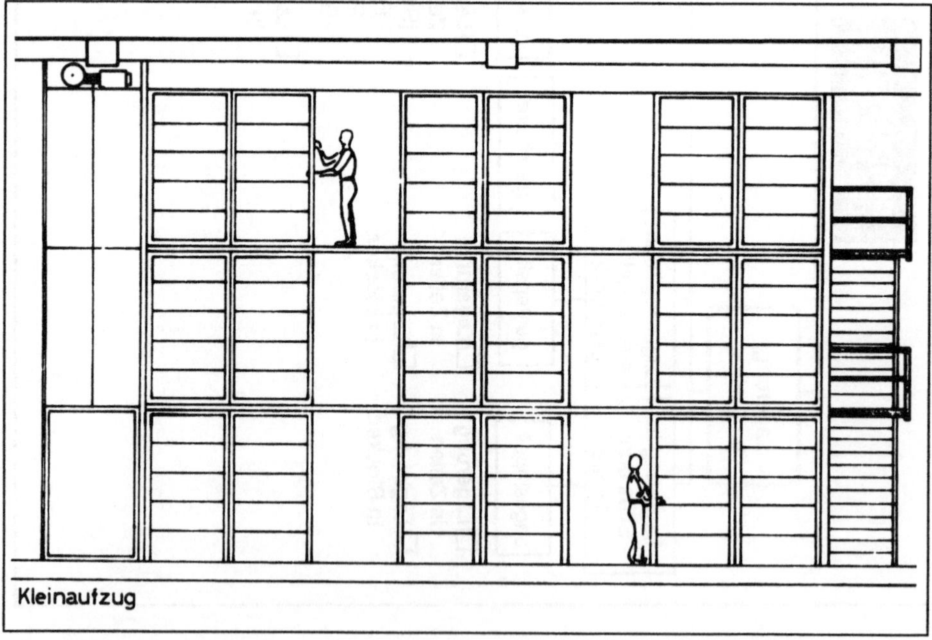

Bild 4.26 Dreigeschossiges Regalsystem

geschüttet. Die geschüttete Lagerung erfordert, bedingt durch den Böschungswinkel, eine größere Grundfläche als die Lagerung in Silos oder Bunkern, verursacht aber geringere Kosten und ist bei geeignetem Lagergut zu bevorzugen.

Die *Lagerung mit Lagergestell* wird wegen der Korrosionsempfindlichkeit der Lagergestelle meist in Gebäuden Anwendung finden. Man kann die beiden Hauptgruppen der feststehenden und der beweglichen Lagerung unterscheiden. Bei der feststehenden Lagerung bleibt eingelagertes Gut grundsätzlich so lange an einem Platz stehen, bis es wieder abgeholt wird. Bei der beweglichen Lagerung findet ein Verschieben der bereits eingelagerten Güter - u. U. zusammen mit dem Lagergestell - statt.

Bei der *feststehenden Lagerung* kann man die drei Gruppen Lagerung in Fachregalen, in Palettenregalen und in Sonderregalen bzw. -gestellen unterscheiden.

Fachregale sind Regale mit Fachböden, in die das Lagergut direkt oder in Förderhilfsmittel abgelegt wird (vgl. Bild 4.26).

Palettenregale werden für die Lagerung von Paletten gebaut und erfordern im allgemeinen keine Fachböden. Diese Regalkonstruktionen erreichen folgende Höhen:

- bei Gabelstaplerbedienung bis zu 7 m (Flachlager),
- bei Bedienung mit speziellen Regalgabelstaplern bis zu 11 m,
- bei Stapelkranen bis zu 20 m (Hochbaulager),
- bei speziellen Regalförderzeugen bis zu 30 m und mehr (Hochregallager).

Bei höheren Palettenregalen kann die Dach- und Außenhaut des Lagergebäudes direkt vom Regalgestell getragen werden, wodurch sich ein Teil der Baukosten einsparen läßt.

In *Sonderregalen* bzw. *-gestellen* werden alle diejenigen Lagergüter gelagert, für die die Fachregale oder Palettenregale ungeeignet sind. Dabei handelt es sich um Langteile (vgl. Bild 4.27), Platten, sperrige Güter, empfindliche Güter (geschliffene Wellen) sowie Güter, die in so großen Mengen anfallen, daß die Anpassung an Lagergut Platzersparnis und u. U. auch andere Vorteile bringt.

Bei der *beweglichen Lagerung* kann man zwei Gruppen unterscheiden: Bei der einen Gruppe bewegt sich das Lagergut im Lagergestell, bei der anderen Gruppe bewegen sich Lagergut und Lagergestell gemeinsam.

Lagergestelle, bei denen sich das *Lagergut bewegt,* werden Durchlaufregale genannt. Durchlaufregale sind Regale mit getrennter Ein- und Auslagerung und hintereinanderliegendem Lagergut, das sich durch Schwerkraft oder mittels angetriebener Elemente von der Aufnahme zur Entnahmestelle bewegt. Da die Ein- und Auslagerung von verschiedenen Stellen erfolgt und ein Überspringen in der Regalzeile unmöglich ist, wird innerhalb einer Regalzeile das Prinzip "first in - first out" streng gewahrt (vgl. Bild 4.28). Lager, bei denen sich *Lagergut und Lagergestell miteinander bewegen,* sind Verschieberegale, Umlaufregale und Paternoster-Regale.

Verschieberegale gibt es als Fach-, Paletten- und Sonderregale, welche auf dem Lagerboden auf Schienen verschiebbar gelagert sind und von Hand, elektrisch, hydraulisch oder pneumatisch verschoben werden können. Für die Bedienung eines Regals werden

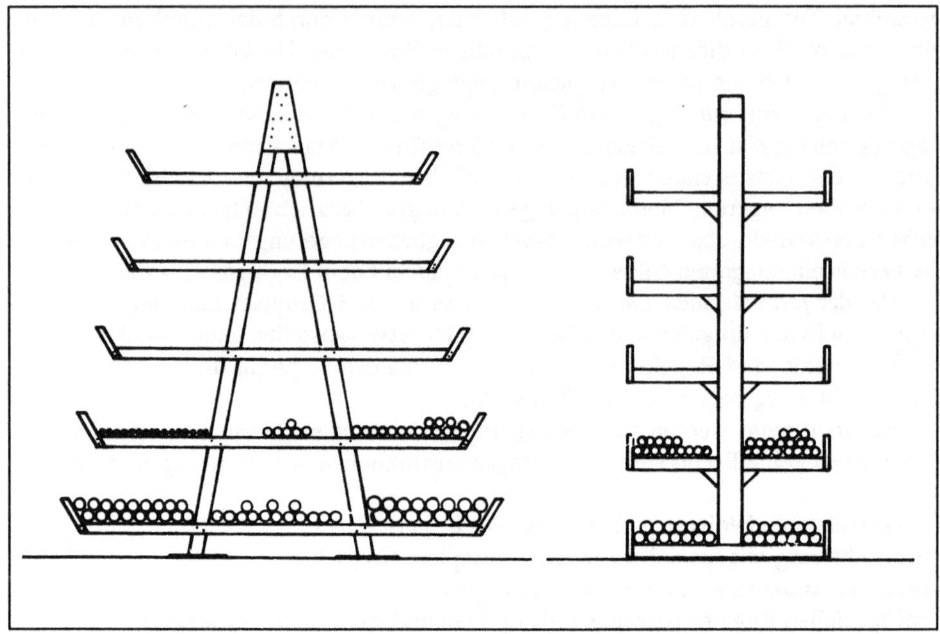

Bild 4.27 Stapelgestelle für die Aufnahme von Stabmaterial und Rohren [4.11]

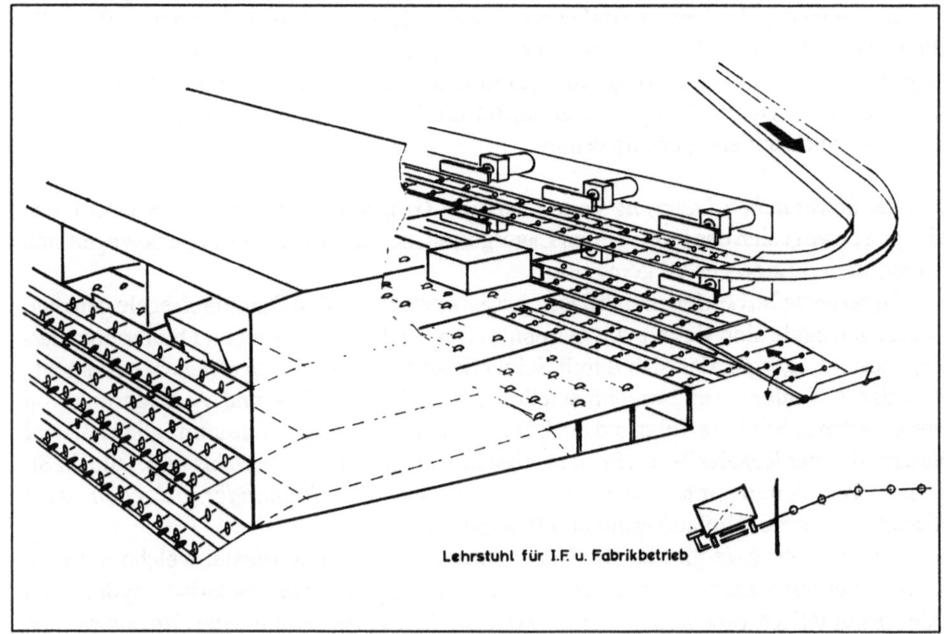

Bild 4.28 Durchlaufregal mit automatischer Be- und Entladung [4.11]

die störenden Regale weggeschoben und damit ein Regalgang geschaffen, der die Ein-
und Auslagerung gestattet.

Verschieberegale nützen die Lagerfläche etwa doppelt so gut aus wie feststehende
Regalanlagen, da jeweils nur die Lagergänge vorhanden sind, in denen tatsächlich
gearbeitet wird.

Eine noch bessere Raumausnutzung läßt sich mit einer *Umlaufregalanlage* erreichen.
Hierbei werden fahrbare Regale dicht an dicht hintereinander in zwei Ebenen übereinander
angeordnet (vgl. Bild 4.29).

Eine ähnlich kompakte Lagerung erreicht man mit *Paternoster-Regalen,* bei denen
die Regale oder spezielle Aufnahmevorrichtungen ähnlich einem Paternosteraufzug
senkrecht umlaufen. Sie dienen der Lagerung von Werkzeugen, Wellen, aber auch
Lochkarten, Akten usw.

Bei der *Lagerung mit Stetigförderern* kann man drei Hauptgruppen unterscheiden.
Bei der ersten Hauptgruppe wird das Lagergut nur zur Beschickung und Entnahme
bewegt und zur eigentlichen Lagerung mit einem Teil des Stetigförderers in einem
speziellen Lagerbereich abgestellt. Für diese Art der Lagerung eignen sich Power and
Free-Förderer und von den Flurförderern der Schleppkettenförderer (vgl. Bild 4.30).

Bei der zweiten Gruppe wird das Lagergut während der Lagerung auf einer
ringförmigen Förderstrecke ständig bewegt. Es steht während eines Umlaufs an allen

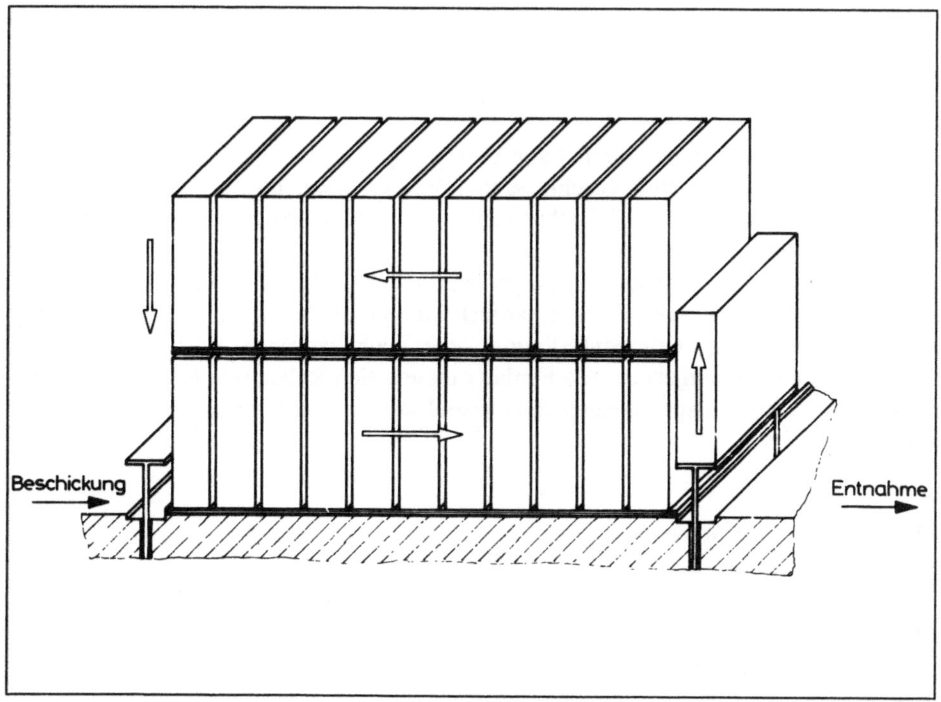

Bild 4.29 Prinzipskizze einer Umlaufregalanlage [4.11]

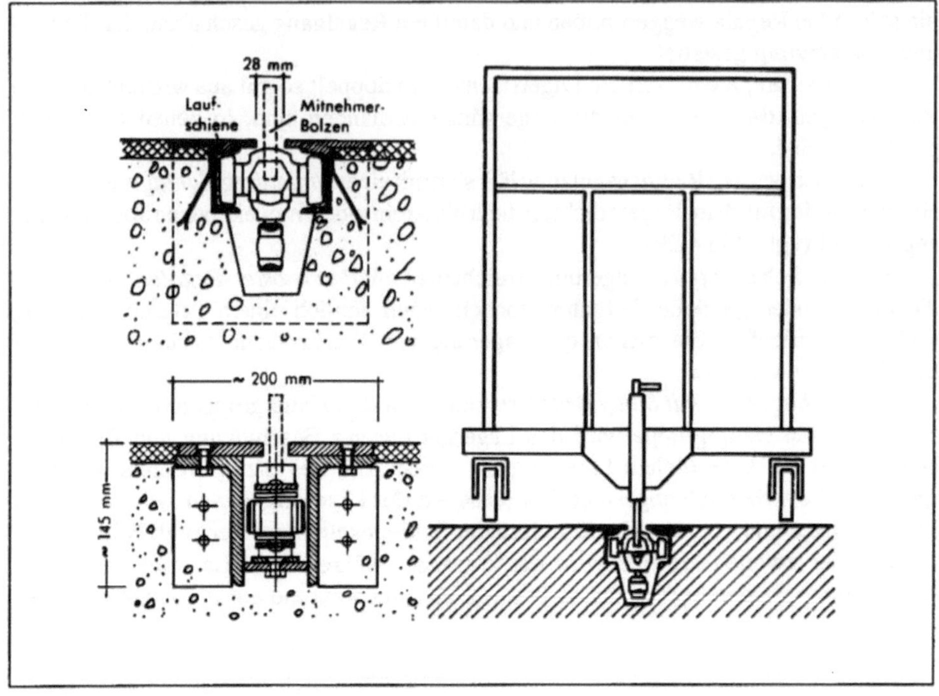

Bild 4.30 Unterflurkettenförderung

Stationen der Förderstrecke einmal zur Verfügung. Als Förderer eignen sich Kreisförderer, Wandertische und geschlossene Fördersysteme, die aus Förderbändern, (angetriebenen) Rollen oder Röllchenbahnen und ähnlichen Fördermitteln zusammengesetzt werden können.

Die dritte Gruppe dient einer ausgesprochenen Pufferung der Fördergüter zwischen zwei Fertigungsoperationen (Störungspuffer). Sie werden vor allem bei Fließfertigung mit loser Verkettung, Gruppenfertigung, aber auch zwischen Verpackungs- und Versandoperationen eingesetzt. Als Förderer eignen sich Rollen und Röllchenbahnen, Rutschen und für die entsprechenden Teile speziell konstruierte Förderer in beträchtlicher Vielfalt.

4.3.3.3 Lagerstrukturierung

Die *Lagerstruktur* gibt die Aufteilung und die Anordnung der Lager in einem Unternehmensbereich wieder. Dabei unterscheidet man zwei Prinzipien:

- die zentrale Lagerung und

- die dezentrale Lagerung

Die Entscheidung zwischen Zentrallagerung und dezentralem Lager ist aufgrund einer Kostenminimierung zu treffen. Dabei sollten die Gesamtkosten der Lager und des Transports minimiert werden.

Zentrale Lagerhaltung:

Vorteile:

- Mehrfachbestände und die damit verbundenen Dispositionsprobleme für einen Lagerartikel entfallen
- reduzierte Kapitalbindung durch Konzentration der Lagerung
- reduzierte Lagerkosten durch gleichmäßige Auslastung des Personals, der Lagergeräte und vereinfachte Lagerverwaltung
- vereinfachte Bestandsüberwachung
- größeres Lagervolumen und größere Anzahl der Lagerbewegungen ermöglichen den wirtschaftlichen Einsatz leistungsfähiger Umschlagsysteme (Automatisierung)
- weniger ungenutzte Flächen.

Nachteile:

- Errichtung in bestehenden Gebäuden meist unwirtschaftlich
- Bedarf einer großen zusammenhängenden Grundstückfläche (bei Erweiterungsplanungen unter Umständen nachteilig)
- unverträgliche Lagergüter erfordern Abtrennung voneinander
- längere Wege verursachen höhere Transportkosten nach / von außerhalb und erfordern u. U. einen besonderen Abhol- und Zubringerdienst
- unter Umständen längere "Lieferzeit"
- Tendenz zur Bildung von "Privatlagern" an Arbeitsplätzen oder in Abteilungen.

Dezentrale Lagerhaltung:

Vorteile:

- materialflußgerechte Zordnung der Lager zu den verbrauchenden Stellen
- Reduzierung der Transportkosten
- Reduzierung der Transportzeiten
- Lagergestaltung optimal den Erfordernissen des Lagergutes angepaßt (Fördergeräte, Lagerungsart, Organisation der Warenein- und -auslagerung etc.).

Nachteile:

- Mehrfachlagerung des gleichen Materials an verschiedenen Stellen

- höhere Bestandshaltung durch mehrfache Sicherheitsbestände
- organisatorischer Mehraufwand bei Disposition und Kontrolle
- größere nicht genutzte Flächen
- vielfach ungünstige Auslastung von Personal und Lagerbediengeräten.

4.3.4 Ablauforganisation im Lagerbereich

Die *ablauforganisatorischen Aufgaben* im Lagerbereich sind nach drei Hauptaufgaben gegliedert.

Der Vorgang der *Wareneinlagerung* wird eingeleitet mit der Kontrolle der Lagerzugänge. Qualität, Art und Menge (z. B. Gewicht, Stückzahl, Volumen usw.) der Waren sind dabei hauptsächliche Kontrolldaten. Die mit der Qualitätsprüfung verbundenen Planungs- und Überwachungsaktivitäten fallen meist in den Aufgabenbereich des Qualitätswesens (s. Kap. 7). Das zentrale Problem der Wareneinlagerung ist die Wahl des geeigneten Lagerordnungssystems (vgl. auch 4.3.5).
Für die Festlegung eines Lagerordnungssystems können u. a. folgende Kriterien wesentlich sein:

- Ist eine Trennung in ein Vorrats- und Greiflager vorzusehen?
- Soll die örtliche Einlagerung der Entnahmehäufigkeit der Lagergüter entsprechen?
- Zwingen unterschiedliche Gewichte oder Volumen der Lagergüter zu einem besonderen System der Lagerordnung?
- Müssen die Lagergüter nach Artikelgruppen zusammengefaßt werden?

Bei der *Warenauslagerung* sind zwei grundsätzlich mögliche Vorgehensweisen zu unterscheiden:

- Auftragsweises Kommissionieren:
  Eine Entnahmeliste enthält sämtliche Positionen eines Auftrages in der Reihenfolge, in der die Lagerorte anzulaufen sind. Dabei sind die Artikel auf der Entnahmeliste so geordnet, daß der beim Zusammenstellen des Auftrages zurückgelegte Weg minimal wird. Am Ende des Sammelvorgangs ist der Auftrag zusammengestellt.
- Periodenweises Kommissionieren:
  Die Lageraufträge einer Periode werden zu Auslagerungsaufträgen zusammengestellt. Es werden mehrere Lageraufträge zu einem Auslagerungsauftrag zusammengefaßt und von jedem Artikel die in der Periode gefragte Menge am Lagerort entnommen. Nach der Bearbeitung eines Auslagerungsauftrages gelangen die Artikel zum eigentlichen Kommissionierbereich und werden dort zu Lageraufträgen zusammengestellt.

Zur *Bestandsführung* gehören folgende Aufgaben:

- buchmäßige Erfassung sämtlicher Lagerbewegungen nach Menge und Wert

- buchmäßige Erfassung des Lagerbestandes nach Lagerort
- kurzfristige Materialentnahmeplanung und Verfügbarkeitskontrolle, um die Bereitstellung der Güter zu gewährleisten
- Kontrolle der Bestandsentwicklung
- Sammlung statistischer Daten der Verbrauchsentwicklung.

Die Bestandskontrolle erfolgt entweder als Stichtagsinventur oder als permanente Inventur. Bei diesem Aufgabengebiet ist eine enge Zusammenarbeit mit dem Beschaffungswesen erforderlich (s. Abschnitt 4.2.1).

4.3.5 Lagerordnungssysteme und Ein- und Auslagerungsstrategien

Voraussetzung für einen wirtschaftlichen Lagerbetrieb ist, daß die Fragen der Lagerordnung und der Ein- und Auslagerung dem Anwendungsfall entsprechend optimal gelöst sind.

4.3.5.1 Lagerordnungssysteme

Ein *Lagerordnungssystem* stellt ein Regelwerk dar, gemäß dem einem Artikel bzw. einem Ein- oder Auslagerauftrag ein Lagerplatz zugeordnet wird. Dieses Regelwerk baut sich aus einzelnen *Lagerprinzipien* auf. Dabei kann ein Lagerordnungssystem nur ein Lagerprinzip oder eine beliebige Kombination mehrerer Lagerprinzipien umfassen, die nicht in sämtlichen Bereichen eines Lagers gleich angewendet werden muß. Die Lagerprinzipien sind je nach Aufbau des Lagerbereichs unterschiedlich. Z. B. kann es sich bei dem Hochregallager um die Lagerprinzipien

- First in - First out (FIFO),
- Querverteilung,
- feste Lagerordnung,
- freie Lagerordnung,
- Mengenanpassung und
- Schnelläuferzonen
handeln [4.13].

Bei der Anwendung des *First in - First out - Prinzips* werden die einzelnen Artikel in der Reihenfolge der Einlagerung wieder ausgelagert. Ziel des First in - First out-Prinzips ist es, die Überalterung einzelner Artikel zu vermeiden und einen kontinuierlichen Absatz von Abruchware sicherzustellen. Demzufolge kommt das First in - First out - Prinzip bei der Auslagerung zur Anwendung. Jedem Auslagerungsvorgang wird der entsprechende Lagerplatz zugeordnet. Dagegen ist beim Einlagern keine Systematik erforderlich.

Das *Querverteilungsprinzip* hat die gleichmäßige Auslastung der Regalförderzeuge und die Gewährleistung der Auslagerungsmöglichkeit beim Ausfall von Regalförderzeugen zum Ziel. Deshalb werden bei der Anwendung dieses Lagerprinzips die Artikel über das ganze Lager verteilt. Das Querverteilungsprinzip muß bei der Ein- und Auslagerung angewendet werden.

Bei einer *festen Lagerordnung* ist jedem Artikel ein fester Lagerplatz zugewiesen. Die damit erreichbare gute Übersichtlichkeit ermöglicht bei einem Ausfall der automatischen Lagersteuerung die manuelle Anfahrt eines Lagerorts.

Nachteilig wirkt sich bei diesem Lagerprinzip auf die Lagerbelegung aus, daß Platzreserven für jeden Artikel freigehalten werden müssen.

Beim Prinzip der *freien Lagerordnung* kann jeder freie Lagerplatz mit einem beliebigen Artikel belegt werden. Eine Platzreserve wird nur für die Gesamtheit aller Artikel vorgesehen; dadurch ist eine gute Ausnutzung der Lagerkapazität möglich.

Das Ziel des Prinzips der *Mengenanpassung* ist eine schnelle Auftragsabwicklung. Um den Gesamtauftrag in möglichst wenig Teilaufträgen aus dem Lager entnehmen zu können, werden passende Anbruchpaletten gesucht. Sekundäre Folge dieses Lagerprinzips ist eine Optimierung der Kapazitätsausnutzung.

Um die Ein- und Auslagerungszeiten im Mittel klein zu halten, werden bei dem Lagerprinzip der *Schnelläuferzonen* Artikel mit großer Umschlagshäufigkeit ("Schnelläufer") nahe bei den Ein- und Auslagerungspunkten gelagert.

4.3.5.2 Ein- und Auslagerungsstrategien

Das Lagerordnungssystem legt den Lagerplatz fest, der bei einem Ein- und Auslagerauftrag angefahren werden muß. Die *Ein- und Auslagerungsstrategie* regelt entsprechend den vom Lagerordnungssystem gegebenen Bedingungen den Ablauf des Transportgeschehens im Lager.

Im folgenden sollen drei Strategien diskutiert werden, die bei einem automatischen Hochregallager Anwendung finden.

Beim *Einzelspiel* kehrt das Regalförderzeug nach Erledigung eines Ein- und Auslagerungsauftrages ohne weitere Fördertätigkeit zum Ausgangspunkt zurück.

Eine Wegstrecke ist beim Einzelspiel immer mit einer Leerfahrt verbunden. Daher ist zwar eine einfache Steuerung, aber keine gute Auslastung des Regalförderzeugs möglich.

Die Strategie *Einzelspiel mit Vorrangigkeit* der Ein- oder Auslagerung wird z. B. gewählt, wenn einseitige Spitzen auf der Ein- oder Auslagerungsseite auftreten.

Ein anderer Einsatzbereich ist dann gegeben, wenn die Ver- oder Entsorgung des vor- bzw. nachgelagerten Bereichs auf jeden Fall sichergestellt werden muß (Beispiel: Sicherstellung der Montagefähigkeit im Automobilbau).

Beim *Doppelspiel* fährt das Regalförderzeug während einer Rundfahrt ein Ein- oder ein Auslagerfach an (vgl. Bild 4.31).

Soweit vom Auftragsbestand her möglich, wird jedem Einlagerungsauftrag ein beliebiger Auslagerungsauftrag bzw. jedem Auslagerungsauftrag ein beliebiger

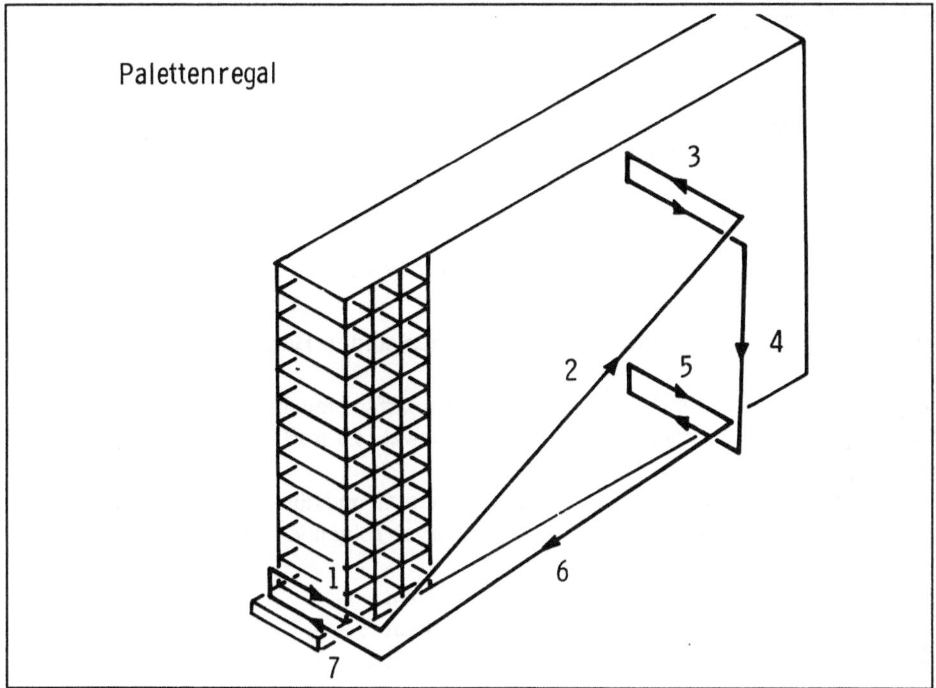

Bild 4.31 Bewegungsablauf eines Regalförderzeugs beim Doppelspiel

Einlagerungsauftrag zugeordnet. Im anderen Fall wird zu Einzelspielen übergegangen. Mit dieser Strategie läßt sich eine erhebliche Verbesserung (bis zu 50 %) der Umschlagsleistung erzielen [4.14].

4.3.5.3 Kombination von Lagerordnungssystemen und Ein- und Auslagerungsstrategien

Lagerordnungssysteme können nicht unabhängig von der Ein- und Auslagerungsstrategie gesehen werden. Im folgenden soll die Fahrwegoptimierung (Fahrzeitoptimierung) beschrieben werden, die nur beim Doppelspiel sinnvoll ist.
Fahrwegoptimierung bedeutet, daß bei einem Doppelspiel keine beliebige Kombination von Ein- und Auslagerungsfach erfolgt, sondern eine Optimierung des Fahrweges angestrebt wird. Hier gibt es eine Vielzahl möglicher Vorgehensweisen. Eine Möglichkeit ist, z. B. bei einem gegebenen Einlagerungsauftrag aus der Menge der Auslagerungsaufträge denjenigen auszuwählen, der den geringsten zusätzlichen Weg verursacht. Kann aus der Menge der Auslagerungsaufträge nicht frei gewählt werden, d.h. der zeitlich nächstliegende muß ausgeführt werden, dann ist der Regalplatz mit dem geringsten zusätzlichen Weg für den betreffenden Artikel auszuwählen.

4.3.6 Kennzahlen

- Raumnutzungsgrad:

Unter *Raumnutzungsgrad* versteht man

$$\frac{\text{Volumen einer Lagereinheit} \times \text{Zahl der Einheiten}}{\text{Volumen des Lagerraumes}}$$

Raumnutzungsgrade für verschiedene Lagerarten sind in Bild 4.32 zusammengestellt [4.15].

Die *Kosten pro Palettenplatz* sind als eine Kennziffer brauchbar, wenn es sich darum handelt, zwischen mehreren Varianten eine Auswahl zu treffen, die für eine ganz klar umrissene Lageraufgabe entworfen sind.

Eine Untersuchung [4.16], basierend auf einem Grundstückspreis von DM 150,-/m² und einer Lagerkapazität von 4 500 Paletten, ergab folgende Kennzahlen:

- Flachlager: 636,— DM pro Palettenplatz
- Hochlager: 935,— DM pro Palettenplatz
- Hochregallager: 523,— DM pro Palettenplatz.

Die *Umschlagshäufigkeit* gibt an, wie oft der Lagerinhalt in einem Jahr umgeschlagen wird. Z. B. wird in der Automobilindustrie monatlich umgeschlagen.

	Flachlager mit Gabelstapler 5 m hoch	hohes Flachlager mit Drehgabelstapler 12,5 m hoch	Hochregallager mit regelabhängigem Regalförderzug 25 m hoch
Blocklagerung	36 %		
Regallagerung	18 %	29 %	34 %
Durchlaufregale	27 %		38 %

Bild 4.32 Raumnutzungsgrade für verschiedene Lagerarten

4.4 Wiederholungsfragen

1. Nennen Sie die Aufgabengebiete des Beschaffungswesens.

2. Wodurch lassen sich die Beschaffungskosten minimieren?

3. Nennen Sie drei wesentliche Kriterien für die Lieferantenauswahl.

4. Ein Unternehmen hat mehrere Werke. Unter welcher Voraussetzung würden Sie eine zentrale Beschaffung befürworten, und welchen wesentlichen Vorteil sehen Sie darin?

5. Ist der Bestellpunkt ein festgelegter Zeitpunkt oder eine festgelegte Menge?

6. Welche Kosten werden durch die Bestellmenge beeinflußt?

7. Erläutern Sie anhand einer kurzen Lagerdefinition die Funktion des Lagers.

8. Zählen Sie einige Gliederungsmöglichkeiten bei den Lagerarten auf.

9. Welche Lager würden Sie zentral anordnen?

10. Welche Anforderungen sollten an das Lager gestellt werden?

11. Wie können sich obige Anforderungen widersprechen?

12. Welche Lagerungsmöglichkeiten gibt es?

13. Welche Aufgaben gehören zur Bestandsführung?

14. Nennen Sie einige Lagerprinzipien.

4.5 Literaturverzeichnis

4.1   Graf, H.: Ergebnisverbesserung durch Rationalisierung der Materialwirtschaft. In: AV 12 (1975) H. 5, S. 133-138.

4.2   Heinen, E.: Industriebetriebslehre. 8. Aufl. Wiesbaden: Gabler 1989.

4.3   Methoden und Organisation des industriellen Einkaufs, Band 1. Frankfurt: Batelle Institut 1970.

4.4   Strache, H.: Preise senken, Gewinn einkaufen. Das Handbuch für Einkauf und Materialwirtschaft. 5. Aufl. Lage/Lippe: Haberbeck 1990.

4.5   Westermann, H.: Gewinnorientierter Einkauf. 3. Aufl. Berlin: Schmidt 1982.

4.6   Rabus, G.; Mack, M.: Methoden zur Bestellrechnung und Festlegung des Sicheheitsbestands und ihrer Anwendung in der Praxis. Unveröffentlichter Untersuchungsbericht. Stuttgart: Universität, Institut für Industrielle Fertigung und Fabrikbetrieb 1976.

4.7   Methodenlehre der Planung und Steuerung. REFA. 4. Aufl. Teil 3. München: Carl Hanser 1985.

4.8   Grupp, B.: Elektronische Einkaufsorganisation. Berlin, New York: de Gruyter 1974.

4.9   Lönneker, W.: Modelle für ein Handelslager: Wareneingang und Transport; Kommissionierung und Versand. In: Rationeller Handel (1971), Heft 7.

4.10   Baumgarten, H.; Böckmann, H.; Gail, M.: Voraussetzungen automatisierter Lager. Berlin, Köln: Beuth 1978.

4.11   Dolezalek, C.M.; Warnecke, H. J.: Planung von Fabrikanlagen. 2. Aufl. Berlin, Heidelberg, New York: Springer 1981.

4.12   Schippkühler, J.: Zur Optimierung der Fördervorgänge vor und in einem Hochregallager, dargestellt mit Hilfe eines Simulationsmodells. Berlin, Technische Universität, Diss. 1972.

4.13   Stemmer, G.: MFSP - Ein Verfahren zur Simulation komplexer Materialflußsysteme. Mainz: Krausskopf 1977.

4.14   Jünemann, R.: Systemplanung für Stückgutläger. Mainz: Krausskopf 1971.

4.15 Favarger, M.: Zur Wirtschaftlichkeit moderner Lageranlagen. In: Fördern und Heben 18 (1968) 12, S. 746 - 748.

5 Arbeitsvorbereitung

5.1 Einleitung

Als Bindeglied zwischen Konstruktion und Fertigung hat die Arbeitsvorbereitung alle technischen und organisatorischen Aufgaben zu erfüllen, die zur Herstellung von Erzeugnissen in der Fertigung oder Montage erforderlich sind. Auf der Basis einer durch die Konstruktion festgelegten Beschreibung sind die Fertigungs- und Montageprozesse im einzelnen vorzudenken, die durchzuführenden Arbeiten und deren terminlicher Rahmen festzulegen, sowie die Einhaltung der Termine sicherzustellen [5.1].

Der Ausschuß für Wirtschaftliche Fertigung (AWF) definiert die Aufgaben dieses oftmals auch mit dem Begriff Fertigungsvorbereitung bezeichneten Unternehmensbereichs wie folgt:

> "Die Arbeitsvorbereitung umfaßt die Gesamtheit aller Maßnahmen einschließlich der Erstellung aller erforderlichen Unterlagen und Betriebsmittel, die durch Planung, Steuerung und Überwachung für die Fertigung von Erzeugnissen ein Minimum an Aufwand gewährleisten"

Im Rahmen des 5. Kapitels werden die Planungs-, Steuerungs- und Überwachungsaufgaben in der Teilefertigung und der Montage aufgezeigt, die den Produktionsbereich im engeren Sinne darstellen.

Generell wird der Begriff Produktion in der Praxis und in der Literatur unterschiedlich weit gefaßt, so daß in [5.2] beispielsweise die Bereiche

- Konstruktion,
- Arbeitsvorbereitung,
- Beschaffung
- Teilefertigung und
- Montage

der Produktion zugeordnet werden. Ebenso, wie es keine für alle Unternehmen gleichermaßen optimale Organisationsform gibt, ist auch bei der Zuordnung verschiedener Unternehmensbereiche zur Produktion die Systemgrenze eine Frage der Zweckmäßigkeit. Sehr weit gefaßt können der Produktion, mit Ausnahme des Vertriebs, die in Bild 5.1 aufgeführten Unternehmensbereiche zugeordnet werden, da diese direkt am Produktentstehungsprozeß beteiligt sind. Die Arbeitsvorbereitung wird häufig in zwei Aufgabengebiete untergliedert [5.1, 5.3, 5.4]. Diese Aufteilung wird auch den Kapiteln 5.2 und 5.3 zugrundegelegt. In Anlehnung an [5.1] umfaßt die Fertigungsplanung alle einmalig zu treffenden Maßnahmen bezüglich der Gestaltung des Erzeugnisses, der

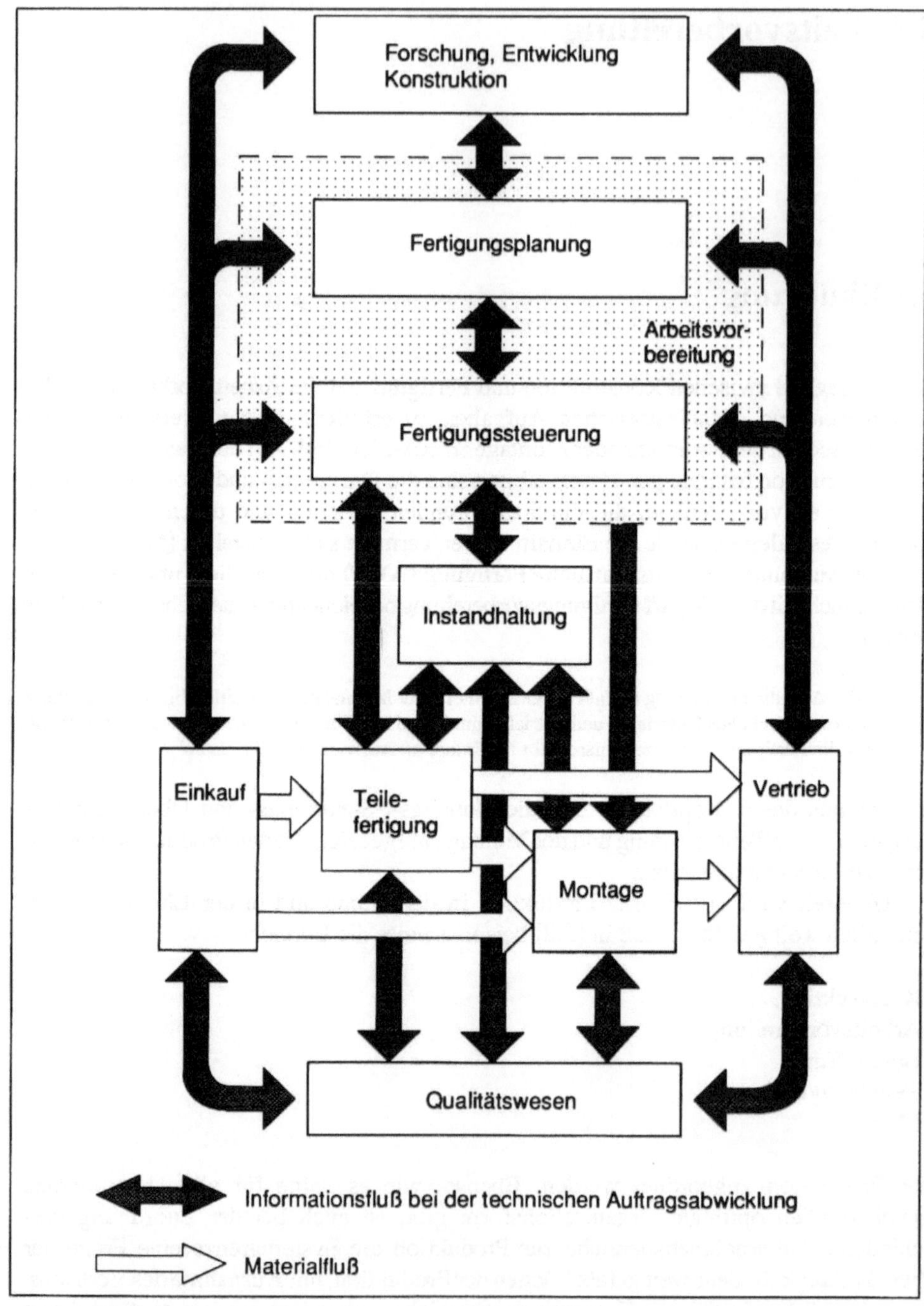

Bild 5.1 Material- und Informationsflußbeziehungen im Produktionsprozeß

Aufstellung der Arbeitspläne und der Planung der Betriebsmittel. Der Aufgabenschwerpunkt der Fertigungsplanung - zum Teil auch als Arbeitsplanung bezeichnet - ist technisch orientiert.

> "Die Fertigungssteuerung umfaßt alle Maßnahmen, die zur Durchführung eines Auftrages im Sinne der Fertigungsplanung erforderlich sind" [5.3].

Der Fertigungssteuerung fallen damit überwiegend organisatorische Aufgaben zu.
Auf der Grundlage der vorliegenden, bei wiederholter Serienfertigung auftragsunabhängiger Unterlagen (Arbeitsplan, Stückliste), sind von der Fertigungssteuerung alle auftragsabhängigen Planungs-, Steuerungs- und Überwachungsaufgaben hinsichtlich Mengen und Terminen durchzuführen und die für die Fertigung notwendigen auftragsgebundenen Unterlagen (Laufkarte, Materialentnahme- und Lohnscheine, usw.) zu erstellen.

Zielsetzung dieses Kapitels ist es, einen Überblick über die Aufgaben der Arbeitsvorbereitung und Grundlagenkenntnisse über die Methoden und Hilfsmittel in diesem Bereich zu vermitteln.

5.2 Fertigungsplanung

5.2.1 Aufgaben und Gliederung der Fertigungsplanung

Die Fertigungsplanung hat im wesentlichen die Fragen zu klären,

- aus welchem *Material*
- nach welchem *Verfahren*
- mit welchen *Fertigungsmitteln*
- in welchem *Zeitraum*

ein Teil hergestellt werden soll. Daraus ergeben sich für die Fertigungsplanung eine Reihe von Aufgaben, die in Bild 5.2 zusammengestellt sind und im folgenden näher erläutert werden.

Die Aufgaben und Tätigkeiten innerhalb der Fertigungsplanung gliedern sich entsprechend ihrer zeitlichen Tragweite in kurz- bis langfristige Aufgaben, wobei durch die fließenden Übergänge eine eindeutige Einordnung von Aufgabenstellungen nicht immer möglich ist.

Während sich die kurzfristigen Aufgaben maßgeblich mit der Auftragsabwicklung befassen, werden bei den langfristigen Planungsaufgaben geeignete Maßnahmen für die wirtschaftliche Gestaltung und Auslegung der Fertigungs- und Montagebereiche entwickelt.

Zeithorizont	Aufgaben	Beispiele
kurzfristig	Stücklistenverarbeitung	☐ Fertigungsstücklisten ☐ Montagestücklisten
	Planungsvorbereitung	☐ Konstruktionsberatung ☐ Suchen von Unterlagen
	Arbeitsplanerstellung	☐ Arbeitspläne ☐ Arbeitsunterweisungen
	NC-Programmierung	☐ Programmierung von NC-Maschinen und Handhabungsgeräten
	Fertigungsmittelplanung	☐ Fertigungsmittel für Sonderbearbeitungen entwickeln
	Qualitätssicherung	☐ Prüfmethoden ☐ Qualitätsrichtlinien
	Kostenplanung	☐ Kalkulation ☐ Wirtschaftlichkeitsrechnung
	Materialplanung	☐ Sortenplanung ☐ Lagerplanung
	Methodenplanung	☐ Planungsmethoden ☐ Fertigungsmethoden
langfristig	Technische Investitionsplanung	☐ Fertigungsmittel ☐ Automatisierungseinrichtungen

Bild 5.2 Aufgaben der Fertigungsplanung

Als kurzfristig gelten alle Aufgaben im Rahmen der wirtschaftlichen Auftragsabwicklung von der Planungsvorbereitung bis zur NC-Programmierung.

Planungsaufgaben mit erheblich langfristigerem Charakter sind die Methodenplanung und die technische Investitionsplanung. Eine Sonderstellung nehmen die Planung von Fertigungsmitteln und Qualitätssicherungsmaßnahmen, die Kostenplanung sowie die Materialplanung ein, in denen sowohl kurz- als auch langfristige Tägigkeiten durchgeführt werden müssen [5.5].

Im Rahmen der Planungsvorbereitung werden die Zeichnungen hinsichtlich der fertigungs- und montagegerechten Gestaltung der Werkstücke überprüft und nach Rücksprache mit dem Konstrukteur von diesem geändert. Außerdem müssen die Konstrukteure über die Eigenheiten derzeit eingesetzter oder neu einzuführender Fertigungsverfahren beraten werden. Zielsetzung ist es, nur fehlerfreie Zeichnungen von fertigungsgerecht gestalteten Werkstücken den in der Auftragsabwicklung nachfolgenden Bereichen zur Verfügung zu stellen. Die Bedeutung der Aufgabe, bereits frühzeitig die Möglichkeiten der Produktion mit den Vorstellungen der Konstruktion in Einklang zu bringen, um eine möglichst kostengünstige Herstellung des Erzeugnisses zu erreichen, zeigt die hohe Verantwortung der Konstruktion an den Selbstkosten eines Produktes in Bild 5.3.

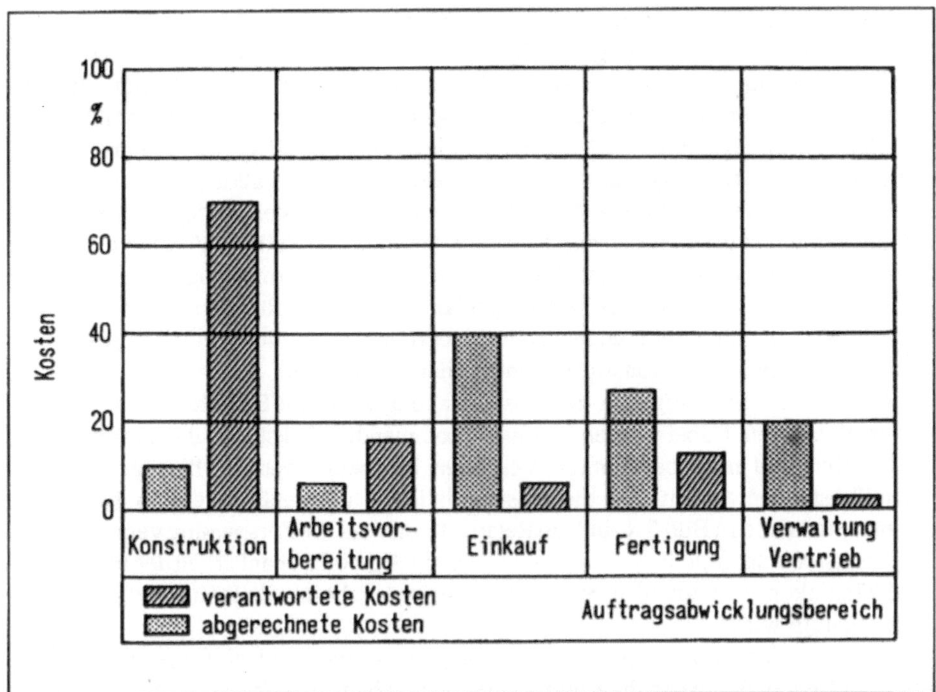

Bild 5.3 Kostenverantwortung und Kostenverursachung verschiedener Unternehmensbereiche

Bei der Stücklistenverarbeitung werden aus den funktional strukturierten Konstruktionsstücklisten herstellungsspezifische Fertigungsstücklisten abgeleitet, die beispielsweise Eigenfertigungs- und Zukaufteile berücksichtigen. Weiterhin sind montageorientierte Stücklisten nicht nur für die Erstmontage sondern auch für Reparaturzwecke zu erstellen.

Im Rahmen der Arbeitsplanerstellung wird in einer ersten Stufe die Geometrie des Ausgangsteils bestimmt. Danach wird der Arbeitsablauf, d. h. die Folge der Arbeitsvorgänge zur Bearbeitung eines Werkstückes festgelegt, jedem Arbeitsvorgang die geeigneten Fertigungsmittel zugeordnet und die zugehörige Vorgabezeit berechnet. Bereits bei der Arbeitsplanerstellung sollte die Entwicklung von erforderlichen Sondervorrichtungen oder Sonderwerkzeugen in der Betriebsmittelkonstruktion veranlaßt bzw. deren Beschaffung eingeleitet werden, um zu vermeiden, daß die Planung und Herstellung von Sonderbetriebsmitteln den Produktionsbeginn unnötig verzögert.

Enthält der Arbeitsplan Arbeitsgänge auf NC-Maschinen, dann sind für diese Maschinen im Rahmen der NC-Programmierung die erforderlichen Steuerinformationen zu erzeugen. Die NC-Programme müssen für die Fertigung in einer für die jeweilige Maschinensteuerung interpretierbaren Form und auf entsprechenden Datenträgern (z.B. Lochstreifen) bereitgestellt werden.

Als Maßnahmen zur Qualitätssicherung werden bei der Prüfplanung die technischen und organisatorischen Voraussetzugen für die wirkungsvolle Ausführung von Qualitätsprüfungen, auch mit neuen Prüfmethoden und Prüfmitteln geschaffen. Als kurzfristige Aufgaben der Qualitätssicherung sind die Erstellung von Prüfplänen sowie die Programmierung von Meßeinrichtungen zu bewältigen.

Zu den mittel- bis langfristigen Aufgaben der Arbeitsplanung ist die Kostenplanung zu zählen, in der neben der kostenmäßigen Betrachtung von unterschiedlichen Arbeitsverfahren und der wirtschaftlichen Anwendung dieser Verfahren vor allem die Material-, Fertigungsmittel- und Lohnkosten im Vordergrund stehen, die pro Teil zu ermitteln sind. Die Ergebnisse der teilebezogenen Vorkalkulation dienen als Entscheidungsgrundlage für die Auswahl des kostengünstigsten Fertigungsverfahrens und gehen mit den Ergebnissen der Nachkalkulation in den Soll-Ist-Vergleich ein. Das Rechnungswesen benötigt diese teilebezogenen Kosten für die Ermittlung der Selbstkosten des Erzeugnisses. Zwischen der Fertigungsplanung und dem Rechnungswesen besteht durch die Kostenplanung eine enge Aufgabenverknüpfung, die durch eine entsprechende Organisation des Informationsflusses unterstützt werden muß.

Zu den weiteren Aufgaben der Kostenplanung zählt die Erstellung von Relativ-Kosten-Katalogen. Dabei werden häufig vorkommende Werkstücke die aus ähnlichen Werkstoffen und nach bestimmten Verfahren bearbeitet werden, hinsichtlich ihrer Herstellkosten untersucht und die Kostenrelationen (Kostenfaktoren) in Katalogen zusammengestellt. In Bild 5.4 sind die Relativ-Kosten für die Zerspanung verschiedener Stahlwerkstoffe dargestellt, wobei die unterschiedlich gute Zerspanbarkeit der Werkstoffe in Abhängigkeit vom Anteil verschiedener Legierungsbestandteile durch den K-Wert berücksichtigt wird.

Während die auftragsorientierte Festlegung des Materialbedarfs für jedes Eigenfertigungsteil nach Beschaffenheit und Menge weitgehend kurzfristig erfolgt, zählt die auftragsunabhängige Planung von Lagersorten und Lagerorten vielmehr zu den

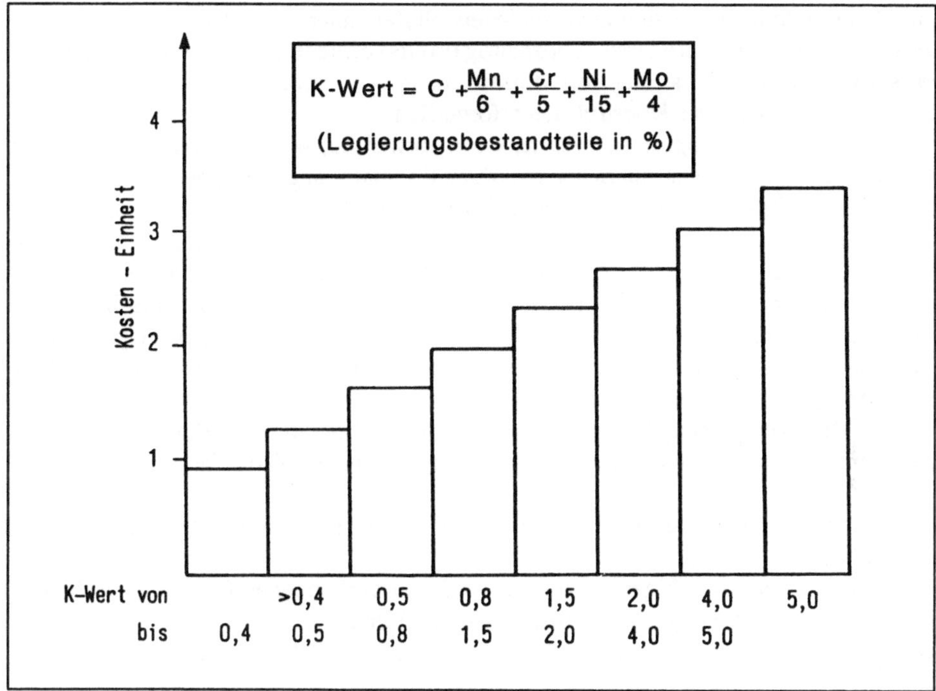

Bild 5.4 Relativ-Kosten der verschiedenen Stahlwerkstoffe beim Zerspanen [5.6]

langfristigen Aufgaben der Materialplanung. Zielsetzung ist es hierbei, Menge und Art des lagerhaltigen Halbzeuges unter Berücksichtigung der Anforderungen der Werkstücke und Betriebsmittel, sowie der optimalen Standorte der einzelnen Materielarten festzulegen, so daß eine ständige Lieferbereitschaft bei minimaler Kapitalbindung und geringen Lagerhaltungskosten gewährleistet ist.

Grundsätzlich werden als Material in diesem Zusammenhang alle

- Rohstoffe,
- Werkstoffe,
- Hilfsstoffe,
- Betriebsstoffe,
- Halbzeuge,
- Einzelteile und
- Baugruppen

bezeichnet [5.7]. Die Begriffsdefinitionen sowie Beispiele für die verschiedenen Materialarten sind in Bild 5.5 zusammengestellt.

Unter dem in der Praxis weitverbreiteten Begriff Rohmaterial werden im allgemeinen Rohstoffe, Werkstoffe und Halbzeuge zusammengefaßt.

Die Materialplanung läßt sich in verschiedene Stufen unterteilen (Bild 5.6).
Die Materialplanung Stufe 1 und 2 wird häufig bereits von der Konstruktion durchgeführt.
Falls die Fertigungsplanung mit diesen Aufgaben betreut wird, ist eine enge
Zusammenarbeit mit der Konstruktion erforderlich.

Die Materialplanungsstufe 3 ist nur dann notwendig, wenn mehrere gleiche oder
unterschiedliche Teile aus einem hochwertigen Rohmaterial gefertigt werden und somit
durch Verschnittminimierung die Herstellkosten erheblich gesenkt werden können.

In der Materialplanungsstufe 4 wird festgelegt, welche Materialarten auf Lager
gelegt werden. Neben den Daten aus der Materialplanungsstufe 2 sind für diesen Schritt
das Produktionsprogramm sowie die Einkaufs- und Lagerbedingungen als Entscheidungsgrundlage heranzuziehen [5.8]. Wie bei der Fragestellung "Eigenfertigung oder
Fremdbezug" ist auch bei dieser Aufgabe eine enge Zusammenarbeit mit dem
Beschaffungs- und Lagerwesen erforderlich.

Die Methodenplanung hat im Zusammenhang mit betrieblichen Rationalisierungsmaßnahmen in den letzten Jahren an Bedeutung gewonnen. Sie umfaßt zum einen

- die Analyse und Bewertung vorhandener Fertigungsverfahren (Analyse des Ist-
  Zustandes),
- die Prognose von zukünftigen Entwicklungen in den vorhandenen Fertigungsverfahren
  und ihrer Anwendungen (Verfahrenserweiterung) und
- die systematische Suche neuer Fertigungsverfahren (Verfahrensentwicklung) [5.9].

Zum anderen wird die Vereinheitlichung des gesamten Planungsablaufes in der
Fertigungsplanung angestrebt, was insbesondere auf die Arbeitsbewertung und die
Durchführung von Arbeitsablaufstudien zutrifft.

Bei der technischen Investitionsplanung werden unter Berücksichtigung der
technischen und wirtschaftlichen Randbedingungen, Art und Umfang von geeigneten
Investitionen festgelegt, die die Wirtschaftlichkeit und Produktivität eines Unternehmens
verbessern und langfristig sicherstellen. Die Investitionsplanung ist in diesem
Zusammenhang als Entscheidungsvorbereitung aus technischer Sicht zu verstehen und
beschränkt sich hauptsächlich auf Investitionsobjekte im Bereich der Fertigungsmittel
(siehe Bild 5.7).

Die Fragen der technischen Investitionsplanung (z. B. Sondermaschine oder
Universalmaschine) können nicht unabhängig von den betriebswirtschaftlichen Fragen
(z. B. Kosten, Nutzungsdauer, Eigenfertigung oder Fremdbezug einer Vorrichtung usw.)
beantwortet werden. An der Entscheidung für eine bestimmte Investition sollten deshalb
Mitarbeiter aus verschiedenen Unternehmensbereichen mitwirken.

5.2.2 Methoden und Hilfsmittel der Fertigungsplanung

Neben der Zeichnung und der Stückliste ist der Arbeitsplan eines der wichtigsten
Grunddokumente für den Produktionsprozeß. Zielsetzung aller Aktivitäten der

Materialart	Definition	Beispiele
Rohstoff	Materie ohne definierte Form, die gefördert, abgebaut, angebaut, oder gezüchtet wird, und die als Ausgangssubstanz für Werkstoffe dient.	- mineralisch(Erz, Roheisen, Bauxit, Asbest, Goldstaub) - pflanzlich (Kohle, Holz, Fett Plankton) - tierisch (Haut, Fett, fossile Rohstoffe wie Rohöl, Erdgas)
Werkstoff	Aufbereiteter Rohstoff in geformtem (Kokille, Barren) oder ungeformtem (fest, flüssig, gasförmig) Zustand, der zur Weiterbearbeitung oder als Ausgangssubstanz für Hilfs- oder Betriebsstoffe dient.	- **Metallegierungen (Masseln wie Messing, Aluminium, Stahl)** - **Rohglas** - **Kunststoffpulver**
Halbzeug	Werkstoff für abgestimmte spezielle Fertigungszwecke mit definierter Form, Oberfläche und definiertem Zustand (z. B. Härte, Gefüge), der in ein Erzeugnis eingeht, oder als Hilfsmittel verwendet wird.	- Tafel - Platte - Profil (Hohl-, Vollprofil) - Granulat
Hilfsstoff	Stoff, der zur Fertigung benötigt wird, der aber nicht oder nur zum Teil in das Erzeugnis eingeht.	- Schweißzusatzwerkstoff - Lot - Lösungsmittel - Klebstoff - Schleifpulver
Betriebsstoff	Werkstoff, der zur Nutzung von Betriebsmitteln oder Erzeugnissen dient.	- Schmierstoff - Heizöl - Treibstoff - Wasser - Luft - Gas
Teil	Technisch beschriebener, nach einem bestimmten Arbeitsablauf zu fertigender, bzw. gefertigter, nicht zerlegbarer Gegenstand.	- Schraube - Winkel
Gruppe	In sich geschlossene, aus zwei oder mehr Teilen und/oder Gruppen niederer Ordnung bestehende Gegenstände.	- Feder mit eingenietetem Kontakt - Autokarosserie

Bild 5.5 Materialarten in der Produktion

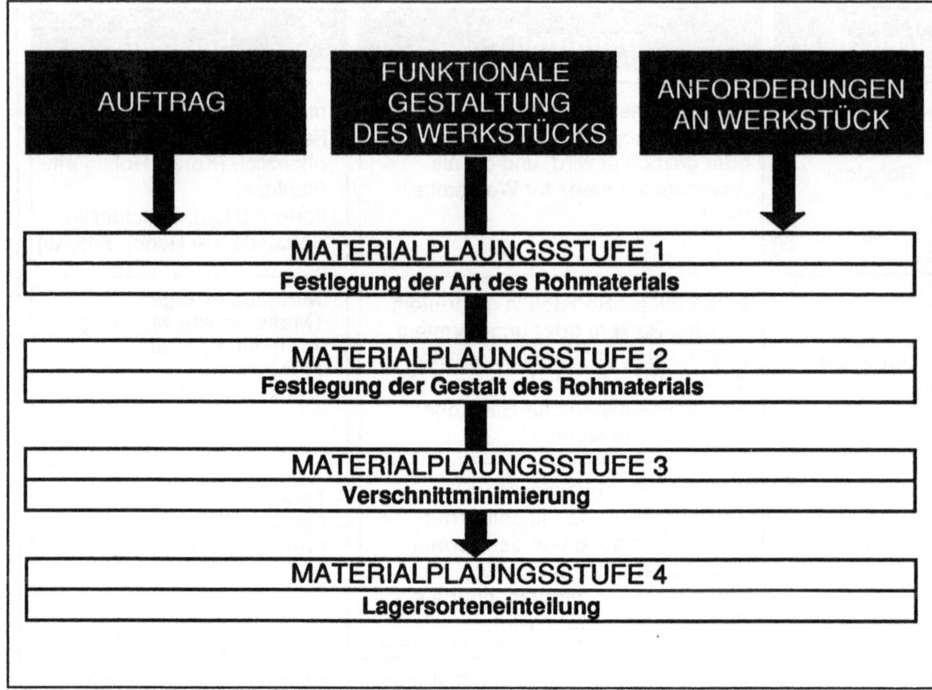

Bild 5.6 Stufen der Materialplanung [5.8]

Fertigungsplanung ist es,

- vollständige,
- verständliche,
- genaue und
- reproduzierbare

Arbeitspläne zu erstellen. Dabei ist der Forderung nach einem wirtschaftlichen Ablauf sowohl für die Erstellung der Arbeitspläne als auch für die Fertigung der Werkstücke Rechnung zu tragen.

5.2.2.1 Voraussetzungen und grundsätzliche Vorgehensweisen

Um diese Zielsetzung zu erreichen, müssen bestimmte Voraussetzungen erfüllt sein. Neben den Unterlagen aus der Konstruktion werden insbesondere Angaben über die Eigenschaften des eingesetzten Materials und der verfügbaren Fertigungsmittel benötigt. Diese sollten so aufbereitet sein, daß sie im Alltag der Fertigungsplanung einfach zu handhaben sind. Oft sind diese Hilfsmittel jedoch nicht vorhanden, unvollständig oder

	Ver- und Entsor-gungsanlagen	Fertigungs-mittel	Mess- und Prüfmittel	Fördermittel	Lagermittel	Organi-sationsmittel	Innenaus-stattung
DEFINITION	Mittel, die als mittelbare oder unmittelbare Voraussetzung zur Nutzung der Fertigungs-, Meß-,und Prüf-, Förder-, Lager-, Organisationsmittel, der Innenausstattung oder zur Beseitigung von Abfallstoffen dienen	Mittel zur direkten oder indirekten Form-, Substanz-oder Fertigungzustandsänderung mechanischer bzw. chemisch-physikalischer Art	Mittel, die bei der Durchführung von Fertigungsaufgaben zum Prüfen von Maßhaltigkeit, Funktion, Beschaffenheit und besonderen Eigenschaften dienen	Mittel zur Orts-und Lageveränderung von Material, Erzeugnissen und anderen Gegenständen	Mittel, die als Hilfsmittel der Ablauforganisation eingesetzt werden. Sie dienen nicht der Be- oder Verarbeitung von Materialoder Erzeugnissen	Mittel zum Abstellen und Aufbewahren von Material, Erzeugnissen und anderen Gegenständen	Mittel, die zur Nutzung und Sicherung der Grundstücke und Gebäude oder zum Druchführen betrieblicher Aufgaben bestimmt sind, aber keiner anderen Betriebsmittelkategorie (z.B. Fördermittel) in ihrer Funktion zugeordnet werden können
BEISPIELE	- Wasseraufbereitungsanlage - Dampferzeugungsanlage - Gaserzeugungsanlage - Stromverteilungsanlage - Preßluftverteilungsanlage - Nachverbrennungsanlage	- Maschinelle Anlage - Werkzeugmaschine - Werkzeug - Vorrichtung - Modell - Form	- Koordinatenmeßanlage - Meß- und Prüfautomat - Meßmikroskop - Maßstab - Grenzlehrdorn - Meßschieber - Fühlerlehre - Wasserwaage	- Gabelstapler - Kran - Stetigförderer - Hängebahn - Lastenaufzug - Transportbehälter	- Regal - Lagerkasten - Ablegetisch - Regalförderzug	- DV - Anlage - Nachrichteneinrichtung - Aktenförderer - Kartei - Mikrofilmgerät - Schreibautomat - Kopiergerät	- Allgem. Möbel - (Schrank,Tisch, Stuhl) - Feuerschutzeinrichtung - Laboreinrichtung - Leuchte - Belegschaftseinrichtung - sonsitge Ausstattung (Tresor, Blumenbank)

Bild 5.7 Gliederung der Betriebsmittel [5.7]

veraltet, so daß die Planungsergebnisse weitgehend von der Erfahrung der Mitarbeiter in der Fertigungsplanung abhängig sind.

Der erste Schritt zur Rationalisierung der Fertigungsplanung ist die Systematisierung der Planungshilfsmittel und der Planungsmethoden (Bild 5.8). Während die Systematisierung der Planungsmethoden auf eine Vereinheitlichung und Objektivierung des Planungsablaufes zielt, soll durch eine Systematisierung der Planungshilfsmittel eine anforderungsgerechte Dokumentation der zur Fertigungsplanung notwendigen Unterlagen erreicht werden.

Die konsequente Fortsetzung der Systematisierung ist die Rechnerunterstützung im Bereich der Fertigungsplanung. Ausgehend von einer detaillierten Beschreibung der Fertigungsaufgabe übernimmt der Rechner einen Teil der Planungsaufgaben. Dafür ist es erforderlich, die Planungsunterlagen in Dateien bereitzustellen, den Planungsablauf soweit wie möglich zu algorithmieren und zu programmieren.

Es können jedoch nicht ohne weiteres alle bei der Fertigungsplanung notwendigen Arbeitsschritte dem Rechner übertragen werden.
Ein Beispiel für die systematische Aufbereitung von Werkstoffdaten ist in Bild 5.9 dargestellt.

Unabhängig davon, ob diese Daten konventionell (z. B. in Karteien) oder aber auf EDV-kompatiblen Datenträgern gespeichert sind, ist es erforderlich, daß der Zugriff nach bestimmten evtl. mehreren Ordnungsgesichtspunkten erfolgen kann.

Gerade für die Vereinfachung von Sucharbeiten, aber auch für die Abwicklung des Änderungsdienstes können heutzutage Rechnerprogramme als geeignetes Hilfsmittel eingesetzt werden. Unabhängig von speziellen Hilfsmitteln hat auch im Bereich der Fertigungsplanung die Nummerung eine zentrale Bedeutung. Bild 5.10 zeigt beispielhaft einen klassifizierenden Nummernschlüssel für Werkzeugmaschinen.

Nachfolgend soll am Beispiel der Vorgabezeitermittlung und der Arbeitsbewertung bzw. Entlohnung aufgezeigt werden, wie die Datengrundlagen für die Planung aufbereitet und angewendet werden.

5.2.2.2 Ermittlung der Vorgabezeit

5.2.2.2.1 Aufbau der Vorgabezeit

Die Vorgabezeit ist eine der wesentlichsten Angaben im Arbeitsplan. Außer für die Entlohnung bei Akkordlohn ist sie als Eingangsgröße für die Terminplanung von grundlegender Bedeutung.

Unter der Vorgabezeit versteht man diejenige Zeit, die zur ordnungsgemäßen Durchführung eines Auftrages bei Normalleistung benötigt wird. Die Gliederung der Vorgabezeit in verschiedene Zeitanteile wird im folgenden in Anlehnung an die vom REFA [5.10] getroffenen Festlegungen vorgenommen.

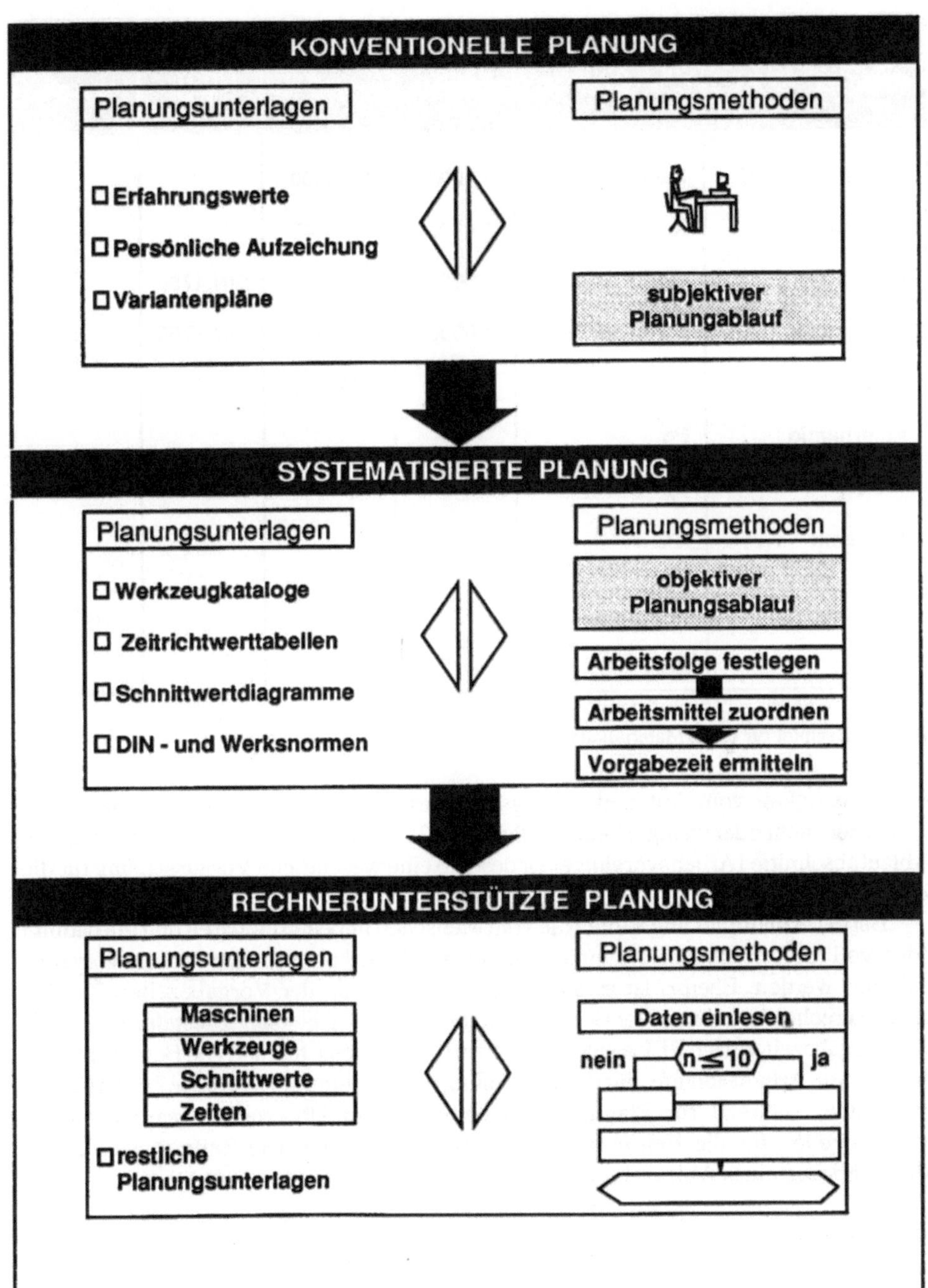

Bild 5.8 Systematisierung der Planungshilfsmittel und Planungsmethoden [5.5]

alt	neu	Werk-stoff-Nr.	Ident-Nr.	Norm	ersetzt durch
Argeste 17UZ-M	X 8 Cr MoS 17	9.1002	0704000		
Al Si 440 C	X 105CrMo 17	1.4125	0704047		
Al Bz 10 Ni	Cu Al 10 Ni	2.0966	0704069	DIN 1766	
Al Bz 10 Fe	Cu Al 10 Fe	2.0936	0704090	DIN 1766	
Abil		9.4098	0704429		
Aeternamid	Pa				
Araldit	Ep				
Allchemit	It C				
Buna	Perbunan				NBR
Buna S	SBR				

Bild 5.9 Beispiel für einen Materialkatalog [5.6]

In Abhängigkeit vom Automatisierungsgrad des Betriebsmittels ist der Ablauf vom
Menschen mehr oder weniger beeinflußbar. Die Gliederung des Produktionsprozesses in
Ablaufabschnitte (Arbeitsvorgänge) ist deshalb eine wesentliche Voraussetzung für die
Zeitermittlung.

Bei der Ablaufplanung sollten die vom Menschen unbeeinflußbaren und die bedingt
oder voll beeinflußbaren Ablaufabschnitte möglichst als separate Arbeitsvorgänge
definiert werden. Ebenso ist es sinnvoll, vor Ermittlung der Vorgabezeiten für eine
ablaufgerechte Anordnung der Betriebsmittel zu sorgen (Arbeitsplatzgestaltung) [5.11].
Die Vorgabezeiten nach REFA sind Soll-Zeiten für von Menschen und von Betriebsmitteln
ausgeführte Arbeitsabläufe. Für die Entlohnung interessieren vor allem die Zeiten für den
Menschen, während für Planungs-, Steuerungs- und Überwachungsaufgaben die
Vorgabezeiten für die Betriebsmittel von Bedeutung sind. Die Zeitvorgabe für die
Durchführung eines Ablaufabschnittes durch den Menschen wird unterteilt in

- Rüstzeit und
- Ausführungszeit.

Diese Zeiten setzen sich gemäß Bild 5.11 jeweils aus drei Zeitarten zusammen:

- Grundzeit,

Code	1. STELLE	2. STELLE MASCHINEN-GRUNDTYP	3. STELLE MASCHINENART
0	Maschinen der Umformtechnik	Drehmaschinen	Kurzdrehmaschinen
1	Maschinen der spanlosen Umformung	Bohrmaschinen	Spitzendrehmaschinen
2	Maschinen für das Zerteilen	Fräsmaschinen	Kopierdrehmaschinen
3	Maschinen für das Spanen (Geometrisch bestimmte Schneidenform)	Hobel- und Stoßmaschinen	Revolverdrehmaschinen
4	Maschinen für das Spanen (Geometrisch unbestimmte Schneidenform)	Räummaschinen	Automatendrehmaschinen
5	Maschinen für das Abtragen	Sägemaschinen	Schwer- und Walzendrehm.
6	Maschinen für das Fügen	Feilmaschinen	Plandrehmaschinen
7	Maschinen und Anlagen zur Änderung der Stoffeigenschaften u. zur Oberflächenbeschichtung	Bohr-, Dreh- und Fräswerke	Karusseldrehmaschinen
8	Maschinen für das Prüfen und Messen	Bearbeitungszentren	Sonderdrehmaschinen
9	Handarbeitsplätze		

(Klammer zu 1. STELLE, Ziffern 2–5: Maschinen für das Trennen)

(Beispielverschlüsselung: 3 / 30)

Bild 5.10 Beispiel für die Verschlüsselung von Werkzeugmaschinen [5.7]

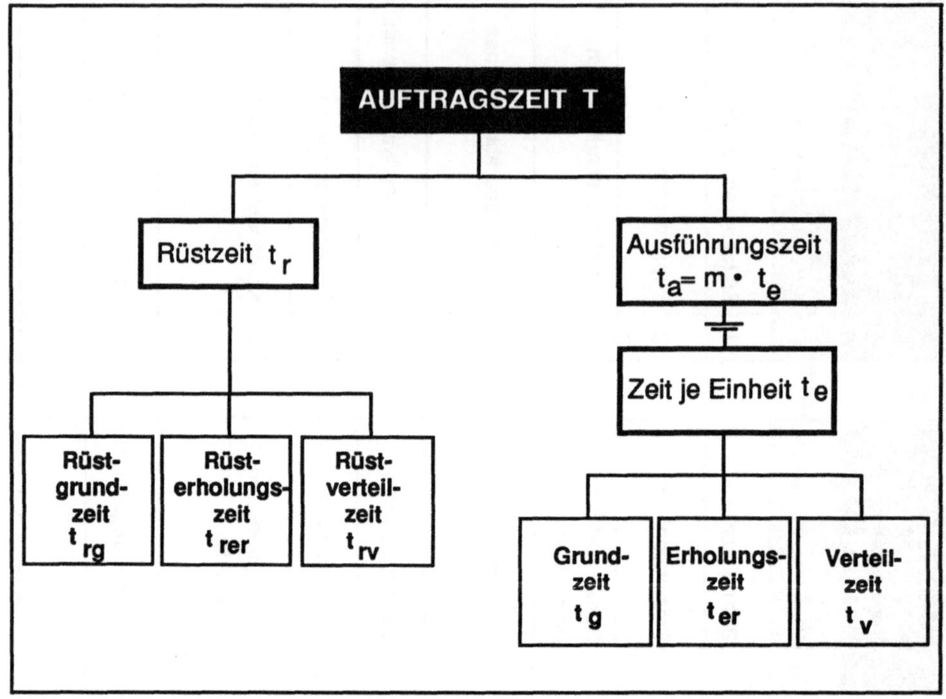

Bild 5.11 Gliederung der Auftragszeit [5.10]

- Erholungszeit und
- Verteilzeit.

Die mengenunabhängige Rüstzeit und die stückzahlenabhängige Ausführungszeit ergeben zusammen die Auftragszeit. Die wichtigsten Zeitarten, ihre Definitionen und Beispiele für Tätigkeiten, die durch die verschiedenen Zeitarten berücksichtigt werden, sind in Bild 5.12 zusammengestellt.

Am Beispiel der auf die Mengeneinheit bezogenen Ausführungszeit t_{er} soll der Erholungs- und Verteilzeitanteil näher erläutert werden.

Die Erholungszeit t_{er} besteht aus der Summe der Soll-Zeiten aller Ablaufabschnitte, die für das Erholen des Menschen erforderlich sind. In der Praxis wird dieser Zeitanteil im allgemeinen durch einen prozentualen Zuschlag zur Grundzeit berücksichtigt:

$$t_{er} = \frac{z_{er}}{100\,\%} \times t_g$$

Der Erholungsfaktor z_{er} liegt zwischen 5 und 10 %. Zum Teil ist die Erholungszeit im Rahmen der Tarifvereinbarungen unabhängig von der Grundzeit festgelegt (z. B. 5 Min.

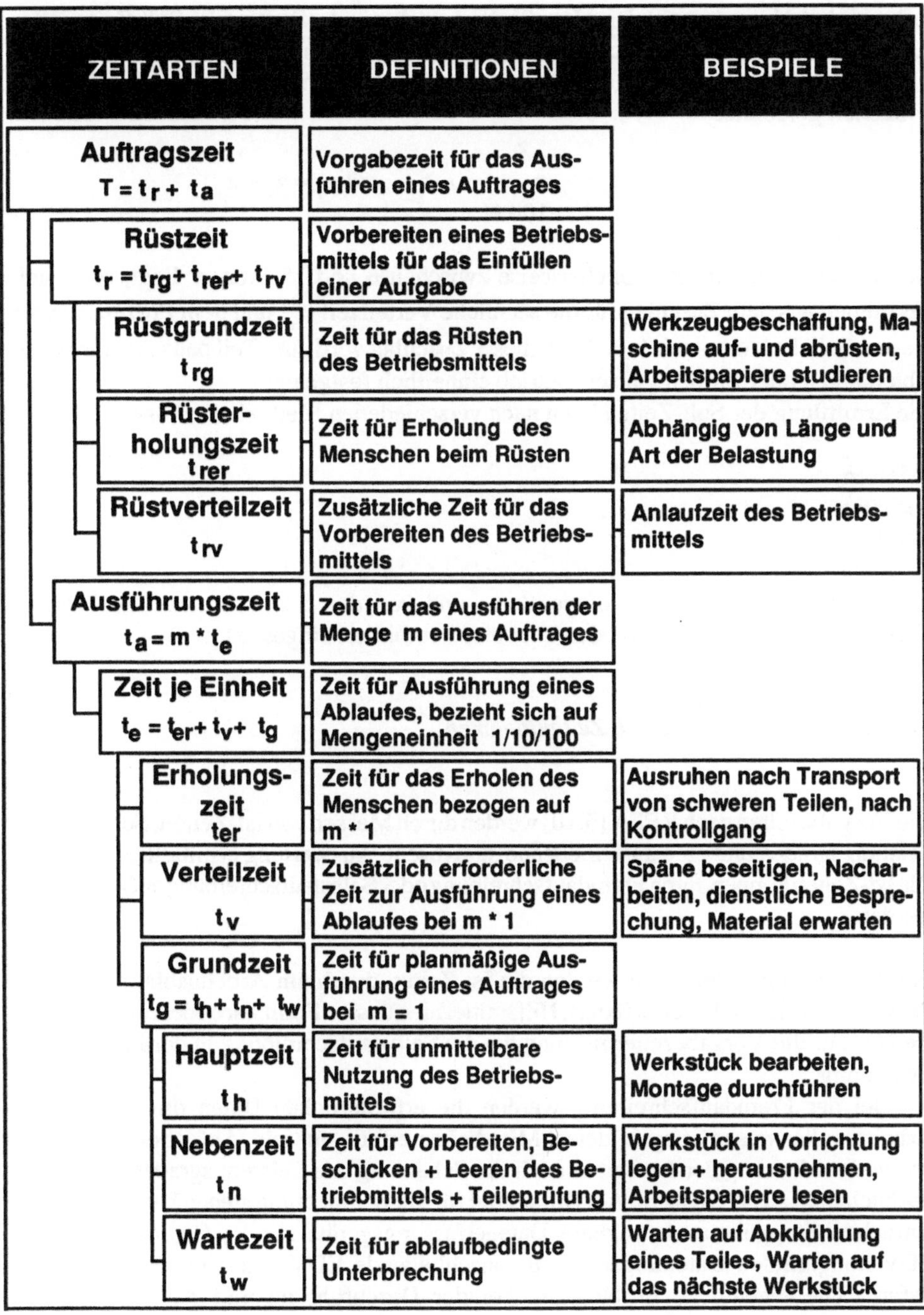

Bild 5.12 Zeitarten: Definitionen und Beispiele

je Stunde bei Akkordarbeit). Die Verteilzeit t_v besteht aus der Summe der Soll-Zeiten aller Ablaufabschnitte, die zusätzlich zur planmäßigen Ausführung eines Ablaufes durch den Menschen erforderlich sind. Auch hier wird häufig mit einem prozentualen Zuschlag zur Grundzeit gerechnet

$$ t_v = \frac{z_v}{100\,\%} \times t_g \quad \text{mit } z_v = z_s + z_p $$

Der Verteilzeitfaktor, der üblicherweise zwischen 6 und 15 Prozent liegt, setzt sich zusammen aus dem Zuschlag für die sachliche Verteilzeit (z_s) und dem Prozentsatz für die persönliche Verteilzeit (z_p). Auch dieser Zuschlag wird zum Teil pauschal für ganze Abteilungen oder für den ganzen Betrieb einheitlich festgelegt.
Die Ermittlung der Soll-Zeiten kann nach verschiedenen Methoden erfolgen:

- Messen,
- Schätzen,
- Rechnen.

Bei den heute in der Praxis eingesetzten und von den Sozialpartnern anerkannten Verfahren werden diese Methoden teilweise kombiniert eingesetzt.

5.2.2.2.2 Zeitermittlung durch Zeitaufnahmen

Die Vorgabezeiten nach REFA [5.10] werden durch Messen von Ist-Zeiten, Schätzen des Leistungsgrades und eine anschließende statistische Auswertung ermittelt.
Die Ist-Zeiten können durch Fremdaufschreibung oder Selbstaufschreibung aufgenommen werden.

Bei der Selbstaufschreibung werden die Ist-Zeiten durch am Arbeitsablauf beteiligte Personen oder Betriebsmittel fixiert. Hilfsmittel hierfür sind Formulare oder registrierende Geräte. Für die Vorgabezeitermittlung hat die Selbstaufschreibung in der Praxis keine Bedeutung.
Bei der Fremdaufschreibung werden die erforderlichen Daten durch einen im Arbeitsstudienwesen ausgebildeten Mitarbeiter erfaßt. In sein Aufgabengebiet fällt neben der Messung der Ist-Zeiten auch die Schätzung des Leistungsgrades im jeweils beobachteten Arbeitssystem. Als Hilfsmittel für die Zeitmessung stehen heute neben der einfachen Stoppuhr auch tragbare Datenerfassungsgeräte zur Verfügung, die einen EDV-kompatiblen Datenträger für die anschließende EDV-unterstützte Auswertung liefern. Die eigentliche Problematik bei der Durchführung und Auswertung von Zeitaufnahmen liegt in der Schätzung des beobachteten Leistungsgrades, da für die Auswertung selbst statistische Standardprogramme für Rechner jeder Größenordnung

(vom programmierbaren Tischrechner bis zur zentralen Datenverarbeitungsanlage) zur Verfügung stehen.

Die Problematik der Leistungsgradschätzung ergibt sich daraus, daß die Ist-Zeit für die Ausführung derselben Arbeit bei gleicher Arbeitsmethode mit denselben Betriebsmitteln und unter denselben Randbedingungen bei dem gleichen Mitarbeiter stark streuen kann. Die Ursache liegt im unterschiedlichen Leistungsangebot der Mitarbeiter, das vor allem durch deren unterschiedliche Fähigkeiten, durch die unterschiedliche Motivation und durch Unterschiede im Wohlbefinden während des Beobachtungszeitraumes zustande kommt (Bild 5.13).

Die der Sollzeit und damit der Vorgabezeit zugrundeliegende Leistung wird als Bezugs- oder Normalleistung bezeichnet. Ihr wird der Leistungsgrad 100 Prozent zugeordnet. Der Leistungsgrad ist definiert als das Verhältnis der Ist- zur Bezugs-Mengenleistung:

$$\text{Leistungsgrad} = \frac{\text{Ist-Menge pro Zeiteinheit}}{\text{Soll-Menge pro Zeiteinheit}} \times 100\,\%$$

Häufig wird auch der Zeitgrad als Verhältnis der Vorgabe zu der tatsächlich benötigten Ist-Zeit verwendet:

$$\text{Zeitgrad} = \frac{\text{Soll-(Vorgabe-)Zeit}}{\text{Ist-Zeit}} \times 100\,\%$$

Aus dem oberen Teil von Bild 5.13 geht hervor, daß der geschätzte Leistungsgrad einen erheblichen Einfluß auf die Ermittlung der Vorgabezeit hat. Obwohl die Meßwerte bei der Zeitaufnahme beinahe um den Faktor 2 streuen können, ergibt sich durch die Leistungsgradschätzung dieselbe Vorgabezeit. Um den Fehler bei der Ermittlung von Vorgabezeiten möglichst gering zu halten, sollte man erfahrene Praktiker für diese Aufgabe einsetzen und diese von reinen Routinetätigkeiten (z. B. manuellen Auswertungen) durch den Einsatz geeigneter Hilfsmittel entlasten.

Ein weiterer kritischer Punkt der Vorgabezeitermittlung ist die mangelnde Kenntnis und Berücksichtigung verschiedener Einflußgrößen. Am Beispiel der Lernkurve in Bild 5.14 ist ersichtlich, daß die Aussagefähigkeit der Vorgabezeit vom Zeitpunkt der Zeitaufnahme abhängt.

Bei der erstmaligen Fertigung eines neuen Teils treten erfahrungsgemäß Schwierigkeiten auf, und es fehlt die Erfahrung und Routine im Ablauf. Insbesondere in der Anfangszeit ist der Lerneffekt und damit die Zunahme an Erfahrung relativ groß. Wird beispielsweise die Zeitaufnahme dann durchgeführt, wenn die Stückzahl x_1 gefertigt wurde, wird die Zeit t_{x_1} gemessen, die sich im Laufe der Zeit dann noch erheblich verringert. Selbst längere Zeit nach Ablauf einer Serie (z. B. nach Fertigung der Stückzahl 3_{x_1}) kann aufgrund einer sogenannten "schleichenden" Rationalisierung mit der durchschnittlichen Abnahme der Ist-Fertigungszeit von jährlich 3 Prozent gerechnet werden.

Leistungs-fähigkeit des Arbeiters	Bei der Zeit-aufnahme gebrauchte Zeit (min)	Geschätzter Leitungs-grad %	Rechnung	Errechnete Vorgabe-zeit (min)
sehr groß	77	130	(1,3 x 77)	100
durchschn.	100	100	(1,0 x 100)	100
schwach	142	70	(0,7 x 142)	100

STREUUNG DER LEISTUNG UND BEURTEILUNG DER STUFEN

Beschreibung	Leistungs-grad LM %	Vorkommen %	Gauß´sche Verteilung
Spitzenleistung	über 130	2,3	
Sehr gut (auf Dauer möglich)	115 - 130	9,2	
Gute Leistung (Steigerungsfähig)	105 - 115	23	
Befriedigende Leistung (Normal)	95 -105	31	
Unbefriedigende Leistung	85 - 95	23	
Minderleistung	85 und weniger	9,2 2,3	

Bild 5.13 Der menschliche Leistungsgrad [5.11]

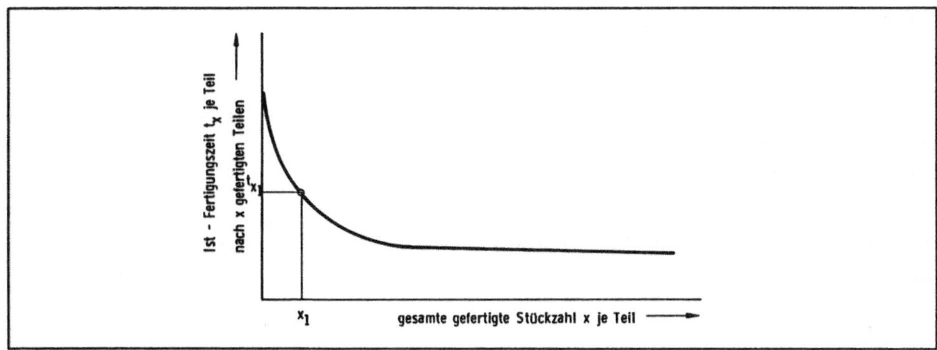

Bild 5.14 Prinzipieller Verlauf der Ist-Fertigungszeit (Lernkurve)

Um den Aufwand für die Zeitaufnahme nicht bei jedem neuen Teil betreiben zu müssen - bei Einzelfertigung wäre dies auch nicht möglich - werden insbesondere bei der Teilefamilienfertigung Zeitaufnahmen für bestimmte Teile durchgeführt, Richtwertkataloge erstellt und für neue Teile die Vorgabezeit mit Hilfe dieser Unterlagen durch Schätzen ermittelt.

Um aktuelle Planungsdaten zu haben, sind aber stabile und möglichst exakte Vorgabezeiten dringend erforderlich. Eine Möglichkeit hierfür bietet die Anwendung von "Systemen vorbestimmter Zeiten".

5.2.2.2.3 Zeitermittlung mit Hilfe der "Systeme vorbestimmter Zeiten"

Die "Systeme vorbestimmter Zeiten" sind Methoden, mit denen Soll-Zeiten für das Ausführen derartiger Vorgangselemente bestimmt werden können, die vom Menschen voll beeinflußbar sind. Grundlage hierfür sind Bewegungsstudien, die von Gilbreth (1868-1924) durchgeführt wurden. Durch Filmaufnahmen von verschiedenen Bewegungen und deren Auswertung im Zeitlupenverfahren unter Verwendung von Mikrozeitmessern kann der Zeitbedarf für einen Arbeitsablauf im voraus berechnet werden, ohne daß der Leistungsgrad geschätzt werden muß.

Diese Methoden beruhen auf der Erkenntnis, daß sich alle Arbeitsverrichtungen in Bewegungselemente aufteilen lassen und daß die benötigte Zeit für das Ausführen eines Arbeitselements unter gleichen Bedingungen konstant ist. Dementsprechend gliedert sich auch die Vorgehensweise in zwei Schritte:

- Bewegungsablaufanalyse,
- Zeitzuordnung.

Die Bewegungselemente (z. B. Hinlangen, Greifen, Loslassen usw.) sind in ihrem Zeitbedarf von verschiedenen Einflußgrößen abhängig, wie z. B. von der Bewegungslänge und dem Gewicht des bewegten Gegenstandes.

Zu den bekanntesten Methoden zählen:

- MTM : Methods Time Measurement,
- WF   : Work Factor System,
- BMT : Basix Motion Timestudy,
- DMT : Dimensional Motion Time.

Die größte Bedeutung in der Praxis hat MTM erlangt, die von 19 Bewegungselementen ausgeht:

- 8 Grundbewegungen,
- 9 Körper-, Bein- und Fußbewegungen,
- 2 Blickfunktionen [5.12].

Die 8 Grundbewegungselemente sind:

- Hinlangen,
- Bringen,
- Greifen,
- Fügen,
- Trennen,
- Drehen,
- Drücken,
- Loslassen.

Jeder Grundbewegung ist eine Normalzeit zugeordnet. Die MTM-Zeiteinheit wird als TMU (Time Measurement Unit) bezeichnet. Der Zeitbedarf für die einzelnen Grundbewegungen wurde in Versuchsreihen empirisch ermittelt und in Tabellen dokumentiert.

5.2.2.2.4 Berechnung von Prozeßzeiten

Bei hochautomatisierten Arbeitsvorgängen treten die Vorgabezeiten für den Menschen in den Hintergrund, da die Zeit für den Arbeitsablauf zum überwiegenden Teil vom Menschen nicht mehr zu beeinflussen ist. Die unbeeinflußbaren Zeiten werden auch Prozeßzeiten genannt. Die Hauptzeit (Bild 5.12) läßt sich in vielen Fällen in Abhängigkeit von

- den Abmessungen des Werkstückes,
- der gewählten Arbeitsgeschwindigkeit des Werkzeuges (Drehzahl, Vorschub) und
- den technologischen Randbedingungen (Schnitt-Tiefe, Anzahl der Schnitte, Überlauf beim Fräsen usw.)

berechnen. Dies trifft auch für die Nebenzeit zu, wenn automatische Handhabungs-
einrichtungen eingesetzt werden. In Bild 5.15 sind u. a. die Formeln für die Berechnung
der Hauptzeit bei verschiedenen Fertigungsverfahren zusammengestellt. In der Praxis
werden häufig Nomogramme verwendet, aus denen die Zeit in Abhängigkeit von den
obengenannten Einflußgrößen direkt abgelesen werden kann.

5.2.2.3 Arbeitsbewertung und Entlohnung

Fragen der Entlohnung berühren, ebenso wie die der Leistungsbewertung, Aufgaben des
Personalwesens (siehe Kapitel 10). Der Grund, warum im Anschluß an die Verfahren der
Arbeitsbewertung die Lohnsysteme und die Verfahren der Leistungsbewertung an dieser
Stelle angesprochen werden, liegt darin, daß die Daten der Zeitermittlung und der
Arbeitsbewertung unmittelbar in die Lohnfindung eingehen, und daß die angewandten
Lohnsysteme notwendigerweise bestimmte Methoden der Zeitermittlung voraussetzen.

5.2.2.3.1 Arbeitsbewertung

Aufgabe der Arbeitsbewertung ist es, den Schwierigkeitsgrad einer Arbeit unabhängig
von der individuellen Leistung zu beurteilen. Ziel der Arbeitsbewertung ist es, für die
vielfältigen beruflichen Tätigkeiten einen in Zahlen auszudrückenden Arbeitswert als
Grundlage einer gerechten Entlohnung zu finden. Dies bedeutet für ein Unternehmen,
daß die Vielzahl der durchzuführenden Arbeiten in eine Relation zueinander gebracht
werden muß. Man unterscheidet dabei die

- Arbeitsplatzbewertung und die
- Arbeitsstück- bzw. -vorgangsbewertung.

Bei der Arbeitsplatzbewertung wird die Stelle bzw. der Ort bewertet. Charakteristisch
hierfür ist, daß eine Vielzahl von Einzelaufgaben ungleicher Wertigkeit durchgeführt
werden muß. Eine derartige Bewertung ist für Stellen geeignet, an denen im Zeitlohn
gearbeitet werden wird.

Bei der Arbeitsstück- bzw. -vorgangsbewertung wird das einzelne Werkstück, d. h.
jeder damit verbundene einzelne Arbeitsvorgang bewertet. Hauptanwendungsgebiet
hierfür ist die Akkordentlohnung.

Die Bewertungsmerkmale, nach denen die Arbeitsschwierigkeit bestimmt wird, müssen
den praktischen Erfordernissen angepaßt sein. Sie sollen alle typischen Arten von
Anforderungen enthalten, die für eine bestimmte Arbeit entweder als Ganzes (summarisch)
oder jede für sich (analytisch) betrachtet werden können. Sie ergeben sich einerseits aus
der Arbeit selbst, andererseits sind sie auf den Ausführenden bezogen. Die am weitesten
verbreitete Gliederung der Anforderungsarten in einzelne Bewertungsmerkmale zeigt
Bild 5.16.

Fer- tigungs- verfahren	Schnittgeschwindigkeit v (m / min)	Hauptzeit t_h (min)
Drehen	$d \cdot \pi \cdot n$	$\dfrac{L}{u} = \dfrac{L}{s \cdot n}$
Bohren	$D \cdot \pi \cdot n$	$\dfrac{L}{u} = \dfrac{L}{s \cdot n}$
Fräsen	$D \cdot \pi \cdot n$	$\dfrac{L}{u} = \dfrac{L}{s_z \cdot z \cdot n}$

Abkürzungen:

d Werkstückdurchmesser
D Werkzeugdurchmesser
l Werkstücklänge
L Werkzeugweg mit Arbeitsvorschub
   (L= 1 + Anfahr- /Überlaufweg)
n Drehzahl
s Vorschub je Umdrehung
s_z Vorschub je Zahn
u Vorschubgeschwindigkeit
z Anzahl der Schneiden am Fräser

Bild 5.15 Formeln für spanabhebende Fertigungsverfahren

5.2.2.3.2 Lohnsysteme

Die Zuordnung von Arbeitswert und Lohn ist Bestandteil der Lohnpolitik. Hierfür gibt es prinzipiell drei Möglichkeiten:

Eine lineare Lohnkurve sieht für gleiche Zuwachsraten auf der Arbeitswertskala - unabhängig vom absoluten Betrag - gleiche Lohnzuwachsraten vor.

Eine progressive Lohnkurve bewirkt, daß bei gleichen Arbeitswertdifferenzen der Lohnzuwachs bei höheren Arbeitswerten größer ist als bei niedrigen.

Bei einer degressiven Lohnkurve dagegen wirken sich Arbeitswertsteigerungen bei hohen Arbeitswerten weniger stark auf den Lohn aus, als Zuwachsraten bei niedrigeren Arbeitswerten. Ein wesentliches Unterscheidungsmerkmal der verschiedenen Lohnsysteme ist der Zusammenhang zwischen der erbrachten Leistung und dem Lohn. Danach werden folgende Lohnsysteme unterschieden:

- Zeitlohn,
- Leistungslohn,
- Akkordlohn,
- Prämienlohn.

Bewertungsmerkmal		Wichteschlüssel
Können	Kenntnisse, Ausbildung, Erfahrung	1,0
	Geschicklichkeit, Handfertigkeit, Körpergewandtheit	0,8
Belastung	Belastung der Sinne und Nerven	0,9
	Zusätzlicher Denkprozeß	0,8
	Betätigung der Muskeln	0,8
Verantwortung	Für die eigene Arbeit	0,8
	Für die Arbeit anderer	0,6
	Für die Sicherheit anderer	0,9
Umgebungseinflüsse	Schmutz, Staub	0,3
	Öl/Fett	0,2
	Temperatur	0,3
	Nässe, Säure, Lauge	0,2
	Gase, Dämpfe	0,2
	Lärm	0,4
	Erschütterung	0,1
	Blendung und Lichtmangel	0,2
	Erkältungsgefahr	0,2
	Unfallgefahr	0,3
	Hinderliche Schutzkleidung	0,1

Bild 5.16 Bewertungsmerkmale und deren Gewichtung [5.10]

Der reine Zeitlohn ist von der erbrachten Leistung unabhängig. Während der auf die Zeiteinheit bezogene Lohn gleich bleibt, nimmt der auf die Leistung bezogene Lohn (Stücklohnkosten) mit zunehmender Leistung ab. Den Verlauf des Lohnkostenanteils je Teil bei verschiedenen Lohnsystemen zeigt Bild 5.17.

Beim Zeitlohn ist zwar der Aufwand für die Erfassung der entlohnungsrelevanten Daten und für die Lohnabrechnung gering, das Kostenrisiko liegt jedoch ganz beim Unternehmen. Diese Form der Entlohnung findet hauptsächlich dann Anwendung, wenn Art und Umfang der Arbeit schwer vorherzusehen sind (z. B. im Werkzeug- und Sondermaschinenbau). Der Leistungsanreiz, der beim reinen Zeitlohn fehlt, wird in der Praxis häufig durch Leistungszulagen geschaffen [5.13], die sich an ähnlichen Zielkriterien orientieren wie die weiter unten erläuterten Prämienlohnsysteme. In der Praxis werden aus dem genannten Grund verschiedene Misch-Lohnsysteme angewandt. So werden z. B. beim Mischakkord die vom Menschen beeinflußbaren Zeitanteile im Akkord und der Rest im Zeitlohn bezahlt.

Der Akkordlohn schafft einen Leistungsanreiz dadurch, daß man den Lohn nicht auf eine Zeiteinheit, sondern auf die gefertigte Mengeneinheit bezieht. Die Stücklohnkosten bei einem reinen, proportionalen Akkordlohn bleiben somit unabhängig von der erbrachten Leistung gleich, während der auf die Zeiteinheit bezogene Lohn mit der Leistung zunimmt. Auch bei Akkordlohnsystemen sind in der Praxis verschiedene Varianten

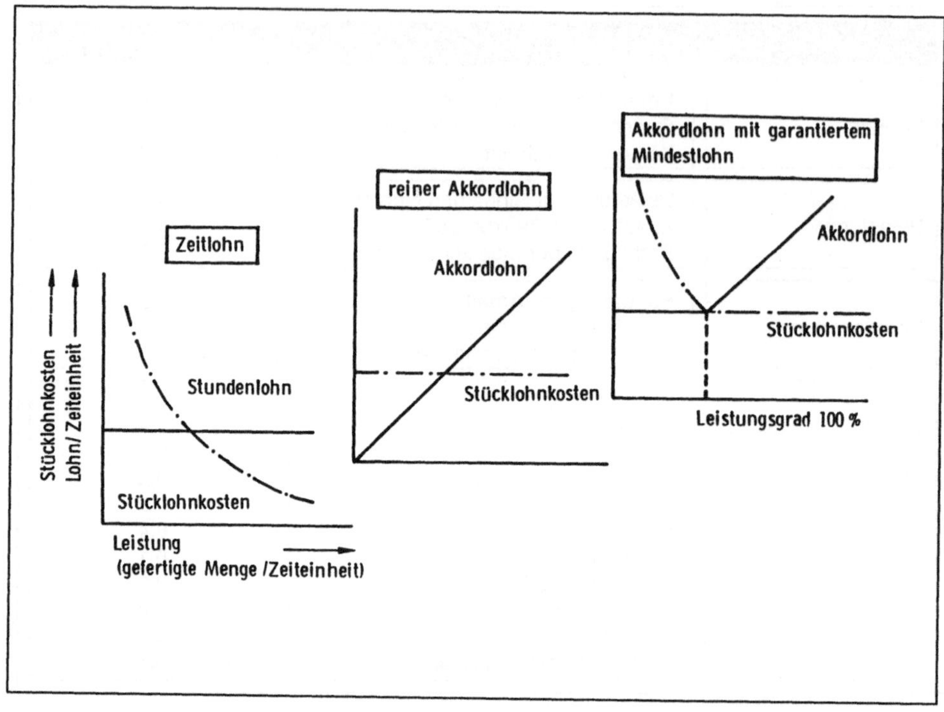

Bild 5.17 Verlauf des Lohnkostenanteils je Teil bei verschiedenen Lohnsystemen

anzutreffen. Um soziale Härten zu vermeiden, werden in Tarifverträgen Akkordlohnsysteme mit garantiertem Mindestlohn vereinbart. Außerdem werden häufig Grenzwerte für den pro Abrechnungszeitraum verrechenbaren Akkordverdienst festgelegt (z. B. 130 Prozent von der Summe der Vorgabezeiten der in einem Abrechnungszeitraum bei Normalleistung gefertigten Gut-Menge).

Ein Prämienlohnsystem bietet die Möglichkeit, neben der reinen Mengenleistung auch die Erreichung anderer Ziele durch Lohnanreiz zu unterstützen. Dies ist insbesondere dann sinnvoll, wenn aufgrund eines hohen Automatisierungsgrades

- der Anteil anderer Kostenarten gegenüber den Lohnkosten in den Vordergrund rückt (Bild 5.18),
- die Mengenleistung überwiegend vom Betriebsmittel festgelegt und vom Menschen zum größten Anteil nicht mehr beeinflußbar ist.

Zielsetzung einer Prämienentlohnung ist es, den Betriebserfolg insgesamt zu optimieren. Steht dabei nur ein Kriterium für die Bemessung der Prämie im Vordergrund (z. B. Minimierung der Stillstandzeiten und damit Erhöhung der Maschinennutzung, Minimierung der Ausschußrate, Materialeinsparungen usw.), spricht man von einfachen

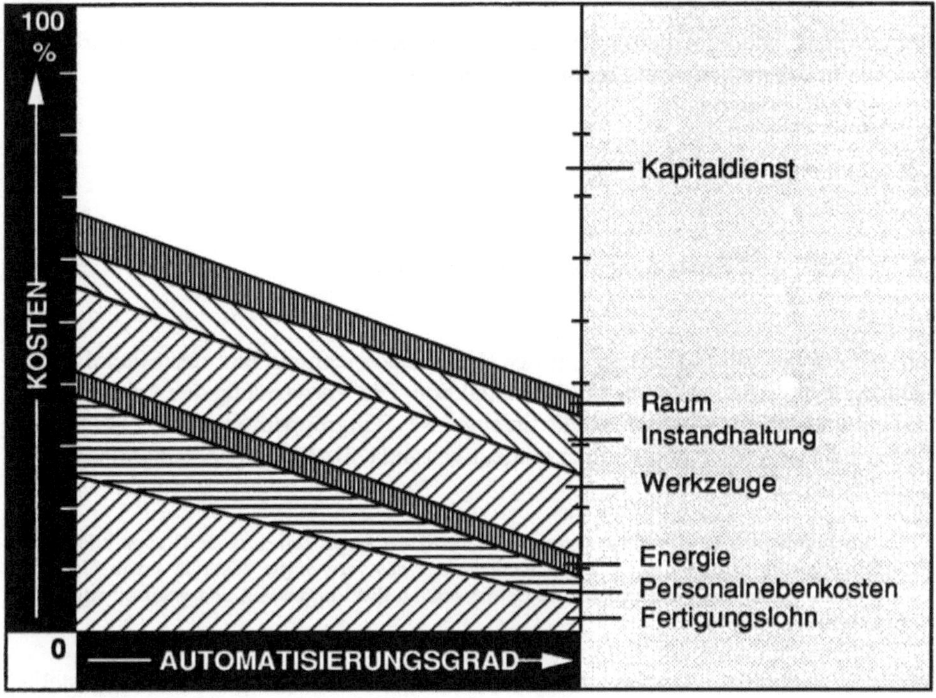

Bild 5.18 Steigerung des Kapitalbedarfes für Werkzeugmaschinen bei zunehmendem Automatisierungsgrad

Prämienlohnsystemen. Vielfach werden in kombinierten Prämienlohnsystemen mehrere Ziele gleichzeitig angestrebt:

- Menge und Qualität,
- Maschinennutzung und Menge,
- Maschinennutzung, Menge, Qualität und Einsparungen von Material und Energie
- usw.

Ähnlich wie beim Akkordlohn mit garantiertem Mindestlohn unterscheidet man beim Prämienlohn zwischen einem leistungsunabhängigen Grundlohn und einem leistungsabhängigen Lohnbestandteil. Im Gegensatz zum Akkord entspricht die Prämienleistung allerdings nicht dem Leistungsgrad (Ist-/Soll-Menge pro Zeiteinheit), sondern sie ist ein Maß für den Zielerreichungsgrad im Hinblick auf die zugrunde gelegten Kriterien.

Auch bei einem hohen Automatisierungsgrad gibt es noch genügend Möglichkeiten für eine Leistungsentlohnung durch Prämien. Aus Gründen der Praktikabilität und der Transparenz sollten einem kombinierten Prämienlohnsystem nicht mehr als vier meßbare Kriterien zugrunde liegen. Wie übrigens auch beim Akkordlohn sind in der Praxis bei der Prämienentlohnung Systeme im Einsatz, die Prämien für die Gesamtleistung einer

Gruppe verschiedener Arbeitskräfte vorsehen (z. B. Einrichter und Maschinenarbeiter, Maschinenbedienung und Instandhaltungspersonal).

5.2.3 Arbeitsplanerstellung

5.2.3.1 Inhalt und Bedeutung von Arbeitsplänen

Der Arbeitsplan gilt zusammen mit der Werkstückzeichnung und der Stückliste als wichtigster Informationsträger für die Produktion. Die Verwendung des Arbeitsplanes zur Dokumentation, wie und womit Erzeugnisse, Baugruppen oder Teile hergestellt werden sollen, erfordert einen hohen, eindeutigen und vollständigen Informationsgehalt, der in [5.14] definiert wird als:

> "Im Arbeitsplan ist die Vorgangsfolge zur Fertigung eines Teiles, einer Gruppe oder eines Erzeugnisses beschrieben; dabei sind mindestens das verwendete Material sowie für jeden Arbeitsvorgang der Arbeitsplatz, die Betriebsmittel, die Vorgabezeit und gegebenenfalls die Lohngruppe angegeben."

Bereits im Aufbau des Arbeitsplans sind drei unterschiedliche, in Bild 5.19 dargestellte Gruppen von Informationen enthalten, die sich auf den Arbeitsplan selbst, den Fertigungszustand des herzustellenden Teiles bzw. der Baugruppe sowie auf die einzelnen durchzuführenden Arbeitsvorgänge beziehen.

Die Erstellung von Arbeitsplänen erfolgt in den meisten Fällen auftragsneutral auf der Basis von Zeichnungen und Stücklisten für einen vorgegebenen Stückzahl- und Losgrößenbereich. Erst bei der Erteilung eines Kunden- oder Fertigungsauftrags wird gemäß Bild 5.20 der konkrete, auftragsbezogene Arbeitsplan erzeugt. Zur Sicherstellung einer wirtschaftlichen Fertigung sollte vor der Ableitung der Auftragspapiere die Gültigkeit des Arbeitsplanes für die dem Fertigungsauftrag zugrundeliegenden organisatorischen Vorgaben (wie z.B. die Losgröße) überprüft werden.

Die Bedeutung des Arbeitsplanes dokumentiert die in Bild 5.21 gezeigte Vielfältigkeit seiner Verwendung im Unternehmen [5.14]. Diese führt zwangsweise zur Forderung nach korrekten und aktuellen Plänen, die im Rahmen der konventionellen und bei der zunehmenden rechnerunterstützten Planung zu erzeugen sind.

5.2.3.2 Vorgehensweise bei der Arbeitsplanerstellung

Die Erstellung von Arbeitsplänen kann abhängig von den betrieblichen Anforderungen wie
- der Anzahl unterschiedlicher Fertigungsmöglichkeiten,

Angaben
zum gesamten
Arbeitsplan

Firma | Ablochformular Arbeitsplan

SK | 1.05 | 1.10 | 1.15 | 1.20 | 1.25 | 1.30 | 1.35 | SK

Sachabhängige
Angaben
Fertigungszustand

SK | 2.15 | 2.20 | 2.25 | 2.30 | 2.35 | SK

Ausgangszustand

SK | 2.55 | 2.60 | 2.65 | 2.70 | 2.75 | 2.80 | SK

Arbeitsvorgangs-
abhängige
Angaben

SK | 3.05 | 3.10 | 3.15 | 3.20 | 3.25 | 3.30 | 3.35 | 3.40 | 3.45 | 3.50 | 3.55 | 3.60 | 3.65 | 3.70 | 3.75 | 3.80 | 3.85 | 3.90 | SK

Datum:
Name:

SK=Steuerkarte

1.05 Identifizierung

1.10 Art des Arbeitsplanes

1.15 Stückzahlbereich

1.20 Aktualitätsangaben

1.25 Ursprungsangaben

1.30 Angaben zu Umfang
und Vollständigkeit
des Basisarbeits-
planes

1.35 Sachbearbeitungs-
bereich

2.10 Bezogen auf den Fer-
tigungszustand der zu
bearbeitenden Sache

2.15 Identnummer

2.20 Zeichnungsnummer

2.25 Benennung

2.30 Klassifizierungs-
nummer

2.35 Teilefamiliennummer
(werkstückbezogen)

2.50 Bezogen auf den Aus-
gangszustand der zu
bearbeitenden Sache

2.55 Identnummer Aus-
gangsmaterial bzw.
-teil

2.60 Klassifizierungs-
nummer Ausgangs-
material bzw.-teil

2.65 Werkstoff

2.70 Benennung (Roh-
material)

2.75 Basismenge und
Mengeneinheit

2.80 Rohmaße und Roh-
gewicht

3.10 Beschreibung zum
Arbeitsvorgang

3.15 Kennzeichnung des
Arbeitsplatzes

3.20 Kennzeichnung von
Fertigungshilfsmitteln

3.25 Basis (Stückzahl bei
gleichzeitiger Bearbei-
tung

3.30 Lohngruppe

3.35 Lohnart

3.40 Rüstzeit

3.45 Rüstzeit bei Teile-
familienfertigung

3.50 Stückzeit

3.55 Zeiteinheit

3.60 Verfahren der Zeitvorgabe

3.65 Verknüpfung

3.70 Überlappung/Splittung
(zeitlich/mengenmäßig)

3.80 Teilefamiliennummer
(arbeitsvorgangsbezo-
gen)

3.85 Ein- und Aussteuerhin-
weise

Bild 5.19 Informationsinhalt und Gliederung eines Arbeitsplans

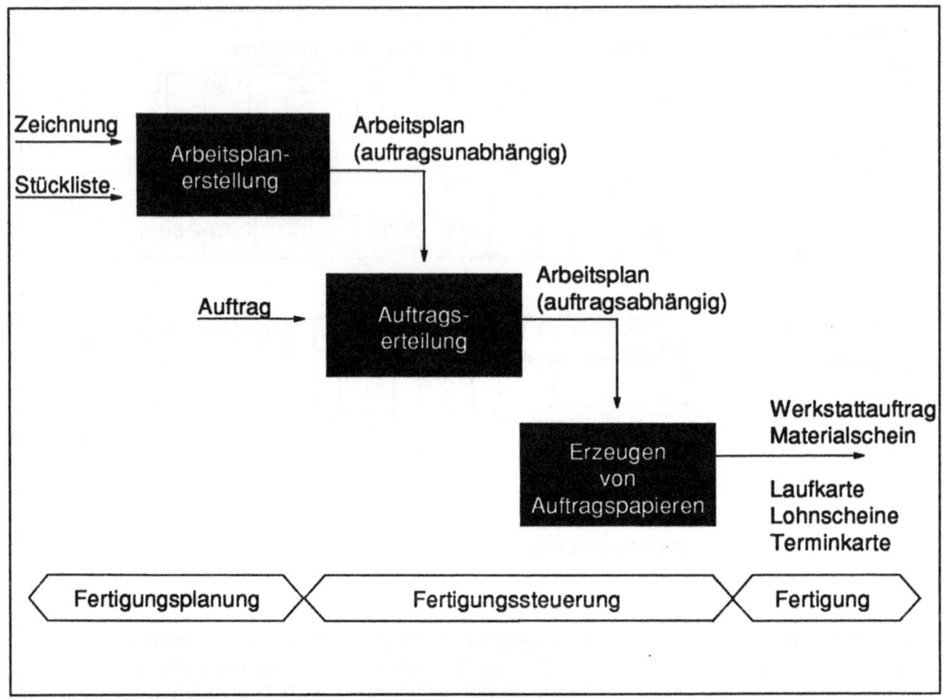

Bild 5.20 Ableitung von Arbeitsunterlagen aus dem Arbeitsplan

- der Wiederholhäufigkeit im Produktionsspektrum oder
- der geometrischen Komplexität des Werkstückspektrums

nach unterschiedlichen, in Bild 5.22 dargestellten Planungsprinzipien erfolgen.

Als die einfachste Art der Arbeitsplanung werden bei der *Wiederholplanung* bereits bestehende Pläne für einen neuen Auftrag verwendet, in dem in der Regel nur formale, auftragsbezogene Veränderungen vorgenommen werden, ohne jedoch neue Planungsdaten zu erstellen.

Die *Ähnlichkeitsplanung*, oder auch Anpassungsplanung genannt, legt geometrisch und fertigungstechnisch ähnliche Werkstücke zugrunde. Die Planung erfolgt durch Änderung und Anpassung einzelner Arbeitsgänge. Da das Auffinden eines ähnlichen Teiles ein wesentliches Problem darstellt, werden hierzu vermehrt Klassifizierungsschlüssel eingesetzt [5.15].

Bei der in Bild 5.23 gezeigten *Variantenplanung* werden bereits vorliegende Standardarbeitspläne für die Planung von Werkstücken innerhalb von Teilefamilien zugrundegelegt [5.16]. Arbeitsplanvarianten können sich aus geometrischen (Auftreten bestimmter Geometrieelemente, ...), technologischen (Genauigkeit, Oberflächen,

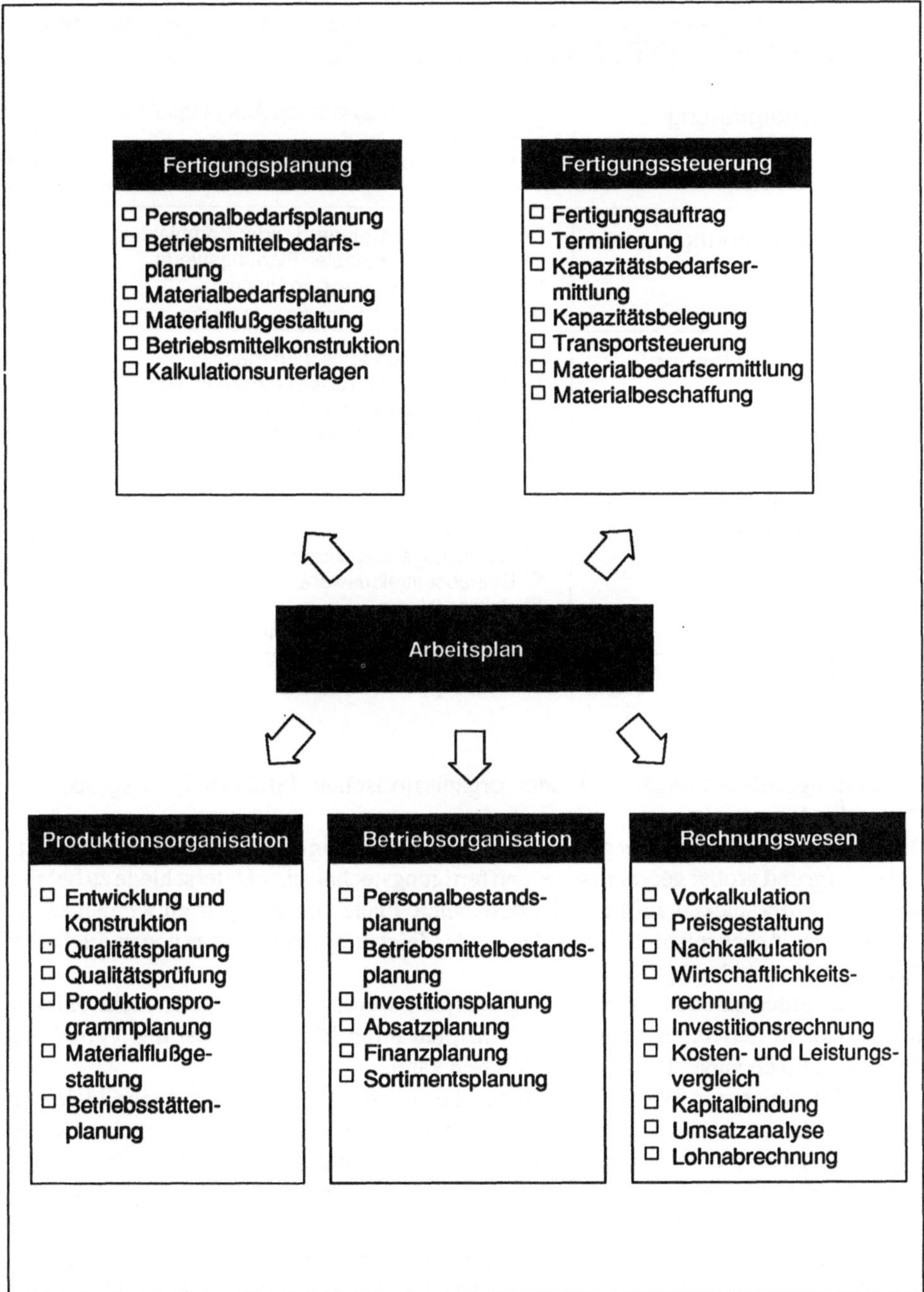

Bild 5.21 Verwendung des Arbeitsplanes im Unternehmen

Planungsmethode	Planungsfunktionen
Wiederholplanung	☐ Suche bzw. Auswahl des Ausgangsplanes ☐ Kopieren ☐ Ausgabe des kopierten Planes
Variantenplanung	☐ Auswahl des Standard- oder Komplexteilplanes ☐ Berechnung variabler Planungswerte ☐ Ausgabe des variierten Planes
Ähnlichkeitsplanung	☐ Auswahl eines ähnlichen Planes ☐ Modifikation der Arbeitsvorgangsfolge ☐ Modifikation des Arbeitsvorgangsinhaltes ☐ Berechnung von Planungswerten ☐ Ausgabe des modifizierten Planes
Neuplanung	☐ Rohmaterialbestimmung ☐ Arbeitsfolgenbestimmung ☐ Betriebsmittelauswahl ☐ Zeitermittlung ☐ Ausgabe des neuen Planes

Bild 5.22 Planungsprinzipien

Bearbeitungsanforderungen, ...) oder organisatorischen (Stückzahl, Losgröße, ...) Unterschieden ergeben.

Die *Neuplanung* wird bei einer grundlegenden Neuerstellung der Arbeitspläne angewandt, wobei aufgrund großer geometrischer und fertigungstechnischer Unterschiede zu bereits geplanten Werkstücken auf keinerlei bestehende Pläne zurückgegriffen werden kann. Die gesamten Arbeitsplaninhalte werden aus der Zeichnung unter Einsatz von verfügbaren Planungshilfsmitteln abgeleitet.

Diese unterschiedlichen Planungsprinzipien werden in der Praxis nicht einzeln angewandt. In der Regel finden alle Prinzipien ihren Einsatz, wobei die Verteilung firmenspezifisch äußerst unterschiedlich sein kann.

Im Vergleich zur Wiederholplanung, die seitens der Planungsaufgabe vielmehr organisatorischer Art ist und zur Variantenplanung eine völlig andere Vorgehensweise zugrundelegt, ist die Aufgabenstellung bei der Neuplanung erheblich komplexer. Bild 5.24 zeigt die unterschiedlichen Teilfunktionen, in die sich der Planungsprozeß bei der Neuplanung aufgliedert.

Der Arbeitsplaner überprüft vor Beginn der Neuplanung die ihm vorliegenden Konstruktionsunterlagen auf die generelle Herstellbarkeit der Werkstückgeometrie und der Bearbeitungsanforderungen unter Berücksichtigung der verfügbaren Fertigungsmöglichkeiten. Erforderliche Änderungen werden zusammen mit dem Konstrukteur diskutiert und durchgeführt. Die erste Stufe des eigentlichen Planungsprozesses stellt die

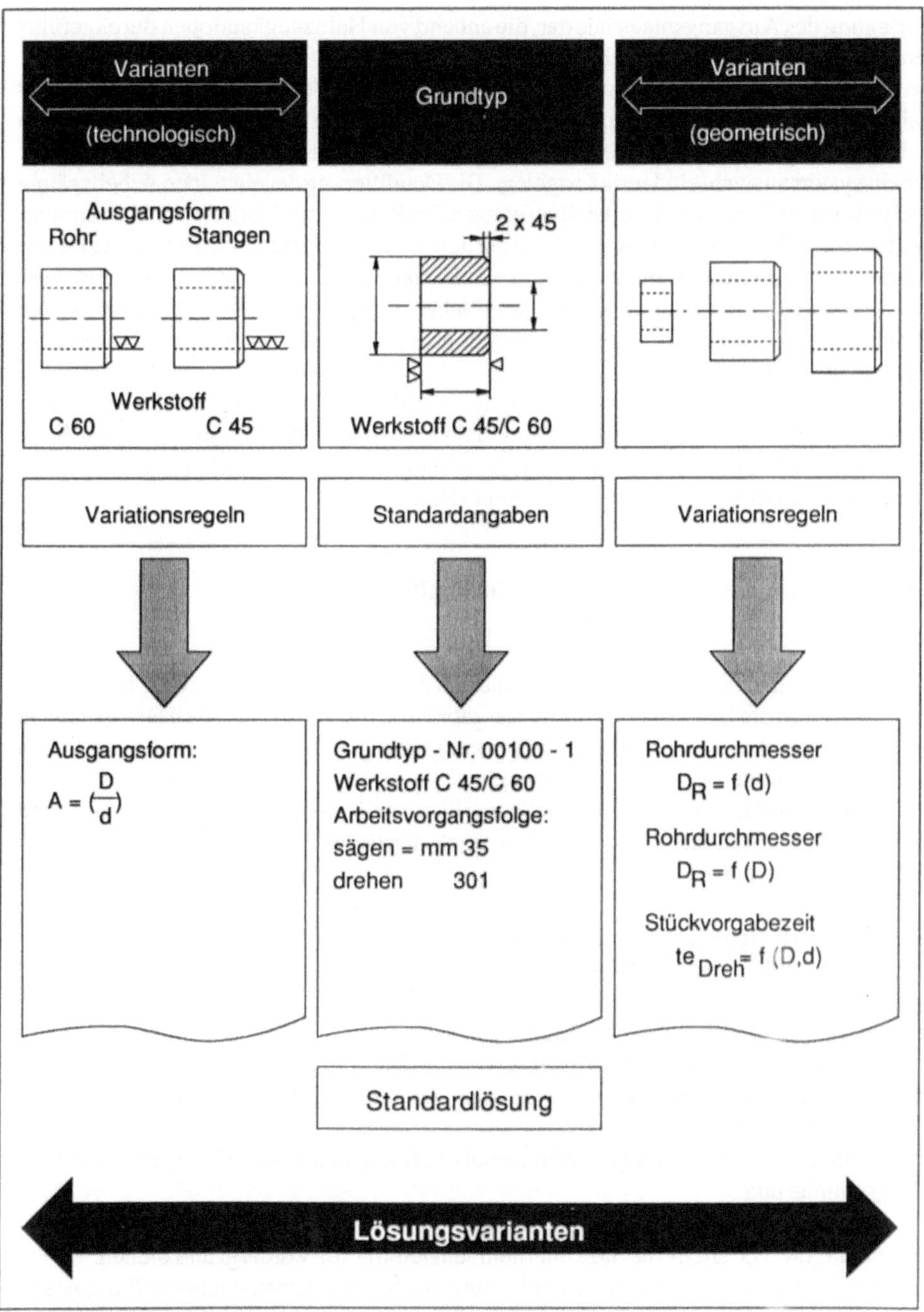

Bild 5.23 Charakterisierung des Variantenprinzips [5.16]

Festlegung des Ausgangsmaterials dar, die anhand von Halbzeugkatalogen durchgeführt wird. Dieses Vorgehen entspricht den Stufen 2 und 3 der Materialplanung (vgl. Bild 5.6). Bei der Ermittlung der Arbeitsvorgangsfolge, wie sie in Bild 5.25 dargestellt ist, gibt es meist eine Vielzahl von Lösungsmöglichkeiten, die sich aus den im Unternehmen vorhandenen Betriebsmitteln ergeben. Diese Betriebsmittel werden im Rahmen der Arbeitssystemauswahl eindeutig festgelegt. Die Detaillierung der einzelnen Arbeitsgänge erfolgt durch Bildung von Arbeitsteilvorgängen. Im Rahmen der Vorgabezeitbestimmung werden für jeden Arbeitsgang die erforderlichen Zeiten festgelegt, indem zuerst die entsprechenden Prozeßparameter bestimmt und danach die konkreten Zeitanteile errechnet oder aus Katalogen entnommen werden. Neben den Vorgabezeiten müssen zu den einzelnen Arbeitsvorgängen die Lohnart und -gruppe zur Entlohnung der Arbeitnehmer angegeben werden.

Das Einsatzpotential für rechnerunterstützte Systeme in der Arbeitsplanung ergibt sich im wesentlichen aus der Bedeutung aktueller Arbeitspläne für die wirtschaftliche Fertigung sowie aus dem hohen Planungsaufwand, wie eine in [5.14] veröffentlichte Untersuchung bei sechs Unternehmen zeigt (Bild 5.26).

5.2.3.3 Rechnerunterstützte Arbeitsplanerstellung

Die zunehmenden Anforderungen zum einen an die Effektivität der Arbeitsplanung und zum anderen an die Qualität von Planungsergebnissen führen in Zuge des EDV-Einsatzes bei der technischen Auftragsabwicklung zwangsläufig auch zur Schließung der Lücke zwischen CAD und NC-Programmierung.

Mit der Einführung rechnerunterstützter Systeme in der Arbeitsplanerstellung sind neben Vereinfachungen für den Planer auch wirtschaftliche und organisatorische Zielsetzungen wie die

- Zeit- und kostengünstigere Arbeitsplanerstellung,
- kürzere Durchlaufzeit des Arbeitsplanes durch die Arbeitsvorbereitung,
- verbesserte Planungsergebnisse,
- bessere Ausnutzung der verfügbaren Ressourcen (z.B. Maschinen) durch Berücksichtigung einer Vielzahl von Einflußgrößen,
- hohe Aktualität der verfügbaren Unterlagen (Zeittabellen, Werkzeugkataloge),
- formal einheitliche Arbeitspläne,
- Integration des innerbetrieblichen Informationsflusses zwischen CAD, PPS und NC-Programmierung

verbunden, die vor allem für die Unternehmensleitung im Vordergrund stehen.

Der Grad einer möglichen Rechnerunterstützung bei der Arbeitsplanerstellung ergibt sich im wesentlichen aus den angewandten Planungsprinzipien und deren spezifischen Vorgehensweisen. Daher sollen die Möglichkeiten für einen Rechnereinsatz bei der Planung nachfolgend anhand dieser einzelnen Planungsprinzipien aufgezeigt werden.

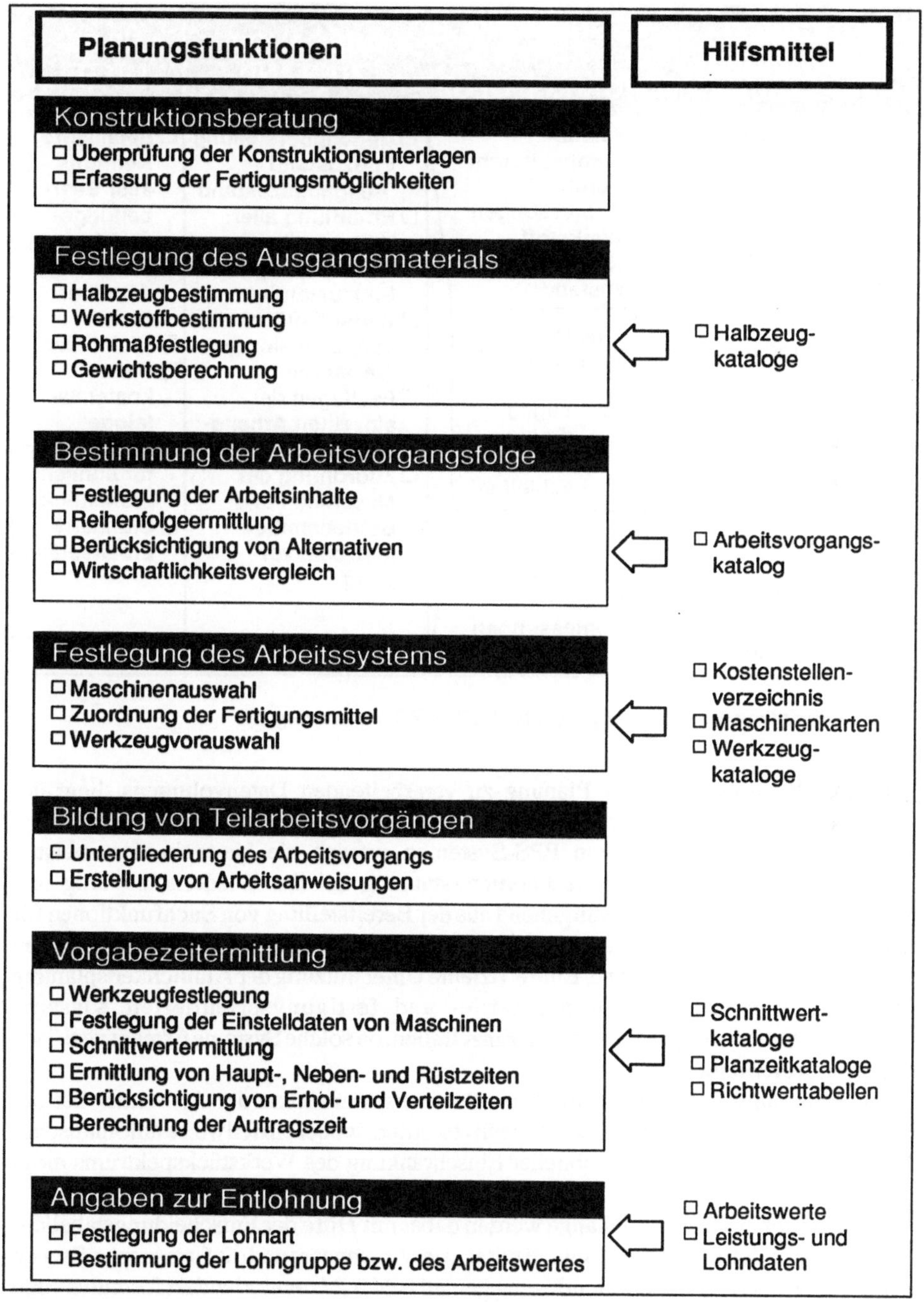

Planungsfunktionen **Hilfsmittel**

Konstruktionsberatung

- Überprüfung der Konstruktionsunterlagen
- Erfassung der Fertigungsmöglichkeiten

Festlegung des Ausgangsmaterials

- Halbzeugbestimmung
- Werkstoffbestimmung
- Rohmaßfestlegung
- Gewichtsberechnung

⇐ Halbzeug-kataloge

Bestimmung der Arbeitsvorgangsfolge

- Festlegung der Arbeitsinhalte
- Reihenfolgeermittlung
- Berücksichtigung von Alternativen
- Wirtschaftlichkeitsvergleich

⇐ Arbeitsvorgangs-katalog

Festlegung des Arbeitssystems

- Maschinenauswahl
- Zuordnung der Fertigungsmittel
- Werkzeugvorauswahl

⇐
- Kostenstellen-verzeichnis
- Maschinenkarten
- Werkzeug-kataloge

Bildung von Teilarbeitsvorgängen

- Untergliederung des Arbeitsvorgangs
- Erstellung von Arbeitsanweisungen

Vorgabezeitermittlung

- Werkzeugfestlegung
- Festlegung der Einstelldaten von Maschinen
- Schnittwertermittlung
- Ermittlung von Haupt-, Neben- und Rüstzeiten
- Berücksichtigung von Erhol- und Verteilzeiten
- Berechnung der Auftragszeit

⇐
- Schnittwert-kataloge
- Planzeitkataloge
- Richtwerttabellen

Angaben zur Entlohnung

- Festlegung der Lohnart
- Bestimmung der Lohngruppe bzw. des Arbeitswertes

⇐
- Arbeitswerte
- Leistungs- und Lohndaten

Bild 5.24 Teilfunktionen der Arbeitsplanerstellung [5.15]

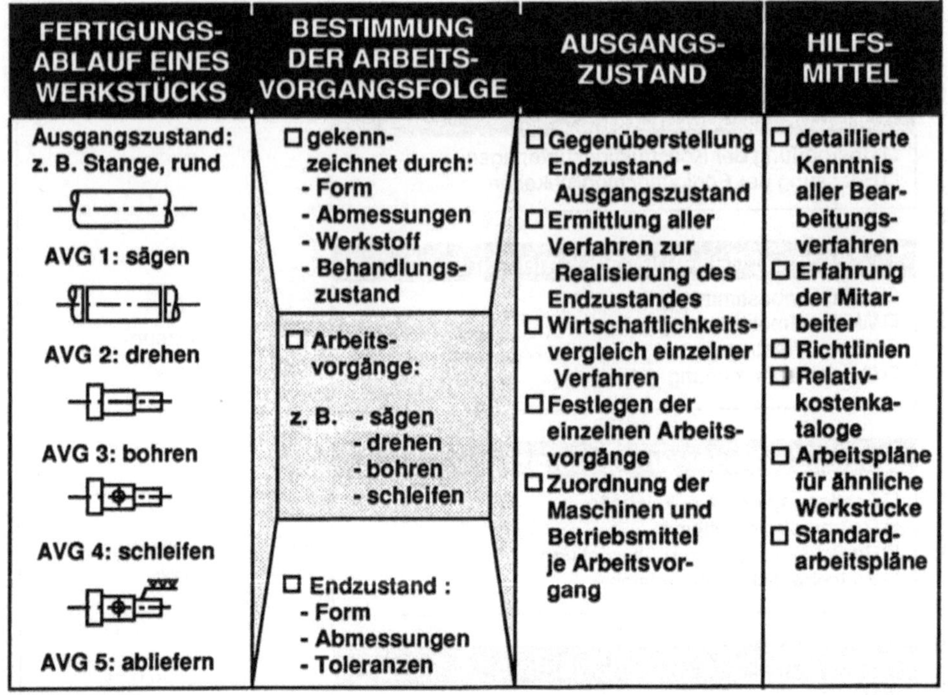

Bild 5.25 Ermittlung der Arbeitsvorgangsfolge [5.8] (AVG: Arbeitsvorgang)

Aufgrund des hohen, bei der Planung zu verarbeitenden Datenvolumens, liegt der Ursprung des Einsatzes von rechnerunterstützten Systemen in der Arbeitsplanverwaltung. Als integrierte Funktionen von PPS-Systemen werden sie heute in den meisten Unternehmen eingesetzt. Die Rechnerunterstützung bei der Wiederholplanung und Ähnlichkeitsplanung besteht weitgehend aus der Bereitstellung von Suchfunktionen für den Zugriff auf Arbeitspläne sowie Editier- und Textverarbeitungsfunktionen zum Modifizieren bestehender Pläne. Eine effiziente Unterstützung der Ähnlichkeitsplanung durch die Verwendung von geometrie- und fertigungsorientierten Klassifizierungssystemen erfolgt derzeit nur in Einzelfällen, da solche Systeme firmenspezifisch aufgebaut werden müssen.

Durch Abbildung der Planungslogik im Rechnersystem kann der Anwender bei der Variantenplanung in hohem Maße unterstützt werden, wobei ein teilweise automatisches Planen allerdings nur unter erheblicher Einschränkung des Werkstückspektrums möglich ist.

Die logischen Zusammenhänge werden dabei mit Hilfe der Entscheidungstabellentechnik abgebildet, indem das Planungswissen des Anwenders und die firmenspezifischen Vorgehensweisen bei der Problemlösung gemäß Bild 5.27 regelorientiert formuliert und in Tabellenform in das System eingegeben werden können [5.17]. Die Entwicklung eines Planungssystems sowie die Bearbeitung von Planungsaufgaben wird durch Entscheidungstabellen-Generatoren und -Interpreter unterstützt, die einen verhältnismäßig

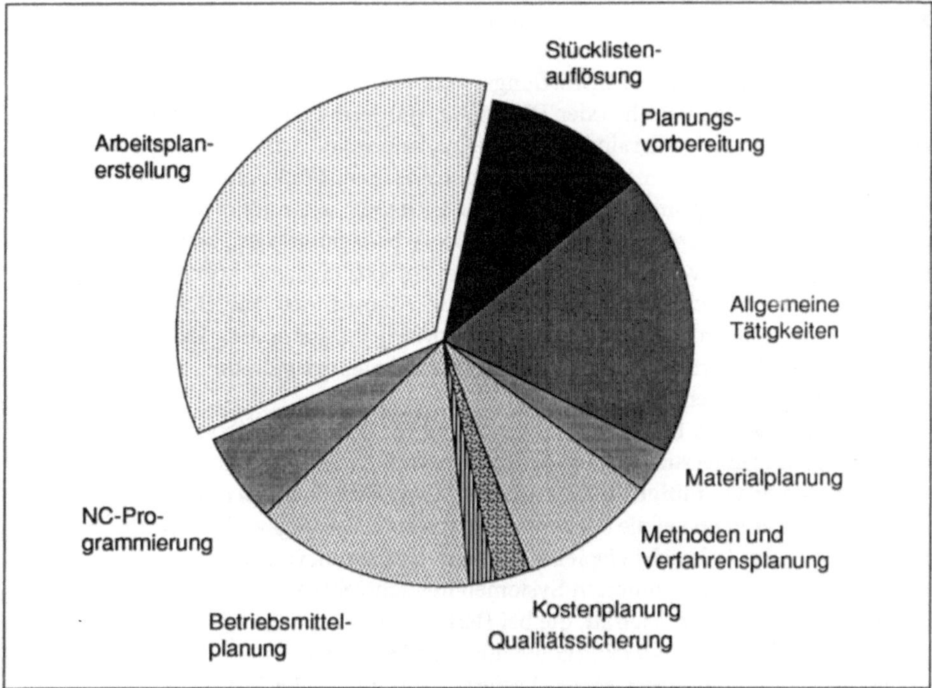

Bild 5.26 Relative Häufigkeit der Tätigkeiten und der Arbeitsplanung

komfortablen Aufbau und die Modifikation von Tabellen gestatten.

Wie Bild 5.28 zeigt, ermöglichen Entscheidungstabellensysteme die Realisierung eines intelligenten Dialogs mit reduziertem Eingabeaufwand. Sie können weiterhin durch die Abbildung der entsprechenden Arbeitsplanungslogik die Rohmaterial-, Operations-, Maschinen- und Betriebsmittelfestlegung sowie die Zeitermittlung unterstützen. Durch den erforderlichen hierarchischen Aufbau des Systems wird zudem maßgeblich zur Systematisierung der Planungstätigkeiten beigetragen.

Im Idealfall soll der Aufbau von Entscheidungstabellensystemen unter Verwendung der systemintern zur Verfügung gestellten Hilfsmittel durch den Benutzer selbst erfolgen, die Realität zeigt jedoch, daß vor allem in der schwierigen Phase der Strukturierung des Wissens, die Projekterfahrung des Herstellers erforderlich ist.

Trotz bislang positiver Erfahrungen bei der Variantenplanung ist der Einsatz von Entscheidungstabellensystemen für die Neuplanung von Werkstücken nur eingeschränkt möglich. Dies liegt daran, daß nur einzelne Teilfunktionen wie die Zeitermittlung oder Betriebsmittelauswahl logisch abgebildet werden können und aufgrund der nichtlinearen Vorgehensweise des Planers bei der Neuplanung rein planerische Tätigkeiten mit Entscheidungstabellen nicht zu realisieren sind.

Die erste Entwicklungsstufe von Programmen zur rechnerunterstützten Neuplanung sind mit Hilfe von konventionellen Programmiersprachen implementierte Systeme. Diese sind in der Regel firmenspezifisch und mit hohem Programmieraufwand für eine spezielle Problemlösung erstellt und lassen sich nicht auf andere Planungsaufgaben und Randbedingungen übertragen.

Allgemeiner dagegen sind anwendungsorientierte Systeme, die ursprünglich nur für einzelne Teilearten wie Dreh- oder Blechteile, mittlererweile jedoch für nahezu alle Werkstückspektren einsetzbar sind und die Detailplanung von Arbeitsgängen unterstützen. Diese Systeme bieten dem Benutzer bei einzelnen Funktionen dialoggesteuert Hilfestellung. Die Zugrundelegung von Datenbanken unterstützt auch kombinierte Abfragen in Katalogen mit Betriebsmitteln oder Arbeitsgangtexten, wobei die Auswahl durch Abhängigkeiten wie z.B. die Zuordnung von Maschine und Arbeitsgang oder von Werkzeugen zu Maschinen unterstützt wird. Algorithmen zur Schnittwert- oder Zeitermittlung können entweder problemspezifisch programmiert sein oder werden inzwischen auch durch modular integrierte Anwendungen der Entscheidungstabellentechnik realisiert.

Der Grund, warum bisherige, konventionell programmierte Systeme die Planung nicht durchgängig unterstützen können liegt im wesentlichen darin, daß der Planer selbst bei Teilproblemen vielfältige Lösungsalternativen berücksichtigen muß und sich erst im Verlauf seiner Tätigkeit auf die Weiterverfolgung einer Lösungsvariante festlegen kann. Wie Bild 5.29 zeigt, läßt sich beispielsweise die Generierung von Arbeitsvorgangsfolgen mit konventionell programmierten Systemen nur schwer realisieren.

Die kombinatorische Vielfalt, die bei Berücksichtigung aller Planungsalternativen entsteht und die Einsetzbarkeit von konventionellen Software-Hilfsmitteln entscheidend einschränkt, soll durch einen wissensbasierten Ansatz bei der Problemlösung auf der Basis der Expertensystem-Technologie bewältigt werden, indem heuristische Einflüsse bei der Planung berücksichtigt werden.

Die Expertensysteme - Bild 5.30 zeigt den prinzipiellen Aufbau eines Systems zur Arbeitsplanerstellung in Verbindung mit einem Datenbanksystem - bieten die Möglichkeit zur Verarbeitung von Planungswissen in Form von Regeln und Fakten. Dabei wird das Wissen nicht mehr fest in Algorithmen programmiert oder in Tabellenform abgebildet, sondern ist im Gegensatz zu den Entscheidungstabellensystemen ohne Zwangsstruktur in der Wissensbasis abgelegt. Die Abarbeitung des Planungswissen erfolgt im Expertensystem duch eine sogenannte Inferenzkomponente, die auf der Basis von fallspezifischen, dem System bekannten, während des Planungsverlaufs abgeleiteten oder vom Benutzer erfragten Daten bzw. Wissensinhalten weitere, in der Wissensbasis abgelegte Regeln anwendet und neue Informationen erzeugt. Während der Planung werden vom System dynamische Zwischenziele (Bearbeitungszustände oder Teilarbeitspläne) generiert, die bei geänderten Randbedingungen wieder zurückgenommen werden können.

Durch die Möglichkeit zur Abbildung der realen Vorgehensweise bei der Planung wird die Arbeitsplanerstellung mit Hilfe von Expertensystemen in den letzten Jahren vor allem von Hochschulinstituten verstärkt in Angriff genommen. Zum jetzigen Zeitpunkt sind einige vielversprechende Ansätze bekannt, welche als Ergebnis nicht nur den Arbeitsplan erzeugen, sondern zusätzlich die Arbeitsinhalte für die nachfolgende NC-Programmierung zur Verfügung stellen sollen [5.18]. Die Anwendung dieser Systeme in der Praxis erweist sich in vielen Fällen nur in Verbindung mit einem CAD-System als

Verbale Formulierung

☐ Wenn Dicke <3 und Breite <100 und Länge <=2.500,
dann Ausgangsmaterial Band und Bearbeitung auf
Maschine 1606.

☐ Wenn Dicke <3 und Breite >=100 und Länge <=2.500,
dann Ausgangsmaterial Tafel und Maschine Nr. 1608.

☐ Wenn Dicke >=3 und Länge <=2.500 (Breite ist nicht
relevant), dann Ausgangsmaterial Tafel und Maschine
1610.

☐ Wenn Länge >2.500 ist, dann kann das Werkstück nicht
gefertigt werden.

Entscheidungstabelle

	Regel 1	Regel 2	Regel 3	Regel 4
Dicke Breite Länge	<3 <100 <=2.500	<3 >=100 <=2.500	>=3 ---- <=2.500	---- ---- >2.500
Material Maschine	Band 1606	Tafel 1608	Tafel 1610	nicht fertigbar

Bild 5.27 Darstellung eines Planungsproblems in Entscheidungstabellen [5.17]

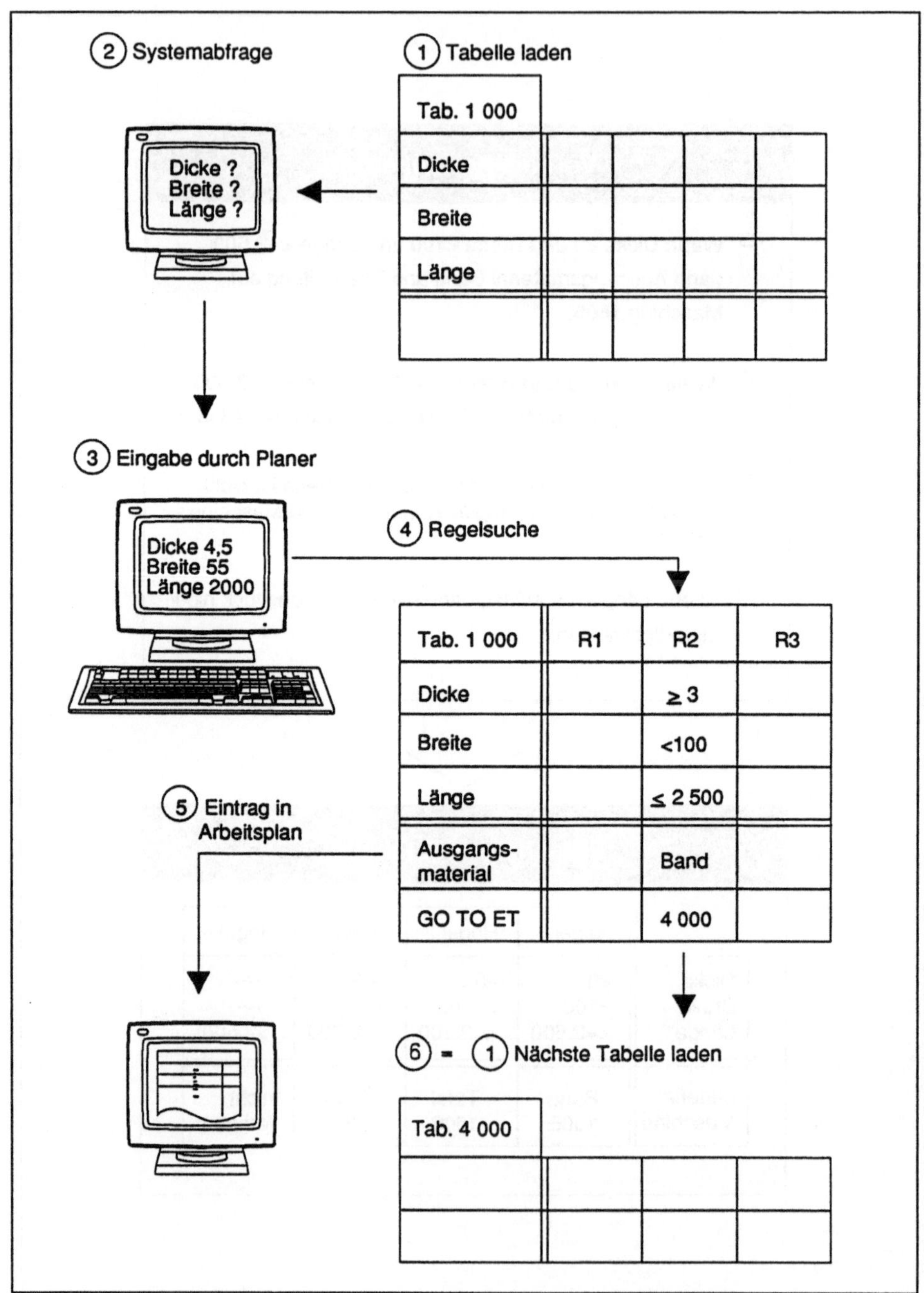

Bild 5.28 Ablauf der Arbeitsplanerstellung mit Entscheidungstabellensystemen

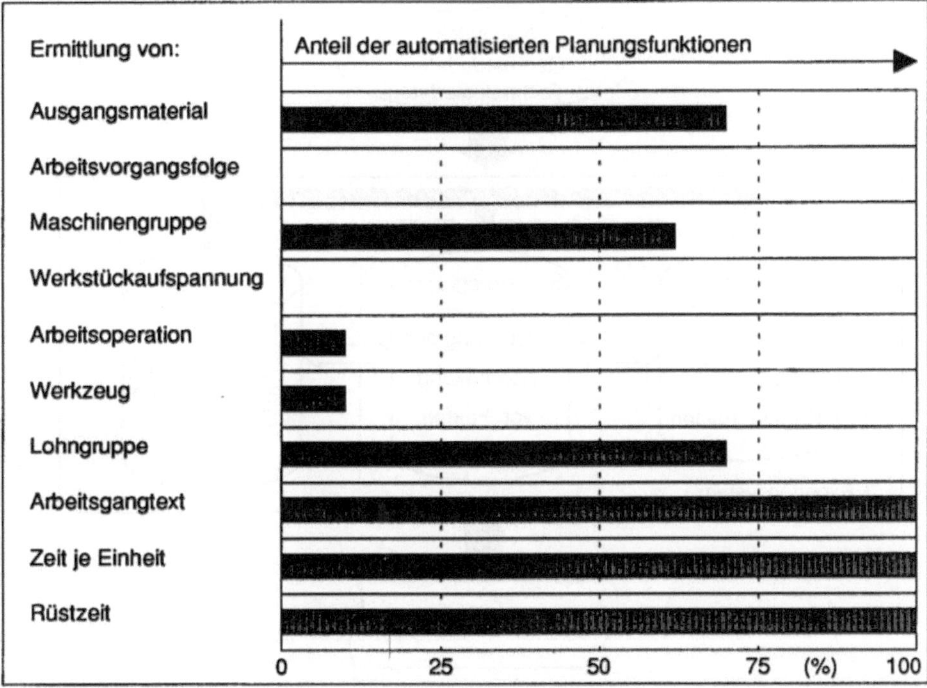

Bild 5.29 Anteil der automatisierbaren Planungsfunktionen [5.17]

sinnvoll. Dies liegt daran, daß die in der Werkstattzeichnung enthaltene Werkstückgeometrie die Ausgangsgröße für die Mehrzahl aller Planungsfunktionen darstellt und der Aufwand für die manuelle Eingabe von Geometrie- und Technologiedaten den durch das System erzielbaren Nutzen mindert, teilweise sogar übersteigt.

Der breite industrielle Einsatz dieser Systeme ist erst dann zu erwarten, wenn seitens der CAD-Systeme nicht nur Geometriedaten sondern auch fertigungstechnische Informationen rechnerintern für die Planung zur Verfügung gestellt werden können und diese ohne aufwendige manuelle Eingriffe im Planungssystem verarbeitet werden können.

5.2.4 Programmierung von numerisch gesteuerten Produktionseinrichtungen

Die NC-Programmierung umfaßt die Ermittlung aller geometrischen und technologischen Informationen, die zur Bearbeitung eines Werkstücks auf numerisch gesteuerten Maschinen erforderlich sind, sowie die Umsetzung dieser Informationen in ein von der Maschinensteuerung interpretierbares Programm.

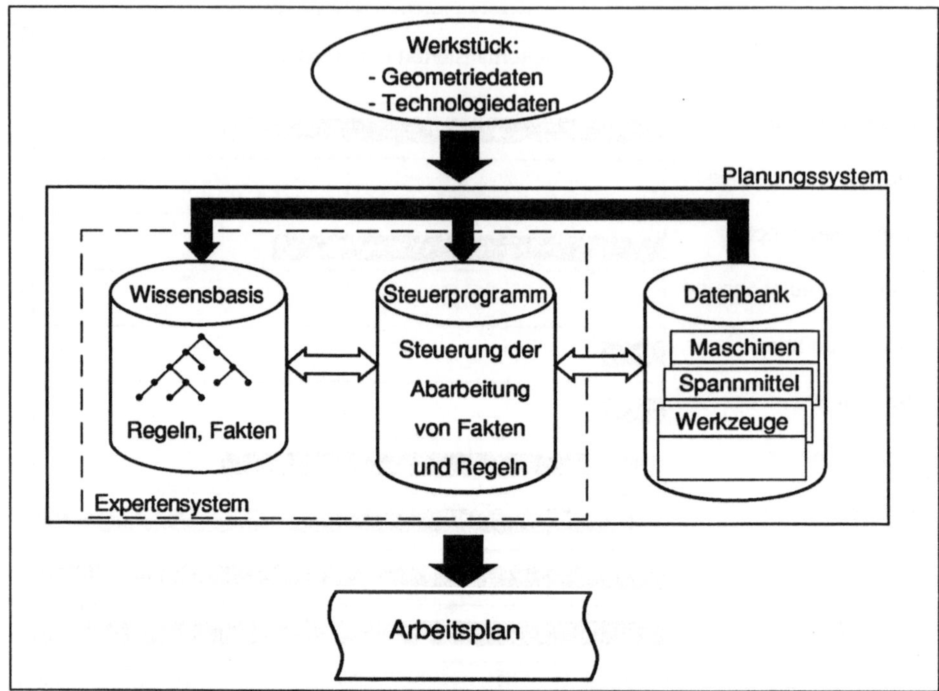

Bild 5.30 Aufbau eines Expertensystems zur Arbeitsplanerstellung

Die beim bisherigen Einsatz von NC-Maschinen gemachten Erfahrungen zeigen, daß eine wirtschaftliche und flexible Nutzung von NC-Maschinen nicht nur von der Programmierung selbst, sondern ebenso von einem gut organisierten Umfeld abhängt, da die NC-Fertigung im allgemeinen einen höheren Planungsaufwand und eine höhere Planungsqualität als die konventionelle Fertigung erfordert [5.19].

5.2.4.1 Grundlagen der NC-Programmierung

Ziel der Programmierung ist es, die im Arbeitsplan und in der Zeichnung enthaltenen geometrischen, technologischen und ablauforientierten Informationen für die NC-Maschine in verarbeitungsgerechter Form aufzubereiten.

Wie der prinzipielle Aufbau in Bild 5.31 zeigt, enthält ein NC-Programm neben den für die Bearbeitung erforderlichen Weginformationen alle zusätzlichen Schaltinformationen und Hilfsbefehle, so daß nacheinander alle Daten zur vollautomatischen Herstellung eines Werkstücks zur Verfügung stehen [5.20].

Die Regeln für den Aufbau von NC-Programmen sind weitgehend nach DIN 66025 genormt. Spezifische Funktionen und Befehle können jedoch von Steuerungs- und Maschinenherstellern noch zusätzlich festgelegt werden.

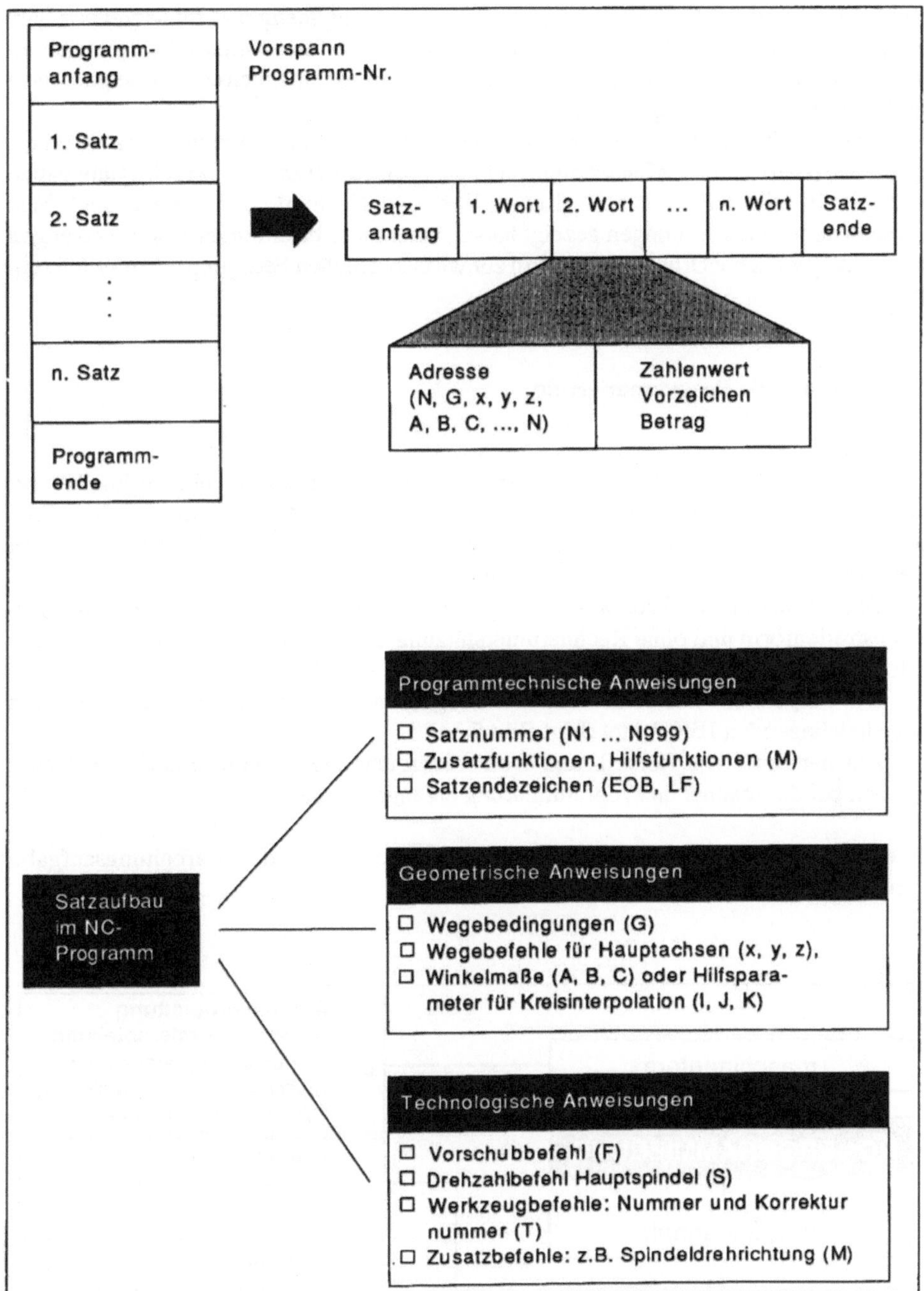

Bild 5.31 Prinzipieller Aufbau eines NC-Programms

Zur Erstellung der NC-Programme, die schnell, kostengünstig und fehlerfrei erfolgen soll, sind unterschiedliche, in Bild 5.32 dargestellte Verfahren einsetzbar, die sich im wesentlichen nach dem Ort der Programmerstellung (maschinennah oder maschinenfern) und dem Automatisierungsgrad gliedern.

Die Entscheidung für eine maschinenferne oder -nahe Programmierung muß unternehmensspezifisch getroffen werden, da beide Möglichkeiten ihre Berechtigung haben und gemäß Bild 5.33 mit spezifischen Vor- und Nachteilen verbunden sind. Wie verschiedene Untersuchungen gezeigt haben, kann unter bestimmten Voraussetzungen auch eine gemischte Organisationsform zur wirtschaftlichen Fertigung erforderlich sein [5.21].

5.2.4.2 Manuelle Programmierung

Obwohl die weitentwickelten rechnerunterstützten Hilfsmittel eine schnelle und komfortable Programmierung ermöglichen, sollte jeder Programmierer ohne Programmiersystem arbeiten können, da dies für das Lesen und die Änderung von Teileprogrammen direkt an der Maschine unbedingt erforderlich ist.

Bei der manuellen Programmierung werden die Maschinenprogramme meist in Lochstreifenform und ohne Rechnerunterstützung erstellt. Das Testen der Programme erfolgt an der Maschine.

Die Vorgehensweise beim manuellen Programmieren und die der Programmierung zugrundeliegenden Hilfsmittel zeigt Bild 5.34.

Auf der Basis von Rohteil- und Werkstückzeichnung, Stückliste und Arbeitsplan werden bei der manuellen Programmierung erzeugt und bearbeitet:

- Der Arbeitsablaufplan (ablaufabschnittsweise Beschreibung der Bearbeitungsaufgabe unter Angabe der Aufspannung),

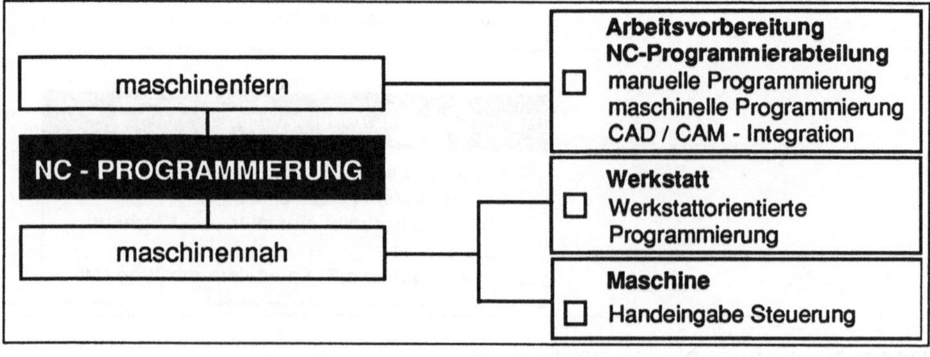

Bild 5.32 Klassifizierung von Verfahren zur NC-Programmierung

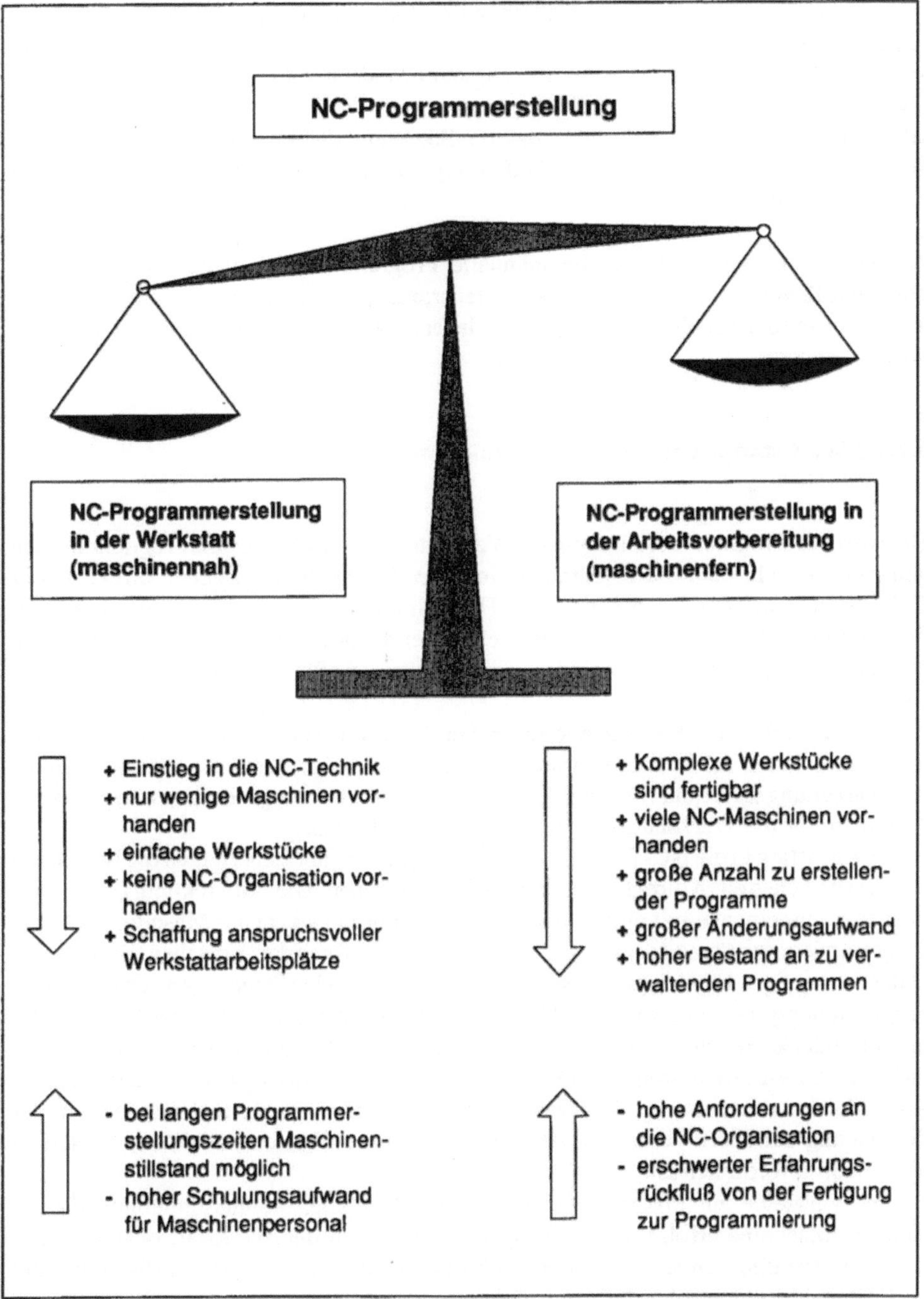

Bild 5.33 Gegenüberstellung maschinennahe - maschinenferne Programmierung

- der Aufspannplan (enthält Angaben zum Werkstücknullpunkt, Spannlage und Spannmittel),
- das Werkzeugeinrichteblatt (Werkzeugidentifikation und -platz, Abmessungen, Schneidstoff, ...),
- der Koordinatenplan (Angabe der über die Steuerung der anzufahrenden Punkte),
- das NC-Programmblatt (Satzweise Auflistung der geometrischen und technologischen Anweisungen)

Als Programmiermethode ist die manuelle Programmierung heutzutage meist unwirtschaftlicher als die rechner- oder steuerungsgestützte Programmierung in der Werkstatt und der Arbeitsvorbereitung, die daher in den meisten Unternehmen angestrebt wird.

5.2.4.3 Werkstattorientierte Programmierung

Unter der NC-Programmerstellung in der Werkstatt, auch maschinennahe Programmierung genannt, versteht man die Erledigung einfacher Programmieraufgaben direkt an der CNC-Steuerung der Maschine (bei Handeingabesteuerungen) oder an einem Programmierplatz im Werkstattbereich. Hierbei werden die Programme vom Maschinenbediener, Einrichter oder vom Meister erstellt und im Werkstattbereich verwaltet.

Daß vor allem die Programmkorrektur und -optimierung direkt am Erstellungsort und vom Ersteller selbst vorgenommen werden können und damit die Erfahrungen bei der Bearbeitung sofort und vollständig in die Programmierung eingehen, ist ein bedeutendes Argument für die Werkstattprogrammierung in der Praxis.

Als Einstieg in die NC-Technik werden bei Handeingabesteuerungen die NC-Daten statt über Lochstreifen direkt in die Maschine eingegeben. Die Entwicklung führte über die Programmeingabe mit alphanumerischer Tastatur bei stehender Maschine über die Programmierung während der Hauptzeit bis hin zur Einführung der grafischen Bildschirme. Unter den heutigen Handeingabesteuerungen versteht man eine Steuerung mit integriertem Programmiersystem und meist farbigem Bildschirm, der bereits bei der Eingabe die programmierte Geometrie Schritt für Schritt anzeigt. Die Eingabe selbst erfolgt nicht mehr im DIN-Format sondern über Funktionstasten, Soft-Keys oder Menütechnik. Anschließend können die Werkzeuge und deren Bewegungen einschließlich der Zerspanung simuliert werden, so daß ein Programmtest bei unproduktiver Maschine nicht mehr erforderlich ist.

Im Vergleich zur Programmierung an der Maschine, die ausschließlich für die einzelne Maschine erfolgt, ist ein Programmierplatz in der Werkstatt oder im Meisterbüro wesentlich universeller, da er für eine ganze Maschinengruppe verfügbar ist, und auch ältere Maschinen ohne leistungsfähige Handeingabesteuerungen mit Programmen versorgt werden können.

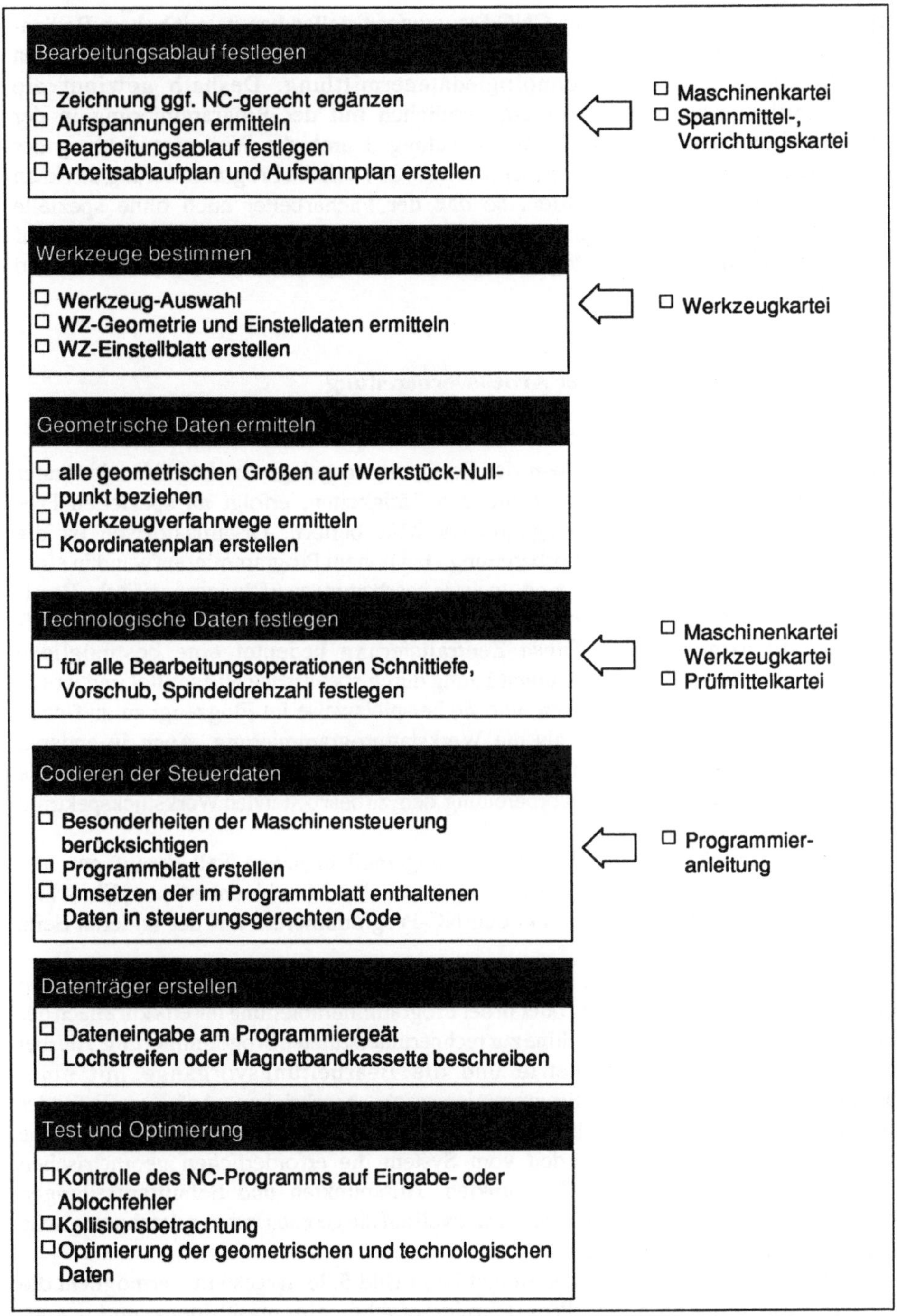

Bild 5.34 Schematischer Ablauf bei der manuellen Programmierung

Die derzeitigen, leistungsfähigen CNC-Steuerungen stellen bereits mit hohem Bedien-Komfort umfangreiche Programmierhilfen wie Zyklen oder Makros bereit und unterstützen den Anwender bei der Technologiedatenermittlung. Deshalb gewinnt die werkstattorientierte Programmierung verglichen mit der Programmierung in der Arbeitsvorbereitung immer mehr an Bedeutung. Durch die Weiterentwicklung der werkstattorientierten Programmiermethoden (WOP) soll die Programmierung direkt an der Maschine vereinfacht werden, so daß der Facharbeiter auch ohne spezielle Programmierkenntnisse die Maschine bedienen und programmieren kann. Der Ablauf dieser einheitlichen und technologieübergreifenden Programmierphilosophie ist in Bild 5.35 dargestellt.

5.2.4.4 Programmierung in der Arbeitsvorbereitung

Die NC-Programmierung in einem der Fertigung vorgelagerten Bereich, also unter Trennung der planenden und ausführenden Tätigkeiten, erfolgt an speziellen Programmierplätzen von dafür ausgebildeten Mitarbeitern. Organisatorisch ist die Programmierung in der Arbeitsvorbereitung - bei hohem Programmieraufwand in einer speziellen NC-Programmierabteilung- meist in bearbeitungsverfahrensspezifische Bereiche gegliedert (NC-Drehmaschinen, NC-Bearbeitungszentren, NC-Erodier-, NC-Schleif- oder NC-Stanzmaschinen). Diese Zentralisierung bedeutet eine bestmögliche Informationsbereitstellung und Unterstützung durch spezifische Hilfsmittel und ist vor allem bei komplexen Werkstücken, wie sie beispielsweise im Flugzeugbau zu finden sind, erheblich wirkungsvoller als die Werkstattprogrammierung. Auch in anderen Branchen, wie z.B. im Werkzeug- und Formenbau, wären ohne spezielle Programmierplätze in der Arbeitsvorbereitung, dem zu bearbeitenden Werkstückspektrum enge Grenzen gesetzt [5.23].

Bei der maschinenfernen Programmierung muß in jedem Fall darauf geachtet werden, daß ein ständiger Erfahrungsaustausch zwischen Maschinenbediener, Einrichter und Meister auf der einen Seite und den NC-Programmierern auf der anderen Seite stattfindet.

Die Forderung nach einer schnellen Erstellung von korrekten NC-Programmen führte in der Arbeitsvorbereitung oder in der Programmierabteilung bereits kurz nach der Entwicklung der ersten NC-Maschine zur rechnerunterstützten Programmierung. Hierbei werden die Werkstückgeometrie und die Bearbeitungsvorgänge mit einer problemorientierten, höheren Programmiersprache beschrieben. Auf der Basis der Werkstückbeschreibung ermittelt der Rechner die exakte Relativbewegung des Werkzeugs zum Werkstück. Ebenfalls werden vom System die erforderlichen geometrischen Berechnungen von fehlenden Eckpunkten, Hilfspunkten und Schnittaufteilungen vorgenommen, so daß sich der Programmierer voll auf die geometrische und technologische Beschreibung konzentrieren kann.

Bei der Programmierung - der Ablauf ist in Bild 5.36 dargestellt - ermöglicht die Verwendung einer höheren Programmiersprache, ein maschinen- und steue-

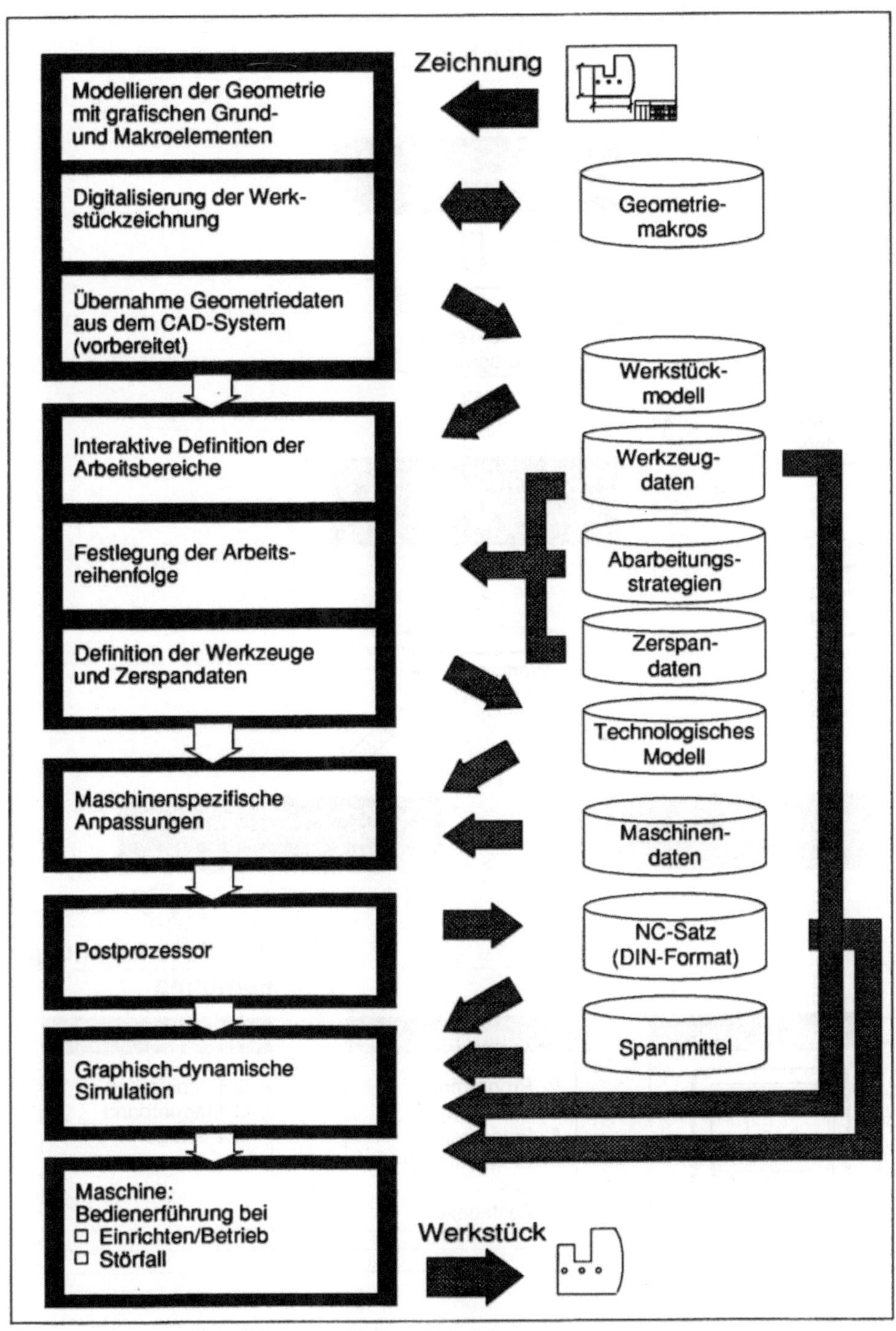

Bild 5.35 Werkstattorientierte Programmierung [5.22]

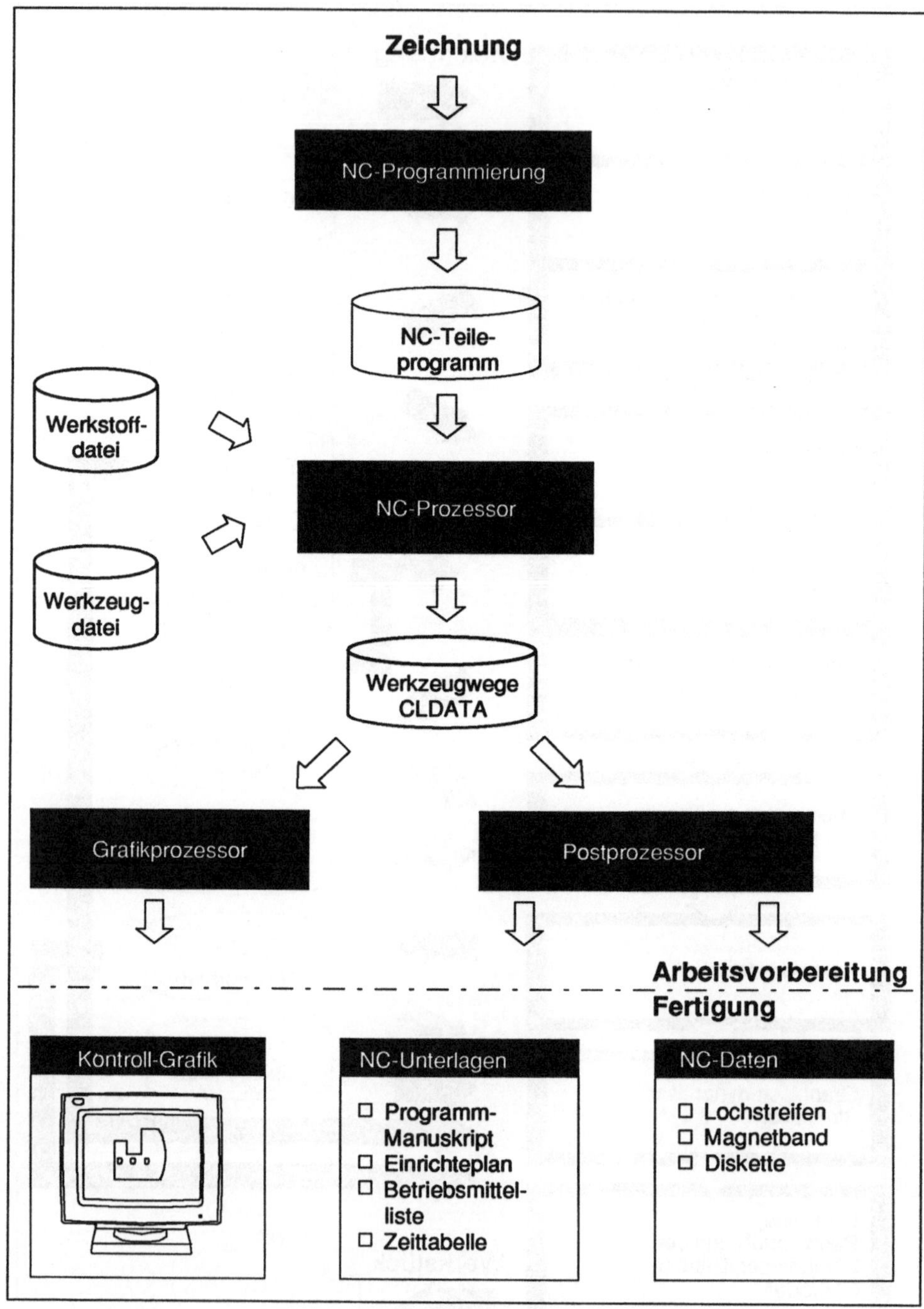

Bild 5.36 Ablauf und Ergebnisse der rechnerunterstützten NC-Programmerstellung

rungsunabhängiges Teile-Programm als Zwischenresultat zu erzeugen. Die Generierung der Steuerinformationen für die NC-Maschine erfolgt dann in zwei Schritten: dem Prozessorlauf und dem Postprozessorlauf.

Im Prozessor werden die Anweisungen des Teileprogramms zuerst auf formale Fehler überprüft. Anschließend werden alle arithmetischen und geometrischen Daten berechnet. Mit den Daten aus der Werkstoff- und Werkzeugdatei bestimmt der Prozessor die notwendigen Schnittwerte wie Spanungstiefe, Schnittgeschwindigkeit und Vorschubgeschwindigkeit. Ebenso werden eventuelle Schnittaufteilungen und Kollisionsprüfungen vorgenommen. Die vom Prozessor erzeugten NC-Steuerdaten sind immer noch maschinenneutral und werden in eine maschinennähere Sprache, CLDATA (Cutter Location Data) genannt, übersetzt. In diesem CLDATA sind die Geometrie- und Technologiedaten bereits zu Werkzeug-Fahranweisungen und Schaltanweisungen transformiert. Anschließend werden diese Daten von dem für jeden Steuerungstyp spezifischen Postprozessor in das maschinenbezogene NC-Programm übersetzt und die zur NC-Bearbeitung erforderlichen Unterlagen erstellt.

Unterschiede in der Anwendung dieser Programmiersysteme in einer höheren Programmiersprache können sich durch geometrie- oder technologieorientierte Unterstützung ergeben. Bei geometrieorientierten Systemen werden die geometrischen Daten vom Rechner bestimmt, während die technologischen Daten vom Programmierer selbst festgelegt werden müssen. Der Funktionsumfang von technologieorientierten Systemen (z.B. EXAPT) umfaßt neben der Berechnung der Geometriedaten durch Zugriff auf Werkstoff- und Werkzeugdateien auch die Ermittlung von Technologieinformationen.

5.2.4.5 Rechnerunterstütztes Konstruieren und Fertigen

Das globale Ziel, das mit der Integration von Konstruktion (CAD) und Fertigung (CAM) verfolgt wird, besteht in der Effektivierung des Informationsflusses von der Projektierung und Konstruktion eines Erzeugnisses bis zu seiner Fertigstellung.

Eine Steigerung der Produktivität in der Fertigungsvorbereitung soll im wesentlichen erreicht werden durch:

- Erleichterung des Zugriffs auf Informationen durch einheitliche Datenbestände in den Rechnersystemen,
- Reduktion des Verwaltungsaufwands von technischen Unterlagen,
- Verbesserung der Qualität von NC-Programmen und Minimierung von Fehlern bei der Programmübertragung durch Eindeutigkeit der gespeicherten Daten,
- Zeitersparnis bei der Programmierung und dadurch verringerte Durchlaufzeit in der Fertigungsvorbereitung vor allem bei aufwendigen Geometriebeschreibungen.

Eine 1986/87 im Auftrag des Rationalisierungs-Kuratorium der Deutschen Wirtschaft (RKW) e.V. durchgeführte Studie zeigt in Bild 5.37 die mit der Einführung von CAD/CAM-Systemen verbundenen Erwartungen [5.24].

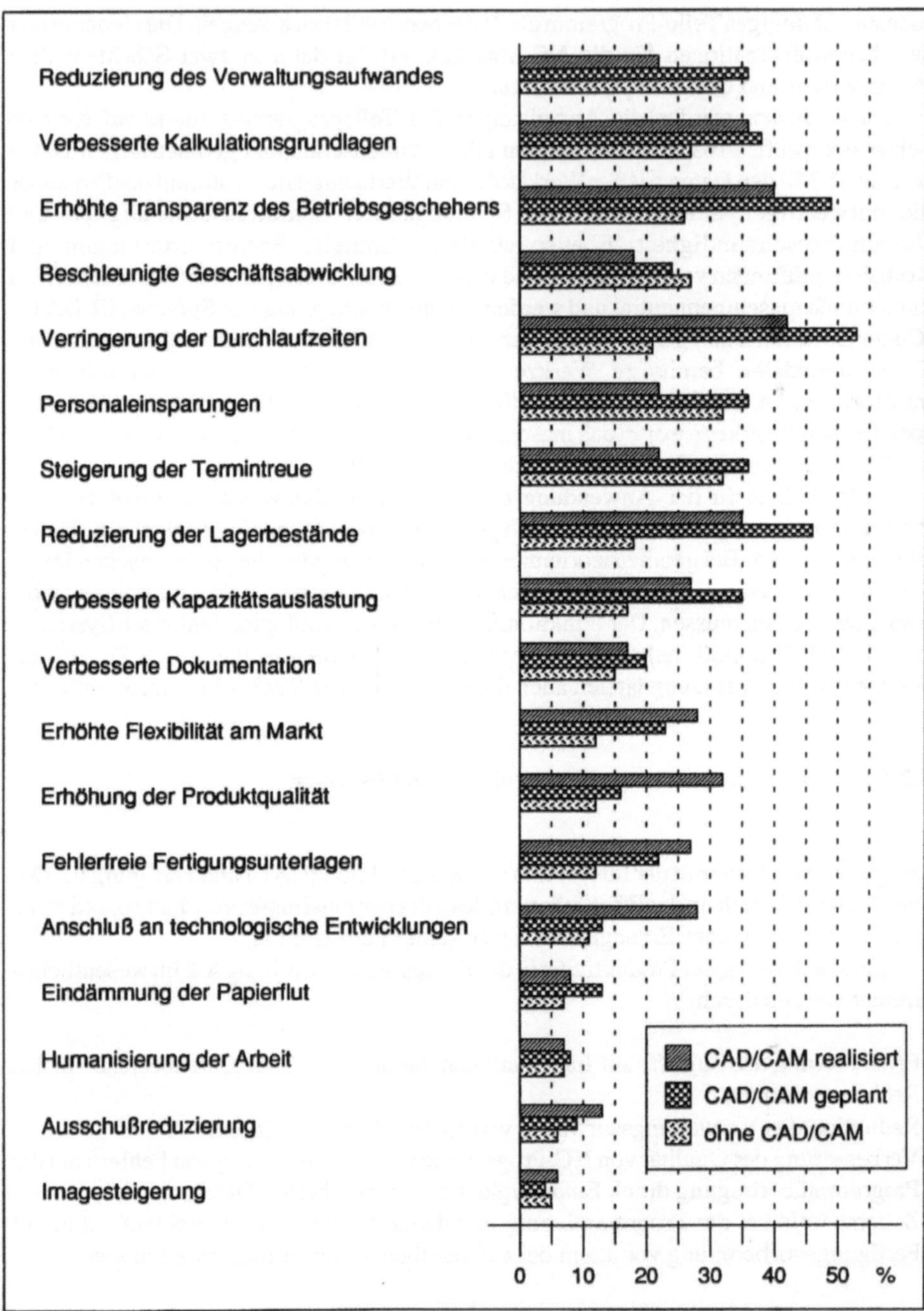

Bild 5.37 Zielsetzungen des Einsatzes von CAD/CAM-Vernetzungen

Eine durchgängige Kopplung von CAD-CAP-CAM erfordert die Zusammenführung von Insellösungen zu einem integrierten System. Diese Integration ist in der Praxis oft mit erheblichen Schwierigkeiten verbunden, da die jeweiligen Bereiche in den meisten Unternehmen bereits über langjährige Organisationsformen verfügen. Die praktischen Schwierigkeiten bei der Integration liegen derzeit vielfach bei der Inkompatibilität von Rechnersystemen und Programmen unterschiedlicher Hersteller, die sich auf die spezifische Aufgabenstellungen in Konstruktion oder Fertigungsplanung konzentrieren und für diese Anforderungen speziell ausgerichtete Produktlösungen entwickelten.

Die Entwicklung von CAD/CAM-Systemen auf der Basis eines einheitlichen Modells befindet sich derzeit noch im Forschungsstadium [5.25]. Daher werden die Module bei den jetzigen Lösungen mittels spezifischer Kopplungsprogramme oder anhand von genormten Schnittstellen integriert [5.26].

Für die jeweiligen Arten der Programmierung ergeben sich unterschiedliche in Bild 5.38 dargestellte Integrationsformen [5.20], wobei die höchste Integration bei der Konstruktion und Programmierung am CAM-Arbeitsplatz erzielt wird. Bei dieser Lösung wird das Programm nach der CAD-unterstützten Konstruktion und Programmierung im DNC-Rechner (DNC: Direct Numerical Control) verwaltet und nach Anforderung aus der Fertigung an die Maschine übertragen. Vom Bediener werden dann lediglich eventuelle Korrekturen vorgenommen.

Der Transfer der Programme erfolgt über eine DNC-Übertragungseinheit (DNC-Interface) bzw. den DNC-Rechner. Dieser ist dadurch charakterisiert, daß mehrere NC-oder CNC-Maschinen an einem Prozeßrechner angeschlossen sind, dessen Aufgabe es ist, die NC-Steuerprogramme zeitgerecht an die Maschinen zu verteilen. Durch diese direkte Übertragung entfallen die sonst üblichen Datenträger wie Lochstreifen oder Magnetbänder.

5.2.5 Entwicklungstendenzen

In den meisten Fällen, in denen heute der Rechnereinsatz für Planungsaufgaben realisiert ist, handelt es sich um Lösungen für bestimmte Teilaufgaben. Solche separat entwickelten Insellösungen lassen sich nachträglich nur mit hohem Aufwand integrieren.

Zielsetzung zukünftiger Entwicklungen wird es sein, Informationen bereichsübergreifend zu nutzen, indem gemeinsame Datenbasen und geeignete Schnittstellen geschaffen werden. Für die Aufgaben der Fertigungsplanung bedeutet dies, daß zum einen die Funktionen der Arbeitsplanerstellung und NC-Programmierung rechnerunterstützt durchzuführen sind, zum anderen müssen die im Rahmen der Auftragsabwicklung angrenzenden Bereiche hinsichtlich der Datenbereitstellung bzw. -übergabe sowie auch bezüglich der funktionalen Überschneidung und Ergänzung eingebunden werden.

Als langfristige Perspektive ist nicht nur der durchgängige Informationsfluß zwischen den einzelnen Abteilungen, sondern auch die Einbeziehung der administrativen Bereiche zu sehen, wobei der Fertigungsplanung als Bindeglied zwischen der technischen und

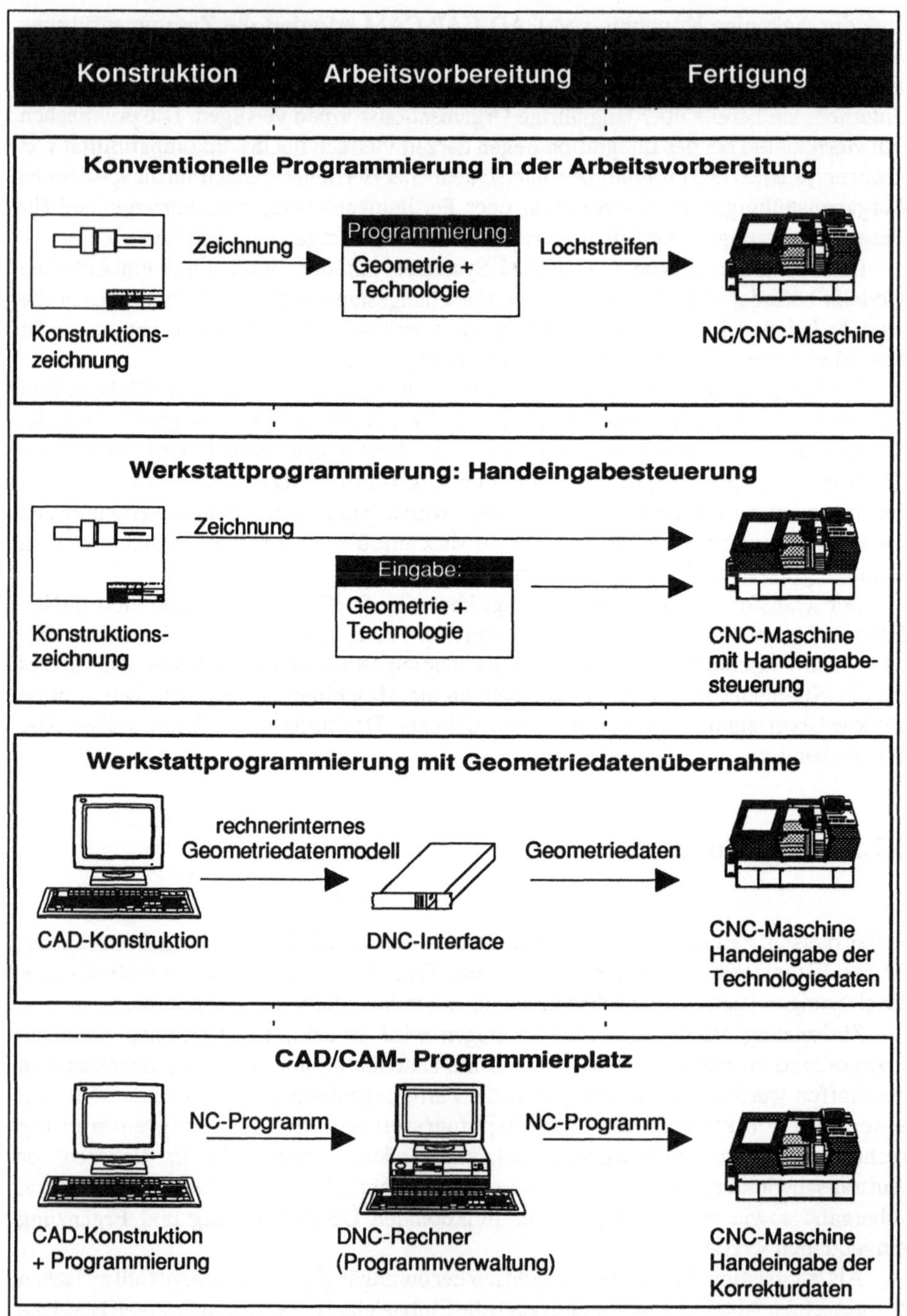

Bild 5.38 Datenübertragung bei unterschiedlichen Arten der NC-Programmierung

kaufmännischen Auftragsabwicklung besondere Bedeutung zukommt. Den ersten Schritt in dieser Entwicklung stellen Bestrebungen dar, zumindest in der technischen Auftragsabwicklung von CAD bis CAM ein gemeinsames Datenmodell zugrundezulegen und zur Erstellung der unterschiedlichen Fertigungsunterlagen auf dieselben Datenbestände (Bild 5.39) zurückgreifen zu können. Hierbei wird die Schnittstelle zur Produktionsplanung und -steuerung noch über Datentransfer realisiert. Jedoch ist es bereits Gegenstand derzeitiger Forschungsarbeiten, auch die dispositiven Auswirkungen der Produktionsplanung und -steuerung in die Planung mit einzubeziehen.

5.3 Fertigungssteuerung

5.3.1 Aufgaben und Ziele der Fertigungssteuerung

Ausgehend von der zugrunde gelegten Definition (siehe Abschnitt 5.1) hat die Fertigungssteuerung im wesentlichen folgende Fragen zu klären:

- in welcher Menge (Losgröße)
- zu welchem Termin und (falls Alternativen möglich sind)
- auf welcher Kapazitätseinheit

soll ein Teil hergestellt werden? Der daraus resultierende Aufgabenkomplex läßt sich nach unterschiedlichen Gesichtspunkten strukturieren. Eine Möglichkeit ist die Gliederung nach den verschiedenen Funktionen im Arbeitsablauf (Bild 5.40).

Der planende Anteil der Fertigungssteuerung umfaßt die Mengen- und Terminplanung. Bei der Terminplanung unterscheidet man die auftragsbezogene und die anlagenbezogene Planung. Die anlagenbezogene Terminplanung wird häufig auch als Kapazitätsplanung bezeichnet.

Der steuernde Anteil im engeren Sinne umfaßt alle Maßnahmen, die als Anstoß für Aktivitäten in der Produktion durchzuführen sind und übernimmt somit die Organisation des Informations- und Materialflusses im Betrieb.

Der überwachende Anteil stellt die Durchführung des geplanten Fertigungsablaufes sicher und überprüft im Rahmen des Soll-Ist-Vergleiches die Einhaltung der vorgegebenen Soll-Mengen und -Termine. Hierfür werden Ist-Daten in Form von Rückmeldungen aus dem Betrieb benötigt.

Bei den Aufgaben der Fertigungssteuerung, insbesondere bei der Mengen- und Terminplanung, lassen sich nach dem Zeitraum der Vorausschau, dem Durchführungsintervall und der Bezugsgröße kurzfristige, mittelfristige und langfristige Aufgaben unterscheiden. Am Beispiel der Terminplanung zeigt Bild 5.41 den Zusammenhang zwischen Planungshorizont, Planungszyklus (-intervall) und Planungsbasis.

Die Zahlenangaben sind als Beispiel aus einem Unternehmen zu verstehen und geben die Relation der verschiedenen Planungsstufen wieder.

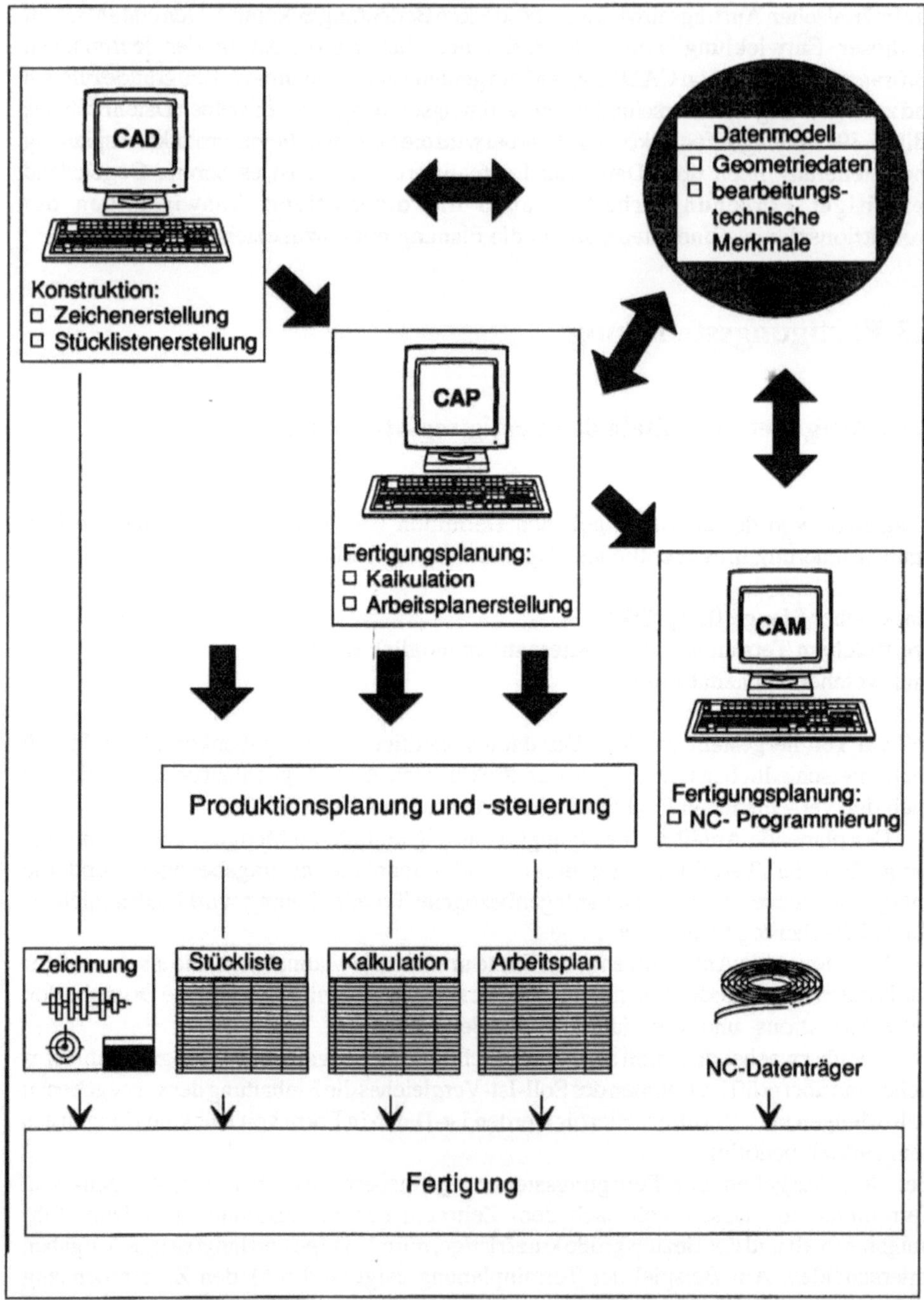

Bild 5.39 Integrierte Auftragsabwicklung von Konstruktion bis NC-Programmierung

Bild 5.40 Funktionen der Fertigungssteuerung [5.4]

Unabhängig vom einzelnen Unternehmen gilt jedoch, daß mit abnehmendem Planungshorizont die Bezugsgröße der Planung detaillierter beschrieben und die Planungsintervalle kleiner sein müssen, um ausreichend genaue Planungsergebnisse zu erhalten.

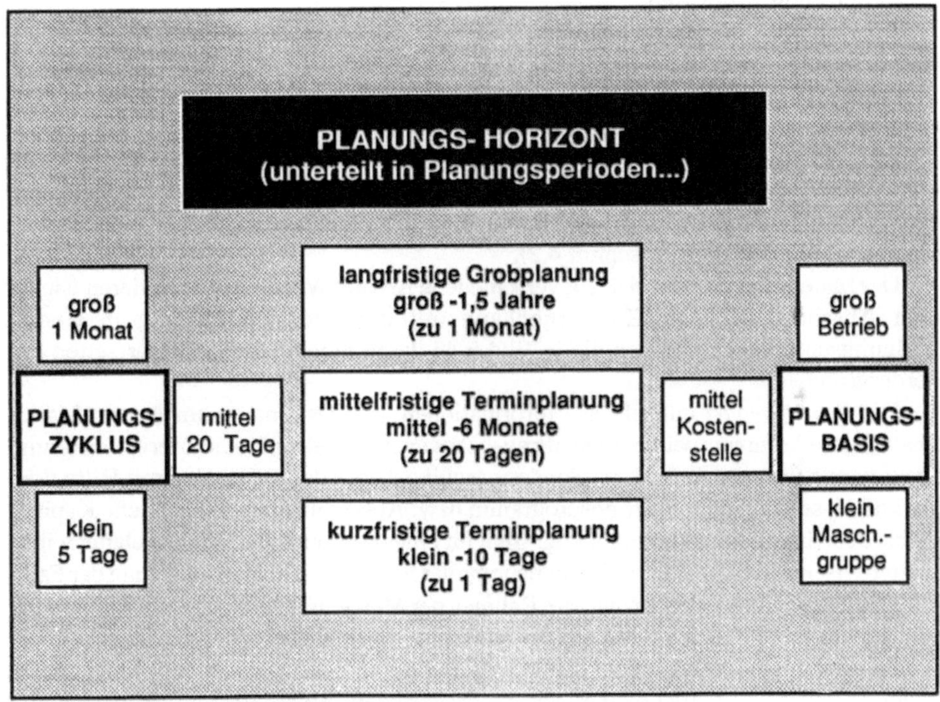

Bild 5.41 Hierarchie der Terminplanung [5.4]

5.3.1.1 Aufgaben und Ziele der Mengenplanung

Die *Mengenplanung* ist ein Teil des Aufgabenfeldes, das in der Praxis häufig unter dem Begriff *"Materialwirtschaft"* zusammengefaßt wird. Die Materialwirtschaft selbst ist ein Teilbereich des *Materialwesens* im Unternehmen. Aus Bild 5.42 ist die Abgrenzung des Aufgabenbereiches der Materialwirtschaft ersichtlich.

In einigen Unternehmen ist der Ansatz bereits verwirklicht, alle Funktionen, die mit dem Materialfluß vom Einkauf bis zum Versand im Zusammenhang stehen, auch organisatorisch in einem Unternehmensbereich zusammenzufassen. Dies hat den Vorteil einer einfacheren Zuordnung der Kostenverarbeitung. Bild 5.43 zeigt, wie sich die Kosten im Materialwesen verteilen.

Aufgrund des hohen Kostenanteils der Materialwirtschaft ist diesem Bereich im Hinblick auf Rationalisierungsmaßnahmen besondere Bedeutung zuzumessen.
Insbesondere gilt es, ein Optimum bei den gegenläufigen Zielen

- hohe Lieferbereitschaft und
- geringe Kapitalbindung

zu finden (vgl. Abschnitt 4.2). Die Grundlagen hierfür werden im Teilbereich der Mengenplanung geschaffen.

Die *Aufgaben* der Mengenplanung sind in Bild 5.44 zusammengestellt.
In Unternehmen der Fertigungsindustrie ist die *Stückliste* die grundlegende Voraussetzung für eine (deterministische) Bedarfsermittlung. Die verschiedenen Stücklistenarten und ihre Verwendung wurden in Kapitel 3 erläutert.

Am Abschnitt 5.3 stehen die Aufgaben und Methoden der Bedarfsermittlung im Vordergrund, da die Bestands- und Bestellmengen in dem hier zugrunde gelegten Beispielunternehmen (vgl. Kapitel 1) dem Aufgabenbereich des Beschaffungswesens zugeordnet wurden (vgl. Abschnitt 4.2).

Der Materialbedarf läßt sich auf verschiedene Art und Weise charakterisieren (siehe auch Abschnitt 4.2). Im Zusammenhang mit der Bedarfsermittlung in einem Fertigungsunternehmen stehen die in Bild 5.45 dargestellten Materialbedarfsarten im Vordergrund.

Der *Primärbedarf* entsteht aus Informationen, die das Unternehmen vom Markt erhält. Diese kommen bei kundenauftragsbezogener Einzel- und Kleinserienfertigung direkt vom Kunden, wie z. B. im Sondermaschinenbau, oder sie werden mit Hilfe von Marktanalysen in einem Vertriebsprogramm bzw. Absatzplan festgelegt (siehe Kapitel 9), aus dem dann das Produktionsprogramm für eine bestimmte Periode abgeleitet wird. Letzteres ist im allgemeinen bei kundenanonymer Serien- und Massenfertigung der Fall.

Aus diesen Informationen wird im Rahmen der Mengenplanung der *Sekundärbedarf* ermittelt. In Abschnitt 5.3.2 werden die hierfür geeigneten Methoden erläutert.
Der *Tertiärbedarf* ist meist nicht direkt vom Bedarf an Erzeugnissen und Baugruppen abhängig und wird im allgemeinen verbrauchsgesteuert disponiert.

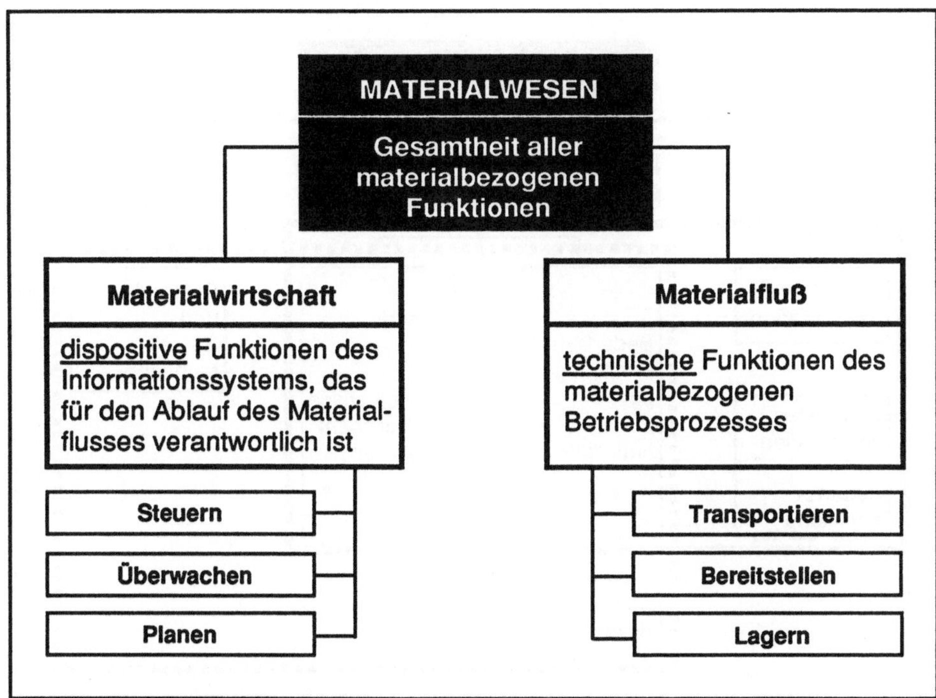

Bild 5.42 Materialwirtschaft als dispositive Funktion im Materialwesen [5.27]

Das Ergebnis des ersten Schritts der Bedarfsermittlung ist der *Bruttobedarf*. Daraus ergibt sich unter Berücksichtigung der geführten, verfügbaren Bestände an Erzeugnissen, Baugruppen, Teilen, Rohstoffen, Betriebsstoffen und Hilfsstoffen der *Nettobedarf*. Im Aufgabengebiet der Mengenplanung bestehen somit enge Verknüpfungen zwischen der Fertigungssteuerung und dem Beschaffungs- und Lagerwesen.

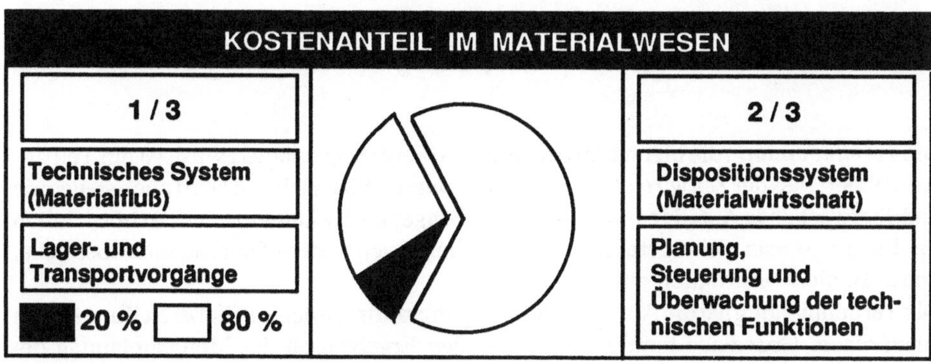

Bild 5.43 Kostenanteil im Materialwesen [5.28]

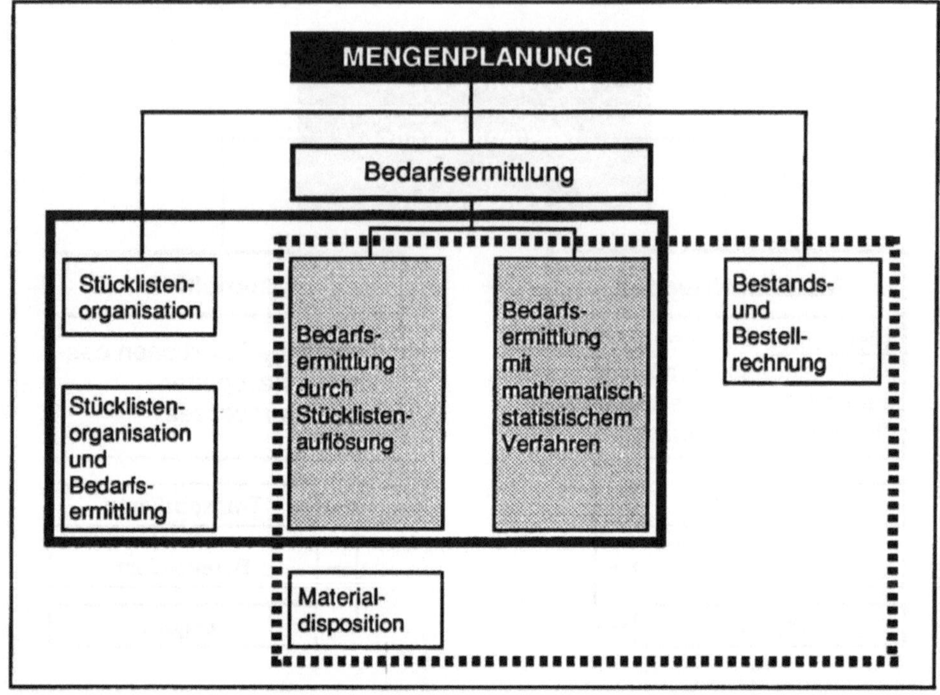

Bild 5.44 Aufgaben der Mengenplanung [5.4]

Bei der *Ermittlung der optimalen Losgröße* für die Eigenfertigung sind ähnliche Kostenzusammenhänge wie bei der Ermittlung der optimalen Bestellmenge für Zukaufteile zu berücksichtigen. Anstelle der fixen Bestellkosten sind bei der Eigenfertigung die mengenunabhängigen Rüstkosten anzusetzen. Aufgrund der starken Informationsflußbeziehungen und der Parallelen in der Vorgehensweise sind bei den am Markt angebotenen Software-Paketen häufig integrierte Lösungen für diese Aufgabengebiete zu finden.

5.3.1.2 Aufgaben und Ziele der Terminplanung

Die *Terminplanung*, die hier nur in bezug auf die Fertigung erläutert wird, ist ein Teil des Aufgabenfeldes der *Zeitwirtschaft*, die ähnlich wie die Materialwirtschaft auch steuernde und überwachende Anteile enthält. Das Aufgabengebiet der Zeitwirtschaft ist hinsichtlich der Planungsbasis weitergefaßt, d. h., es schließt auch andere Unternehmensbereiche, wie z. B. die Konstruktion mit ein.
Die Terminplanung hat die Aufgabe, die Fertigungsaufträge den verfügbaren Kapazitäten zuzuordnen. Grundlage hierfür sind neben den Ergebnissen der Mengenplanung die Angaben aus dem *Arbeitsplan*.

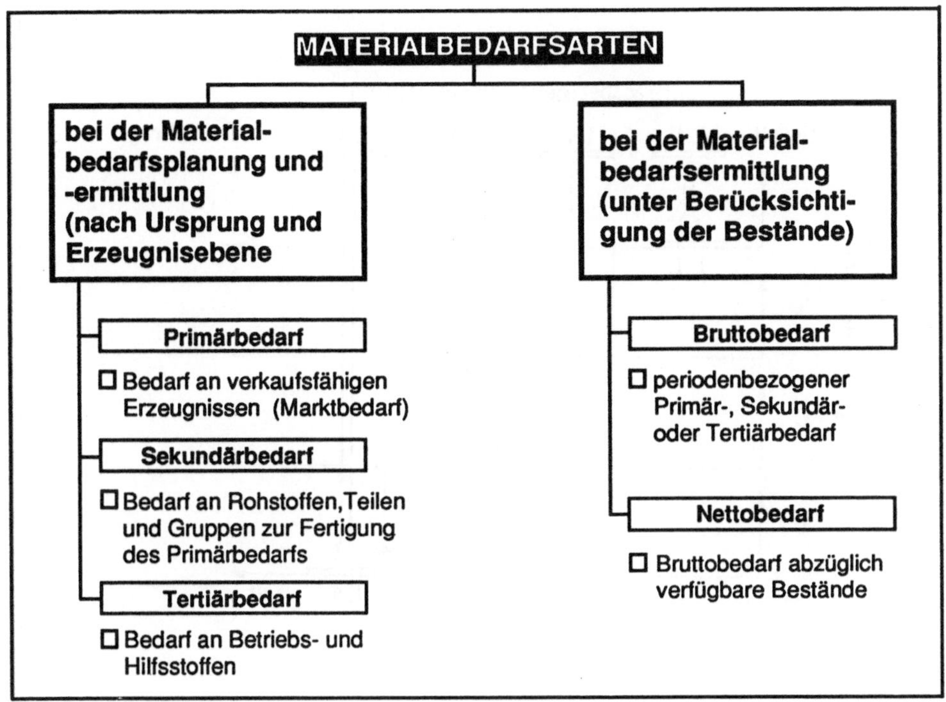

Bild 5.45 Materialbedarfsarten [5.10]

In einem ersten Schritt - der *auftragsbezogenen* Terminplanung - werden für die anstehenden Fertigungsaufträge die Start- bzw. Endtermine errechnet (Bild 5.46).

Das Zeitraster (Monat, Woche, Tag, Stunde) ist dabei um so feiner eingeteilt, je kleiner der Planungshorizont ist. Die alternativen Vorgehensweisen bei der *Durchlaufterminierung* werden in Abschnitt 5.3.2 erläutert.

Liegen die Termine für die einzelnen Arbeitsvorgänge der anstehenden Fertigungsaufträge fest, werden in der *anlagenbezogenen* Terminplanung die einzelnen Arbeitsvorgänge auf die im Arbeitsplan vorgesehenen Kapazitätseinheiten eingeplant. Die Kapazitätseinheit als Planungsergebnis ist dabei um so kleiner, je kleiner der Planungshorizont ist. Je nach der Methode der Einplanung bezeichnet man die anlagenbezogene Terminplanung auch als *Kapazitätsterminierung* bzw. als *Durchlaufterminierung mit nachfolgendem Kapazitätsabgleich*.

Für die Durchführung dieser Planungsaufgaben müssen jedoch bestimmte Eingangsgrößen bekannt sein. Von den Variablen der Terminplanung, die in Bild 5.47 zusammengestellt sind, sollen im folgenden die *Durchlaufzeit* eines Auftrages und die *Kapazität* einer Kapazitätseinheit näher erläutert werden. Die Zusammensetzung und Ermittlung der übrigen Planungsgrößen wird in [5.28] ausführlich beschrieben. Der Grund, warum gerade Durchlaufzeit und Kapazität detailliert behandelt werden, liegt darin, daß diese beiden Größen im Mittelpunkt der *Zielsetzung* der Terminplanung stehen:

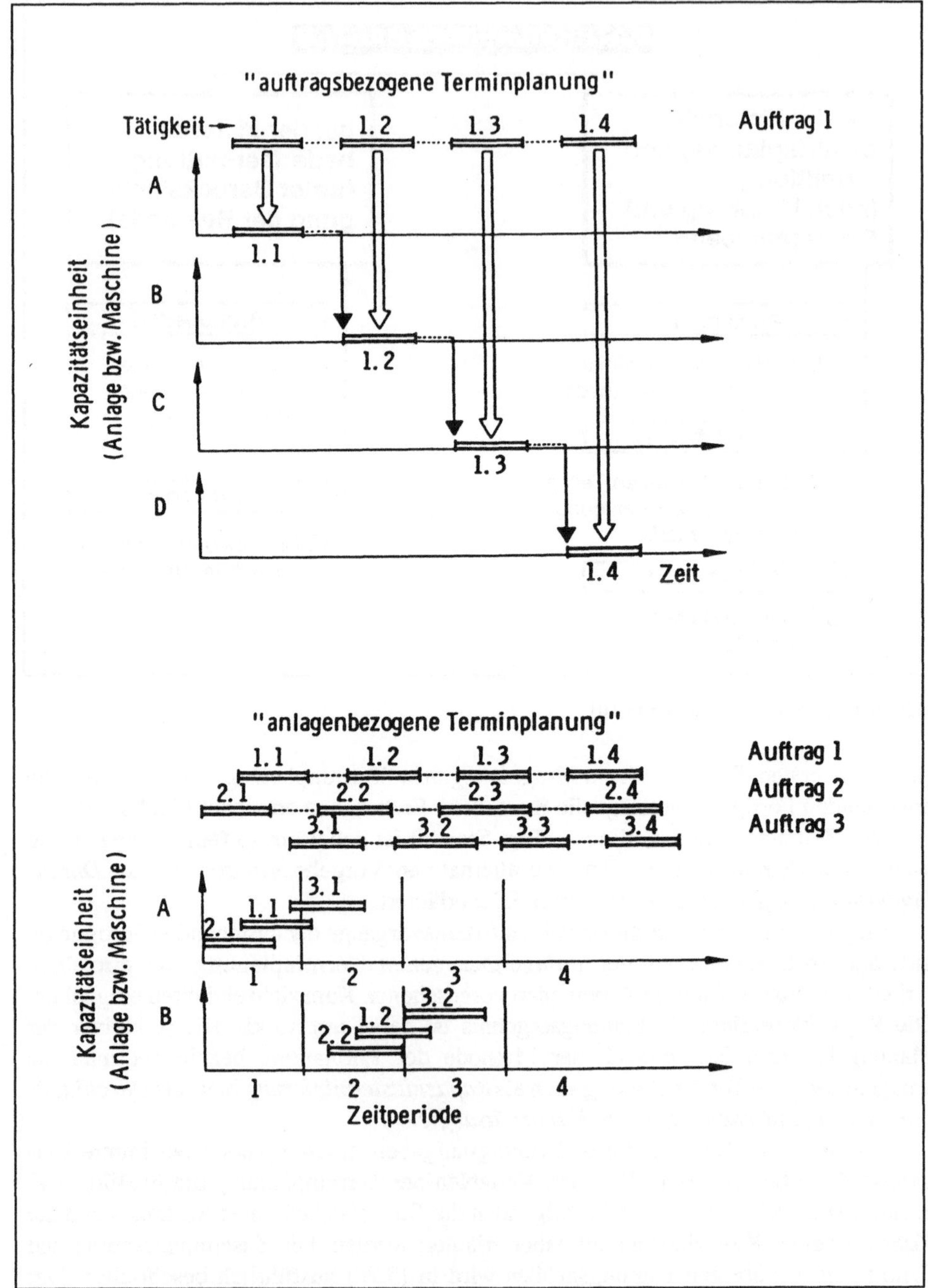

Bild 5.46 Auftrags- und anlagenbezogene Terminplanung [9.29]

- Verkürzung der Durchlaufzeit,
- Erhöhung der Kapazitätsnutzung,
- Verbesserung der Termintreue,
- Verringerung der Kapitalbindung.

Die Problematik dieser Zielsetzung besteht darin, daß sich verschiedene Ziele gegenläufig auswirken. Das vielzitierte *Ablaufplanungsdilemma* besteht darin, die Durchlaufzeit zu minimieren und gleichzeitig die Kapazitätsauslastung zu maximieren [5.30]. Die Bedeutung der Durchlaufzeit zeigt das Beispiel in Bild 5.48.

Die Auftragszeit, in der ein Fertigungsauftrag Fertigungseinrichtungen belegt, macht nur einen geringen Anteil der Durchlaufzeit des Auftrages aus. Die Größenordnung von 5 % gilt insbesondere bei Werkstattfertigung als praxisnaher Richtwert [5.31]. An den restlichen 95 % hat die Übergangszeit den weitaus größten Anteil. Bild 5.49 zeigt die verschiedenen Anteile der Durchlaufzeit, die selbst wieder wesentlicher Bestandteil der Vorlaufzeit ist.

Die Übergangszeit ist der Anteil der Durchlaufzeit, der durch die Fertigungssteuerung wesentlich zu beeinflussen ist. Auf die Möglichkeiten der Durchlaufzeitverkürzung wird in Abschnitt 5.3.2 eingegangen.

Eine wesentliche Voraussetzung für die Terminplanung ist die Kenntnis der effektiv verplanbaren Kapazität. In Bild 5.50 wird gezeigt, welche Einflußfaktoren bei der Bestimmung der effektiv verplanbaren Kapazität aus der theoretisch verfügbaren Kapazität berücksichtigt werden müssen.

Ein Ansatzpunkt für Rationalisierungsmaßnahmen zur Erhöhung der Kapazitätsnutzung liegt in der Reduzierung der Verlustzeiten. Für die Behebung technischer und organisatorischer Mängel durch gezielte Schwachstellenanalysen ist eine enge Zusammenarbeit zwischen Fertigungssteuerung und Instandhaltung anzustreben (siehe Kapitel 8).

Neben den Unsicherheiten bei der Ermittlung der Durchlaufzeit und der effektiv verplanbaren Kapazität hat der Planungszyklus einen wesentlichen Einfluß auf die

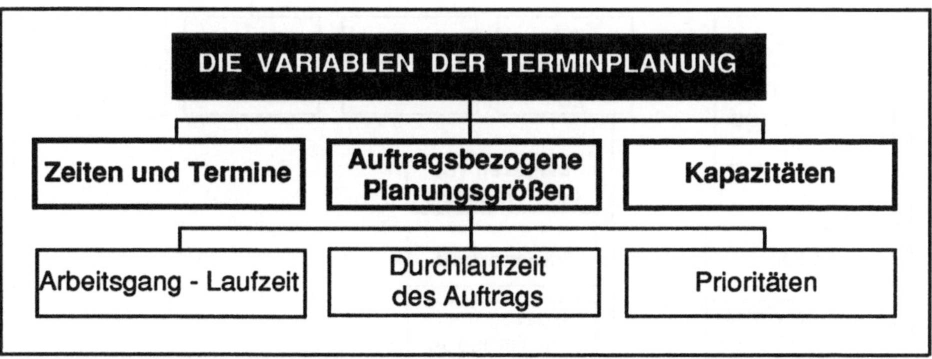

Bild 5.47 Die Variablen der Terminplanung [5.28]

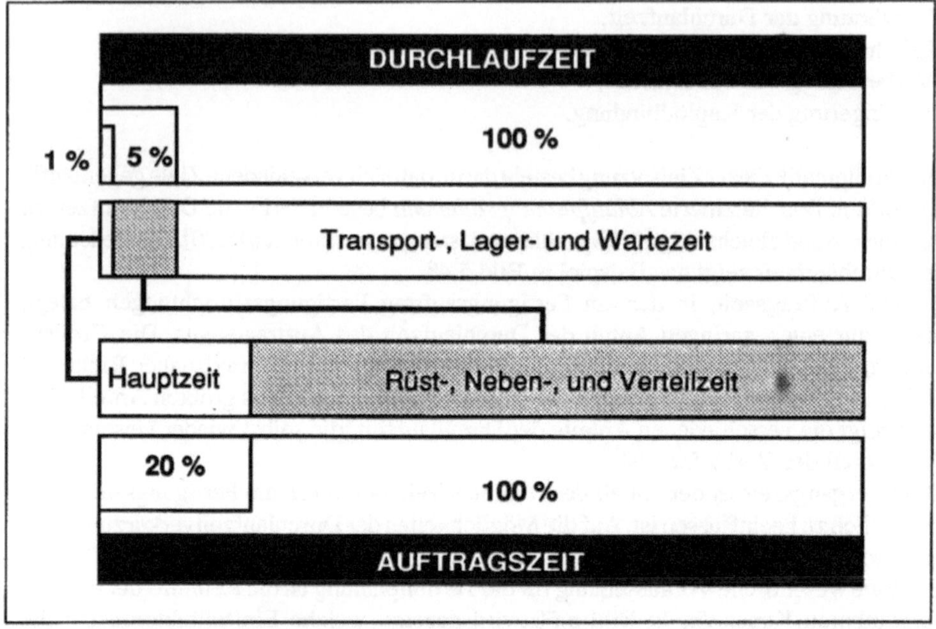

Bild 5.48 Der Anteil der Auftragszeit an der Durchlaufzeit [5.28]

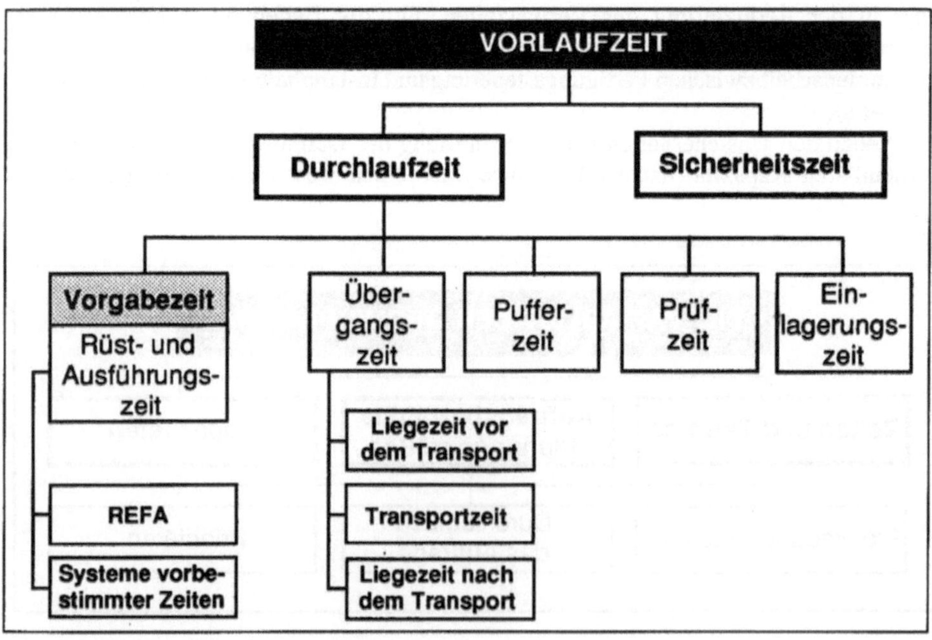

Bild 5.49 Gliederung der Vorlaufzeit [5.32]

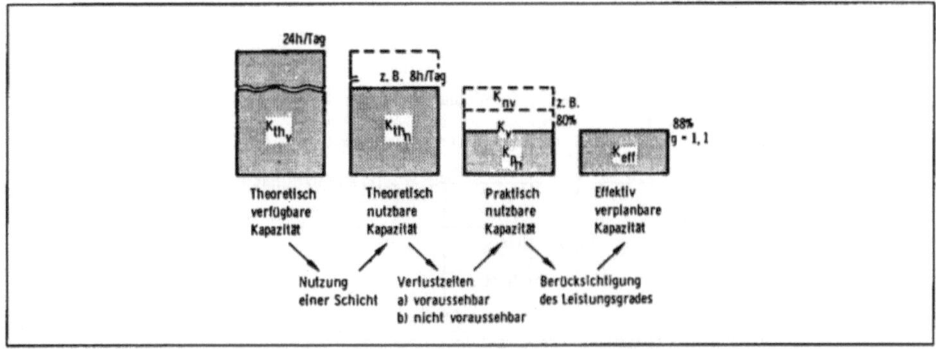

Bild 5.50 Definition der Kapazitäten [5.2]

Genauigkeit der Planungsergebnisse. In Bild 5.51 ist dieser Zusammenhang schematisch dargestellt.

Die Grobplanung (Terminplanungsstufe 1) liefert relativ ungenaue Ergebnisse, da die Eingangsdaten ungenau sind und die geplanten Ereignisse weit in der Zukunft liegen. Bei der kurzfristigen Feinplanung (Terminplanungsstufe 3) dagegen können unter bestimmten Voraussetzungen sehr genaue Ergebnisse erzielt werden. Die Kennzeichen der verschiedenen Terminplanungsstufen sind in Bild 5.52 zusammengestellt. Bild 5.53 zeigt den Zusammenhang zwischen den einzelnen Terminplanungsstufen. Die Abhängigkeit besteht darin, daß das Ergebnis einer Planungsstufe Grundlage für die nächstkleinere Stufe ist, und daß Abweichungen des Ist-Zustandes vom Soll-Zustand von der feineren zur größeren Terminplanungsstufe zurückgemeldet werden. Stufe 3 ist in der entsprechenden Weise mit dem Produktionsprozeß gekoppelt. Abweichungen sind insbesondere dadurch bedingt, daß eine Vielzahl von Störungen auf den Produktionsprozeß einwirkt (Bild 5.54).

Aufgabe der Fertigungssteuerung ist es, die Auswirkungen dieser Störungen, die z. T. vom Unternehmen selbst nicht zu beeinflussen sind, zu minimieren. Für die Terminplanung bedeutet dies, daß insbesondere in der Terminplanungsstufe 3 der Planungszyklus so festgelegt werden muß, daß eine bestimmte, tolerierbare Fehlerrate nicht überschritten wird (Bild 5.55).

Die untere Grenze für den Genauigkeitsgrad könnte z. B. so definiert werden, daß zum Ende eines Planungszyklus bei durchschnittlich acht von zehn Fertigungsaufträgen die geplanten Termine noch richtig, d. h. realisierbar sein müssen (Genauigkeitsgrad = 0,8). Welchem Planungsintervall dies entspricht, hängt im wesentlichen von der Störungshäufigkeit und von der durchschnittlichen Arbeitsvorgangsdauer in dem jeweiligen Bereich ab.

5.3.1.3 Aufgaben der kurzfristigen Fertigungssteuerung

Aufgrund der direkten Kopplung mit dem Produktionsprozeß (vgl. Bild 5.53) hängt die Zielerreichung der Fertigungssteuerung wesentlich von der Leistungsfähigkeit der

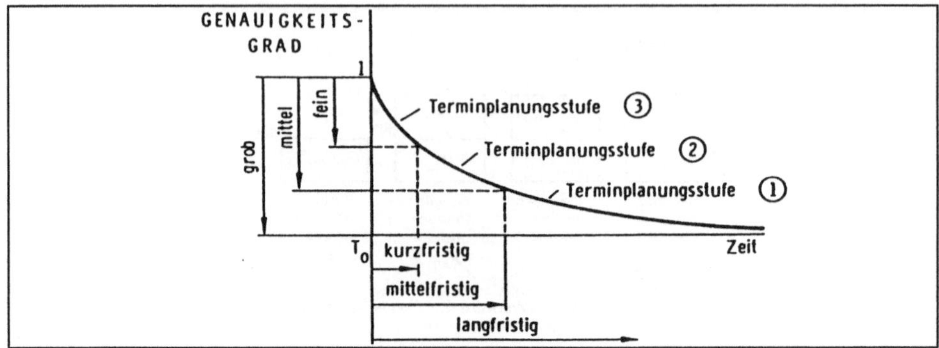

Bild 5.51 Terminplanungsstufen [5.29]

kurzfristigen Fertigungssteuerung ab. Im Bereich der kurzfristigen Fertigungssteuerung fallen planende, steuernde und überwachende Aufgaben in ständigem Wechsel an. Diese sind in Bild 5.56 am Beispiel der Werkstattfertigung zusammengestellt. Auf die Besonderheiten bei anderen Organisationsformen der Fertigung wird in Abschnitt 5.3.4 eingegangen.

Der gesamte Informationsfluß für die innerbetriebliche Auftragsabwicklung zwischen den - im engeren Sinne - "produktiven" Bereichen und den anderen Unternehmensbereichen mit überwiegend planenden Aufgaben läuft über die Stelle, die mit den Aufgaben der kurzfristigen Fertigungssteuerung betraut ist (vgl. Abschnitt 5.3.2.3). Die Funktion als Informationsknotenpunkt bezieht sich einerseits auf den Informationsfluß in den Betrieb, andererseits aber auch auf den Rückfluß der Ist-Daten aus dem Betrieb. Die Bewältigung des Informationsflusses in den Betrieb und die Organisation des Materialflusses gehört zu den Aufgaben der *Arbeitsverteilung*. Als Voraussetzung für die Erfüllung ihrer Aufgaben benötigt die Fertigungssteuerung ebenso wie andere Stellen im Unternehmen

Termin- planungsstufe \ Kennzeichen	Genauigkeit der Planungsdaten	Betrachtete Zeiträume	Abstand von Planungszeitpunkt T_0
1	grob	langfristig	groß
2	mittel	mittelfristig	mittel
3	fein	kurzfristig	klein

Bild 5.52 Kennzeichen der Terminplanungsstufen [5.29]

Rückmeldungen aus dem Betrieb. Für diejenigen Aufgaben, die mit EDV-Unterstützung durchgeführt werden, müssen die Ist-Daten in einer maschinell verarbeitungsfähigen Form vorliegen.

Dies ist Aufgabe der *Betriebsdatenerfassung* (BDE). Nach [5.33] umfaßt die Betriebsdatenerfassung alle Maßnahmen, "die erforderlich sind, um Betriebsdaten eines Produktionsbetriebes in maschinell arbeitsfähiger Form am Ort ihrer Verarbeitung bereitzustellen". Gegenstand der Betriebsdatenerfassung sind die verschiedenen Elemente im Produktionsprozeß (Bild 5.57).

Diese Elemente sind durch verschiedene Merkmale gekennzeichnet, die für die Fertigungssteuerung, aber auch für andere Bereiche (z. B. für die Kostenrechnung) von Interesse sind.

Dazu gehört z. B.

- die tatsächlich benötigte Zeit für die Bearbeitung eines Teils
- die tatsächliche Nutzungszeit einer Fertigungseinrichtung,
- der tatsächliche Materialbedarf je Periode oder je Auftrag und
- der tatsächliche Beginn- und Endtermin eines Auftrags.

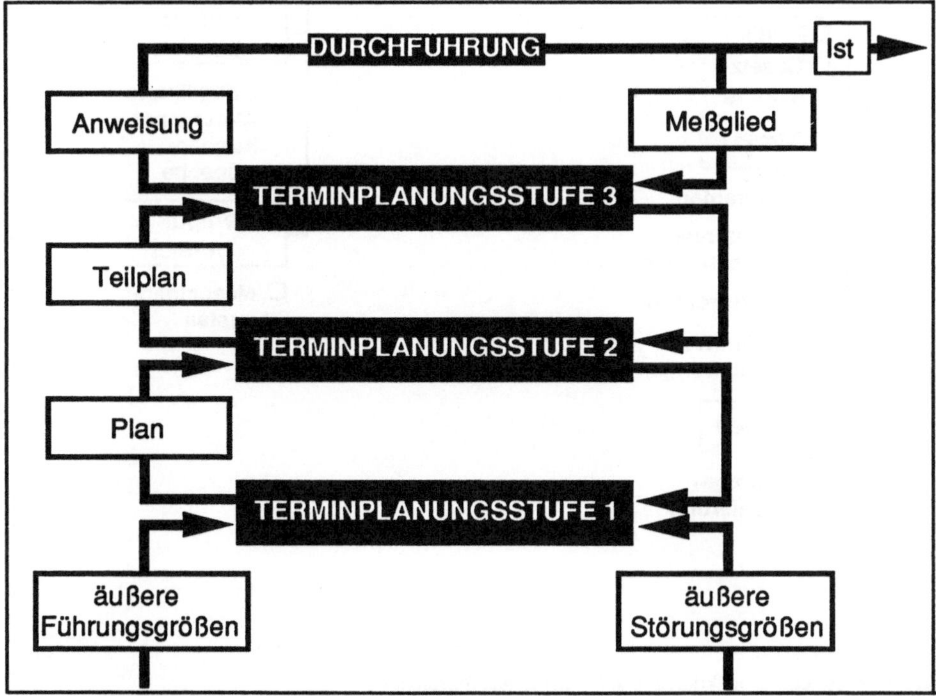

Bild 5.53 Abhängigkeit der Terminplanungsstufen [5.29]

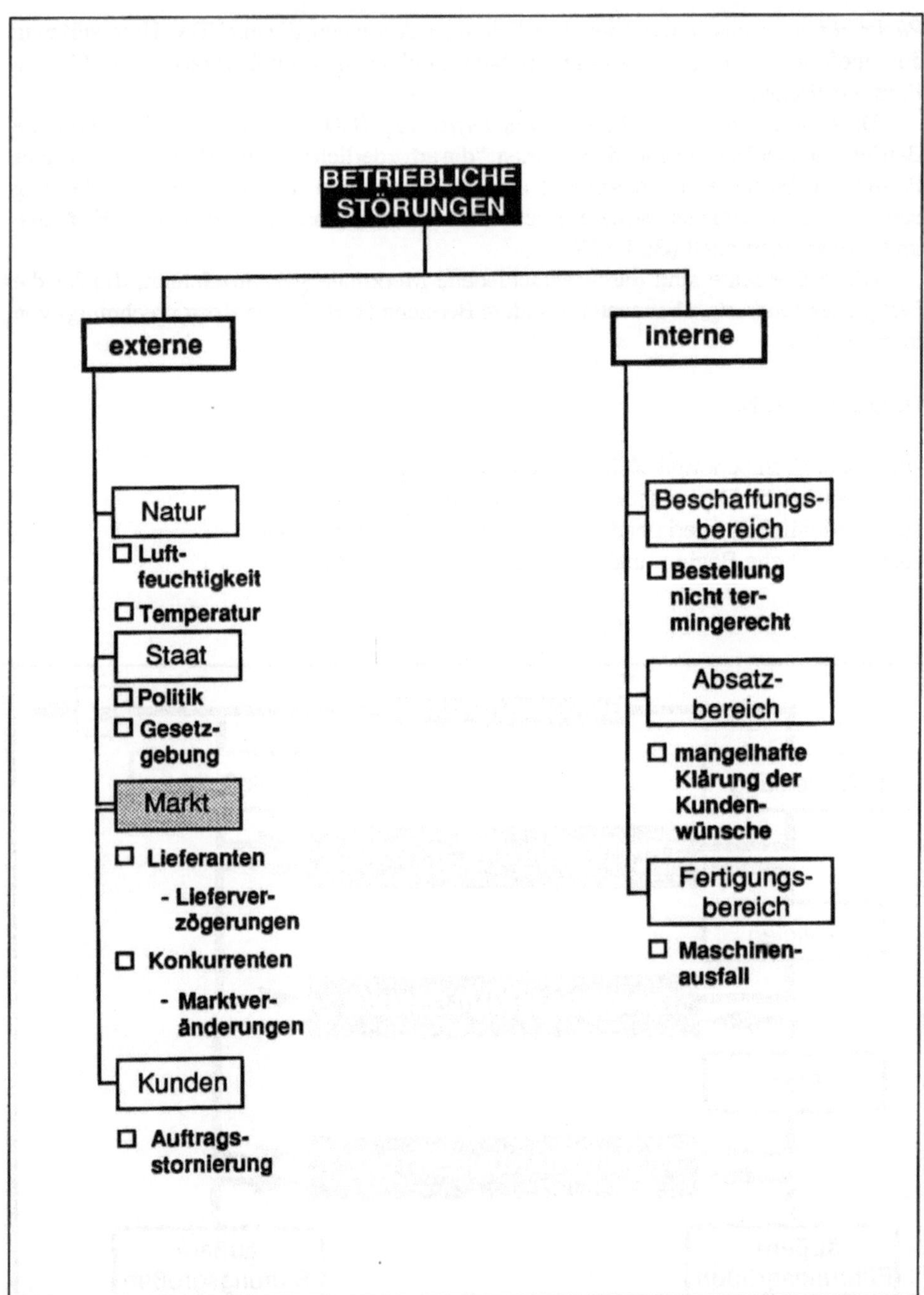

Bild 5.54 Auf den Produktionsprozeß einwirkende Störungen

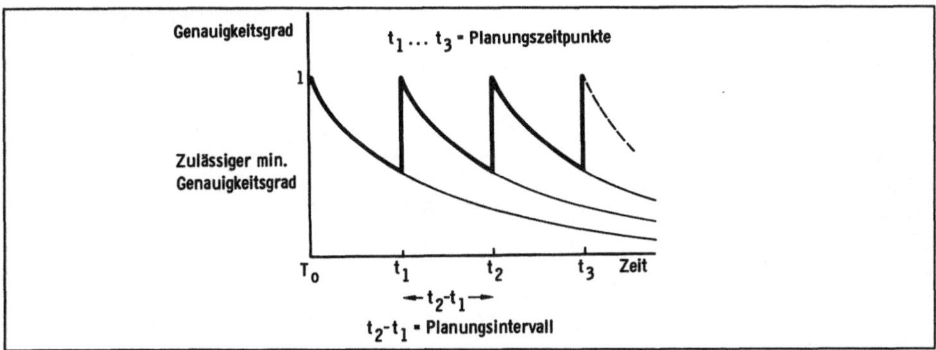

Bild 5.55 Ermittlung der Planungsintervalle [5.29]

Eine andere, an dem Veränderungsprozeß der zu erfassenden Daten orientierte Aufgabengliederung für die Betriebsdatenerfassung zeigt Bild 5.59.

Die Gewinnung, Übermittlung und Bereitstellung der Ist-Daten in maschinell verarbeitungsfähiger Form zählt zu den klassischen Aufgaben der Betriebsdatenerfassung. Im Zuge der zunehmenden EDV-Durchdringung und der Dezentralisierung von Rechnerleistung geht der Trend dahin, daß mit den selben datentechnischen Hilfsmitteln (z. B. mit dem Bildschirm im Bereich der Lagerbestandsführung) über ein Betriebsdatenerfassungssystem Soll-Daten bereitgestellt und z. T. auch gewisse Verarbeitungsfunktionen abgewickelt werden. In Abschnitt 5.3.2.3 wird auf die Möglichkeiten von Betriebsdatenerfassungssystemen näher eingegangen.

Die Aufgaben der *Betriebsdatenerfassung*, die aus der Unternehmenszielsetzung und den daraus abgeleiteten Zielen der Fertigungssteuerung resultieren, sind in Bild 5.58 dargestellt. Für die Fertigungssteuerung steht dabei die Aktualität der Datenbereitstellung im Vordergrund, unabhängig davon, ob die Daten als Eingangsgröße für eine EDV-unterstützte Mengen- und Terminplanung für die nächste Planungsperiode benötigt werden oder ein EDV-unterstütztes Auskunftssystem, bei dem die personelle Planung durch aktuelle Informationen über den Auftragsfortschritt und die Kapazitätsbelegung unterstützt wird. Für andere Aufgabengebiete (z. B. für Nachkalkulation, Lohnabrechnung, Statistik) werden zwar dieselben Daten benötigt, aber hierbei stehen weniger die zeitlichen Anforderungen (z. B. tagesaktuelle Übersicht), sondern aufgrund der längeren Durchführungszyklen die Anforderungen an die Vollständigkeit und Fehlerfreiheit der erfaßten Daten im Mittelpunkt.

5.3.2 Methoden und Hilfsmittel der Fertigungssteuerung

Die im Bereich der Mengenplanung angewandten Methoden liefern Ergebnisse, die als Grundlage für die Terminplanung dienen. Die Terminplanung ermittelt damit und mit Hilfe der Angaben des Arbeitsplanes, die beispielsweise auf ein Stück bezogen sind, die

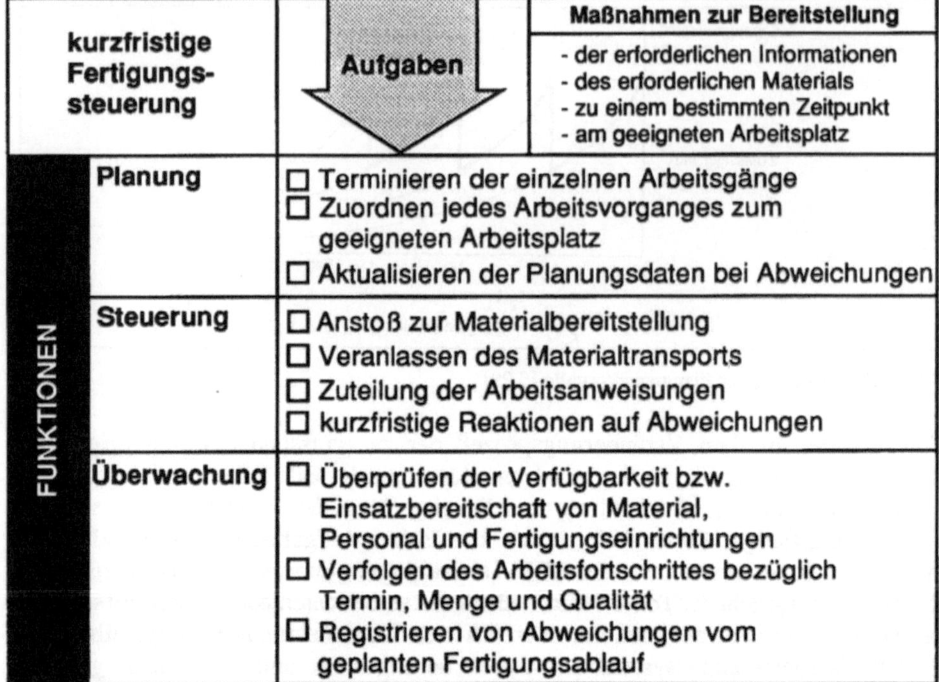

Bild 5.56 Aufgaben der kurzfristigen Fertigungssteuerung bei Werkstattfertigung [5.31]

anlagen- und auftragsspezifischen Größen wie Belegungszeit der benötigten Fertigungseinrichtungen und die Durchlaufzeit des Fertigungsauftrags.

Im folgenden werden die grundlegenden Methoden und Hilfsmittel der Fertigungssteuerung angesprochen, soweit sie nicht aufgrund des hier gewählten Beispieles für die Aufbauorganisation eines Unternehmens bereits in anderen Kapiteln erläutert wurden, wie z. B. die Bestandsführung und die Bestellrechnung in Kapitel 4.

5.3.2.1 Mengenplanung

Aus den oben erwähnten Gründen wird in diesem Abschnitt der Schwerpunkt auf die Bedarfsermittlung gelegt.

5.3.2.1.1 Deterministische Bedarfsermittlung

Die deterministische Bedarfsermittlung beruht auf einer exakten Bestimmung des Materialbedarfs. Sie dient in erster Linie der Ermittlung des Sekundärbedarfs bei

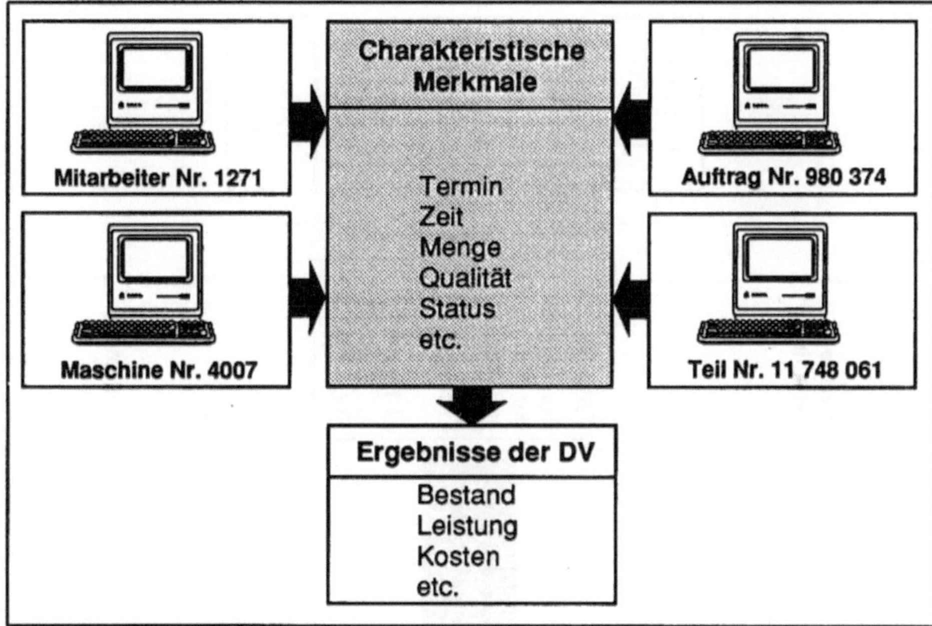

Bild 5.57 Bezugsgrößen der Betriebsdatenerfassung [5.31]

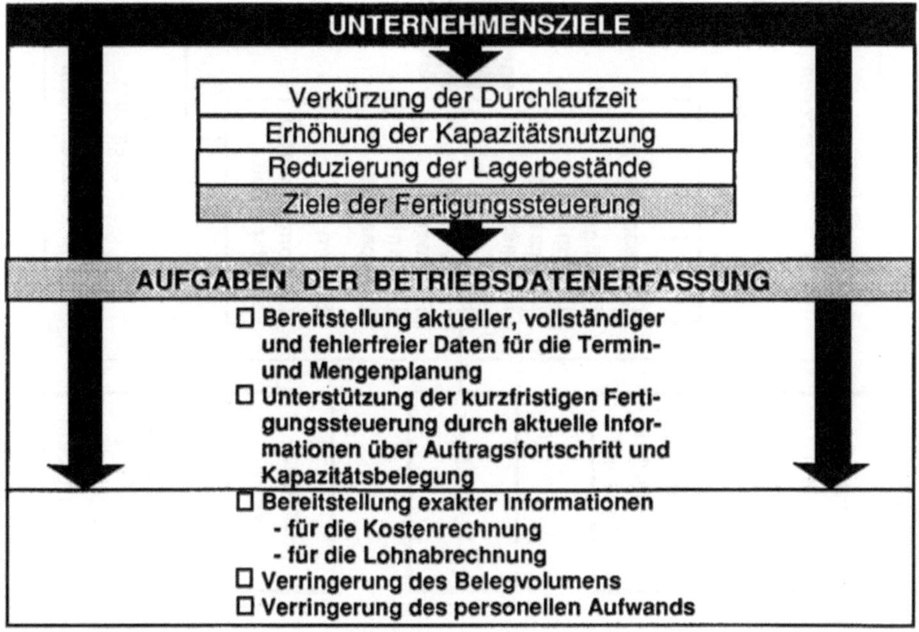

Bild 5.58 Zielorientierte Aufgaben der Betriebsdatenerfassung [5.31]

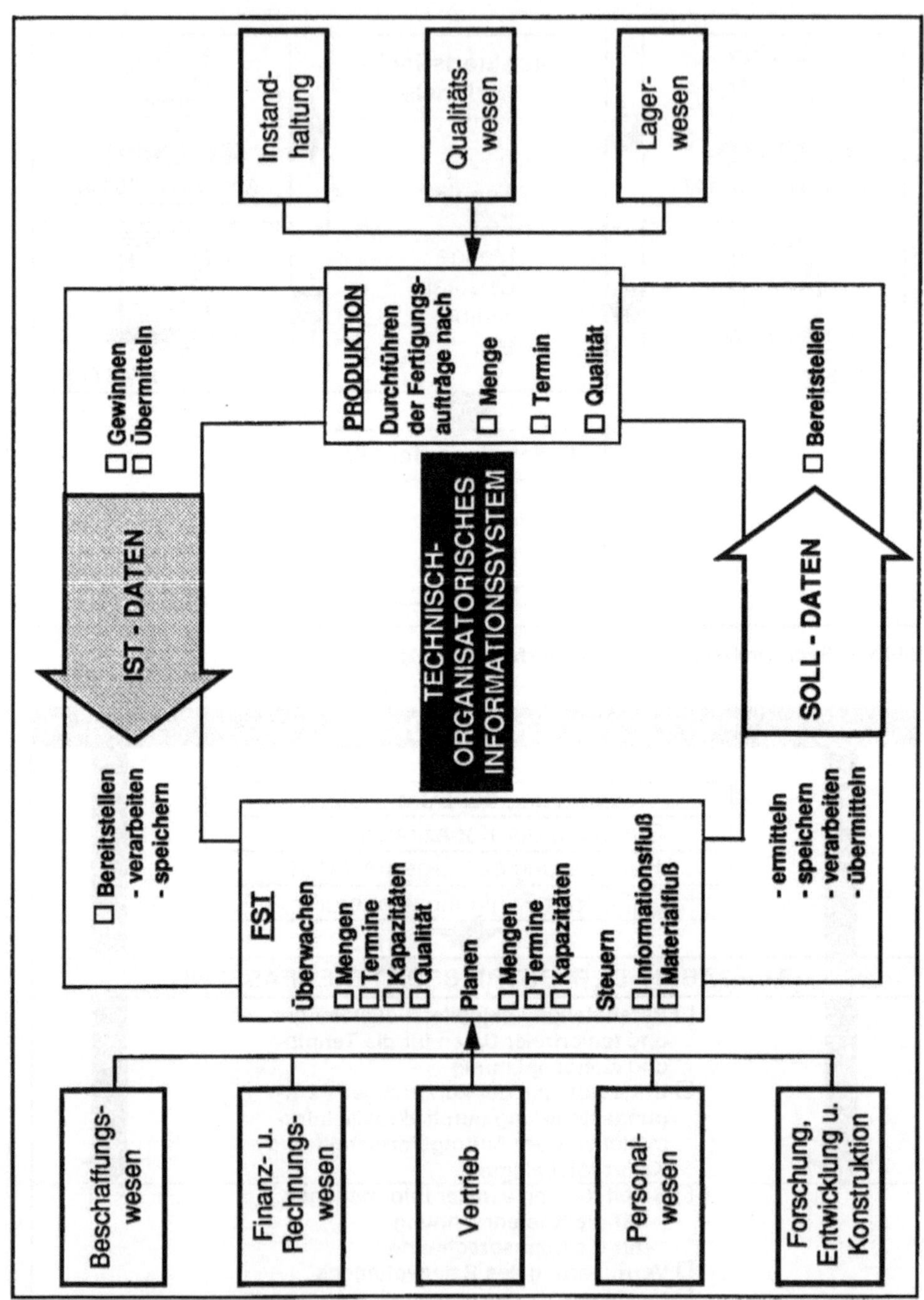

Bild 5.59 Aufgaben der Betriebsdatenerfassung im technisch- organisatorischen Informationssystem
[5.31]

bekanntem Primärbedarf [5.10]. In der Praxis sind mehrere Verfahren zur Stücklisten- und Teileverwendungsnachweisauflösung entwickelt worden. Während bei den Verfahren der stochastischen Bedarfsermittlung mit Vergangenheitswerten gerechnet wird (verbrauchsorientierte Disposition), arbeitet die deterministische Bedarfsermittlung zukunftsorientiert (bedarfsgesteuerte Disposition) und baut auf die Angaben der Stückliste und des Teileverwendungsnachweises auf. Beim Einsatz der Stückliste spricht man von einer *analytischen*, beim Einsatz des Teileverwendungsnachweises von einer *synthetischen* Bedarfsauflösung bzw. -rechnung (Bild 5.60).

Bei der Stücklistenauflösung wird - ausgehend vom bekannten Bedarf an Erzeugnissen (Primärbedarf) - ermittelt, wie groß der Bedarf an Baugruppen, Einzelteilen und Rohstoffen ist (Sekundärbedarf). Bei der stufenweisen Auflösung gibt es verschiedene Möglichkeiten.

Die Auflösung nach *Fertigungsstufen* geht von der Struktur des Erzeugnisses entsprechend dem Bedarf im Fertigungsablauf (Teilefertigung, Vormontage, Endmontage) aus. Da dasselbe Einzelteil (z. B. eine bestimmte Schraube) in Baugruppen und direkt in das Erzeugnis eingehen kann, tritt es auch in verschiedenen Fertigungsstufen auf [5.28]. Da jede Fertigungsstufe eine gewisse Vorlaufzeit benötigt (vgl. Bild 5.49), fällt der Bedarf an gleichen Teilen für ein Erzeugnis bei der Terminplanung in verschiedenen

Methoden	BEDARFSRECHNUNG	
	Analytische	**Synthetische**
Bruttobedarfs-rechnung	Stücklistenauflösung **je Stufe je Erzeugnis je Auftrag periodengenau termingenau**	Teileverwendungs-rechnung
Nettobedarfs-rechnung	**je Stufe je Erzeugnis je Auftrag periodengenau termingenau** **unter Berücksichtigung von: - Lagerbeständen - Lager- und Werkstattbeständen - Lager-, Bestell- , Werkstatt- und reservierten Beständen - Zusatzbedarf - Losgrößenbildung - Vorlaufverschiebung**	

Bild 5.60 Methoden der deterministischen Bedarfsermittlung [5.34]

Planungsperioden an. Dies hat den Nachteil, daß sich kleine, eventuell unwirtschaftliche Losgrößen für die Fertigung ergeben.

Dieser Nachteil kann durch die Auflösung nach *Dispositionsstufen* vermieden werden. Jedes Einzelteil und jede Art von Baugruppen wird nur einer Dispositionsstufe zugeordnet. Die Dispositionsstufe ist diejenige Fertigungsstufe, auf der das Einzelteil bzw. die Baugruppe im Fertigungsablauf zum ersten Mal benötigt wird. Daraus ergibt sich die Möglichkeit, größere Lose zu bilden; aufgrund der relativ großen Vorlaufzeit der niedrigsten Fertigungsstufe liegen aber die Einzelteile, die in die niedrigste Fertigungsstufe und direkt in das Erzeugnis eingehen, relativ lange auf Lager, was zu einer Erhöhung der Kapitalbindung führt.

Bei der Auflösung nach Dispositionsstufen hat ein Teil, das in verschiedene Erzeugnisse auf verschiedenen Fertigungsstufen eingeht, verschiedene Dispositionsstufen. Durch eine eindeutige Zuordnung von Einzelteilen und Baugruppenarten zu *Auflösungsstufen* lassen sich gleiche Teile für verschiedene Erzeugnisse im Unternehmen in der Materialdisposition zusammenfassen.

Geht man bei der Sekundärbedarfsermittlung vom Teileverwendungsnachweis aus, wird für jedes Teil ermittelt, in welches Erzeugnis es auf welcher Stufe wie oft eingeht. Wie bei der Stücklistenauflösung, ergibt sich der Bruttosekundärbedarf durch Multiplikation mit den entsprechenden Werten des Primärbedarfs.

Aus den Ergebnissen der Bruttobedarfsermittlung und mit den Daten der Bestandsführung (vgl. Abschnitt 4.2) ergibt sich der Nettobedarf durch Subtraktion des verfügbaren Lagerbestandes an Erzeugnissen, Baugruppen, Teilen und Rohstoffen. Der Nettobedarf an Kaufteilen ist Eingangsgröße für die Bestellrechnung (siehe Abschnitt 4.2, Bild 4.17).

Voraussetzung für die Durchführung einer deterministischen Bedarfsermittlung ist eine zweckmäßige Stücklistenorganisation (vgl. Abschnitt 3.4.4). Besonders bei der Grunddatenverwaltung liegt häufig bereits in mittleren Unternehmen aufgrund der großen Datenmenge ein Sachzwang zum EDV-Einsatz vor. Für die Verwaltung von Stücklisten werden am Markt verschiedene sogenannte *Stücklistenprozessoren* angeboten [5.28]. Darunter versteht man standardisierte Software-Pakete, die über eine Strukturdatei verschiedene Zugriffsmöglichkeiten auf die Teilestammdaten und die Möglichkeit zur Ausgabe unterschiedlicher Stücklistenarten bieten. Das Prinzip der Adreßverkettung und Beispiele für die Stücklistenauflösung sind in [5.28] ausführlich erläutert.

5.3.2.1.2 Stochastische Bedarfsermittlung

Obwohl die deterministische Bedarfsermittlung exakte Ergebnisse liefert, gibt es Gründe dafür, warum sie nicht in jedem Fall eingesetzt wird. Hierzu zählen z. B. folgende:

- der Bedarf ist nicht genau bekannt (z. B. Primärbedarf bei kundenanonymer Lagerfertigung; Tertiärbedarf),

- der Aufwand für die Stücklistenverwaltung und -auflösung bis zur niedrigsten Fertigungsstufe (Rohmaterial) steht in keinem Verhältnis zum Materialwert (z.B C-Teile der ABC-Analyse),
- der Bedarfsverlauf über die Zeit ändert sich kaum.

Grundlage für die stochastische Bedarfsermittlung ist die tatsächliche Nachfrage in den vergangenen Planungsperioden. Im folgenden werden die in der Praxis gebräuchlichsten Methoden erläutert und einander gegenübergestellt.

Eine Möglichkeit, aus dem Nachfrageverlauf vergangener Planungsperioden den Bedarf für die nachfolgende Periode vorherzusagen, ist die Bildung des *gleitenden Mittelwertes*. Hierbei wird aus den Nachfragewerten einer konstanten Anzahl vergangener Planungsperioden das arithmetische Mittel berechnet:

$$V_{i+1} = \frac{1}{n} \sum_{i=1}^{n} T_i$$

Dabei bedeuten:

V_{i+1} = Vorhersagewerte für die nächste Periode
T_i = Nachfragewert je Periode
i = laufende Periode
n = konstante Periodenzahl.

Bei jedem der folgenden Planungszyklen entfällt jeweils der Nachfragewert der am längsten zurückliegenden Periode, und der tatsächliche Verbrauch der jüngsten Periode wird in die Mittelwertbildung miteinbezogen.

Je kleiner die konstante Periodenzahl gewählt wird, desto schneller reagiert die Vorhersage auf Nachfrageschwankungen. Allerdings muß die Anzahl der Nachfragewerte noch genügend groß sein, damit kurzfristige Zufallsschwankungen weitgehend ausgeschaltet bleiben. Deshalb sollte man den gleitenden Zeitraum nicht unter sechs Perioden wählen [5.28, 5.34].

Da der Nachfragewert der jüngsten Periode in den neuen Vorhersagewert mit demselben Gewicht eingeht wie der Wert der am weitesten zurückliegenden, eignet sich diese Methode nicht für die Vorhersage bei stark schwankendem Bedarfsverlauf. Diesen Nachteil versucht man durch die Bildung eines *gewogenen gleitenden Mittelwertes* abzuschwächen. Im Hinblick auf die Reaktionsschnelligkeit und die Güte entspricht der gewogene gleitende Mittelwert den üblicherweise auftretenden Anforderungen. Die Nachfragedaten der jüngeren Vergangenheit werden stärker gewichtet als die weiter zurückliegenden Nachfragewerte.

Daß dieses Verfahren in der Praxis nicht sehr häufig angewendet wird, liegt in der aufwendigen Berechnung bei manueller Disposition und dem hohen Speicherbedarf bei Einsatz der EDV. Die Gewichtung für jede Periode muß im Teilestammsatz einzeln gespeichert werden. Im übrigen ist die Festlegung der Gewichtung nicht unproblematisch

und erfordert laufende Kontrollen.
Den Vorhersagewert berechnet man nach folgender Formel:

$$V_{i+1} = \frac{\sum\limits_{i=1}^{n} G_i \times T_i}{\sum\limits_{i=1}^{n} G_i}$$

Dabei bedeuten:

V_{i+1} = Vorhersagewert für die nächste Periode
G_i = Gewichtung pro Periode, mit den Perioden in die Vergangenheit abnehmend
T_i = Nachfragewert je Periode
i = laufende Periode
n = konstante Periodenzahl [5.28, 5.34].

Wegen der einfachen Berechnung und des geringen Datenspeicherbedarfs ist die Methode der *exponentiellen Glättung 1. Ordnung* besonders beim Einsatz der EDV geeignet.

Die Vorhersage des Bedarfs erfolgt nach folgender Formel:

$$V_{i+1} = V_i + \alpha\,(T_i - V_i).$$

Dabei bedeuten:
V_{i+1} = Vorhersagewert für die neue Periode i+1
V_i = Vorhersagewert für die laufende Periode i
α = Glättungsfaktor $(0 < \alpha < 1)$
T_i = tatsächlicher Nachfragewert für die laufende Periode i.

Der Wahl des Glättungsfaktors kommt dabei besondere Bedeutung zu. Ein niedriger Glättungsfaktor reagiert auf einen sich ändernden Bedarfsverlauf träge.
Ein zu hoher Glättungsfaktor führt dazu, daß Zufallsschwankungen zu stark berücksichtigt werden. Zweckmäßigerweise wird man den Glättungsfaktor zwischen $\alpha = 0,1$ und $\alpha = 0,3$ wählen.
Einen Vergleich der Methoden zur Bedarfsvorhersage, die bisher erwähnt wurden und sich hauptsächlich bei weitgehend gleichbleibendem Bedarfsverlauf eignen, zeigt Bild 5.61.
Bei einem Bedarfsverlauf mit linearem Trend eignen sich Methoden der exponentiellen Glättung 2. Ordnung. Für Trendvorhersagen bei einem parabolischen Bedarfsverlauf ist

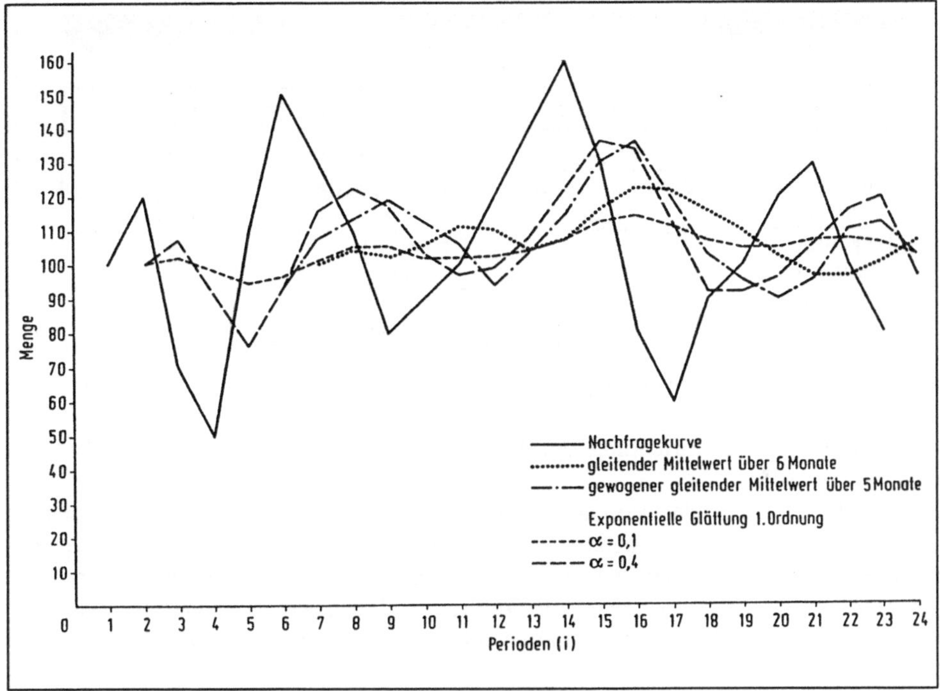

Bild 5.61 Vergleich der Bedarfsvorhersagemethoden [5.34]

die Methode der exponentiellen Glättung 3. Ordnung geeignet [5.34]. Die Methoden der stochastischen Bedarfsermittlung - auch bei saisonal schwankendem Bedarf - werden in [5.28] hinsichtlich ihrer Eignung bewertet.

5.3.2.2 Terminplanung

Die verschiedenen Vorgehensweisen für die Durchführung der Aufgaben im Bereich der Terminplanung (vgl. Abschnitt 5.3.1.2) lassen sich nach unterschiedlichen Gesichtspunkten gliedern (Bild 5.62).

Nach der Planungsrichtung unterscheidet man zwischen Rückwärts- und Vorwärtsterminplanung. In Abhängigkeit davon, ob bei der Ermittlung der Termine die effektiv verfügbare Kapazität berücksichtigt wird, spricht man von einer Terminplanung mit oder ohne Kapazitätsgrenzen. Werden jeweils alle Arbeitsvorgänge eines Fertigungsauftrags auf die im Arbeitsplan vorgesehenen Fertigungseinrichtungen eingeplant, wird dies als auftragsweise oder separate Einplanung bezeichnet. Bei einer arbeitsvorgangsweisen oder simultanen Einplanung werden alle Fertigungsaufträge in die einzelnen Arbeitsvorgänge aufgelöst, und diejenigen Arbeitsvorgänge, die auf

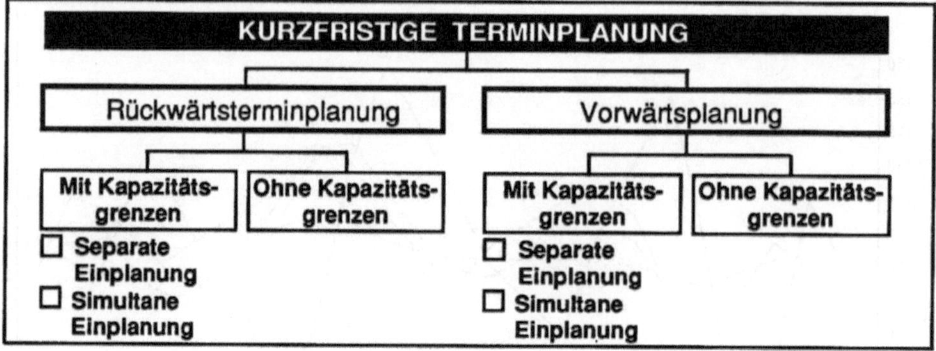

Bild 5.62 Methoden der Terminplanung [5.28]

derselben Fertigungseinrichtung durchgeführt werden sollen, werden gleichzeitig eingeplant [5.28].

Für die Belange der Praxis ist aufgrund der engen Verflechtung zwischen Mengen-, Termin- und Kapazitätsplanung eine reine Terminplanung ohne Kapazitätsgrenzen nicht ausreichend. Für die nachfolgenden Abschnitte, in denen der prinzipielle Aufwand und die Anwendungsgebiete der verschiedenen Methoden erläutert werden, wird deshalb dieses Gliederungsmerkmal der Planungsrichtung vorgezogen.

5.3.2.2.1 Terminplanung ohne Kapazitätsgrenzen

Die Terminplanung ohne Kapazitätsgrenzen, die auch als *Durchlaufterminierung* bezeichnet wird, ist eine reine Zeitrechnung. Es wird davon ausgegangen, daß die erforderlichen Kapazitäten in ausreichendem Maße zur Verfügung stehen. Das Prinzip der *Rückwärtsterminplanung* ist in Bild 5.63 dargestellt.

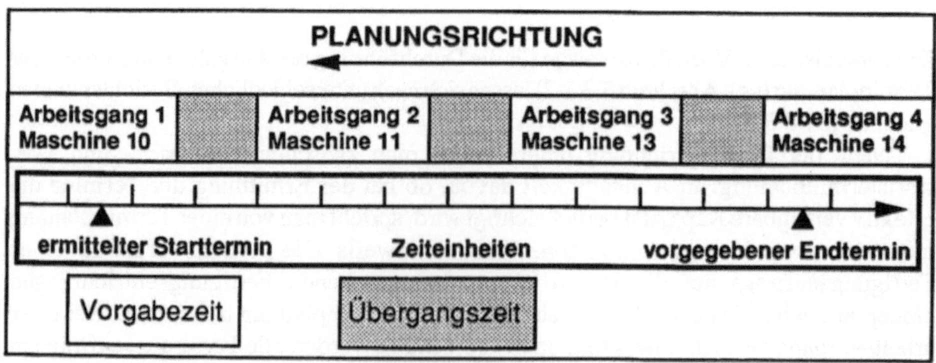

Bild 5.63 Prinzip der Rückwärtsterminierung [5.4]

Bei der Rückwärtsterminplanung geht man von einem vorgegebenen Endtermin aus und ermittelt die spätesten End- und Starttermine der einzelnen Arbeitsvorgänge. Fällt dabei der späteste Starttermin des 1. Arbeitsvorganges in die Vergangenheit, wird in einer *Vorwärtsterminplanung* ausgehend von der Gegenwart bzw. vom frühestmöglichen Starttermin der frühestmögliche Endtermin des Fertigungsauftrags bestimmt.

Bei vorgegebenem Endtermin wird im allgemeinen die Rückwärtsterminplanung angewandt. Durch die Ermittlung des spätesten Starttermins erreicht man, daß der Bestand an Halbfertigerzeugnissen gering gehalten wird. Um unvorhergesehenen Störungen im Fertigungsablauf, die eine Fertigstellung des Erzeugnisses zum spätesten Endtermin gefährden können, vorzubeugen, empfiehlt es sich, bei der Berechnung entsprechend der Vorlaufzeit (vgl. Bild 5.49) eine bestimmte Sicherheitszeit vorzusehen.

Die Vorwärtsterminplanung wird zur Ermittlung des frühesten Endtermins beispielsweise bei Eilaufträgen angewandt oder - wie oben erwähnt - in Kombination mit der Rückwärtsterminplanung. Ein Beispiel hierfür ist die Angebotsterminplanung, wenn, ausgehend von einem gewünschten Liefertermin, bei der Rückwärtsterminplanung festgestellt wird, daß der späteste Beginntermin (TB) in der Vergangenheit liegt (Bild 5.64).

Eine kombinierte Vorwärts-/Rückwärtsterminplanung wird auch bei der Projektplanung mit Hilfe der Methoden der Netzplantechnik zur Bestimmung des "kritischen Wegs"

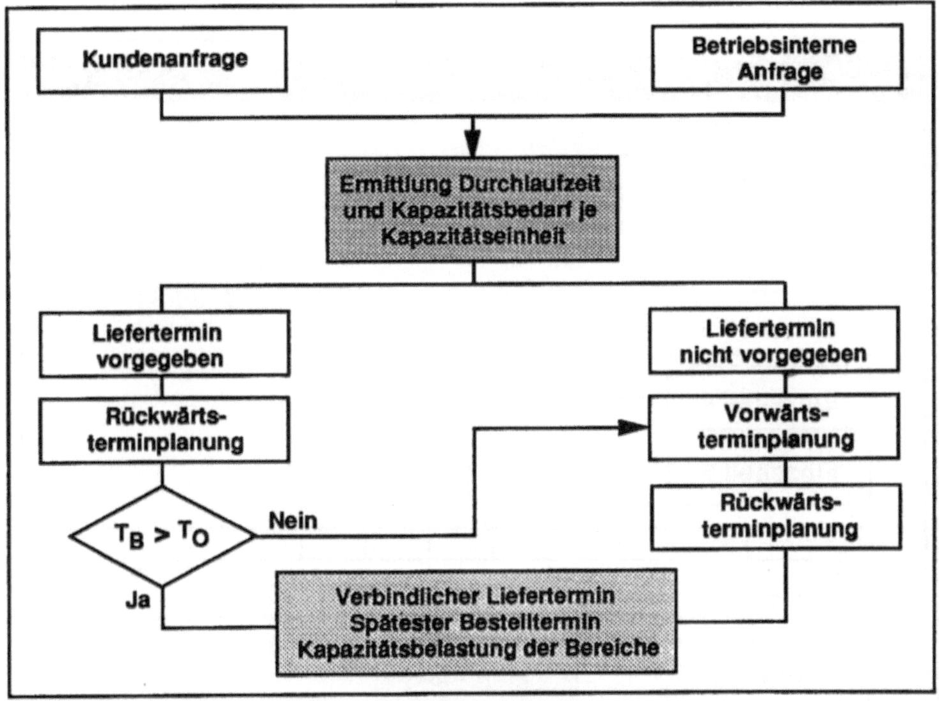

Bild 5.64 Angebotsterminplanung [5.28] (T_B: Beginntermin; T_0: Gegenwart bzw. Planungszeitpunkt)

bzw. des zeitlichen Spielraums (Puffer) für einzelne Vorgänge eingesetzt. Bei Projekten, also z. B. bei der Einzelfertigung einer Sondermaschine, ist die Aufgabenstellung für die Terminplanung nicht so einfach, wie dies im Prinzip in Bild 5.63 dargestellt ist. Bei mehrstufigen Produkten bestehen Abhängigkeiten zwischen den verschiedenen Baugruppen und Einzelteilen im Hinblick auf die Ecktermine der Vor- und Endmontage (Bild 5.65).

Aufgrund von unterschiedlichen Vorlaufzeiten (siehe Bild 5.49) der Einzelteile, die in eine Baugruppe eingehen, ergeben sich unterschiedliche Starttermine. Bei Verschiebung des Endtermins ist der Rechenaufwand für die Terminplanung um so höher, je komplexer das Produkt ist. Deshalb ist in den meisten am Markt angebotenen Software-Paketen für die Fertigungssteuerung ein Modul für die Durchlaufterminierung enthalten (vgl. Abschnitt 5.3.5).

Für die manuelle Terminplanung sind in der Praxis häufig Hilfsmittel im Einsatz, die auf dem Prinzip des Balkenplans beruhen. Ein Beispiel für einen Balkenplan ist in Bild 5.66 dargestellt.

Dem Vorteil einer einfachen Darstellung steht der Nachteil gegenüber, daß die Abhängigkeiten zwischen verschiedenen Aktivitäten nicht eindeutig darzustellen sind. Die zeitliche Verschiebung eines Vorgangs verursacht einen hohen Änderungsaufwand. Bei Projekten mit einer geringen Anzahl von Vorgängen und Abhängigkeiten ist dieser Nachteil nicht so schwerwiegend und der Balkenplan vorteilhaft anwendbar [5.35].

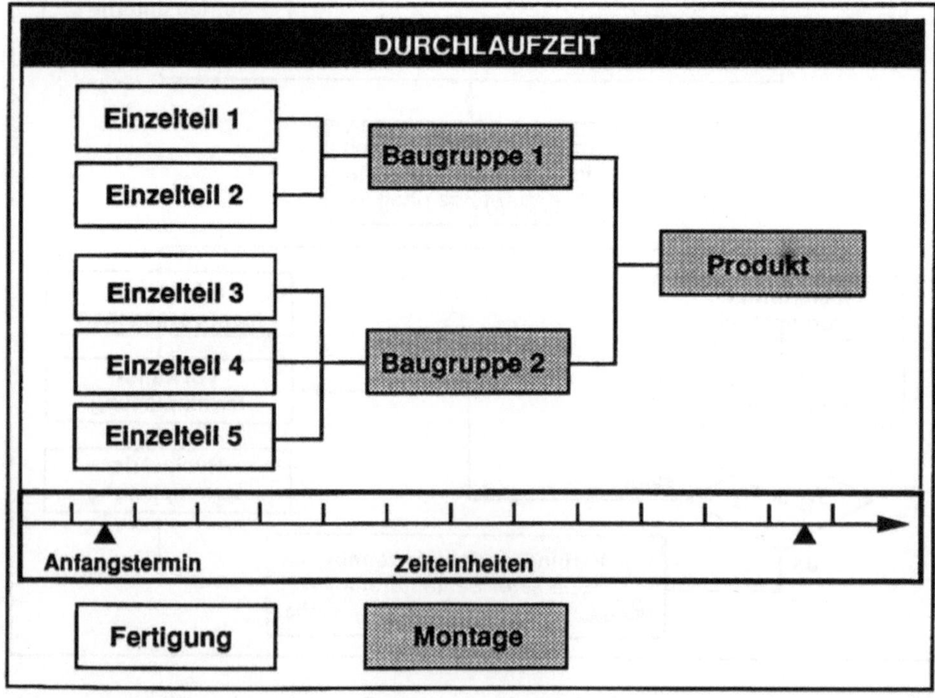

Bild 5.65 Durchlaufterminierung bei mehrstufigen Produkten

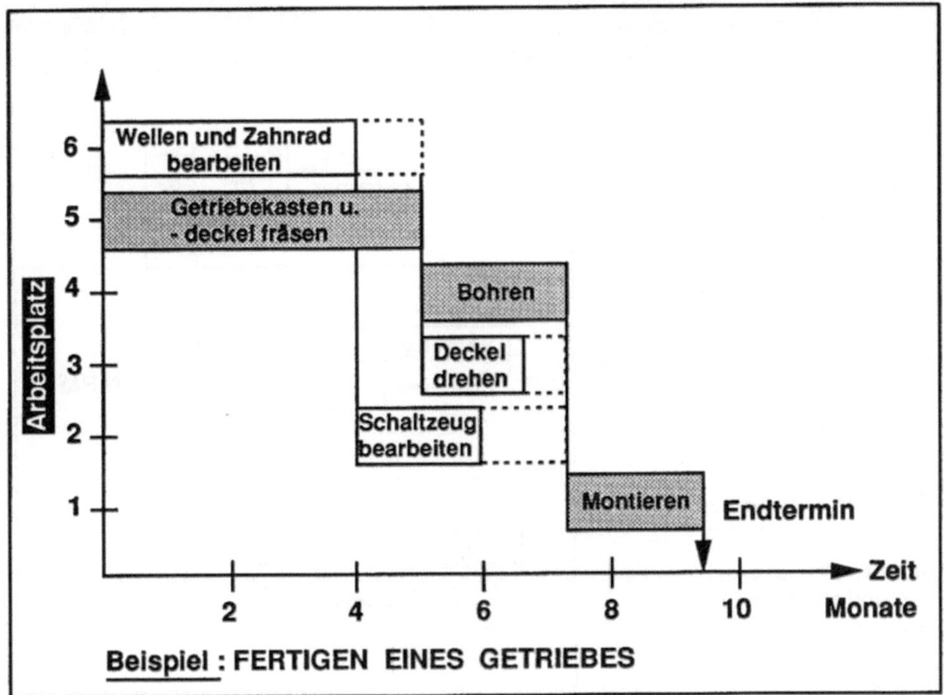

Bild 5.66 Beispiel für einen Balkenplan

Die Methoden der Netzplantechnik vermeiden die o.g. Nachteile. Sie eignen sich zur Termin-, Kosten- und Kapazitätsplanung bei komplexen Projekten. Die Vielzahl der Verfahren, die seit der Entwicklung der Netzplantechnik in den 50er Jahren bekannt geworden sind, lassen sich auf drei Grundmethoden zurückführen. Diese unterscheiden sich durch die Art, die Elemente eines Projektes, nämlich *Ereignisse, Vorgänge* und deren *Abhängigkeiten*, in einem Modell abzubilden.
Bei der *Vorgangspfeiltechnik* werden die Vorgänge durch Pfeile dargestellt (Bild 5.67). Die Ereignisse, nämlich der definierte Anfang und das definierte Ende eines Vorgangs, werden durch Knoten abgebildet.

CPM (Critical Path Method) ist die bekannteste Methode dieser Gruppe. Durch eine kombinierte Vorwärts-/Rückwärtsterminierung kann der späteste und früheste Start- und Endtermin für jeden Vorgang ermittelt werden. Die Zeitspanne zwischen dem frühesten und dem spätesten Termin wird als Puffer bezeichnet.

Der Zweig des Netzplanes mit dem geringsten Gesamtpuffer aller darin auftretenden Vorgänge wird als der "kritische Weg" bezeichnet, da, falls der Gesamtpuffer auf dem kritischen Weg gleich Null ist und eine ungeplante Verzögerung eines Vorgangs auftritt, die Einhaltung des Projektendtermins gefährdet ist [5.35].

Bei der *Vorgangsknotentechnik* werden die Vorgänge durch die Knoten des Netzplanes symbolisiert und die Anordnungsbeziehungen mit Hilfe von Pfeilen dargestellt. Die

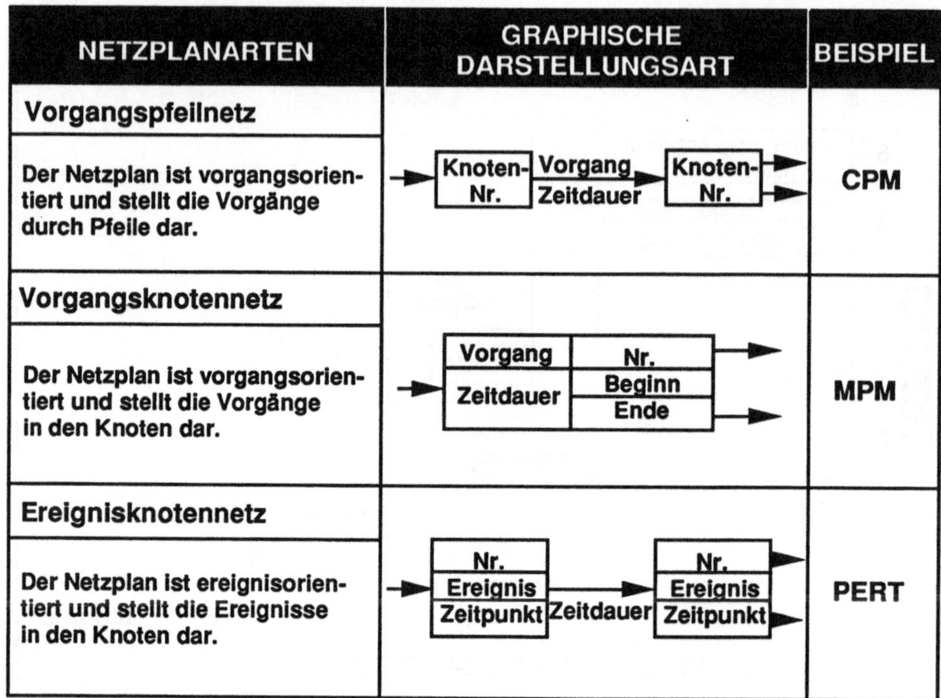

Bild 5.67 Netzplanarten [5.8]

Forderung nach einer möglichst genauen Abbildung des Projektablaufs wird von dieser Netzplanmethode am besten erfüllt, da zwischen zwei aufeinanderfolgenden Vorgängen verschiedene Anordnungsbeziehungen möglich sind.

Beispielsweise kann durch einen negativen Zeitabstand zwischen dem Ende des vorhergehenden und dem Beginn des nachfolgenden Vorgangs eine zulässige Überlappung definiert werden. MPM (Metra Potential Method) ist die älteste Methode dieser Gruppe [5.35].

Bei der *Ereignisknotentechnik* stehen die Ereignisse, die als Knoten dargestellt werden, im Vordergrund. Sie gleicht damit hinsichtlich der Darstellungsform der Vorgangspfeiltechnik. Der wesentliche Unterschied zwischen den beiden Methoden liegt in der Zeitrechnung. Bei der Ereignisknotentechnik wird durch optimistische und pessimistische Abschätzung der Zeitdauer zwischen zwei Ereignissen und durch eine probalilistische Zeitreichnung die Unsicherheit bei der Planung berücksichtigt. Bild 5.68 zeigt dies am Beispiel der PERT (Program Evaluation and Review Technique), der bekanntesten Methode dieser Gruppe [5.35].

Die Anwendung dieser Methode ist relativ rechenaufwendig. Für die praktischen Belange der Fertigungsindustrie hat sich die Vorgangsknotentechnik (z. B. MPM) als vorteilhaft erwiesen [5.29]. Dies liegt zum einen an der vorgangsorientierten Beschreibung des Projektablaufs, die mit der Beschreibung des Fertigungsablaufs im Arbeitsplan übereinstimmt, zum anderen an der Möglichkeit, durch verschiedene An-

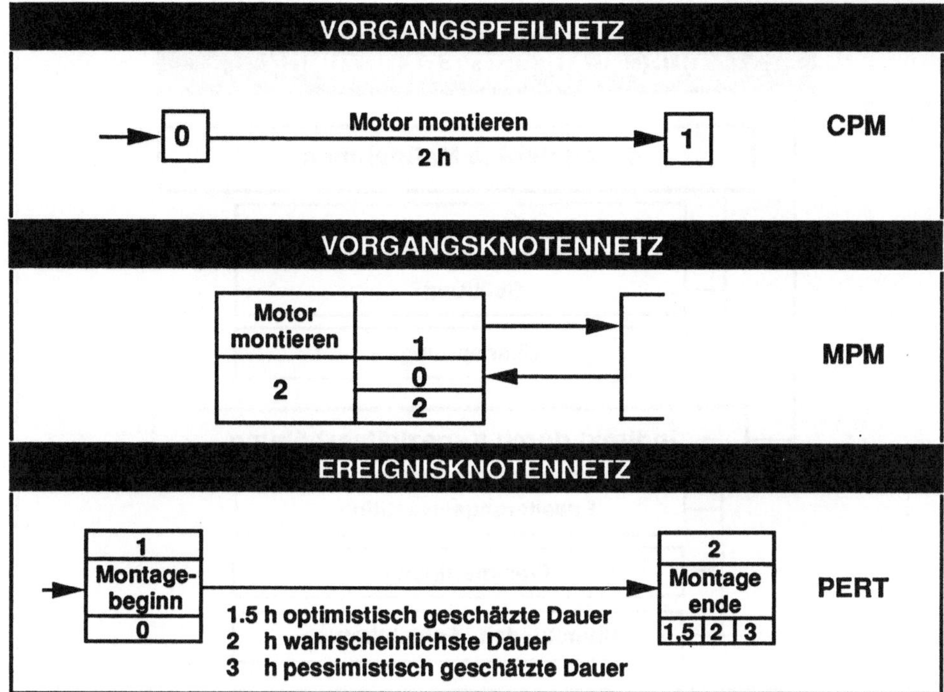

Bild 5.68 Die Netzplanbausteine der drei Grundmethoden (in Anlehnung an [5.29])

ordnungsbeziehungen die bei der Fertigung z. T. notwendigen Maßnahmen (z. B. Überlappung zweier Arbeitsvorgänge) abbilden zu können. Um die Netzplantechnik auch bei größeren Projekten mit einem vertretbaren Aufwand anwenden zu können, wurden von verschiedenen Rechnerherstellern Programme entwickelt, die in [5.35] anhand der wichtigsten Merkmale verglichen werden.

Da eine Verschiebung des gewünschten Endtermins, wie am Beispiel der Angebotsterminplanung durch eine kombinierte Rückwärts-/Vorwärtsterminplanung erläutert (vgl. Bild 5.64), häufig nicht möglich ist, muß die Durchlaufzeit verkürzt werden (Bild 5.69).

Die Maßnahmen zur *indirekten* Durchlaufzeitverkürzung durch Kapazitätserhöhung liegen nicht allein im Zuständigkeitsbereich der Fertigungssteuerung und haben längerfristigen Charakter. Den Anstoß für diese Entscheidungsprozesse gibt die lang- und mittelfristige Terminplanung.

Einer permanenten Überlastung bestimmter Kapazitätseinheiten wird man mit Erweiterungsinvestitionen oder mit der Einführung einer weiteren Schicht begegnen. Temporäre Belastungsspitzen, die in der Grobplanung erkannt werden, lassen sich durch Auswärtsvergabe bzw. durch Überstundenvereinbarungen abbauen.

Zu den Möglichkeiten der *direkten* Durchlaufzeitverkürzung durch die Fertigungssteuerung zählt die direkte Transportsteuerung. In der Terminplanung wird sie dadurch berücksichtigt, daß die Übergangszeiten auf ein Minimum, im Extremfall auf

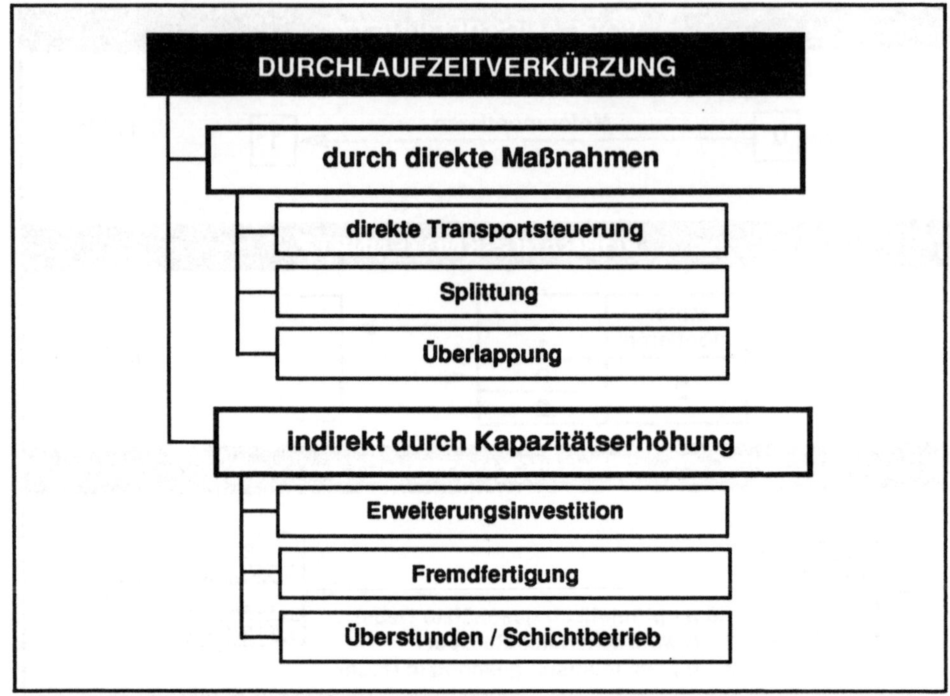

Bild 5.69 Maßnahmen zur Durchlaufzeitverkürzung

die reine Transportzeit (vgl. Bild 5.49), reduziert werden. Von der Steuerung ist diese Reduzierung der Übergangszeit durch sofortige Anweisung an den Transportdienst (z. B. über Sprechfunk) zu realisieren, sobald die Fertigmeldung eines Arbeitsvorgangs eingeht. Im Gegensatz zur indirekten Transportsteuerung, bei welcher der Transport zu der für den nachfolgenden Arbeitsgang vorgesehenen Fertigungseinrichtung zyklisch durchgeführt wird, können die Liegezeiten nach der Bearbeitung verringert werden. Dies bringt allerdings einen erhöhten Transportaufwand mit sich. Die Vermeidung von Liegezeiten vor der Bearbeitung an der nachfolgenden Maschine kann zur Verzögerung anderer Aufträge führen und ist meist mit einem erhöhten Umrüstaufwand verbunden, was zu einer Verringerung der Kapazitätsnutzung führt.

Eine weitere Möglichkeit zur Verkürzung der Durchlaufzeit ist die Splittung eines Fertigungsauftrages. Darunter versteht man die gleichzeitige Bearbeitung eines Arbeitsvorgangs auf mehreren Fertigungseinrichtungen (Bild 5.70).

Voraussetzung für eine Splittung ist, daß gleichartige Maschinen und Vorrichtungen mehrfach vorhanden sind und zu dem betreffenden Zeitpunkt freie Kapazität haben. Dem Vorteil der kürzeren Durchlaufzeit steht der höhere Rüstaufwand als Nachteil gegenüber (Bild 5.71).

Eine Splittung bringt demnach dann den größten Vorteil, wenn die Rüstzeit im Verhältnis zur Bearbeitungszeit klein ist (z. B. bei Großserienfertigung).

Von einer Überlappung spricht man, wenn mit der Bearbeitung eines Arbeitsvorgangs

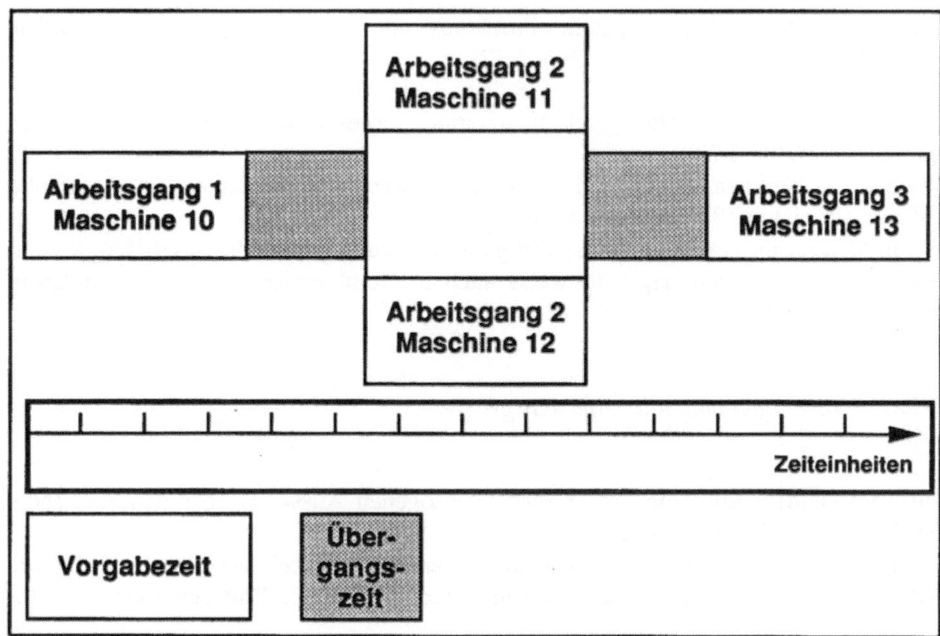

Bild 5.70 Prinzip der Splittung eines Fertigungsauftrags

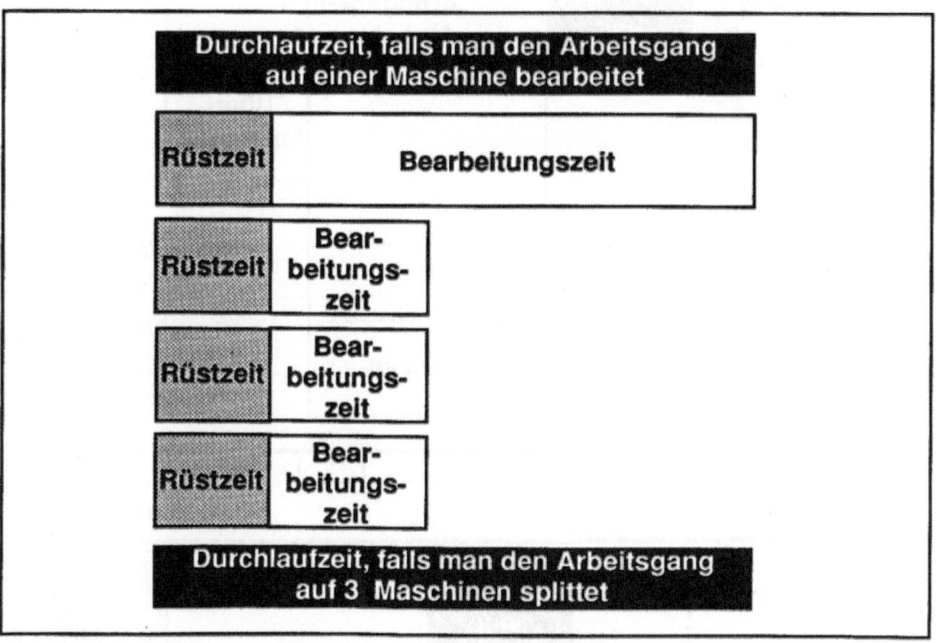

Bild 5.71 Auswirkungen der Splittung [5.36]

auf der nachfolgenden Fertigungseinrichtung vor Abschluß des vorhergehenden Arbeitsvorgangs begonnen wird (Bild 5.72).

Das gesamte Fertigungslos wird in festgelegten Teilmengen oder in bestimmten Zyklen zu der für die nachfolgende Bearbeitung vorgesehenen Fertigungseinrichtung transportiert (Bild 5.73).
Werden die Teilmengen im Verhältnis zur Fördermittelkapazität zu klein gewählt, entsteht ein höherer Transportaufwand.

In Modularprogrammen für die Fertigungssteuerung werden die Möglichkeiten der Splittung und Überlappung - teilweise auch in Kombination - von verschiedenen Herstellern angeboten.

5.3.2.2.2 Terminplanung mit Kapazitätsgrenzen

Die Durchlaufterminierung liefert auftragsbezogenen Aussagen über den zeitlichen Fertigungsablauf eines Produktes.

In der *Kapazitätsbelastungsrechnung* werden die Arbeitsvorgänge auf die im Arbeitsplan vorgesehenen Kapazitätseinheiten eingeplant. Dadurch entsteht eine

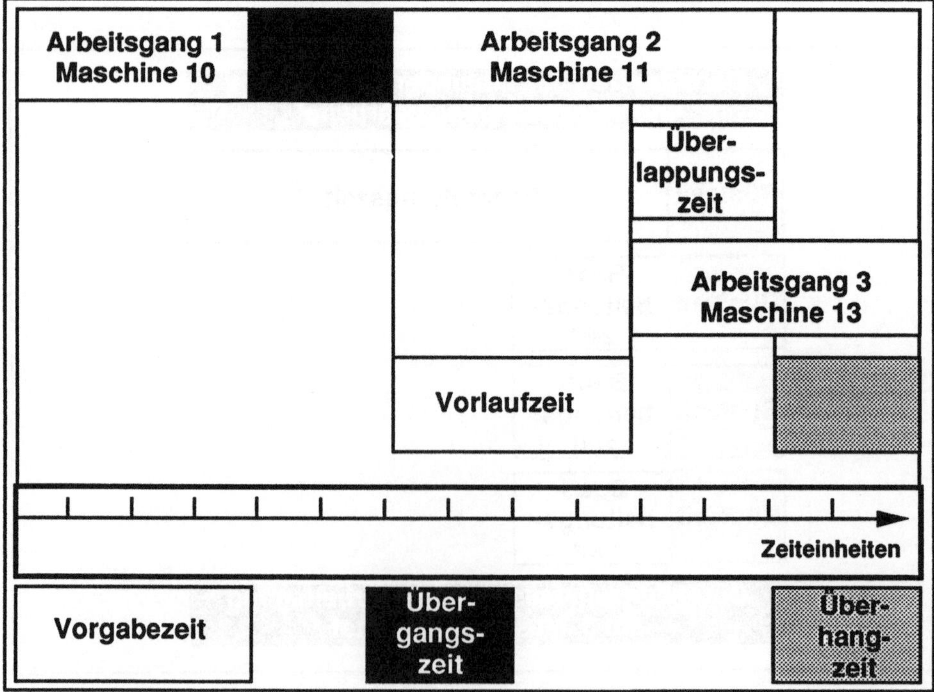

Bild 5.72 Prinzip der Überlappung eines Fertigungsauftrags

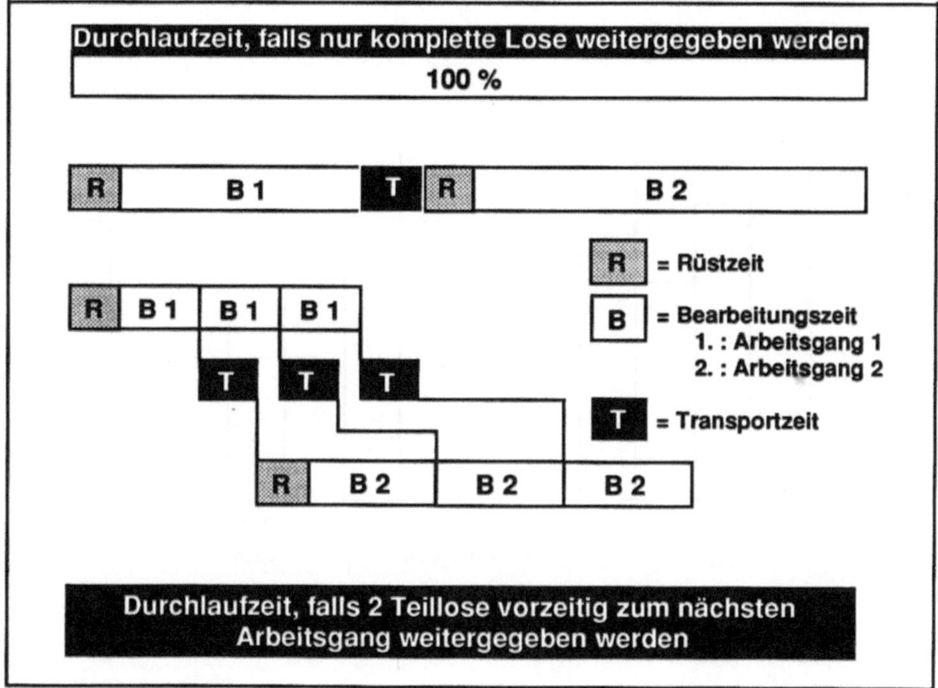

Bild 5.73 Auswirkungen der Überlappung [5.36]

Kapazitätsnachfrage je Kapazitätseinheit und Zeiteinheit *(Belastungsprofil)*, die im allgemeinen nicht mit dem Kapazitätsangebot übereinstimmt (Bild 5.74).

Aufgabe des *Kapazitätsabgleiches* ist es, die Nachfrage innerhalb gewisser Toleranzgrenzen (TG) dem Angebot an effektiv verplanbarer Kapazität anzupassen. Dies ist dadurch möglich, daß Arbeitsvorgänge aus Perioden, die Belastungsspitzen aufweisen, zeitlich nach vorne oder hinten verschoben werden in eine Periode, in der auf der betreffenden Kapazitätseinheit noch freie Kapazität vorhanden ist. Dabei ist zu berücksichtigen, daß eine derartige Verschiebung auch die vor- und nachgelagerten Arbeitsvorgänge im auftragsbezogenen Terminplan beeinflußt, wenn die Verschiebung größer ist als der zeitliche Puffer des Arbeitsvorgangs, was zur Veränderung der Kapazitätssituation bei anderen Kapazitätseinheiten führt.

Die Entscheidung, welche Aufträge zeitlich nach hinten verschoben werden und dadurch eventuell in Terminverzug geraten, wird im allgemeinen nach der *Priorität* des Auftrages getroffen. Hierfür steht eine Reihe von Prioritätsregeln zur Verfügung [5.2], die in der Praxis z. T. einzeln, z. T. als Kombination angewandt werden.

Die wichtigsten werden im folgenden kurz erläutert.

-Kürzeste Operationszeitregel (KOZ):

Dabei wird jeweils der Auftrag mit der kürzesten Bearbeitungszeit auf einer Fertigungseinrichtung zuerst bearbeitet. Die Durchlaufzeit von Aufträgen mit relativ geringen

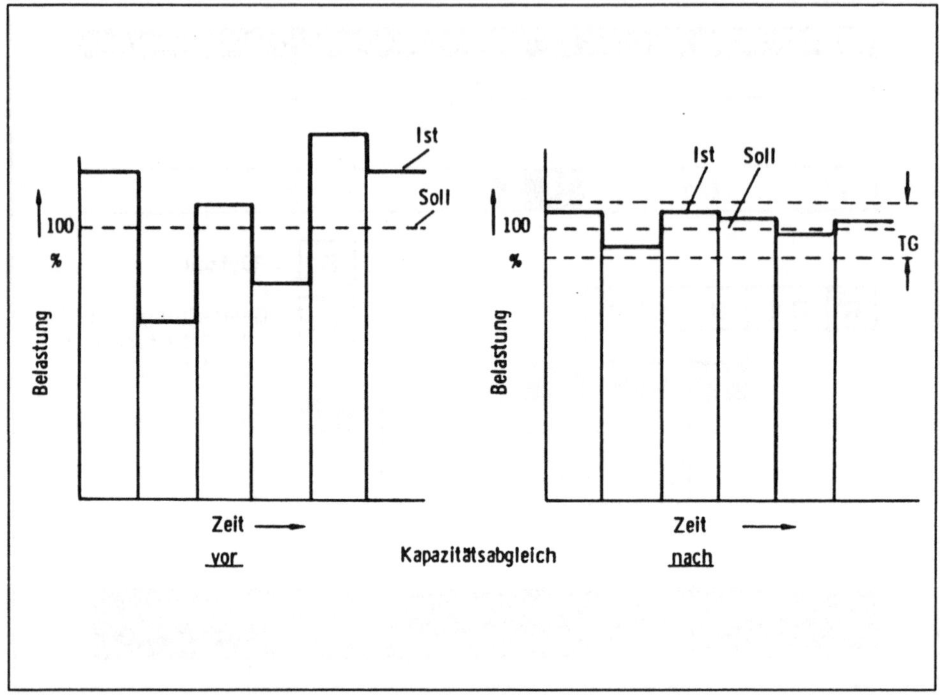

Bild 5.74 Aufgabe des Kapazitätsabgleichs [5.2]
- linker Bildteil: vor dem Kapazitätsabgleich
- rechter Bildteil: nach dem Kapazitätsabgleich
- TG: Toleranzgrenzen für Über-/Unterbelastung

Bearbeitungszeiten kann dadurch gering gehalten werden, während Aufträge mit relativ langen Bearbeitungszeiten im allgemeinen in Terminverzug geraten.

- Schlupfzeitregel (SLACK):
Bei dieser Prioritätsregel erhält derjenige Auftrag die höchste Priorität, bei dem der Zeitraum bis zum Endtermin bezüglich der noch anfallenden Bearbeitungszeiten am geringsten ist. Die Anwendung dieser Regel ergibt eine gute Termintreue.

- FCFS-Regel (First come, First served):
Die Aufträge werden in der Reihenfolge ihrer Ankunft an der Maschine bearbeitet. Diese Regel hat keinen eindeutigen Einfluß auf die Erfüllung der Ziele der Fertigungssteuerung.

Bei der simultanen Terminplanung mit Kapazitätsgrenzen (Kapazitätsterminierung) werden die Arbeitsvorgänge ebenfalls nach bestimmten Prioritätsregeln auf die im Arbeitsplan vorgesehenen Fertigungseinrichtungen eingeplant. Dabei wird jedoch vor jeder Einplanung überprüft, ob die verfügbare Kapazität in der betreffenden Periode noch ausreicht.

Da derartig genaue Informationen - nämlich Angaben über die Beendigung des vorhergehenden Arbeitsvorgangs eines Fertigungsauftrags, sowie über die Verfügbarkeit einer Fertigungseinrichtung für einen bestimmten Zeitpunkt - aufgrund von externen und internen Störungen im günstigsten Fall für die allernächste Zukunft zur Verfügung stehen, wird diese Terminplanungsmethode überwiegend für die kurzfristige Planung eingesetzt. Die Durchlaufterminierung hingegen eignet sich auch für lang- und mittelfristige Planungsaktivitäten, bei denen es darauf ankommt, bereits frühzeitig die Belastungssituation der verschiedenen Kapazitätseinheiten (z. B. Kostenstellen) auszuweisen.

5.3.2.3 Kurzfristige Fertigungssteuerung

Obwohl die Umsetzung der Ergebnisse vorgeschalteter Planungsstufen eine charakteristische Aufgabe der kurzfristigen Fertigungssteuerung ist, erschöpfen sich ihre Aktivitäten nicht im Veranlassen von Tätigkeiten im Produktionsprozeß nach einem starr vorgegebenen Plan. Die kurzfristige Fertigungssteuerung ist vielmehr gefordert, die notwendigerweise vorhandenen Freiheitsgrade aus der mittelfristigen Grobplanung zu nutzen und die Planungsergebnisse unter Berücksichtigung der momentanen Situation im Produktionsprozeß zu detaillieren (vgl. Bild 5.56). Darüber hinaus bestehen seitens anderer betrieblicher Aufgabenbereiche (wie z. B. Rechnungswesen, Qualitätswesen und Instandhaltung) Anforderungen, Daten ereignisbezogen festzuhalten, die von der kurzfristigen Fertigungssteuerung ohnehin benötigt werden.

Im zeitlichen Ablauf stehen diejenigen Aufgaben der kurzfristigen Fertigungssteuerung an erster Stelle, die dafür die Voraussetzungen schaffen, daß Informationen und Material für den Beginn der Bearbeitung im Produktionsprozeß zur Verfügung stehen. Diese Aufgaben werden unter dem Begriff "Arbeitsverteilung" zusammengefaßt. Die Methoden der Arbeitsverteilung lassen sich durch die Merkmale

-Dispositionskompetenz für die Festlegung der Maschinenbelegung und der Auftragsreihenfolge je Arbeitssystem,
-Informationsfluß und
-Materialfluß zum Arbeitssystem

sowie dem Zusammenwirken dieser Merkmale beschreiben [5.37]. Die alternativen Ausprägungen der Merkmale sind in Bild 5.75 aufgeführt. Es können folgende betriebliche Stellen mit einem definierten Umfang an Entscheidungsbefugnis und Aufgaben im Rahmen der kurzfristigen Fertigungssteuerung ausgestattet sein:

- Fertigungssteuerung (FST)
- Zentrale Arbeitsverteilstelle (ZAV)
- Meister
- Arbeitsplatz (APL).

KLASSIFIZIERUNGSMERKMALE		
Dispositionskompetenz	**Informationfluß**	**Materialfluß**
D 1 Zentralisierung an einer Stelle FST = ZAV	Auftragsweise Abholung der Arbeitsanweisung	Auftragsweise Zuführung des Materials gemeinsam mit der Arbeitsanweisung
D 2 Hierarchisch gegliederte Zentralisierung FST = ZAV (Leitstand)	Abholung von Arbeitsanweisungen für mehrere Aufträge	Auftragsweise Zuführung des Materials getrennt von der Arbeitsanweisung
D 3 Dezentralisierung zu Stellen mit Führungsposition FST ➞ M	Auftragsweise Zuführung der Arbeitsanweisung zum Apl	Zuführung des Materials für mehrere Aufträge zusammen mit den Arbeitsanweisungen
D 4 Dezentralisierung zu Stellen mit Ausführungsfunktion FST➞ M➞ Apl	Zuführung von Arbeitsanweisungen für mehrere Aufträge zum Apl	Zuführung des Materials für mehrere Aufträge getrennt von den Arbeitsanweisungen

(linke Randbeschriftung: Alternative)

FST = Fertigungssteuerung   M = Meister
ZAV = Zentrale Arbeitsverteilstelle   Apl = Arbeitsplatz

Bild 5.75 Klassifizierungsmerkmale von Methoden zur Arbeitsverteilung [5.37]

Bei der Methode D1 gibt es eine Stelle im Betrieb, die alle Aufgaben der Fertigungssteuerung durchführt, also auch die Arbeitsverteilung. Diese Methode wird bei kleineren Betrieben mit bis zu 180 Arbeitsplätzen, auf die Aufträge einzuplanen sind, häufig angewandt.

In größeren Betrieben trifft man häufig die Aufteilung der Aufgaben entsprechend Methode D2 an: Die Fertigungssteuerung (FST) führt die Grobplanung durch und legt Ecktermine fest, während eine oder mehrere Zentrale Arbeitsverteilstellen (ZAV), d. h. Leitstände, die ihrem Zuständigkeitsbereich die Arbeitsverteilung auf die einzelnen Arbeitssysteme durchführen. Die Zuständigkeitsbereiche bei mehreren Leitständen können nach technologischen Gesichtspunkten oder nach Produktgruppen gegliedert sein.

Bei den Methoden der Zentralen Arbeitsverteilung (ZAV) werden die Meister (M) nicht mit Aufgaben der kurzfristigen Fertigungssteuerung belastet, sondern sie haben sich ausschließlich ihren ureigensten Aufgaben zu widmen wie

- Personaleinsatzplanung,
- Personalführung,
- Ausbildung und Anleitung,
- Sicherstellung der geforderten Qualität.

Anders ist es bei den Methoden der dezentralen Arbeitsverteilung (D3 und D4).

Bei diesen erhält der Meister von der Fertigungssteuerung einen mit Eckterminen und ggf. Prioritäten versehenen Vorrat von Aufträgen. Zusätzlich zu seinen o.g. Aufgaben hat er die Zuteilung von Auftrag (Arbeitvorgang) und Arbeitsplatz vorzunehmen, die Reihenfolge konkurrierender Aufträge je Arbeitsplatz festzulegen und den termingerechten Fertigungsablauf sicherzustellen. Auf die Besonderheiten der dezentralen Arbeitsverteilung nach Methode D4, bei der auch der Arbeitsplatz (APL) über Arbeitsvorrat und Dispositionskompetenz innerhalb des vorgegebenen Terminrahmens verfügt, wird in Abschnitt 5.3.4.1 ausführlich eingegangen.

Zwischen den Merkmalen der Methoden bestehen gewisse Verträglichkeitsbedingungen, so daß nicht alle theoretisch möglichen Kombinationen von Dispositionskompetenz (D), Informationsfluß (I) und Materialfluß (M) sinnvoll sind, sondern die 24 Methoden, die in [5.37] dargestellt sind.

Für die Durchführung der Aufgaben im Rahmen der kurzfristigen Fertigungssteuerung werden verschiedene Hilfsmittel zur Arbeitspapiererstellung sowie zur Informationsdarstellung und -übermittlung eingesetzt. Zur Gruppe der konventionellen Hilfsmittel zählen:

- Umdruckgeräte, mit denen vom Arbeitsplanoriginal auftragsbezogene bzw. arbeitsgangbezogene Abzüge hergestellt werden, die als Auftragsbegleitkarten bzw. als Plankarten, Lohn- und Rückmeldescheine verwendet werden.
- Kartei- und Plantafelsysteme, die zur Auftragsverwaltung sowie zur Maschinen belegung und Reihenfolgeplanung eingesetzt werden.
- Lampentableaus und Sprechanlagen zur Kommunikation zwischen Steuerungsstellen und dem Betrieb.

In ihrer Gesamtheit werden diese Hilfsmittel als Leitstandsysteme bezeichnet [5.38] und in Leitständen zur Zentralen Arbeitsverteilung eingesetzt. Die Sortierung des Auftragsvorrats je Kapazitätseinheit erfolgt manuell, wobei verschiedene externe und interne Prioritäten (vgl. Abschnitt 5.3.2.2) als Sortierkriterien herangezogen werden. Bei der Reihenfolgebildung können zusätzlich Kriterien zur Rüstzeitminimierung berücksichtigt werden, indem Aufträge mit gleichem oder ähnlichem Rüstzustand auf einer Kapazitätseinheit unmittelbar nacheinander eingeplant werden.

Wenn für die Arbeitsplan- und Stücklistenverwaltung sowie für die mittelfristigen Planungsaufgaben (Mengen- und Terminplanung) EDV-Lösungen, d. h. PPS-Systeme (PPS: Produktionsplanung und -steuerung), eingesetzt werden, findet man auch für die Unterstützung im Bereich der kurzfristigen Fertigungssteuerung Peripheriegeräte von EDV-Anlagen, z. T. kombiniert mit Komponenten konventioneller Leitstandsysteme:

- Drucker für die Erstellung von Arbeitspapieren und Arbeitsverteilerlisten, in denen der Auftragsvorrat je Kostenstelle und Planungsperiode, sortiert nach einem oder mehreren der oben aufgeführten Kriterien, enthalten ist. Außerdem können kumulierte Kapazitätsbelastungsübersichten ausgedruckt werden.
- alphanumerische Bildschirme zur Anzeige der Planungsergebnisse sowie zur Erfassung von Auftragsfortschrittsdaten.

Je größer der Planungszyklus im Vergleich zur durchschnittlichen Arbeitsvorgangsdauer ist, um so mehr macht sich der Nachteil der mangelnden Flexibilität derartiger PPS-Systeme bemerkbar, die für kurzfristige Umplanungen bei geänderten Betriebssituationen keine ausreichende Unterstützung bieten.

Um die Vorteile der Leitstand-Idee zu nutzen, den hohen manuellen Aufwand für die Belegorganisation in konventionellen Leitstandsystemen aber ebenso zu vermeiden wie die Nachteile zyklischer Planung in PPS-Systemen mit Stapelverarbeitung, gibt es die Möglichkeit, interaktive, graphische Farbmonitorsysteme einzusetzen [5.39]. Die Vorteile derartiger Systeme sind in Bild 5.76 zusammengestellt.

Sie beruhen im wesentlichen auf folgenden Eigenschaften:

- Farbe, Graphik, Symbole und dynamische Darstellungen auf dem Bildschirm verbessern die Mensch-Maschine-Kommunikation bei höherer Informationsdichte.
- Über die Bildschirmoberfläche sind mittels Lichtstift direkte Eingriffe des Menschen möglich, um manuelle Umplanungen in "quasianaloger" Form vorzunehmen oder im Simulationsmodus Planungsfunktionen, die im Echtzeitbetrieb ablaufen, aufzurufen.

Systeme dieser Art wurden für die Werkstattsteuerung 1983 erstmals in der Praxis eingesetzt und können stufenweise folgende Funktionen übernehmen [5.39]:

- Datenverwaltung
- Betriebsdatenerfassung
- Zustandsdarstellung und Ablaufüberwachung
- Termin- und Kapazitätsplanung
- automatische Störreaktion.

Für die Rückmeldung von Daten aus dem Betrieb stehen eine Vielzahl unterschiedlicher Systeme zur Betriebsdatenerfassung (BDE) zur Verfügung [5.40, 5.41]. Der Einsatz von BDE-Geräten im Produktionsprozeß ist bei großen Datenmengen sinnvoll und wirtschaftlich [5.40] und ermöglicht:

- eine Reduzierung des personellen Aufwands, der bei anderen Verfahren durch die häufig mehrfache Aufschreibung von Daten verursacht wird.
- eine Verringerung des Zeitbedarfs für die Bereitstellung der Daten zur Datenverarbeitung.
- eine Reduzierung der Fehler, die bei manueller Aufschreibung und durch Datenträgerverlust auftreten.

Die Vielfalt des Marktangebots an BDE-Systemen läßt sich in drei prinzipiell unterschiedliche Kategorien einteilen.

Zur Datenerfassung können Stand-alone-Geräte eingesetzt werden (Bild 5.77). Die Dateneingabe (Bedienerführung), Prüfung und Aufzeichnung läuft programmgesteuert ohne Verbindung zu einem übergeordneten Rechner ab. Die Programme können z. T. am Gerät selbst, z. T. an einem übergeordneten Rechner erstellt und dann ins Gerät geladen

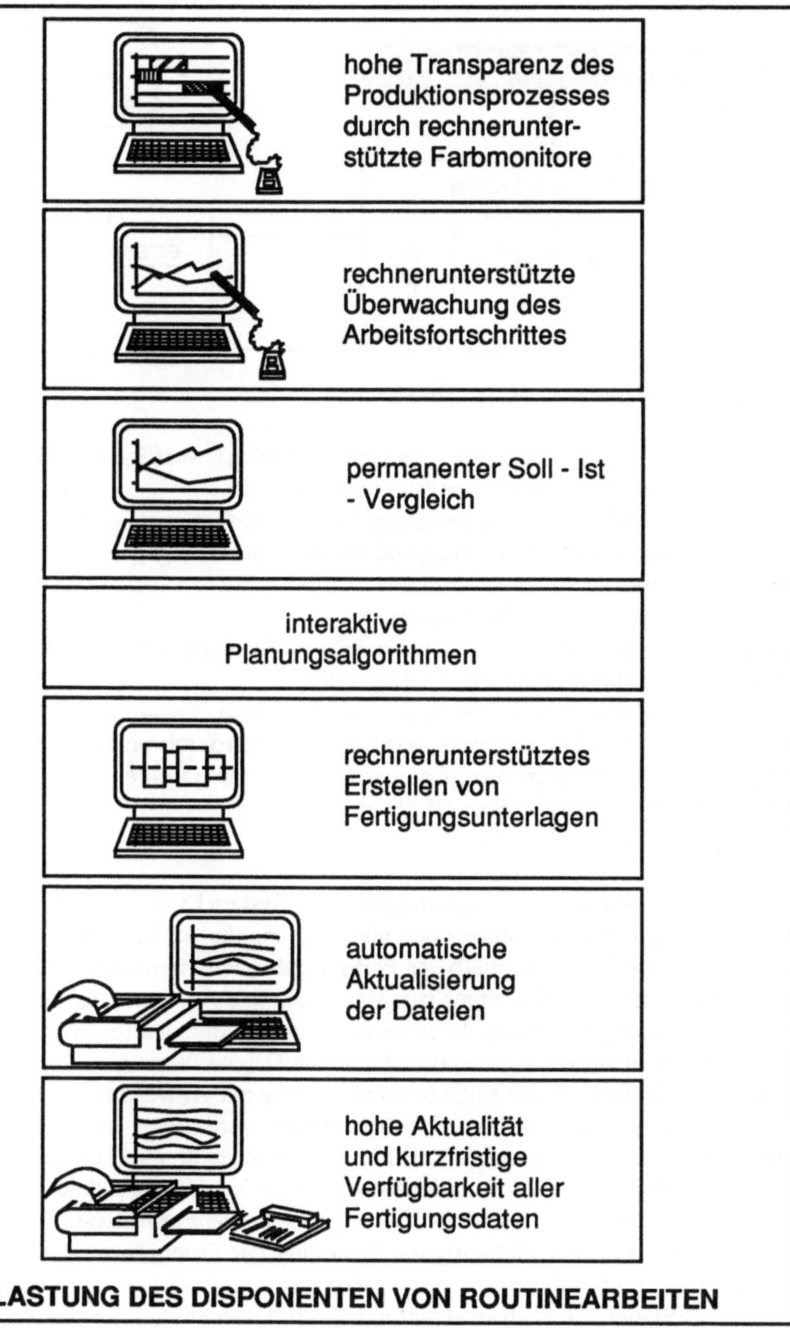

Bild 5.76 Vorteile prozeßrechnerunterstützter Leitstandsysteme mit interaktiven, graphischen Farbmonitoren [5.39]

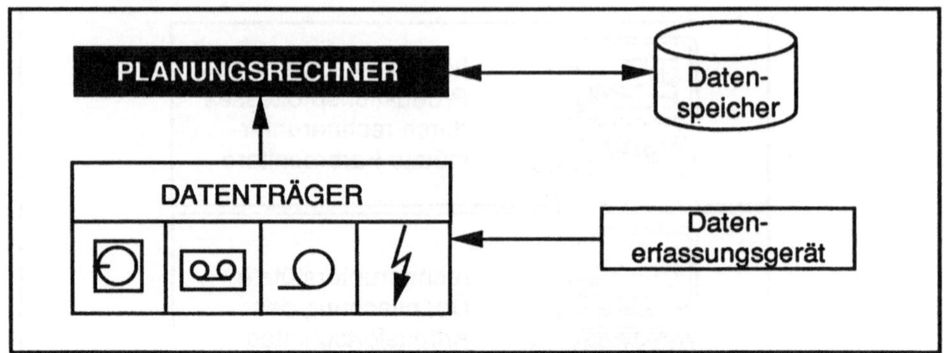

Bild 5.77 Betriebsdatenerfassung mit Einzelgeräten

werden (down-load). Je nach Anwendungsgebiet verfügen BDE-Geräte über Kombinationen unterschiedlicher Funktionseinheiten:
- Funktionstasten zur Auswahl ereignisabhängiger Erfassungsprogramme
- Zeilendisplay zur Bedienerführung und zur Anzeige der eingegebenen Daten sowie von Fehlerhinweisen
- Tastatur zur Eingabe variabler Daten
- Leseeinrichtungen für maschinell lesbare Datenträger oder Anschlußmöglichkeiten für derartige Einrichtungen als Peripheriegeräte
- Anschlußmöglichkeiten für Impulsgeber an Maschinen, Waagen usw. (Digitaleingänge)
- Mikroprozessor zur Durchführung von Auswertungen durch rechnerische Verknüpfung erfaßter Daten und deren Ausgabe über Display oder auf einem integrierten Drucker bzw. an Peripheriegeräte (über Digitalausgänge)
- Speicher zur Datenpufferung.

Die Datenübergabe an ein übergeordnetes EDV-System kann mittels Datenträger (z. B. Diskette, Magnetbandkassette) oder über Leitung (z. B. über Akustikkoppler und Telefonnetz) erfolgen. Innerhalb des Fertigungsbetriebs werden Geräte dieser Art als stationäre Geräte an kapitalintensiven Maschinen und Anlagen eingesetzt, bekannt als Maschinennutzungsschreiber, die in manchen Anwendungsfällen auch die Basisdaten für eine Prämienentlohnung liefern. Als mobile Datenerfassungsgeräte kommen diese Gerätetypen im Bereich der Lagerbestandsführung zur Anwendung.

Die zweite Kategorie von BDE-Systemen wird unter dem Begriff "Daten-sammelsysteme" zusammengefaßt (Bild 5.78). Die dezentralen Datenerfassungsgeräte, für die prinzipiell dieselben Funktionsbausteine zur Verfügung stehen wie für die oben beschriebenen Einzelgeräte, sind über Leitung mit einer zentralen Steuereinheit verbunden, die neben der Datenaufzeichnung die Steuerung der Datenübertragung und formelle Datenprüfungen übernimmt.

An eine Steuereinheit, die in ihrer Funktion als Datenbank-Konzentrator die zentrale EDV-Anlage entlastet, können Datenerfassungsgeräte mit unterschiedlichen, den verschiedenen Anwendungen angepaßten, Funktionsbausteinen angeschlossen werden.

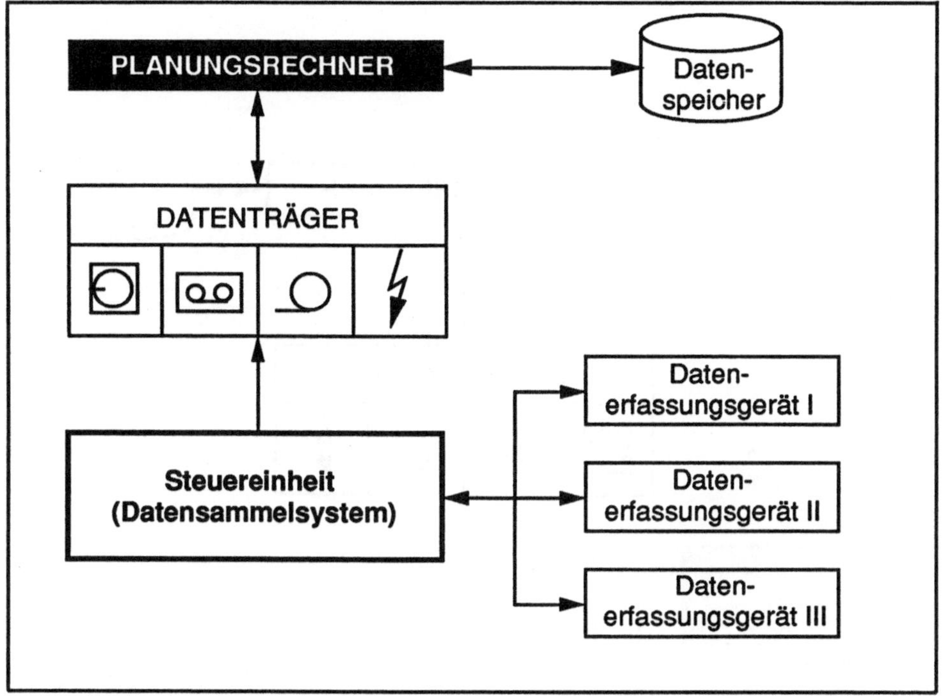

Bild 5.78 Betriebsdatenerfassung mit Datensammelsystemen

Hierzu zählen Geräte zur

- Anwesenheitszeiterfassung,
- Auftragsfortschrittserfassung und
- Maschinendatenerfassung.

Die erfaßten Daten werden zyklisch durch Datenträgeraustausch oder über Leitung dem Planungsrechner zur Verfügung gestellt und dort verarbeitet.

In der praktischen Anwendung zeichnet sich ein Trend ab, hin zur Datenerfassung und Informationsbereitstellung mit Hilfe dialogorientierter Rechnersysteme (vgl. Bild 5.59). Kern derartiger Systeme ist ein frei programmierbarer Rechner mit einem Datenverwaltungssystem (Bild 5.79).

Vom übergeordneten Planungssystem werden zyklisch Daten an das Subsystem (BDE-Rechner) übergeben. Diese Daten umfassen Planwerte (Soll-Daten) wie Mengen und Termine der offenen Fertigungsaufträge sowie auszugsweise Grunddaten, soweit sie zur Bearbeitung der Fertigungsaufträge nötig sind. Über Bildschirm können zur Bearbeitung anstehende Arbeitsvorräte und Kapazitätsbelastungsübersichten abgerufen und der Ausdruck der Auftragspapiere angestoßen werden. Durch Rückmeldungen über die oben beschriebenen BDE-Terminals werden die dezentral geführten Datenbestände in Echtzeitverarbeitung fortgeschrieben, so daß jederzeit aktuelle Informationen über

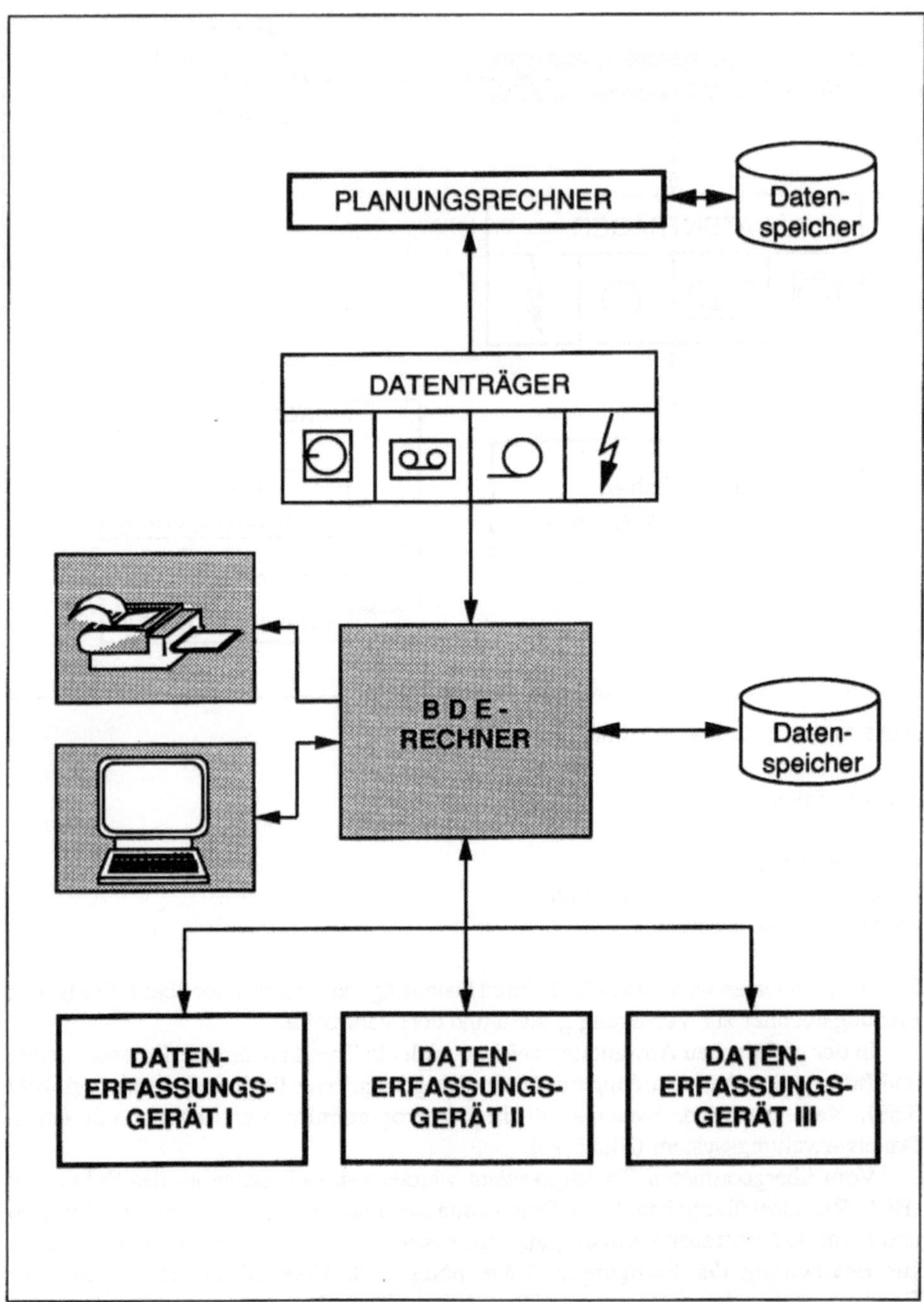

Bild 5.79 Datenerfassung und Informationsbereitstellung im Fertigungsbereich mit dialogorientierten Rechnersystemen

den Auftragsfortschritt abgerufen werden können. Im Gegensatz zu Datensammelsystemen besteht bei Systemen dieser Art die Möglichkeit zu umfangreichen Plausibilitätsprüfungen bei der Dateneingabe sowie zum permanenten Soll-Ist-Vergleich.

Beim Einsatz von DNC-Maschinen (DNC: Direct Numerical Control) können die Funktionen zur Maschinensteuerung und zur Betriebsdatenerfassung auf demselben Rechner realisiert werden. Sowohl die technischen Daten (NC-Daten) als auch die dispositiven Daten (Soll-Stückzahl) werden vom Rechner direkt der Maschinensteuerung übergeben. Die Betriebsdaten wie gefertigte Menge, Stillstandszeiten usw. werden von der Maschinensteuerung automatisch dem Rechner übermittelt. Zwischen dem BDE- und dem Planungsrechner findet ein zyklischer Datentransfer statt, so daß die erfaßten Daten vor jedem neuen Planungslauf auch dem Planungssystem zur Verfügung gestellt werden können. Eine ausführliche Übersicht über BDE-Systeme und Anbieter gibt [9.41].

5.3.3 Ablauf bei verschiedenen Auftragstypen

Zur Beschreibung von Produktionsbetrieben gibt es eine Vielzahl von Merkmalen [5.42], die sich auch auf den Ablauf der Auftragsabwicklung auswirken. Die sinnvolle Kombination von Ausprägungen der verschiedenen Merkmale führt zu "Betriebstypen", die allerdings in der Praxis in Reinform selten anzutreffen sind.
Häufig findet man in einem Betrieb mehrere Merkmalskombinationen als Mischform vor. So kann z. B. die Teilefertigung als Serienfertigung, die Montage aber als Einzelfertigung gestaltet sein oder der Betriebsteil für Produktgruppe A als kundenauftragsbezogene, der Betriebsteil für Produktgruppe B aber als kundenauftrags-anonyme Fertigung auf Lager. Die beiden im folgenden dargestellten Abläufe sind somit als idealtypische Beispiele zu sehen.

In Bild 5.80 sind die Aufgaben der Fertigungssteuerung im Zusammenhang mit Aufgaben anderer Unternehmensbereiche bei kundenauftragsorientierter Einzel- und Kleinserienfertigung dargestellt. Den entsprechenden Ablauf bei Serienfertigung auf Lager zeigt Bild 5.81. Anhand dieser Darstellungen sollen wesentliche Unterschiede aufgezeigt werden, während auf die Aufgaben und Methoden im einzelnen an anderen Stellen (Kap. 3, 5 und 9) eingegangen wird.

Der kundenauftragsbezogene Einzelfertiger hat vor der Angebotsabgabe eine Termin- und Kapazitätsplanung durchzuführen, die einen im Auftragsfall verbindlichen Liefertermin zum Ergebnis hat. Bei der Kapazitätsplanung sind einerseits bereits vorhandene Aufträge für die betroffenen Planperioden zu berücksichtigen, andererseits die Unsicherheit, daß die meisten Angebote nicht zum Auftrag führen. Bei einer Umwandlungsrate von etwa 10 % der Angebote zum Auftrag, ist die Kapazitätsgrenze für Angebote auf das 10fache der noch nicht mit Aufträgen belegten Fertigungskapazität anzusetzen, wobei die Erfolgswahrscheinlichkeit verschiedener Angebote unterschiedlich hoch sein kann und der Kapazitätsbedarf dementsprechend zu gewichten ist. Ein weiteres Charakteristikum des Einzelfertigers ist es, daß die Auftragsdurchlaufzeit auch die

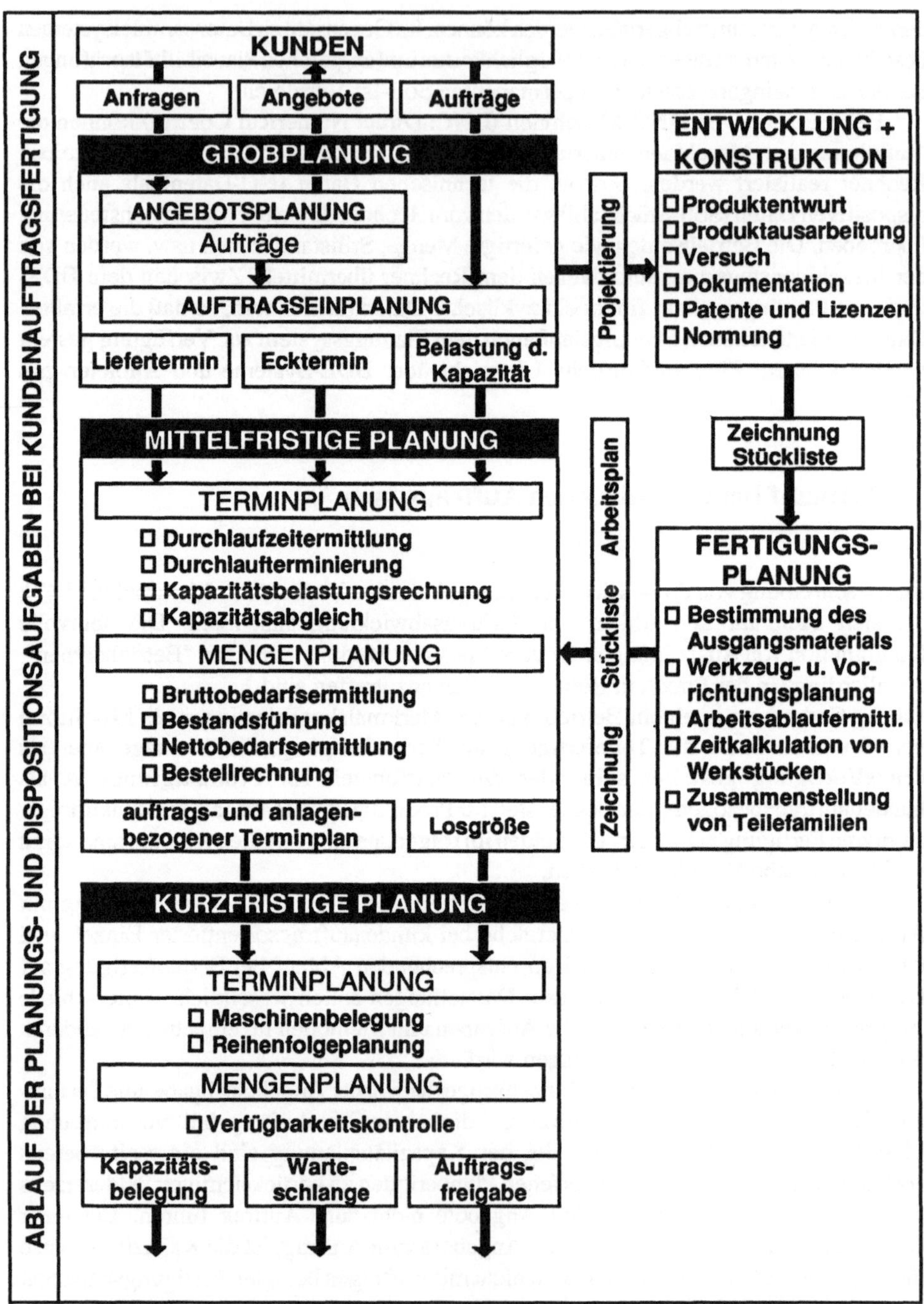

Bild 5.80 Fertigungssteuerung bei kundenauftragsorientierter Einzel- und Kleinserienfertigung

Zeitanteile für Konstruktion und Fertigungsplanung beinhaltet, die in der Größenordnung von 40 % bis 60 % liegen können. Soweit es sich um Betriebe mit geringer Fertigungstiefe handelt, kann auch die Beschaffung (z. B. von speziellen Gußteilen) der zeitliche Engpaß sein. Für die Grobplanung, aber auch für die Projektverfolgung, bieten sich die Verfahren der Netzplantechnik an. Ausgehend von Standardnetzen mit Erfahrungswerten aus ähnlichen Projekten in der Vergangenheit werden auftragsspezifische Netzpläne erstellt, die entsprechend dem Projektfortschritt verfeinert werden, wenn genauere Angaben über Zeit- und Kapazitätsbedarf aus den Fertigungsunterlagen abgeleitet werden können.

Bezüglich der Fertigungsstruktur hat beim Einzelfertiger das Kriterium Flexibilität bezüglich Varianten höhere Priorität als die Produktivität, so daß Werkstattfertigung und Baustellenmontage als Organisationsformen überwiegen (vgl. Kap. 6).

Bei der Produktion von Serien- und Massenerzeugnissen stehen Prognosen, die auf Marktanalysen basieren, als Grundlage für die Programmplanung zur Verfügung. Der Auslauf alter und die Einführung neuer Artikel können durch Maßnahmen am Markt durch Preisgestaltung und Werbung bedingt beeinflußt werden (vgl. Kap. 9). Ein wesentlicher Unterschied zum Einzelfertiger ist der, daß Entwicklung, Konstruktion und Fertigungsplanung mit großem zeitlichen Vorlauf vor der Markteinführung für ein neues Erzeugnis beginnen.

Weiterhin wird bereits bei der Produktions -Systemplanung eine Kapazitätsplanung für den Ausgleich von Taktzeit- und Modell-Mix-Verlusten durchgeführt (vgl. Kap. 6). Der Schwerpunkt für die laufenden Aufgaben der Termin-, Kapazitäts- und Mengenplanung liegt auf dem Bereich der Materialwirtschaft, wobei es gilt, eine möglichst montagesynchrone Zulieferung von Fertigungs- und Einkaufsteilen zu erreichen. Bereits in der Phase der Fertigungsplanung werden bei einer Linien- und Fließfertigung, als Voraussetzung für eine hohe Produktivität, mittels Arbeitsstudien die Grundlagen für eine hohe Kapazitätsnutzung gelegt.

Lösungen für die Fertigungssteuerung bei Organisationsformen der Produktion, die den speziellen Anforderungen im Spannungsfeld "Flexibilität - Produktivität - Humanität" gerecht werden, sind im folgenden Abschnitt dargestellt.

5.3.4 Fertigungssteuerung bei speziellen Organisationsformen der Fertigung

Einer der Unterschiede zur Fertigungssteuerung bei konventionellen Organisationsformen der Fertigung besteht darin, daß bei den im folgenden diskutierten Fällen verschiedene Aufgaben, die eigentlich anderen Unternehmensbereichen zuzuordnen sind (z. B. dem Qualitätswesen bzw. der Fertigungssteuerung), in den Produktionsprozeß integriert werden.

Zielsetzung der beiden folgenden Abschnitte ist es, die Unterschiede in der Problematik zu verdeutlichen und dementsprechende Lösungsansätze aufzuzeigen.

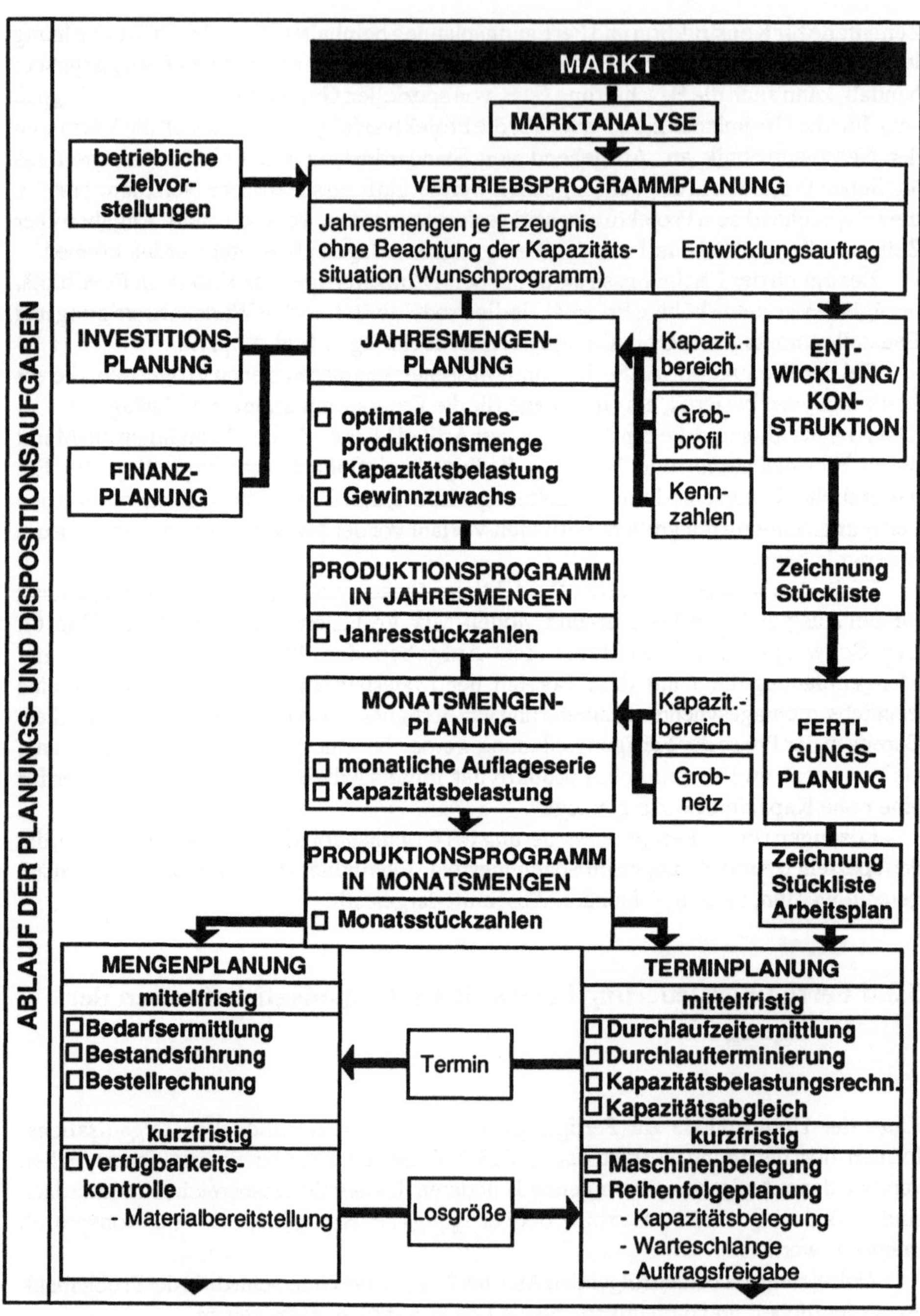

Bild 5.81 Fertigungssteuerung bei lagerorientierter, kundenauftragsanonymer Serienfertigung

5.3.4.1 Fertigungssteuerung bei neuen Arbeitsstrukturen

5.3.4.1.1 Ziele und Aufgaben

In den letzten Jahren sind viele Unternehmen der führenden Industrienationen bemüht, neue Arbeitsstrukturen für den Produktionsbereich zu entwickeln und einzuführen. Dabei lassen sich zwei Zielrichtungen erkennen [5.43]:

- Einerseits wird versucht, in der Produktion kleiner und mittlerer Serien durch Ausnützen der technologischen Ähnlichkeit der Teile bzw. der Erzeugnisse zu größeren Stückzahlen zu kommen und damit die Automatisierungsmöglichkeiten der Großserienfertigung zu erreichen.
- Andererseits ist man bestrebt, in der Massen- und Großserienproduktion die starren, meist linienorientierten Arbeitssysteme aufzulösen, um die Flexibilität zu erhöhen und die extreme Arbeitsteilung mit oft sehr kurzen Taktzeiten zu mildern.

Diese Strukturveränderungen haben einen Einfluß auf die Gestaltung der Fertigungssteuerung. Folgende Ziele sind dabei den zu entwickelnden Lösungen zugrunde zu legen:

- Einbeziehen des Menschen als Entscheidungsträger durch [5.44]:
    - Vergrößern des Dispositionsspielraums, z. B. durch größeres Auftragsvolumen pro Mitarbeiter und Verlagern der Reihenfolgeplanung an den Arbeitsplatz,
    - Flexibilität im Hinblick auf Marktanforderungen, z. B. bezüglich Stückzahländerungen und Typenänderungen
    - Erhöhen der Transparenz des betrieblichen Geschehens,
- Verkürzen der Durchlaufzeit,
- Verringern der Kapitalbindung,
- Steigern der Kapazitätsauslastung,
- Reduzieren der Terminüberschreitungen.

Zur Fertigungssteuerung sind bereits heute für die wesentlichen Aufgabenstellungen EDV-technische Problemlösungen entwickelt worden. Sie sind jedoch nicht in allen Fällen auf die arbeitssystemspezifischen Aufgabenstellungen zugeschnitten und müssen deshalb für den Einzelfall vom Anwender in mehr oder weniger großem Umfang an die speziellen Anforderungen angepaßt werden. Dabei sind folgende Gesichtspunkte zu berücksichtigen:

- Koordination der Arbeitssysteme untereinander und mit dem betrieblichen Geschehen (Bild 5.82).
- Der Mitarbeiter im Arbeitssystem führt die Tätigkeiten der kurzfristigen Fertigungssteuerung selbst durch (Bild 5.83).

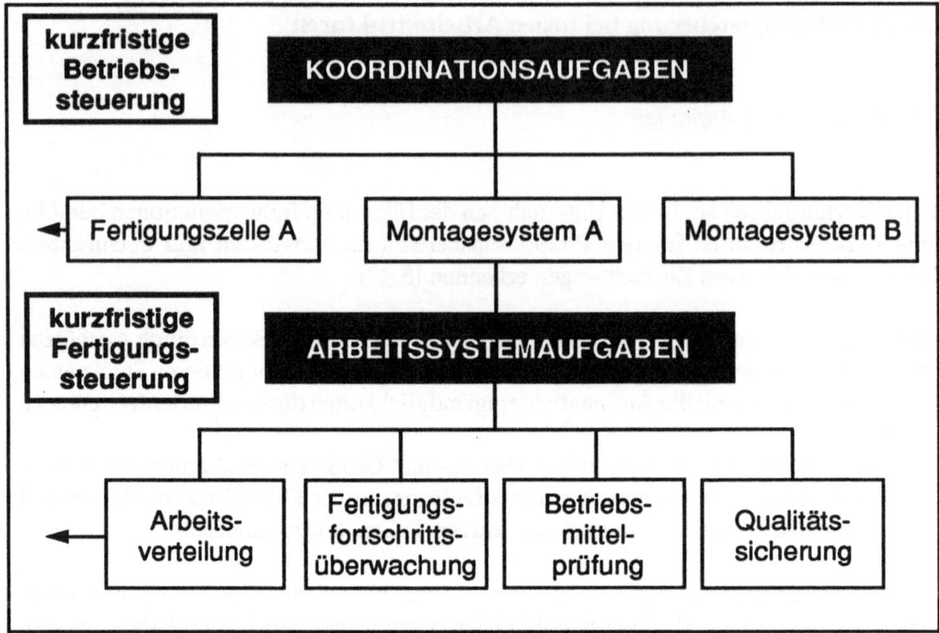

Bild 5.82 Aufgaben der Fertigungssteuerung bei neuen Arbeitsstrukturen

Bild 5.83 Aufgaben und Tätigkeiten der Fertigungssteuerung bei Neuen Arbeitsstrukturen

5.3.4.1.2 Problemstellung in Teilefertigung und Montage

Untersucht man die eingesetzten neuen Arbeitssysteme in Teilefertigung und Montage hinsichtlich des Ablaufs der Fertigungssteuerung, so stellt man fest, daß grundlegende Unterschiede auftreten. Es sind zwei Problemkreise zu betrachten:

Zum einen handelt es sich um die Fertigungssteuerung innerhalb der neuen Arbeitssysteme, die in unmittelbarem Zusammenhang mit der vertikalen Erweiterung des Handhabungs- und Entscheidungsspielraums der Mitarbeiter steht.

Zum anderen muß die Einbindung des neuen Arbeitssystems und dessen Organisation in das übergeordnete, gesamtbetriebliche Planungs- und Steuerungssystem betrachtet werden. Die entstehenden Probleme resultieren aus dem technischen Aufbau der Arbeitssysteme sowie aus der Konzeption der kurzfristigen Fertigungssteuerung.

Welche Unterschiede lassen sich bezüglich der Fertigungssteuerung in der Teilefertigung und Montage bei neuen Arbeitsstrukturen im Vergleich zu konventionellen Lösungen feststellen?

Vergleicht man in der *Teilefertigung* das konventionelle Prinzip der Werkstattfertigung mit demjenigen einer Zellenfertigung, so stellt man fest, daß bei Fertigungszellen jedes Teil im wesentlichen einen einzelnen Fertigungsbereich durchläuft (Bild 5.84). Dadurch

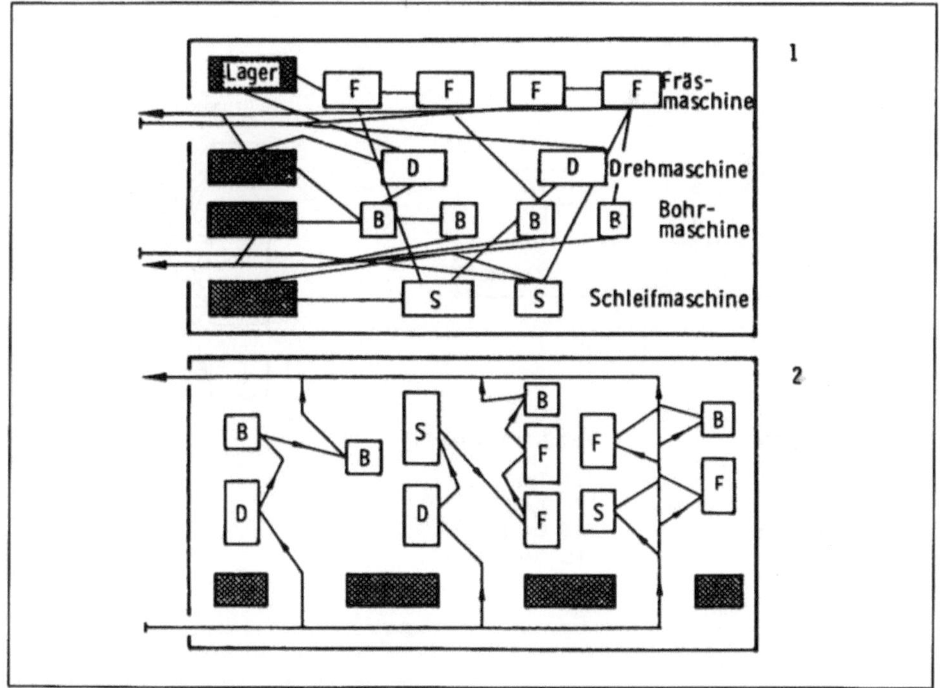

Bild 5.84 Materialfluß bei Werkstattfertigung (1) und Gruppenfertigung in Fertigungszellen (2) [5.45]

vereinfacht sich der Materialfluß, und die Anforderungen an die Fertigungssteuerung nehmen ab. So hat z. B. ein vereinfachter Materialfluß eine Verkürzung der Durchlaufzeiten der Teile zur Folge, da Zwischenlager sowie kapazitätsbedingte Warteschlangen vor den einzelnen Werkstätten entfallen.

In der *Montage* wird durch die Auflösung der starren Linienstruktur in mehrere Einheiten der Materialfluß zwischen Vor- und Endmontage komplexer. Bild 5.85 verdeutlicht dies am Beispiel einer strukturierten Herdmontage [5.43]. Hier wurde das Fließband in vier Montagegruppen aufgelöst und die Vormontage ebenfalls in vier Gruppen zusammengefaßt. Aus diesen materialflußtechnischen Änderungen ergeben sich folgende Probleme für die Fertigungssteuerung:

- Koordination der Montagegruppen,
- Materialbereitstellung,
- Steuerung des Personaleinsatzes,
- Reaktion auf Störungen durch Material, Personal und Termine.

Aus der Gegenüberstellung von Istzustand und Veränderungen, die sich aus den Umstrukturierungsmaßnahmen für die neuen Arbeitsstrukturen ergeben, werden folgende

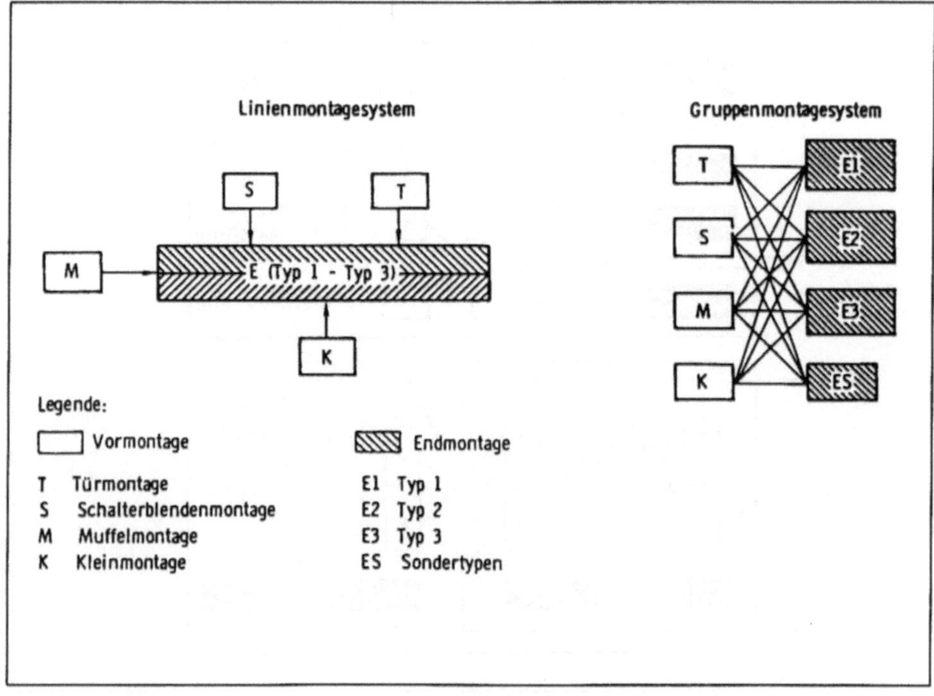

Bild 5.85 Konventionelles und neues System zur Montage [5.43]

Forderungen an die Fertigungssteuerung abgeleitet:

- Strukturieren der Aufbauorganisation in eine Ebene der kurzfristigen Fertigungssteuerung, die die Fertigungsbereiche koordiniert, und in eine Ebene der kurzfristigen Fertigungssteuerung, in der die arbeitssysteminterne Steuerung erfolgt.
- Bereitstellen eines dispositiven Spielraums, der es dem Mitarbeiter ermöglicht, seinen Kenntnissen und Fähigkeiten entsprechend innerhalb vorgegebener organisatorischer Regelungen seine Aufgaben zu erfüllen.
- Unterstützen der Entscheidungsfindung durch ein organisatorisches Informationssystem, das nicht vollständig planbestimmt ist, sondern das Entscheidungshilfen gibt, die vom Menschen - entsprechend den Erfordernissen der aktuellen Situation - genutzt werden können.

Mit der Realisierung dieser Anforderungen wird es möglich, die erhöhte Flexibilität neuer Arbeitsstrukturen durch eine zweckentsprechende Planung zu nutzen.

5.3.4.1.3 Vergleich der Aufgabenverteilung

Die Fertigungssteuerung ist ein Teilbereich der betrieblichen Organisation und übernimmt die Planung, Steuerung und Überwachung der Fertigung (Bild 5.86). Nach dem zeitlichen Anfallen der Aufgaben wird die Fertigungssteuerung untergliedert in eine langfristige Planung, eine mittelfristige Planung sowie eine kurzfristige Planung und Steuerung.

Im Unterschied zur konventionellen Fertigungssteuerung sind bei neuen Arbeitsstrukturen die Aufgaben umverteilt, und die operative Ebene und der Betriebsprozeß werden durch Übertragung der operativen Aufgaben auf die Mitarbeiter im Betriebsprozeß zusammengefaßt (Bild 5.87).

5.3.4.1.4 Entwicklung eines Fertigungssteuerungskonzepts

Die Entwicklung eines Konzepts für die Fertigungssteuerung bei neuen Arbeitsstrukturen basiert auf der Analyse des organisatorischen Ablaufs im betrieblichen Istzustand. In dieser Untersuchung wird das in Bild 5.88 dargestellte Instrumentarium eingesetzt.

Ziel der *Tätigkeitsanalyse* ist es, Daten zu erheben, die die Ausführung von Tätigkeiten beschreiben (z. B. Zeitanteile für verschiedene Tätigkeiten). Die Erfassung der Daten kann über eine arbeitszeitbegleitende Selbstaufschreibung oder über eine Multimomentaufnahme erfolgen. Die Daten werden anschließend EDV-unterstützt ausgewertet und die Ergebnisse interpretiert. In der *Informationsanalyse* werden der Informationsaustausch und die dabei eingesetzten Hilfsmittel erfaßt. Es wird sowohl der

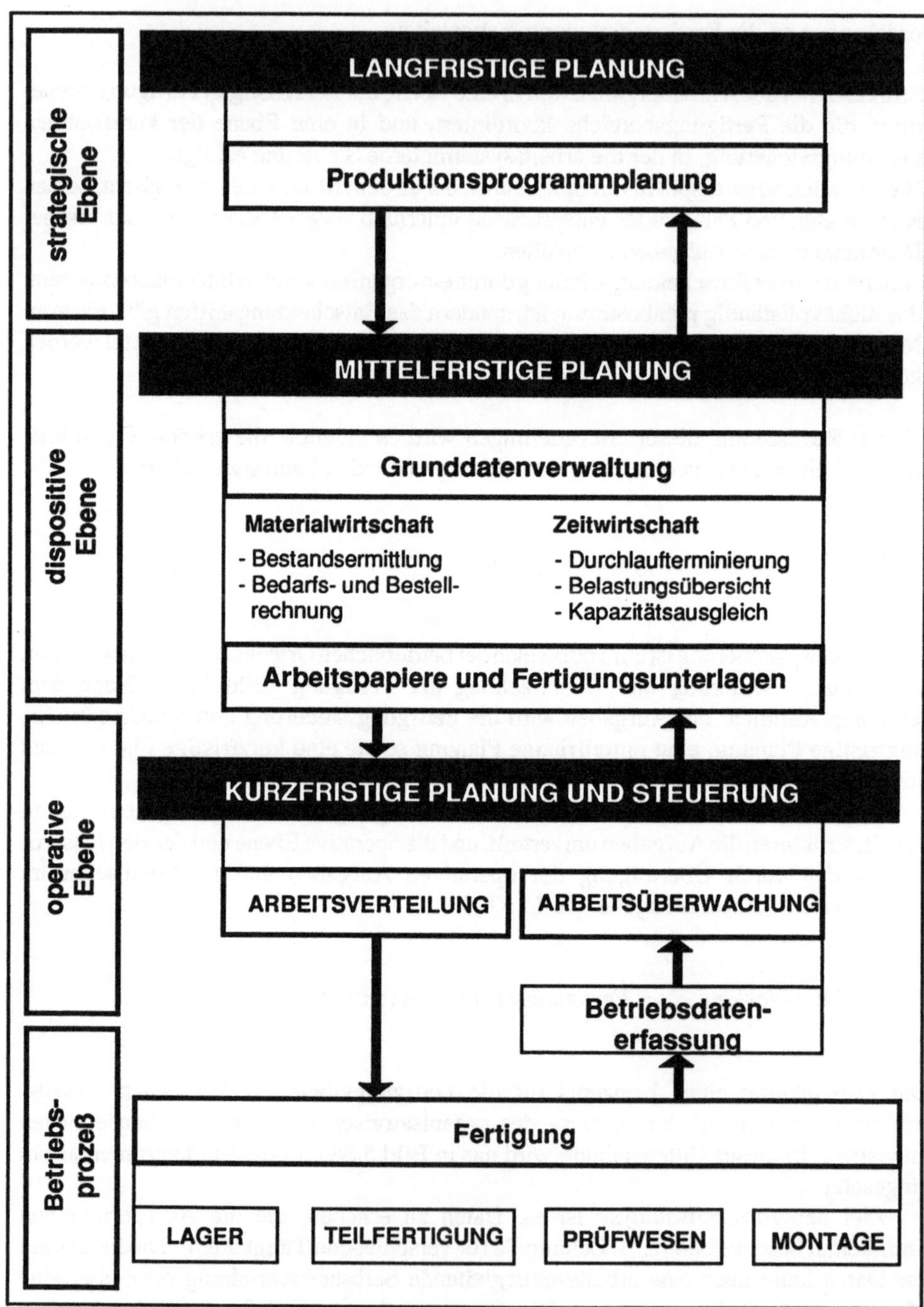

Bild 5.86 Aufgaben der Fertigungssteuerung bei konventionellen Arbeitsstrukturen [5.46]

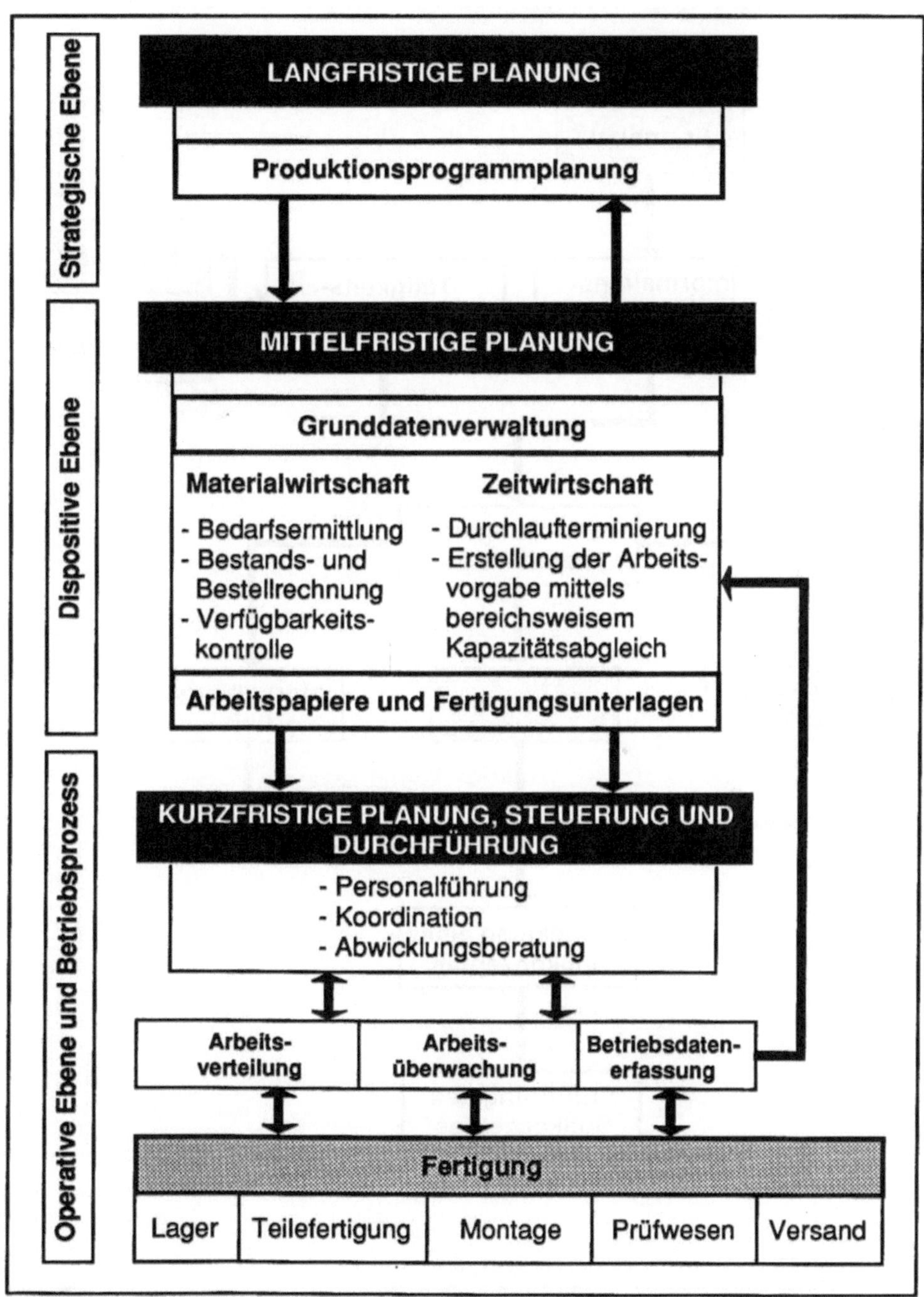

Bild 5.87 Aufgaben der Fertigungssteuerung bei Neuen Arbeitsstrukturen [5.46]

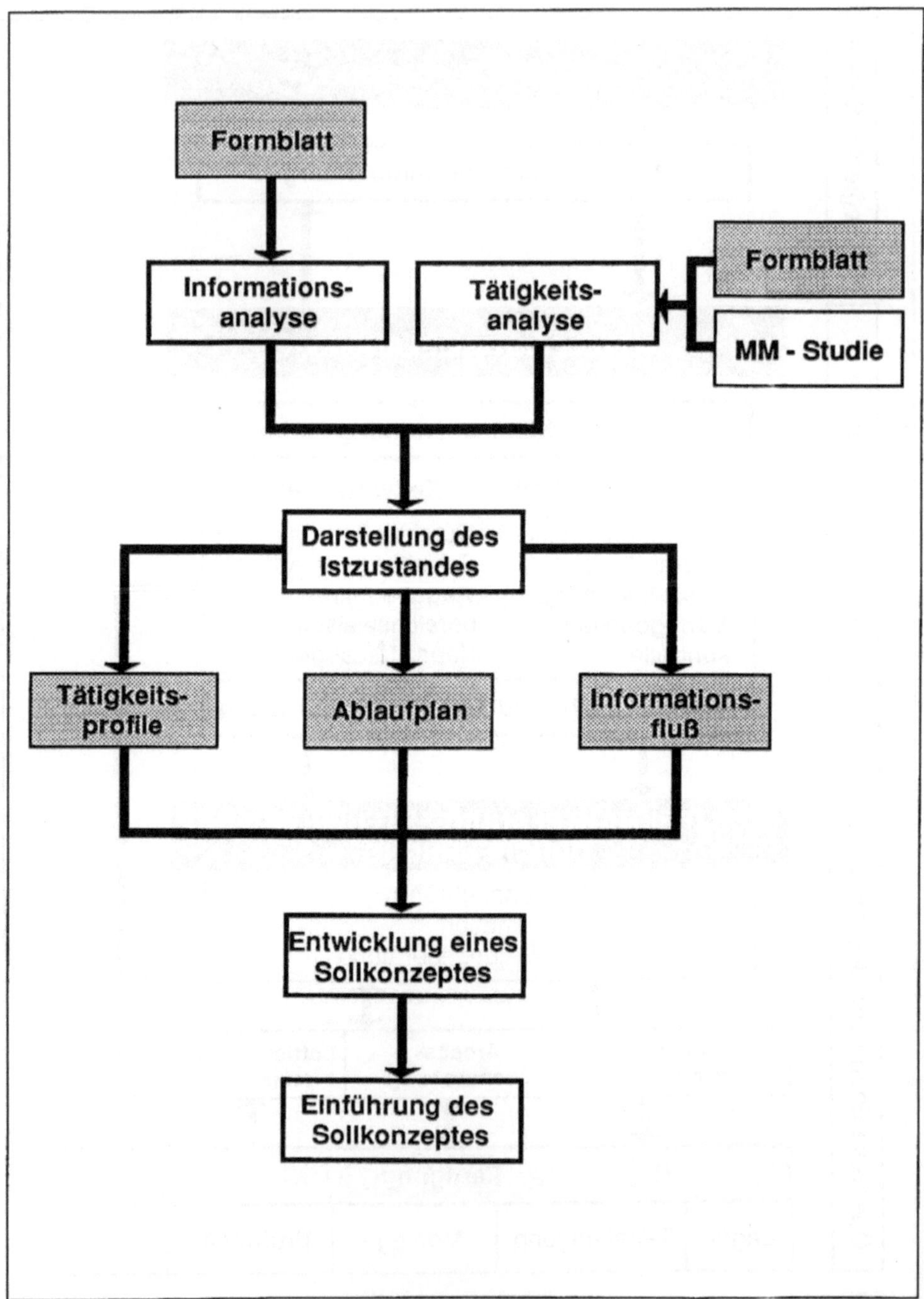

Bild 5.88 Instrumentarium zur Analyse des Istzustandes

in der Ablauforganisation festgelegte *formale* Informationsfluß (z. B. Belegfluß), als auch der *informale* Informationsfluß zwischen den Mitarbeitern untersucht. Diese Daten werden durch Interviews erhoben.

Mit Hilfe der Darstellung und der Analyse des Istzustandes wird in den folgenden Schritten ein Sollkonzept entwickelt und anschließend eingeführt. Diese Schritte werden am Beispiel der Teilefertigung näher erläutert (Bild 5.89).

Das betriebsspezifische Klassifizierungssystem ist ein Hilfsmittel für die Zuordnung neuer Teile zu produktspezifischen Fertigungszellen. Zur Ermittlung der effektiven Kapazität bietet sich das Multimomentverfahren an, während die auftragsspezifischen Belastungsprofile auf Basis der Arbeitspapiere erstellt werden. Bei der Festlegung des Planungszyklus muß einerseits die geringe organisatorische Störanfälligkeit der Produktionszellen (Störungsausgleich der Selbststeuerung), andererseits der größere Handlungsspielraum der Mitarbeiter berücksichtigt werden. Auf dieser Basis wird der Arbeitsvorrat für eine Fertigungszelle festgelegt. Voraussetzung für die Auswahl der übertragbaren dispositiven Tätigkeiten ist ein Tätigkeitskatalog, der alle Aufgaben der Fertigungssteuerung und ihrem zeitlichen Anfallen umfaßt. Die zu entwickelnden Hilfsmittel zur Durchführung der Tätigkeiten müssen bestimmten Sachzwängen - z. B. zeitlicher Dringlichkeit - gerecht werden, dabei jedoch auch wirtschaftlich sein. Für Durchlaufterminierung und Kapazitätsabgleich müssen Programmsysteme entwickelt werden, die von der Kapazitätsdarstellung mittels Belastungsprofil ausgehen. Die kurzfristige Planung, Steuerung und Rückmeldung erfordern in erster Linie die Festlegung zweckentsprechender Abläufe, die die Einbettung der Einzelzelle in das betriebliche Gesamtsystem garantieren müssen.

5.3.4.1.5 Stand der praktischen Anwendung und Beispiele

Der *Stand der Anwendung* Neuer Arbeitsformen wurde durch eine Umfrage ermittelt [5.48]. In dieser Untersuchung sind über eine Fragebogenaktion 20 Werke von sieben deutschen Unternehmen mit insgesamt 3500 Mitarbeitern, die in neuen Arbeitsstrukturen beschäftigt waren, erfaßt worden.

Der Handlungs- und Entscheidungsspielraum der Mitarbeiter in neuen Arbeitsstrukturen wird u. a. auch durch die Größe des vorgegebenen Arbeitsvorrates bestimmt. Wie Bild 5.90 zeigt, besteht in der Montage- und Teilefertigung eine gegenläufige Tendenz. Bei der Teilefertigung ist man bestrebt, den Arbeitsvorrat zu vergrößern, wohingegen der Schwerpunkt bei der Montage auf einem Arbeitsvorrat von einigen Stunden bis maximal einem Tag liegt.

Dies läßt sich für die Teilefertigung durch den Planungsaufwand erklären, der bei einem kleiner werdenden Arbeitsvorrat stark zunimmt. In der Montage hingegen sprechen Gründe der Flexibilität für die Wahl eines kleineren Arbeitsvorrats.

Untersuchungen des Arbeitsumfeldes der Mitarbeiter hinsichtlich der Übernahme von Einrichter-, Prüf- und Kontrollaufgaben und Aufgaben der kurzfristigen Fertigungssteuerung haben ergeben, daß zwischen Teilefertigung und Montage deutliche

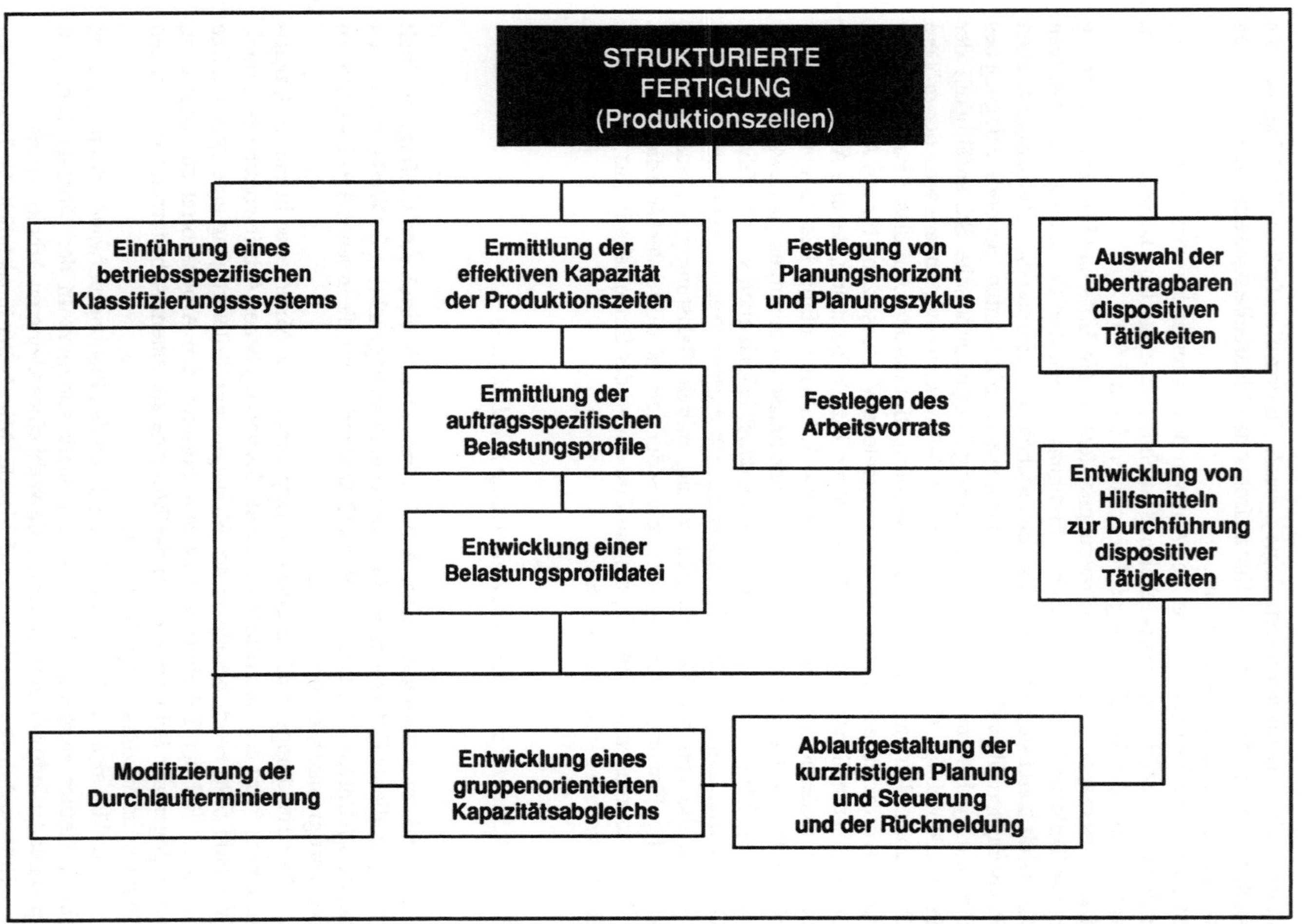

Bild 5.89 Aufgaben bei der Konzeption einer Fertigungssteuerung für neue Arbeitsstrukturen [5.47]

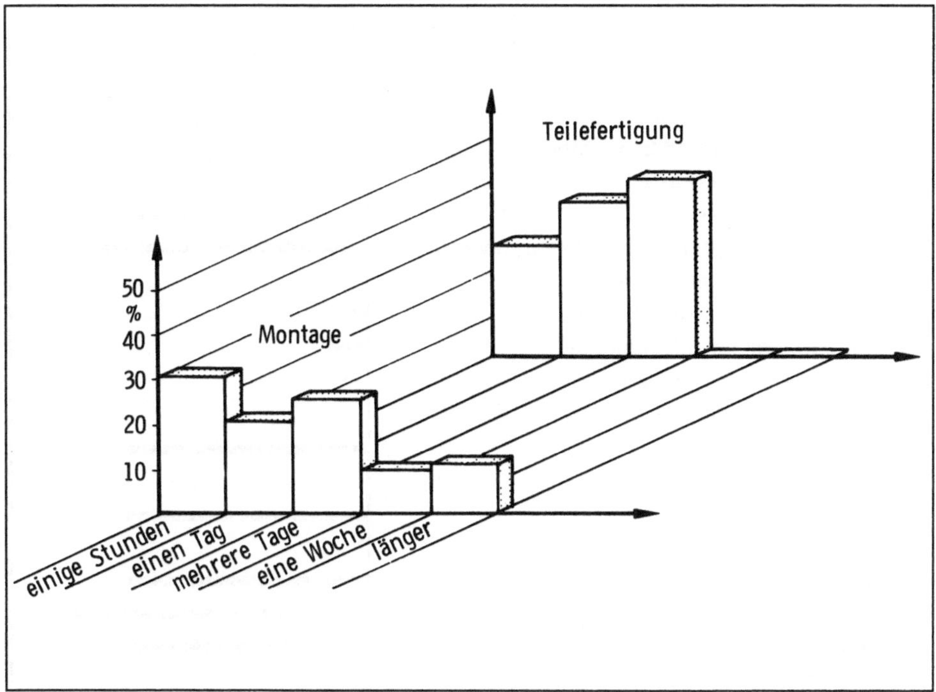

Bild 5.90 Arbeitsvorrat bei Neuen Arbeitstrukturen

Unterschiede bestehen. Während in der Montage zum Arbeitsumfeld der Mitarbeiter vor allem die Aufgabe "Qualität der vorgegebenen Teile verantworten" gehört (Bild 5.91), werden in der Teilefertigung darüber hinaus auch Aufgaben der kurzfristigen Fertigungssteuerung, wie Fertigungsfortschrittskontrolle und Materialbereitstellung, von den Mitarbeitern übernommen (Bild 5.92).

Diese Ergebnisse sowie weitere detaillierte Untersuchungen in speziellen Anwendungsfällen haben ergeben, daß bei der Planung und Einführung der neuen Arbeitsstrukturen die betriebliche Organisation, und hier speziell der Ablauf der Fertigungssteuerung, nicht, oder nur unzureichend berücksichtigt wurden.

Die Produktion in neuen Arbeitsstrukturen und die Handhabung der Systeme hat jedoch gezeigt, daß es zwingend erforderlich ist, die betriebliche Organisation an die geänderten Produktionsbedingungen anzupassen, um die vorgegebenen Zielsetzungen erreichen zu können.

Für die *Fertigungssteuerung in der Teilefertigung* werden im folgenden am Beispiel einer Fertigungszelle die Arbeitsvorratsbildung und die sich daraus ergebenden Maßnahmen für die Anpassung des übergeordneten Planungs- und Steuerungssystems erläutert [5.47].

Durch die Übertragung von Tätigkeiten der kurzfristigen Fertigungssteuerung, z. B. der Arbeitsverteilung, wird in diesem Fall die Auftragsreihenfolge vom Mitarbeiter selbst festgelegt.

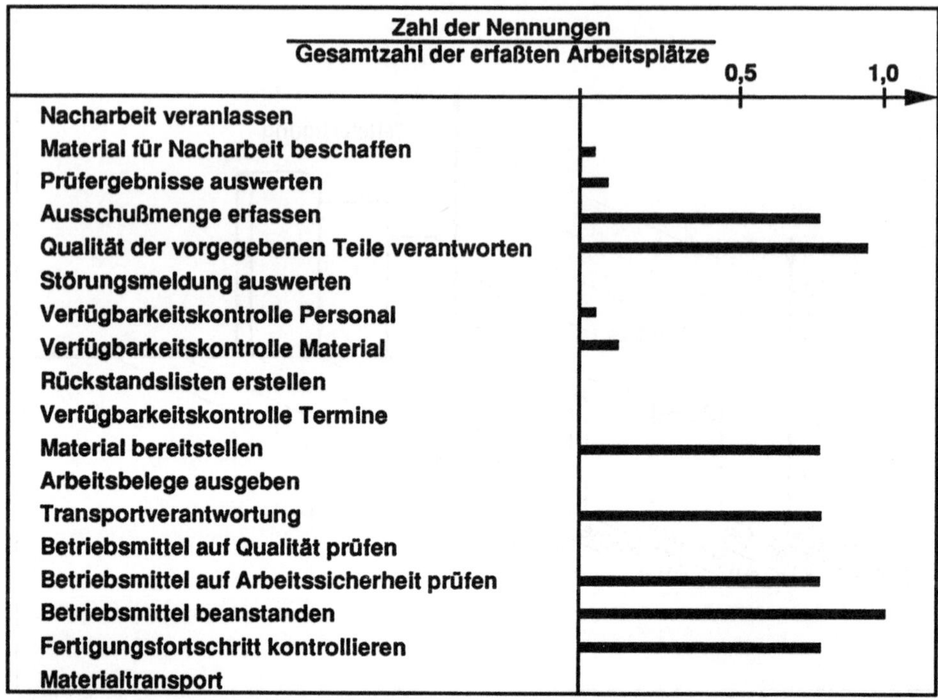

Bild 5.91 Häufigkeitsverteilung von Aufgaben der kurzfristigen Fertigungssteuerung bei flexiblen Arbeitsstrukturen in der Montage

Somit ergibt sich die Möglichkeit, im Rahmen der Fertigungssteuerung auf eine genaue Reihenfolgeplanung zu verzichten, und das starre Termingerüst aus dem kurzfristigen Kapazitätsabgleich kann entfallen. Dem Mitarbeiter wird durch die Vorgabe eines größeren Arbeitsvorrates, der nach wirtschaftlichen Kriterien gebildet wird, ein größerer Handlungsspielraum eingeräumt. In Bild 5.93 ist der prinzipielle Ablauf der Fertigungssteuerung für eine gruppenorientierte Fertigung dargestellt.

Planungsvorgabe für die Fertigungszellen sind hier Arbeitsvorratslisten, die die Fertigungsaufträge für eine Periode enthalten. Innerhalb dieses Zeitraums haben die Mitarbeiter der Gruppe die Möglichkeit, die Reihenfolge einzelner Aufträge selbst zu bestimmen.

Die Fertigungssteuerung muß so angepaßt werden (Bild 5.94), daß die Informationsvorgabe für eine Fertigungszelle, die innerhalb eines gesamtbetrieblich vorgegebenen Mengen- und Termingerüsts selbst plant, steuert und überwacht, den Mitarbeitern einen dispositiven Spielraum gewährleistet und eine aktuelle Beeinflussung der übergeordneten Planung bei Störungen im kurzfristigen Bereich möglich ist [5.49]. In Bild 5.95 ist der Ablauf der Arbeitsvorratsbildung aufgezeigt. Die Arbeitsvorratsbildung beruht dabei auf einer gruppenorientierten Kapazitätsplanung, die sich aus den möglichen Auftragszusammenfassungen und der tatsächlich nutzbaren Kapazität der Fertigungszelle ergibt.

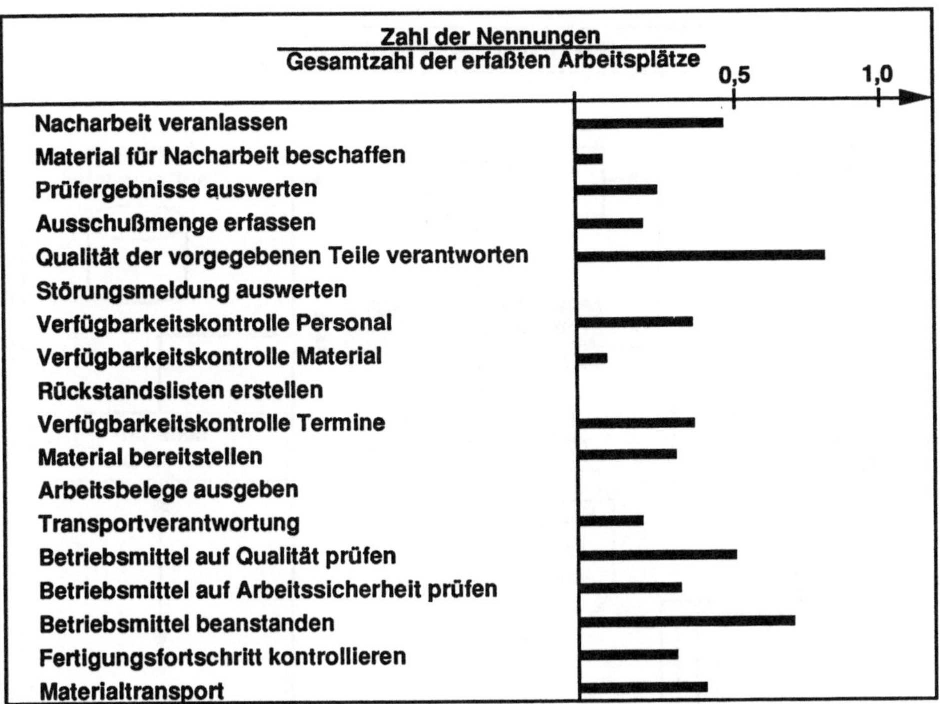

Bild 5.92 Häufigkeitsverteilung von Aufgaben der kurzfristigen Fertigungssteuerung bei flexiblen Arbeitsstrukturen in der Teilefertigung

Aufgabe der *Montagesteuerung* als Teilbereich der Fertigungssteuerung ist es, die termingerechte Montage der im Fertigungsprogramm vorgegebenen Produkte sicherzustellen. Dazu gehört zunächst die terminliche Einplanung der Aufträge in die vorhandenen Montagesysteme unter Berücksichtigung von Lieferterminen und verfügbaren Kapazitäten. Da die Störeinflüsse bezüglich Material und Kapazität in der Montage vielfältiger sind als in der Teilefertigung, kommt der Steuerung und Überwachung der Montageaufträge eine besondere Bedeutung zu. Diese wird noch verstärkt durch die Flexibilitätseigenschaften neuer Arbeitsformen, die kurzfristige Stückzahländerungen und Produkttypenumstellungen zulassen.

Die Anzahl der Endmontagesysteme und der vorgelagerten Baugruppenmontagen sowie die Anzahl der Produkttypen und -varianten bestimmen die Komplexität der Fertigungssteuerung. Die Mitarbeiter sind daher bei der Aufgabendurchführung durch entsprechende Hilfsmittel, z. B. EDV-Programme, zu unterstützen, wobei die Entscheidungsbefugnis des Disponenten erhalten bleiben muß und lediglich Routineaufgaben vom Programmsystem übernommen werden. Diese Unterstützung ermöglicht eine schnelle Einplanung von Aufträgen, auch bei komplexen Montagesystemen, und erhöht die Transparenz des betrieblichen Geschehens. Der Planungsablauf mit dem Programmsystem zur Montagesteuerung MOFAS ist Bild 5.96 zu entnehmen [5.50].

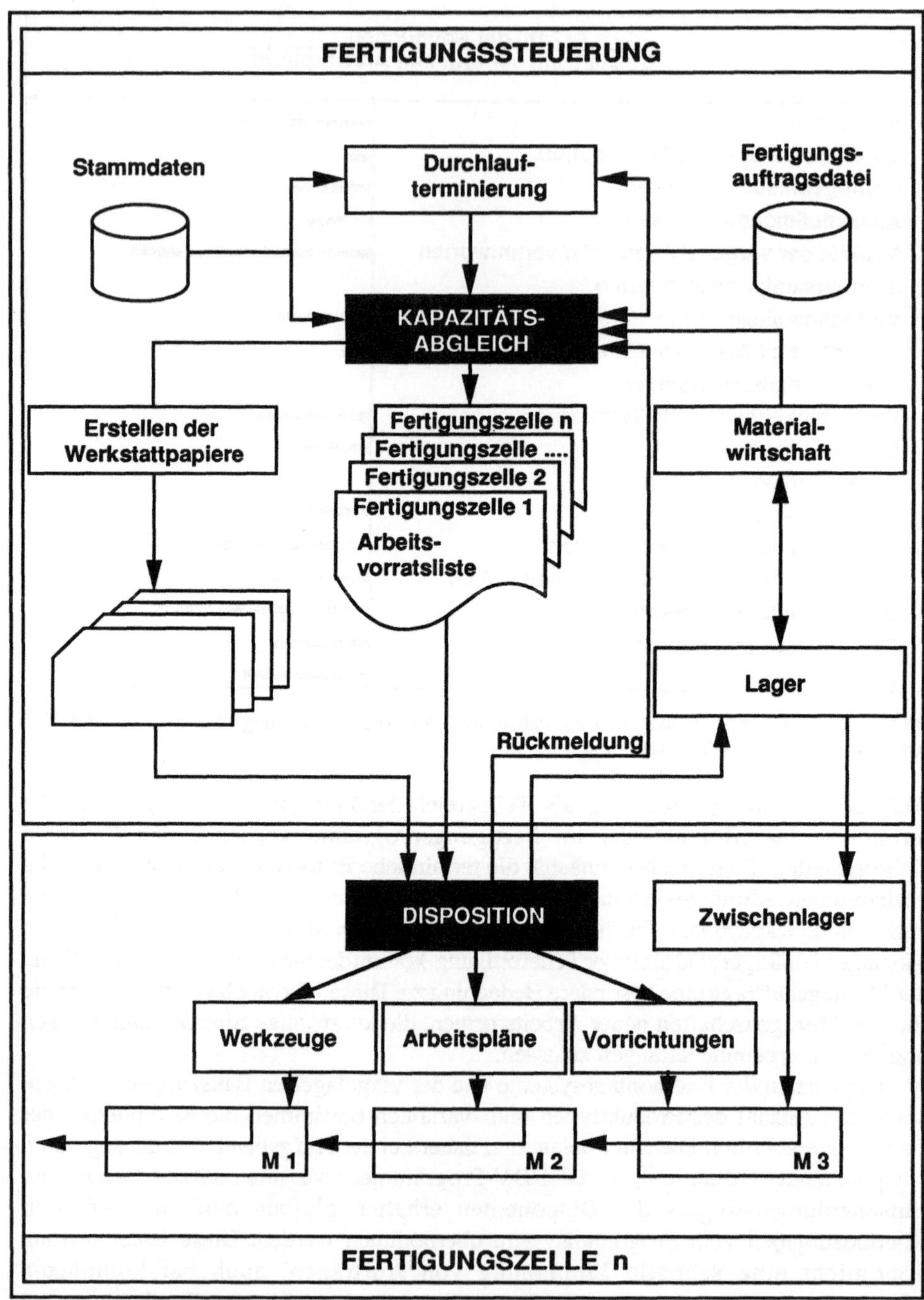

Bild 5.93 Fertigungssteuerung bei gruppenorientierter Fertigung

Im Materialbereich erhöht sich durch die gleichzeitige Steuerung von mehreren Endmontagegruppen der Aufwand, da z. B. für unterschiedliche Varianten die Materialanforderungen, die Materialbereitstellung und der Materialtransport oft gleichzeitig durchgeführt werden müssen.

Auch treten im Gegensatz zu Linienmontagen in neuen Montagesystemen erhöhte Anforderungen beim Materialtransport zwischen Vor- und Endmontage auf. Hierbei ist eine genaue Steuerung der in die Endmontage einfließenden Baugruppen erforderlich.

Im Bereich der Terminplanung wird die Zuteilung der Aufträge auf die Endmontagegruppen für die Disponenten schwieriger, da eventuell eine Splittung von Aufträgen durchzuführen ist, um die Einhaltung der vorgegebenen Liefertermine sicherzustellen. Die Einplanung der Aufträge in die Vormontage und die Abstimmung auf die Endmontage erfordern ebenfalls einen höheren Dispositionsaufwand.

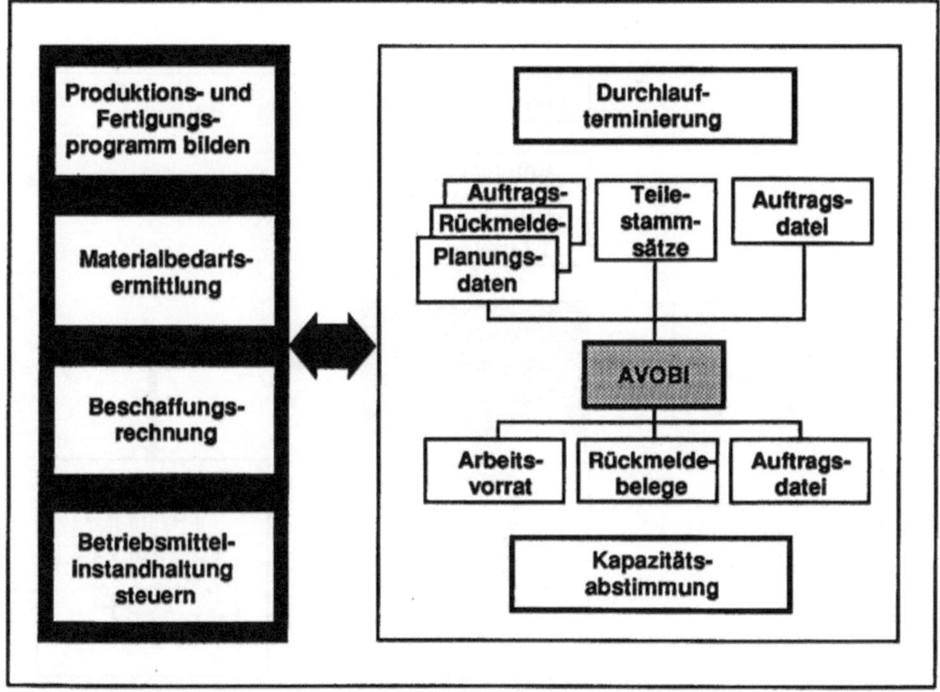

Bild 5.94 Anpassung der Fertigungssteuerung

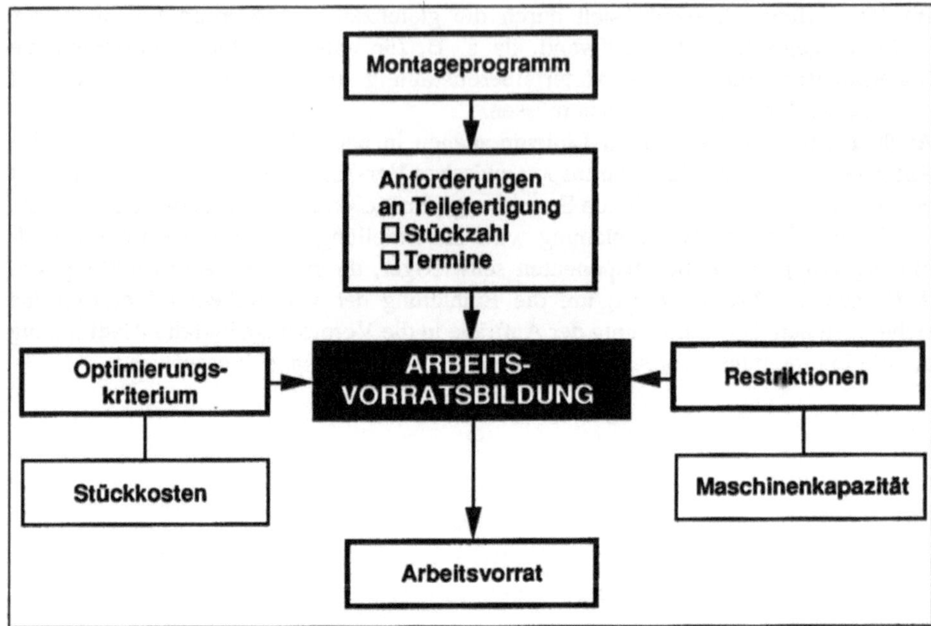

Bild 5.95 Ablauf der Arbeitsvorratsbildung

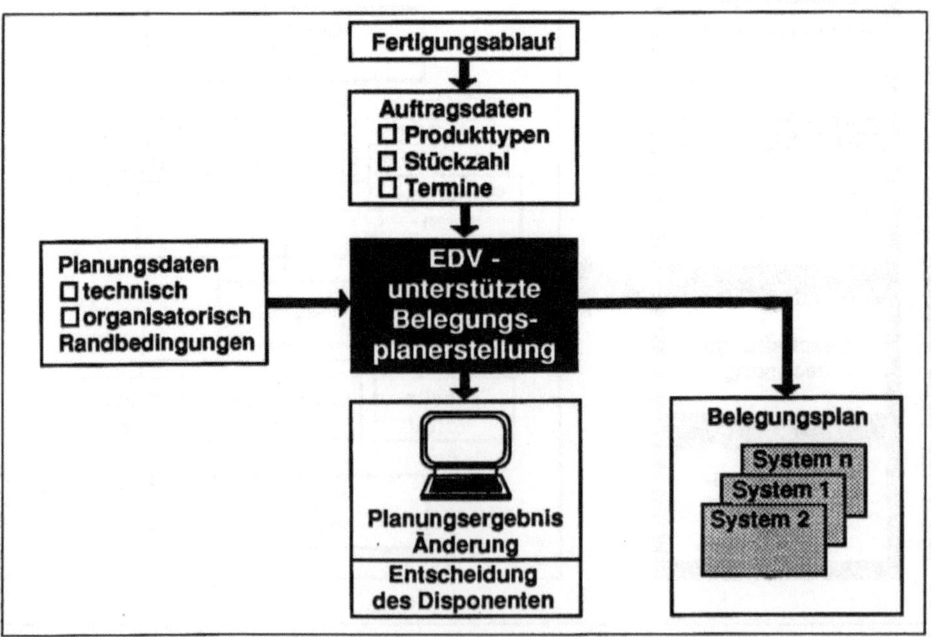

Bild 5.96 Planungsablauf mit dem Programmsystem MOFAS [5.50]

5.3.4.2 Fertigungssteuerung bei flexiblen Fertigungssystemen

5.3.4.2.1 Aufgabenstellung und Problematik

Als flexibles Fertigungssystem (FFS) bezeichnet man ein Produktionsmittel, in dem mehrere Fertigungseinrichtungen über ein gemeinsames Steuer- und Transportsystem so miteinander verknüpft sind, daß eine automatische Fertigung stattfinden kann. Das System muß dabei in der Lage sein, unterschiedliche Fertigungsaufgaben an unterschiedlichen Werkstücken durchzuführen [5.51].

In der Praxis werden flexible Fertigungssysteme überwiegend so konzipiert, daß sich die integrierten Bearbeitungsstationen teilweise ersetzen, d. h., daß zumindest einzelne Arbeitsvorgänge auf mehreren Maschinen durchführbar sind [5.52]. Bild 5.97 zeigt die Konzeption eines flexiblen Fertigungssystems, in dem ein Bearbeitungszentrum die Arbeitsgänge einer Horizontalfräsmaschine und eine Vertikalfräsmaschine teilweise diejenigen einer Bohrmaschine übernehmen kann.

Durch die Automatisierung des Material- und Informationsflusses wird der Mensch zeitlich und örtlich vom Produktionsprozeß entkoppelt [5.53]. Dies verhindert ein Eingreifen des Menschen in den Fertigungsablauf, wo die Möglichkeit, das menschliche Improvisationsvermögen zur endgültigen Bestimmung des Fertigungsablaufs einzusetzen, entfällt. Die Fertigungssteuerung (FST) muß also diesen bei herkömmlichen Fertigungssteuerungssystemen offen gelassenen Spielraum ausfüllen. Es handelt sich hierbei um die Aufgaben der Auftragszusammenstellung, der Maschinenbelegung und der Reihenfolgeplanung. Die Lösung dieser Probleme muß im Hinblick auf die Besonderheiten flexibler Fertigungssysteme erfolgen [5.54, 5.55].

Der automatische Fertigungsablauf erfordert die Erstellung eines Fertigungsprogramms, aus dem das Informationssystem jederzeit den Ort, den Zeitpunkt sowie die Dauer aller geplanten Vorgänge in dem System entnehmen kann. Dies bedeutet, daß die kurzfristige Planung, die organisatorische Steuerung und die Überwachung des Fertigungssystems ebenfalls automatisiert werden müssen. Deshalb ist eine Fertigungssteuerung für flexible Fertigungssysteme ohne EDV-Unterstützung nicht denkbar.

Der Einsatz flexibler Fertigungssysteme ist mit einem sehr hohen Kapitalaufwand verbunden. Infolgedessen läßt sich nur über eine hohe Nutzung der Kapazität eine zufriedenstellende Rentabilität erreichen.

Im flexiblen Fertigungssystem stehen den Aufträgen infolge der räumlichen Begrenzung jedoch nur eine geringe Anzahl Speicherplätze zur Verfügung. Als Folge ergibt sich, daß die Fertigungssteuerung mit einer geringen Anzahl von Aufträgen eine maximale Kapazitätsnutzung herbeiführen muß. Dies ist nur möglich, wenn es gelingt, auch bei hohen Nutzungsgraden kurze Durchlaufzeiten zu erreichen, d. h., das in Abschnitt 5.3.1 diskutierte *Ablaufplanungsdilemma* ist beim flexiblen Fertigungssystem besonders ausgeprägt [5.56].

Für den wirtschaftlichen Betrieb dieser Systeme ist die Flexibilität ein wichtiger Faktor. Sie ergibt sich aus dem Grad der gegenseitigen Ersetzbarkeit der integrierten

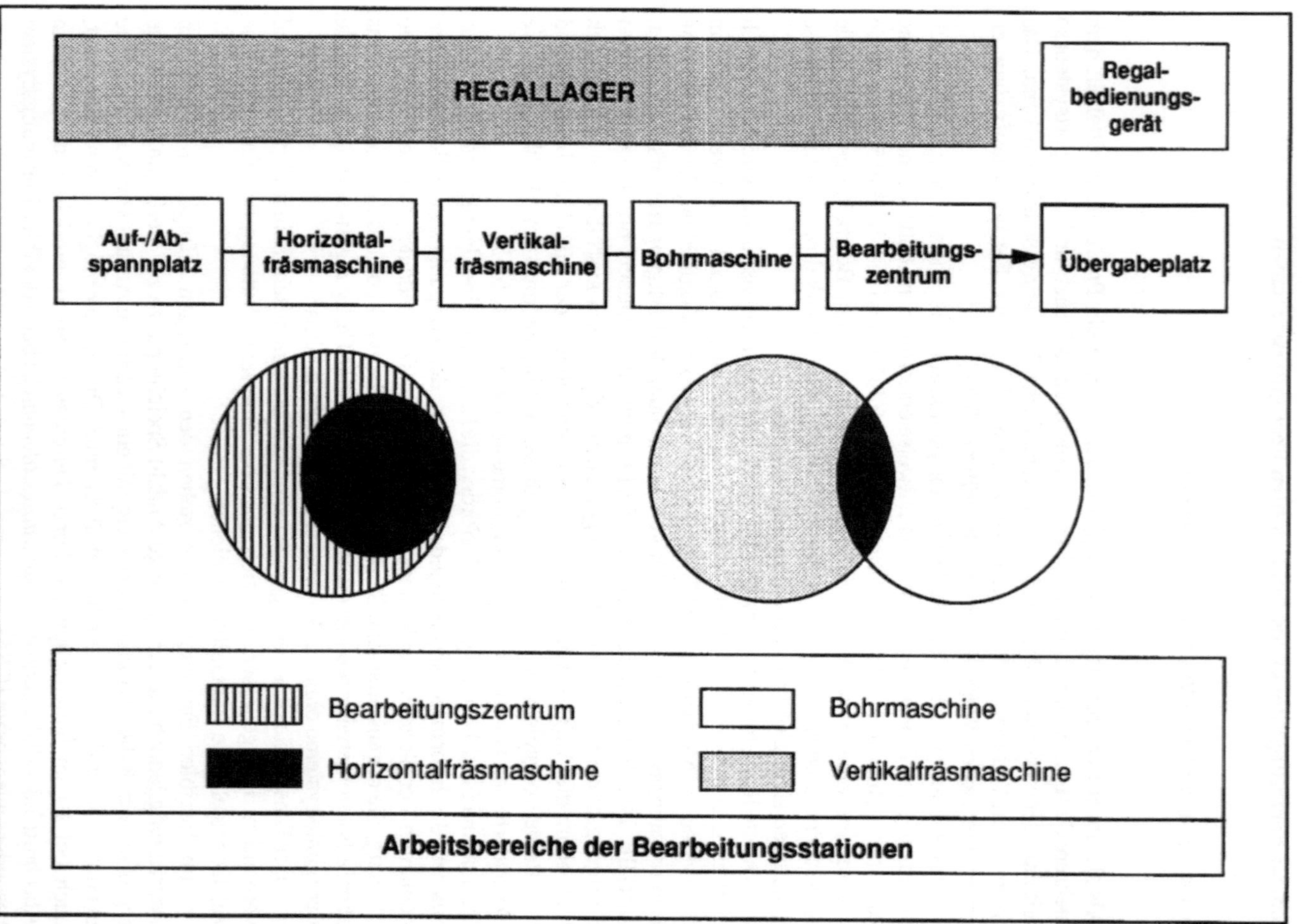

Bild 5.97 Flexibles Fertigungssystem mit sich ergänzenden und teilweise ersetzenden Bearbeitungsstationen

Bearbeitungsstationen. Hieraus resultiert die Forderung, daß die Fertigungssteuerung die dadurch möglichen Fertigungsalternativen berücksichtigt, um das vorhandene technische Potential des Fertigungssystems optimal auszunützen. Da das Fertigungssystem automatisch arbeitet, müssen die vorhandenen Fertigungsalternativen schon beim Erstellen des Fertigungsprogramms, also in der Planungsphase, berücksichtigt werden. Deshalb nennt man diese Fertigungsalternative die *"planerischen Freiheitsgrade"* der Fertigungssteuerung. Die planerischen Freiheitsgrade der Fertigungssteuerung ergeben sich, wie Bild 5.98 zeigt, aus alternativen Zuordnungsmöglichkeiten von Arbeitsvorgängen zu Maschinen und Terminen. Hieraus lassen sich die Freiheitsgrade

- Ausweichmaschinen,
- Ausweicharbeitsvorgänge und
- alternative Arbeitsvorgangsfolgen

ableiten.

Diese Freiheitsgrade sind teilweise vom Systemaufbau abhängig (Ausweichmaschinen, Ausweicharbeitsvorgänge), teilweise werden sie von der Technologie der Werkstücke bestimmt (Ausweicharbeitsvorgänge, alternative Arbeitsvorgangsfolgen).

Bild 5.98 Planerische Freiheitsgrade der Fertigungssteuerung

Aus Bild 5.99 sind die charakteristischen Planungsmerkmale der Fertigungssteuerung bei flexiblen Fertigungssystemen zu entnehmen. Es zeigt, daß das Ausnützen der planerischen Freiheitsgrade die Fertigungssteuerung bei der Bewältigung des Ablaufplanungsdilemmas unterstützt.

5.3.4.2.2 Konzeption der Fertigungssteuerung

Die Erstellung des Fertigungsprogramms macht es zunächst erforderlich, das zu bearbeitende Auftragsvolumen zu bestimmen. In einem zweiten Schritt, der Arbeitsvorgangsterminierung, sind die Arbeitsvorgänge dieses Auftragsvolumens zu terminieren, d. h., es sind sowohl deren Ausführungstermine zu bestimmen als auch die hierfür geeigneten Bearbeitungsstationen festzulegen.

- Die Bestimmung des Auftragsvolumens:
Allgemein wird das abzuarbeitende Auftragsvolumen durch einen Vergleich der vorhandenen Kapazität mit der geforderten Kapazität bestimmt (Kapazitätsterminierung). Die Notwendigkeit, in die Erstellung des Fertigungsprogramms die planerischen Freiheitsgrade einzubeziehen, verhindert die Anwendung des heute üblichen maschinenbezogenen Kapazitätsabgleichs. Dieser würde den örtlichen Auftragsdurchlauf schon sehr früh fixieren und damit der Reihenfolgeplanung die Möglichkeit des Ausweichens auf eine alternative Bearbeitungsstation nehmen.

Vergleicht man dagegen die im Fertigungssystem vorhandene funktionale Kapazität, unabhängig davon, von welchem Fertigungsmittel diese angeboten wird, mit den vom Auftragsvolumen geforderten Bearbeitungsfunktionen, so bietet dies folgende, wichtige Vorteile:

- Die Anzahl der einzuplanenden Aufträge wird auf das vom Kapazitätsangebot bestimmte Minimum beschränkt.
- Der Arbeitsvorgangsterminierung stehen die planerischen Freiheitsgrade für eine flexible Maschinenbelegung zur Verfügung.

Im funktionalen Kapazitätsabgleich wird der tägliche Kapazitätsbedarf pro Arbeitsvorgang ("Belastungsprofil") der vom flexiblen Fertigungssystem angebotenen Bearbeitungskapazität ("Kapazitätsprofil") mit dem Ziel gegenübergestellt, eine maximale Auslastung des Systems durch Vorgabe eines abgeglichenen Auftragsvolumens zu erreichen [5.57].

Aus Bild 5.100 ist das Prinzip des funktionalen Kapazitätsabgleichs ersichtlich. Die Obergrenze bzw. Untergrenze des Kapazitätsprofils ergibt sich aus der maximalen bzw. minimalen Verfügbarkeit jeder Bearbeitungsfunktion bzw. Funktionskombination. Funktionskombinationen treten immer dann auf, wenn das Fertigungssystem zumindest teilweise aus sich ersetzenden Bearbeitungsstationen aufgebaut ist.

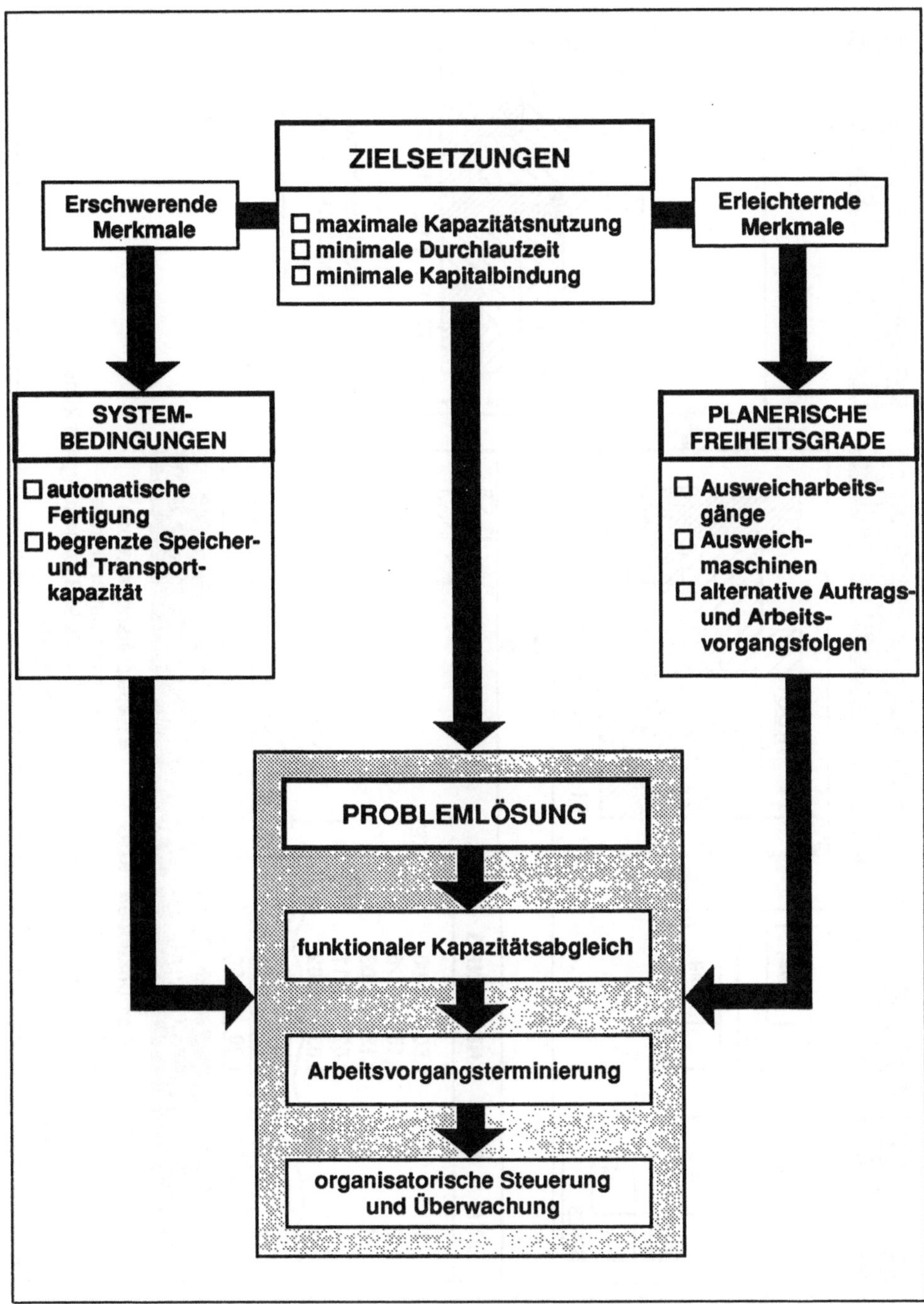

Bild 5.99 Charakteristische Planungsmerkmale der Fertigungssteuerung bei flexiblen Fertigungssystemen

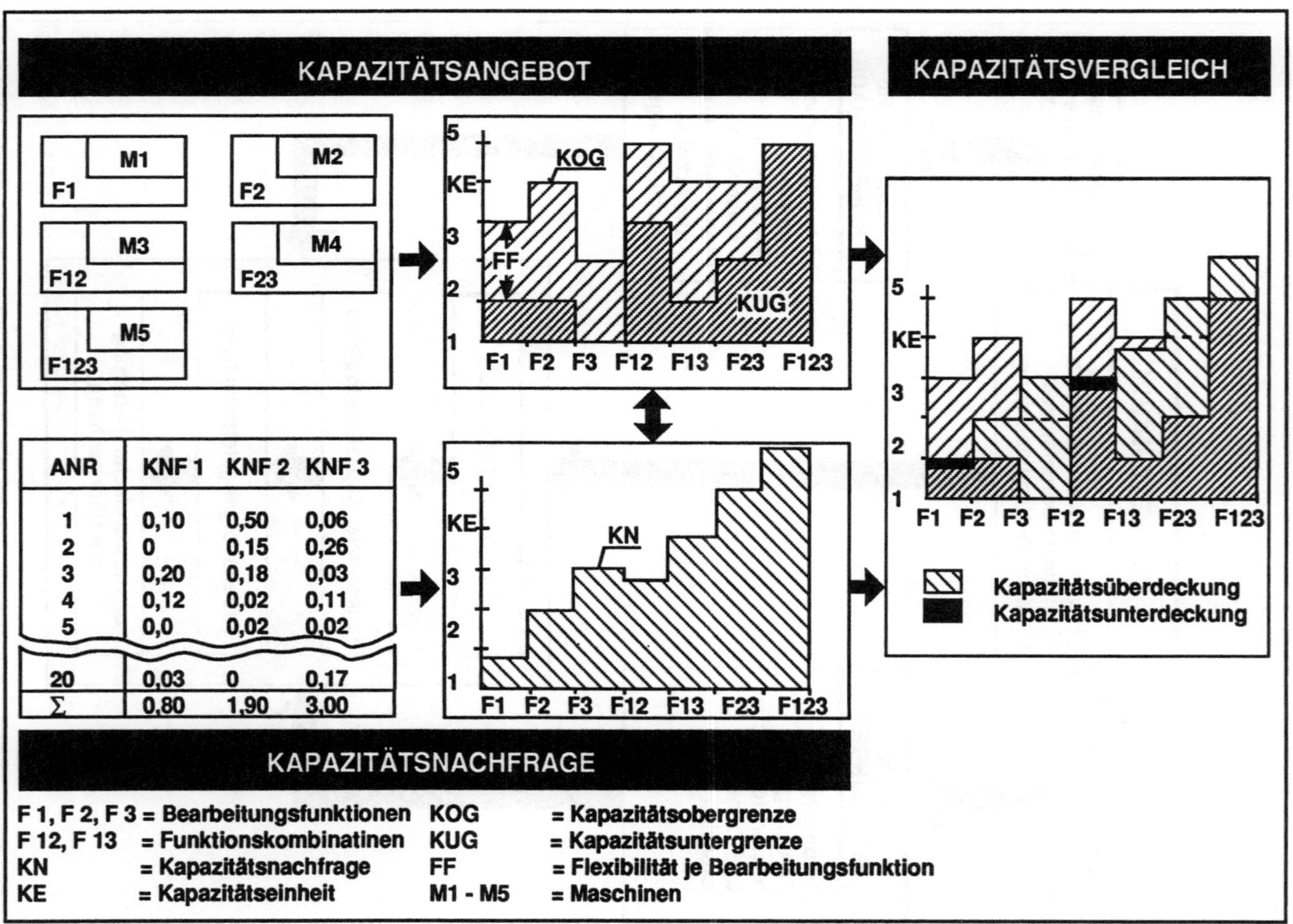

ANR	KNF 1	KNF 2	KNF 3
1	0,10	0,50	0,06
2	0	0,15	0,26
3	0,20	0,18	0,03
4	0,12	0,02	0,11
5	0,0	0,02	0,02
20	0,03	0	0,17
Σ	0,80	1,90	3,00

Bild 5.100 Prinzip des funktionalen Kapazitätsabgleichs [5.57]

Sie sind Voraussetzung für einen funktionalen Kapazitätsabgleich. Hieraus ist ersichtlich, daß die Möglichkeiten der flexiblen Maschinenbelegung in erster Linie von der Aufbaustruktur des flexiblen Fertigungssystems begrenzt werden. Das Auftragsvolumen muß nun so abgeglichen werden, daß sich die Kapazitätsanforderungen für jede Bearbeitungsfunktion zwischen der Ober- und Untergrenze des Kapazitätsprofils bewegt. Ein Unterschreiten der unteren Grenze führt zu Stillstandszeiten aufgrund von Arbeitsmangel. Bearbeitungsfunktionen, deren Kapazitätsbedarf die Obergrenze des entsprechenden Kapazitätsprofils überschreitet, können dagegen nicht vollständig abgearbeitet werden.

Als Ergebnis des funktionalen Kapazitätsabgleichs erhält man sowohl die Anzahl als auch die Art der abzuarbeitenden Aufträge. Die Arbeitsvorgänge dieses Auftragsspektrums sind im anschließenden Planungsschritt, der Arbeitsvorgangsterminierung, zeitlich und örtlich exakt einzuplanen.

- Arbeitsvorgangsterminierung:
Die Aufgabe der Arbeitsvorgangsterminierung ist es, die Auftragsfolge der Maschinen so festzulegen, daß die eingangs erwähnten Ziele erfüllt werden.

Bei der Lösung dieses Problems steht man häufig folgender Konfliktsituation gegenüber:
Aufgrund des zeitlichen Fertigungsablaufs kann es sich ergeben, daß zur gleichen Zeit mehrere Aufträge auf derselben Maschine bearbeitet werden müßten.
Dies ist im allgemeinen nicht durchführbar. Der Konflikt kann jedoch grundsätzlich durch einen zeitlichen und örtlichen Kapazitätsabgleich gelöst werden.
Wegen des geringen Planungshorizonts sind dem zeitlichen Abgleich enge Grenzen gesetzt, da hier Terminverzögerungen meist unvermeidlich werden.

Weiterhin führt der zeitliche Abgleich zu langen Wartezeiten derjenigen Aufträge, die in der Warteschlange nach hinten verschoben werden. Dadurch wird die Erreichung des Ziels "kurze Durchlaufzeit" gefährdet. Der zeitliche Kapazitätsabgleich ist somit für die Arbeitsvorgangsterminierung nur beschränkt geeignet und soll deshalb nur dann angewandt werden, wenn die oben beschriebene Engpaßsituation nicht anders abzubauen ist.
Der örtliche Kapazitätsabgleich bietet dagegen den Vorteil, daß geringere Wartezeiten für die Aufträge entstehen. Dies ist dadurch zu erklären, daß bei der beschriebenen Konfliktsituation auf andere Maschinen ausgewichen wird. Dadurch ergibt sich die Möglichkeit, die anstehenden Aufträge verzögerungsfrei abzuarbeiten.

Voraussetzung hierfür ist jedoch, daß im Verlauf einer Planungsrechnung Informationen über eventuell vorhandene Fertigungsalternativen verfügbar sind.

Deshalb sind die Arbeitspläne, in denen der technologische Fertigungsablauf eines Werkstücks beschrieben ist, so zu gestalten, daß aus ihnen sämtliche vorhandenen Ausweicharbeitsvorgänge und alternative Arbeitsvorgangsfolgen ersichtlich sind. Derartige Arbeitspläne stellen ein Abbild der Arbeitsgangstruktur eines Werkstücks dar und werden deshalb als Strukturarbeitspläne bezeichnet [5.58].

Bild 5.101 zeigt das Prinzip der Strukturarbeitsplätze anhand der Arbeitsgangstruktur eines einfachen Modellwerkstücks. Die im Bild dargestellte Arbeitsgangstrukturdatei ist

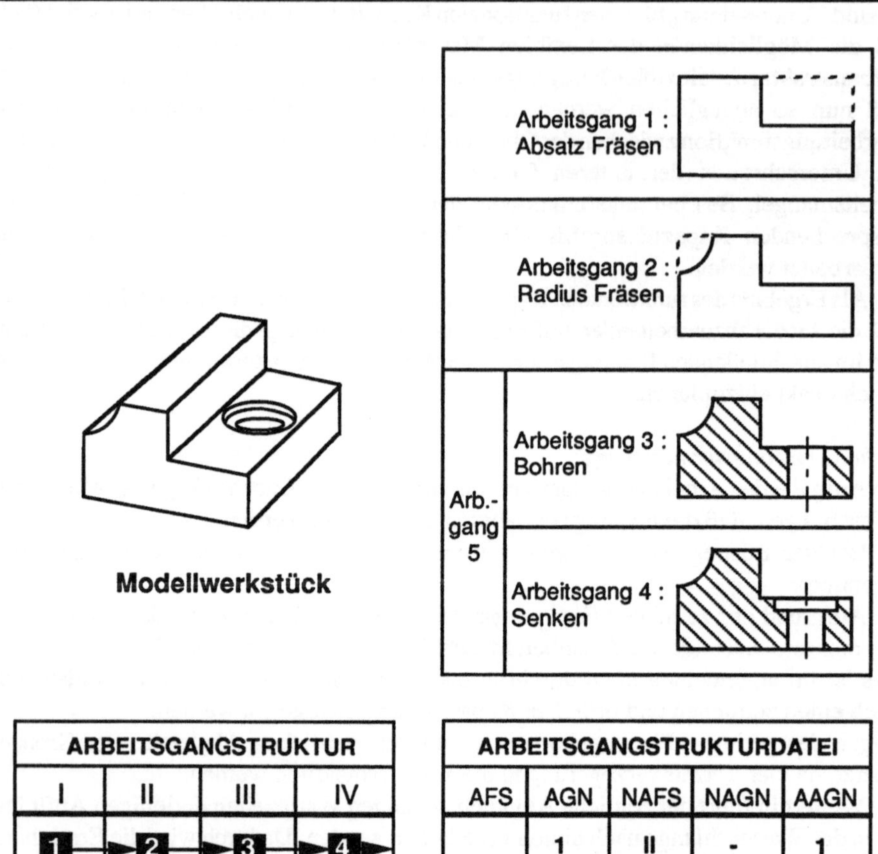

ARBEITSGANGSTRUKTURDATEI

AFS	AGN	NAFS	NAGN	AAGN
I	1	II	-	1
	2	II	2	-
II	2	III	-	2
	3	III	-	3
	1	III	-	2
	5	IV	2	-
III	3	IV	4	-
	2	IV	4	-
	5	%	%	-
	4	IV	2	-
IV	4	%	%	-
	2	%	%	-

I - IV : Arbeitsfortschrittsstufe (AFS)
1- 5   : Arbeitsgangnummer (AGN)

NAFS : Nächste Arbeitsfortschrittsstufe
NAGN : Nächster Arbeitsgang
AAGN : Ausgeschlossener Arbeitsgang

Bild 5.101 Arbeitsgangsstruktur eines Modellwerkstücks

eine EDV-gerechte Darstellung des Strukturarbeitsplans. Es ist ersichtlich, daß sich der Strukturarbeitsplan aus Arbeitsfortschrittsstufen zusammensetzt. In ihnen sind für jeden vorgesehenen Arbeitsvorgang Ausweicharbeitsvorgänge aufgeführt. Arbeitsvorgänge, die in ihrer Reihenfolge vertauscht werden können (Alternativarbeitsvorgangsfolgen), werden in mehreren Arbeitsfortschrittsstufen aufgeführt. Im Beispiel wird dies durch die Arbeitsgänge 2 und 3 verdeutlicht. Die Aufgabe der Arbeitsvorgangsterminierung besteht nun darin, diejenigen Fertigungsalternativen auszuwählen, die in Abhängigkeit vom Systemzustand den besten Beitrag zur Zielerfüllung leisten.

Als Ergebnis der Arbeitsvorgangsterminierung werden für jede Maschine die Auftragsfolge und für jeden Auftrag die Maschinenfolge ausgewiesen. Beide Ergebnisse sind Grundlagen für die organisatorische Steuerung und Überwachung des Fertigungssystems.

- Organisatorische Steuerung und Überwachung des Fertigungssystems:
Der steuernde Anteil der Fertigungssteuerung hat zur Aufgabe, die geplanten Vorgänge im Fertigungssystem zu initialisieren. Dies geschieht durch den steuernden Informationsfluß, der die ermittelten Soll-Werte dem Fertigungssystem mitteilt und dadurch die Bearbeitung der Aufträge anstößt.

Hierzu ist es notwendig, den Maschinen mitzuteilen, welche Bearbeitungsaufgaben durchzuführen sind. Diese Informationen lassen sich aus dem Teilergebnis "Auftragsfolge je Maschine" ableiten.

Im Gegensatz zu konventionellen Fertigungsabläufen erfordern flexible Fertigungssysteme auch die automatische Steuerung des Transportsystems. Dies bedeutet, daß aus dem planerischen Teilergebnis "Maschinenfolge je Auftrag" Transportbefehle abgeleitet werden müssen. Diese geben dem Transportsystem vor, welcher Auftrag welcher Bearbeitungsstation zugeführt werden muß. Ist die "Zielmaschine" nicht in der Lage, den vorgesehenen Auftrag aufzunehmen, so muß dieser zwischengespeichert werden, bis die "Zielmaschine" wieder aufnahmebereit ist. Das organisatorische Steuerungssystem muß also bei flexiblen Fertigungssystemen auch einfache dispositive Aufgaben übernehmen können.

Da in flexiblen Fertigungssystemen eine 100%ige Systemverfügbarkeit aus wirtschaftlichen Gründen nicht vertretbar ist, muß das System ständig überwacht werden. Durch den Einbau von Redundanzen ist zwar eine Verfügbarkeit von annähernd 100 % realisierbar, jedoch muß eine enorm hohe Kostensteigerung in Kauf genommen werden, so daß ein wirtschaftlicher Betrieb nicht mehr möglich ist.

Die Überwachung betrifft sowohl den technischen als auch den organisatorischen Bereich. Im organisatorischen Bereich bezieht sie sich in erster Linie auf die Fertigungsfortschrittskontrolle, die Auskunft über den Bearbeitungsstatus (unbearbeitet, angearbeitet, fertigbearbeitet) der Aufträge, sowie deren Aufenthaltsort gibt. Diese Informationen werden mit Hilfe spezieller Betriebsdatenerfassungssysteme ermittelt, die die im Fertigungssystem anfallenden Ursprungsdaten aufnehmen. Vergleicht man diese "Ist-Daten" mit den vorgegebenen "Soll-Werten", so läßt sich erkennen, ob das Fertigungssystem planmäßig arbeitet. Abweichungen deuten auf Störungen im Fertigungsablauf hin.

Der automatische Fertigungsablauf verhindert eine manuelle oder auch teilmaschinelle Datenerfassung und Rückmeldung, wie dies bei konventionellen Fertigungen möglich ist (z. B. Tastaturterminals, Nutzungsschreiber). Diese Geräte müssen in flexiblen Fertigungssystemen durch automatisch arbeitende Geber ersetzt werden.

5.3.4.2.3 Praktische Anwendung

Flexible Fertigungssysteme werden in der Teilefertigung bei der Bearbeitung kleiner bis mittlerer, häufig wechselnder Serien eingesetzt. Im Maschinenbau betrifft dies vor allem die Sondermaschinen sowie die Ersatzteilfertigung. Außerdem werden flexible Fertigungssysteme zunehmend in Branchen mit ausgeprägter Großserienfertigung beim Anlauf neuer Serien, den sogenannten "Nullserien", eingesetzt. Eine Übersicht über die derzeit bekannten flexiblen Fertigungssysteme und deren Anwendung ist in [5.59] wiedergegeben.

Der zunehmende Anteil der Klein- und Mittelserien in der Teilefertigung aufgrund eines geänderten Marktverhaltens sowie die heute schon sehr hohen Personalkosten im Bereich der Klein- und Mittelserienfertigung machen eine Erhöhung des Automatisierungsgrades zur Steigerung der Produktivität notwendig. Eine Möglichkeit hierzu bietet der verstärkte Einsatz flexibler Fertigungssysteme.

Ein Hinderungsgrund für die Einführung flexibler Fertigungssysteme ist bisher, wie bereits erwähnt, unter anderem die hohe Störanfälligkeit, vor allem im Bereich der Informationsverarbeitung. Der störungsfreie Ablauf der Informationsverarbeitung ist jedoch Grundvoraussetzung für den Betrieb hochautomatisierter Fertigungsanlagen.

Der derzeit stattfindende Umbruch auf den Gebieten der Steuerungstechnik und Datenverarbeitung, bedingt durch die rasch fortschreitende Entwicklung der Mikroelektronik, trägt zur Lösung der Probleme bei. Die zunehmende Integration der Bauelemente und die sinkenden Hardwarekosten führen zu einer höheren Automatisierung des Informationsflusses. Dies wirkt sich beispielsweise in einer Verbesserung der Betriebsdatenerfassungseinrichtungen an den Maschinen oder in einer automatisierten Meßdatenverarbeitung aus.

5.3.5 Entwicklungstendenzen

In dem Maße, in dem die Notwendigkeit von flexiblen Arbeitsstrukturen erkannt und in den Teilbereichen Teilefertigung und Montage derartige Strukturen realisiert wurden (vgl. Kap. 6), in dem Maße sind auch die Anforderungen nach mehr Flexibilität im Bereich der Fertigungssteuerung gewachsen. Da die Mehrzahl der Aufgaben der Fertigungssteuerung ohne EDV-Anlagen nicht sinnvoll und wirtschaftlich durchzuführen ist [5.42], läßt sich der Wandel anhand der Entwicklung der industriellen Datenverarbeitung aufzeigen (Bild 5.102).

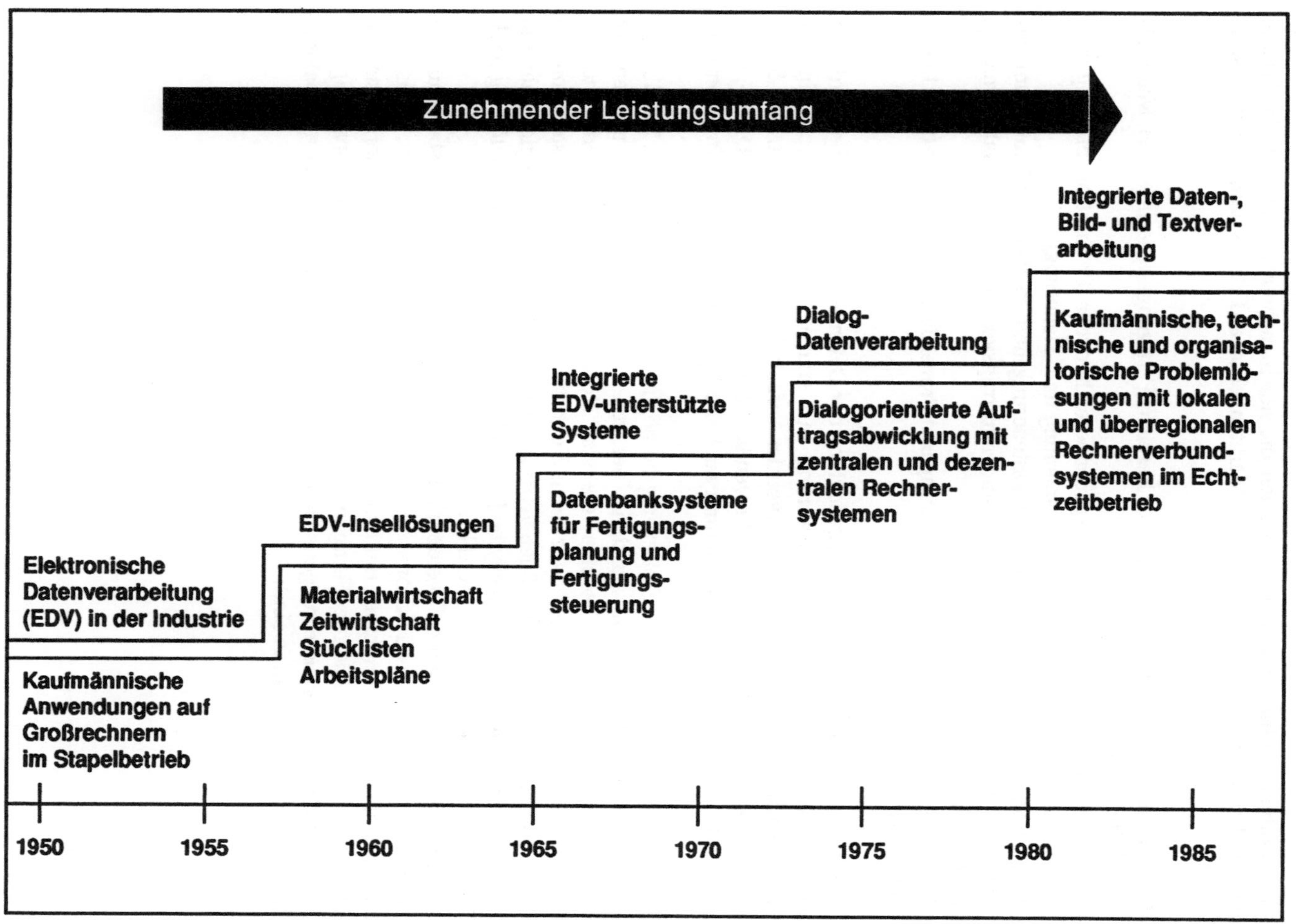

Bild 5.102 Entwicklungstendenzen in der industriellen Datenverarbeitung

Hierzu zählen die Integrationsbestrebungen, die sich in mehrere Stufen einteilen lassen, die sich aber nicht auf der ganze Breite des Marktangebots an PPS-Systemen durchgesetzt haben:

- Integration von Aufgaben innerhalb des Bereichs Fertigungssteuerung (z.B. Material- und Zeitwirtschaft)
- Integration von verschiedenen Aufgabenbereichen der Produktionsplanung und Produktionssteuerung (z. B. Fertigungsplanung und -steuerung)
- Integration von Aufgaben der Fertigungssteuerung und solchen aus kaufmännisch-administrativen Bereichen (z. B. Kundenauftragsverwaltung, Lohnabrechnung, Fakturierung)
- direkte Kopplung von Fertigungssteuerung und Prozeßdatenverarbeitung (z. B. DNC-Fertigung).

Ein weiterer Trend, der durch die Entwicklung der Datentechnik begünstigt wurde, ist die Abkehr von der Stapelverarbeitung mit starren Planungszyklen hin zur Datenverarbeitung im Dialog, soweit es von der Aufgabe her sinnvoll ist (vgl. Bild 5.76).

Noch am Anfang der praktischen Anwendung steht die Integration der Daten-, Bild- und Textverarbeitung, zu der in Zukunft auch die Sprachverarbeitung hinzukommen wird.

Während früher als primäre Zielsetzung die möglichst hohe Auslastung der installierten Kapazitäten im Vordergrund stand, ist der zunehmende Trend zu Strategien der Fertigungssteuerung zu beobachten, die eine Reduzierung der Bestände und der Durchlaufzeiten im Fertigungsbereich zum Ziel haben. Dadurch soll in erster Linie die Kapitalbindung im Umlaufvermögen verringert werden. Zu diesen Strategien zählt die belastungsorientierte Auftragsfreigabe [5.61] ebenso wie die Auftragsauslösung nach dem aus Japan übernommenen KANBAN-Prinzip.

Durch die "Neuen Medien" werden sich in Zukunft die Kommunikationsbeziehungen zwischen mehreren Produktionsbetrieben eines Unternehmens bzw. zwischen unterschiedlichen Unternehmen mit Kunden-Zulieferer-Beziehungen anders gestalten. Dies geht bis in den Bereich der Fertigungssteuerung hinein. Dabei ist es notwendig, daß die entsprechenden Voraussetzungen seitens der Infrastruktur (z. B. Glasfaserverkabelung, Bildschirmtext) geschaffen sind.

5.4 Wiederholungsfragen

1. Beschreiben Sie die Ablaufschritte und Hilfsmittel einer systematischen Arbeitsplanerstellung!

2. Aus welchen Zeitanteilen setzt sich die Auftragszeit zusammen?

3. Für welche Methode der Arbeitsplanung werden überwiegend Entscheidungstabellensysteme eingesetzt?

4. Skizzieren Sie den prinzipiellen Aufbau von NC-Programmen.

5. Wie gliedern sich die Methoden zur NC-Programmierung?

6. Beschreiben Sie den Ablauf der manuellen Erstellung von NC-Programmen.

7. Skizzieren Sie den prinzipiellen Aufbau einer Entscheidungstabelle!

8. Welche Ziele werden im Bereich Materialwirtschaft verfolgt?

9. Wie läßt sich der Materialbedarf untergliedern?

10. Welche Zeitanteile der Durchlaufzeit lassen sich durch Maßnahmen der Fertigungssteuerung beeinflussen?

11. Welche Einflußgrößen wirken sich auf die effektiv verplanbare Kapazität aus?

12. Welche Aufgaben hat die kurzfristige Fertigungssteuerung?

13. Welche Unternehmensbereiche sind auf die Betriebsdatenerfassung angewiesen?

14. Welche Verfahren der Bedarfsermittlung würden Sie für die Prognose von C-Teilen einsetzen?

15. Welche Maßnahmen zur Durchlaufzeitverkürzung sind kurzfristig einsetzbar?

5.5 Literaturhinweise

5.1   AWF: Begriffserklärungen Fertigungsplanung - Fertigungssteuerung. Mitt. d. Aussch. f. wirtschaftliche Fertigung e. V. 35 (1960) Nr. 9.

5.2   VDI: Elektronische Datenverarbeitung bei der Produktionsplanung und -steuerung II. Fertigungsterminplanung und -steuerung. T 23. Düsseldorf: VDI-Verlag 1974.

5.3   AWF/REFA: Handbuch der Arbeitsvorbereitung. Berlin, Köln, Frankfurt/M.: Beuth Vertrieb 1969.

5.4   Hahn, R.; Kunerth, W.; Roschmann, K.: Fertigungssteuerung mit elektronischer Datenverarbeitung. 3. Auflage. Berlin, Köln, Frankfurt/M.: Beuth Vertrieb 1973.

5.5   Hirschbach, O.; Hoheisel, W.: Rationalisierung der Arbeitsplanung durch Einsatz der EDV. Die Arbeitsvorbereitung 15 (1978) H. 2, S. 47 - 50.

5.6   Hoheisel, W.: Relativ-Kosten. Unveröffentlichter Untersuchungsbericht. Stuttgart: Fraunhofer-Institut für Produktionstechnik und Automatisierung 1978.

5.7   VDI: Elektronische Datenverarbeitung bei der Produktionsplanung und -steuerung VI. Begriffszusammenhänge, Begriffsdefinitionen. T 77. Düsseldorf: VDI-Verlag 1976.

5.8   Brankamp, K.: Handbuch der modernen Fertigung und Montage. München: Verlag Moderne Industrie 1973.

5.9   Stöferle, Th. u.a.: Bedeutung der Fertigungstechnik. Werkstatt und Betrieb 106 (1973) Nr. 6, S. 377 - 381.

5.10 REFA: Methodenlehre des Arbeitsstudiums. Methodenlehre der Planung und Steuerung. München: Carl Hanser Verlag 1972/75.

5.11 Bullinger, H.-J.; Korndörfer, V.: Mensch und Arbeit. Unterlagen zur gleichnamigen Vorlesung an der Universität Stuttgart. Stuttgart: Institut für industrielle Fertigung und Fabrikbetrieb 1978.

5.12 MTM: MTM-Handbuch I. MTM-1 Grundlehrgang. Hamburg: Deutsche MTM-Vereinigung e.V. 1977.

5.13 Busch, E.: Systematische Leistungszulagenfindung bei Zeitlöhnern. REFA-Nachrichten 26 (1973) H. 1, S. 3 - 14.

5.14 REFA: Methodenlehre der Planung und Steuerung, Teil 3. München: Carl Hanser Verlag 1985.

5.15 Hebbeler, M.: Standardisierung von Ablauf und Zeitplanung. Verlag TÜV Rheinland GmbH, Köln 1989

5.16 Olbrich, W.: Arbeitsplanerstellung unter Einsatz elektronischer Datenverarbeitungsanlagen. Dr.-Ing. Dissertation. Aachen: Technische Hochschule 1970.

5.17 Hüllenkremer, M.: Wie Entscheidungstabellen die Arbeitsplanerstellung erleichtern. In: Neue Aufgaben der Fertigungsvorbereitung, MIC-Tagung, München, 24. und 25. März 1988

5.18 Warnecke, H.J.; Mayer, Ch.; Muthsam, H.: New Tools in CAPP. In: CIRP: International Workshop on Computer Aided Process Planning (CAPP), Universität Hannover, 21-22. September 1989, Hannover, 1989, S. 169-180.

5.19 Nitzsche, M.; Pfennig, V.: Einsatz von CNC - Werkzeugmaschinen. Organisation, Arbeitsteilung, Qualifikation. Verlag TÜV Rheinland Köln, 1988.

5.20 Kief, H.B.: NC/CNC Handbuch 1988. NC-Handbuch-Verlag, Michelstadt, 1988.

5.21 Vollmer, H.;Witte, H.: NC - Organisation für Produktionsbetriebe. Leitfaden für die Integration numerisch gesteuerter Werkzeugmaschinen in Produktionsbetrieben. REFA, Verband für Arbeitsstudien und Betriebsorganisation e.V., Carl Hanser Verlag München, 1985.

5.22 Gaber, H.:Grundlagen und Entwicklungstendenzen von NC-Programmiersystemen. Basis-Seminar: NC-Programmiersysteme im Vergleich, CAD/CAM-Labor, Kernforschungszentrum Karlsruhe, 4./5. April 1990.

5.23 Steinhilper, R.;Zeh, K.-P.: CIM für die Praxis - Lösungen im Werkzeug- und Formenbau. mi-Verlag, Landsberg/Lech, 1989

5.24 Schultz-Wild, R.; Nuber, C.; Rehberg, F.; Köhler, C.: An der Schwelle zu CIM: Strategien, Verbreitung, Auswirkungen. RKW - Verlag, Verlag TÜV Rheinland, 1989.

5.25 Schäfer, H.: CAD/CAM Planung langfristiger Gesamtkonzeptionen. VDI-Verlag GmbH, Düsseldorf, 1990.

5.26 Obermann, K,: CAD/CAM-Handbuch 1989. CAD CAM Verlag für Computergrafik GmbH, München, 1989.

5.27 Graf, H.: Methodenauswahl für die Materialbewirtschaftung in Maschinenbau-Betrieben. Mainz: Krausskopf Verlag 1977.

5.28 Wilhelm, K.G.: Technisch-organisatorische Informationssysteme. Unterlagen zur gleichnamigen Vorlesung an der Universität Stuttgart. 1. Auflage. Stuttgart: Institut für Industrielle Fertigung und Fabrikbetrieb 1978.

5.29 VDI: Elektronische Datenverarbeitung bei der Produktionsplanung und -steuerung I. Produktionsterminplanung und -steuerung. T 10. Düsseldorf: VDI-Verlag 1971.

5.30 Günther, H.: Das Dilemma der Arbeitsablaufplanung. Berlin: E. Schmidt Verlag 1971.

5.31 Warnecke, H.-J.; Dauser, R.: Dezentrale Betriebsdatenerfassung für die Fertigungssteuerung. Referatmappe "Concepta 78. 1. Deutsches Betriebs-leiterforum". Gräfelfing: Technischer Verlag Resch 1978.

5.32 Bullinger, H.-J.; Lemiesz, D.: Zeitgrößen und Terminplanung. wt-Z. ind. Fertig. 62 (1972) Nr. 1, S. 16 - 21.

5.33 Roschmann, K. u. a.: Betriebsdatenerfassung in Industrieunternehmen. AWV-Schrift Nr. 251. München: Verlag Moderne Industrie, 1979.

5.34 Zeigermann, J. R.: EDV in der Materialwirtschaft. Stuttgart: Forkel Verlag 1970.

5.35 Bullinger, H.-J.; von Stetten, R.: Netzplantechnik. Unterlagen zum Lehrgang Unternehmensführung. Ausgabe A. Hamburg: Institut für Unternehmensführung 1973.

5.36 Kernler, H. K.: Fertigungssteuerung mit EDV. DV-Praxis 8. Köln-Braunsfeld: Verlagsgesellschaft Rudolf Müller 1972.

5.37 Bendeich, E.; Dauser, R.: Organisationsformen der kurzfristigen Fertigungs-steuerung. Teil 1: Methoden der Arbeitsverteilung. Die Arbeitsvorbereitung 14 (1977) H. 6, S. 163 - 167.

5.38 Roschmann, K.: Leitstandsysteme für die Fertigungssteuerung. Fortschrittliche Betriebsführung und Industrial Engineering 24 (1975) H. 6, S. 327 - 342.

5.39 Warnecke, H.-J.; Aldinger, L.: Werkstattsteuerung - ein Einsatzgebiet für interaktive graphische Farbmonitor-Systeme. Kongreß-Dokumentation CAMP´83. Berlin: VDE-Verlag GmbH 1983.

5.40 Bendeich, E.; Dauser, R.; Gentner, R.: Wirtschaftliche Datenerfassung in Klein-
      und Mittelbetrieben. Entscheidungshilfen zur Auswahl von rationellen
      Datenerfassungsverfahren. AWV-Schrift Nr. 252. Herausgegeben vom Ausschuß
      für wirtschaftliche Verwaltung in Wirtschaft und öffentlicher Hand e. V., Eschborn.
      München: Verlag Moderne Industrie 1980.

5.41 Roschmann, K.: Betriebsdatenerfassung. Stand und Entwicklungstendenzen des
      BDE-Angebotes. Fortschrittliche Betriebsführung und Industrial Engineering 32
      (1983) H. 5, S. 287-329.

5.42 Rabus, G. E.: Typologie zum überbetrieblichen Vergleich von Fertigungssterungs-
      verfahren im Maschinenbau. Berlin, Heidelber, New York: Springer-Verlag 1980.

5.43 Bullinger, H.-J.; Kölle, J. H.; Scheiber, R. E.: Organisatiorische Anpassung an
      Neue Arbeitsformen in der Produktion - dargestellt am Beispiel der Fertigungs-
      steuerung. Die Arbeitsvorbereitung 16 (1979) Nr. 3, S. 89 - 95 und Nr. 4.

5.44 Martin, H.; Menschengerechte Produktionsplanung und -steuerung. Fortschrittliche
      Betriebsführung und Industrial Engineering 27 (1978), Heft 3, S. 149 - 154.

5.45 Burbidge, J. L.: A Study of the Effects of Group Production Methods on the
      Humanisation of Work. Turin: International Centre for Advanced Technical and
      Vocational Training. Geneva: International Labour Office 1975.

5.46 Kunerth, W.; Lederer, K. G.: Lösungsansätze für die Fertigungssteuerung bei
      neuen Arbeitsstrukturen. Fortschrittliche Betriebsführung und Industrial Engineering
      25 (1976) Heft 4, S. 209 - 213.

5.47 Lederer, K. G.: Fertigungssteuerung bei flexiblen Arbeitsstrukturen. Mainz:
      Krausskopf Verlag 1978.

5.48 Lederer, K. G.: Flexible Arbeitsstrukturen in der betrieblichen Praxis. Fortschrittliche
      Betriebsführung und Industrial Engineering 25 (1976) Heft 3, S. 163 - 167.

5.49 Kölle, J. H.; Scheiber, R. E.; Weber, G.: Entwicklung von Konzeptionen zur
      Fertigungssteuerung bei Neuen Arbeitsformen. 3. Unveröffentlichter Zwischen-
      bericht des Forschungsvorhabens im Rahmen des Forschungsprogramms
      "Humanisierung des Arbeitslebens" des BMFT, 1978.

5.50 Kölle, J. H.: Montagesteuerung bei Neuen Arbeitsstrukturen. HGF-Kurzbericht
      78/72. Industrie-Anzeiger 100 (1978) Nr. 87, S. 32 - 33.

5.51 Ropohl, G.: Flexible Fertigungssysteme zur Automatisierung der Serienfertigung.
      Mainz: Krausskopf Verlag 1971.

5.52 Warnecke, H.-J.; Giuliani, O.; Maier, U.; Nieß, P.S.: Fertigungssteuerung bei flexiblen Fertigungssystemen. wt-Z. ind. Fertig. 64 (1974), Nr. 8, S. 440 - 447.

5.53 Scharf, P.; Schulz, E.: Integrierte, flexible Fertiungssysteme. wt-Z. ind. Fertig. 63 (1973) Nr. 3, S. 130 - 136 und Nr. 4, S. 199 - 206.

5.54 Maier, U.; Nieß, P.S.: Planungsmethoden der Fertigungssteuerung bei flexiblen Fertigungssystem. Industrie-Anzeiger 97 (1975) Nr. 82, S. 1777 - 1778.

5.55 Giuliani, O.; Maier, U.: Nieß, P.S.: ATEX - Ein Terminierungsprogramm für flexible Fertigungssysteme. VDI-Z. 117 (1975) Nr. 20, S. 947 - 952.

5.56 Biermann, J.; Maier, U.: Terminierungsmethoden für flexibel Fertigungssysteme auf der Basis variabel aufgebauter Arbeitspläne. Fortschrittliche Betriebsführung und Industrial Engineering 25 (1976) Nr. 1, S. 37 - 42.

5.57 Nieß, P.: Fertigungssteuerung im flexiblen Fertigungssystem unter besonderer Berücksichtigung des Kapazitätsabgleichs. Dissertation Universität Stuttgart 1979.

5.58 Maier, U.: Arbeitsgangterminierung mit variabel strukturierten Arbeitsplänen. - Ein Beitrag zur Fertigungssteuerung flexibler Fertigungssysteme. Dissertation Universität Stuttgart 1979.

5.59 Vettin, G.: Analyse der Konzeptionen flexibler Fertigungssysteme. VDI-Z. 121 (1979) Nr. 1/2, S. 14 - 23.

5.60 Warnecke, H.-J.; Gericke, E.: Untersuchung über die Systemverfügbarkeit flexibler Fertigungssysteme. wt-Z. ind. Fertig. 67 (1977) Nr. 11, S. 683 - 687.

5.61 Bechte, W.: Steuerung der Durchlaufzeiten durch belastungsorientierte Auftragsfreigabe bei Werkstattfertigung. Dissertation Universität Hannover 1980.

Index

W. Kunerth (Hrsg.)

Menschen, Maschinen, Märkte

Die Zukunft unserer Industrie sichern

Festschrift zum 60. Geburtstag von
Prof. Dr.-Ing. Dr. h. c. mult. Hans-Jürgen Warnecke

1994. XIV, 259 S. 150 Abb. Geb. **DM 68,-**; öS 530,40; sFr 68,-
ISBN 3-540-57925-7

Viele Analysen von Wirtschaftsexperten bestätigen, daß die Umsetzung
innovativer Erfindungen und Entwicklungen in marktfähige Produkte zu
einer der wichtigsten Triebfedern einer funktionierenden Marktwirtschaft
gehört. Hier darf der Prozeß aber nicht enden. In der heutigen Situation
des internationalen Wettbewerbs gehören Marketingkonzepte und Überlegungen zur Marktdurchdringung auch zum Erfolg eines Produktes oder
einer Dienstleistung.

Namhafte Autoren legen unter den Begriffen **Menschen, Maschinen,
Märkte** ihre Ideen und Lösungsansätze zur Sicherstellung unserer
industriellen Zukunft dar.

Tm.BA94.01.13a